普通高等教育“十二五”规划教材

PRO/ENGINEER WILDFIRE 5.0 MUJU SHEJI YU ZHIZAO SHIYONG JIAOCHENG

Pro/ENGINEER Wildfire 5.0
模具设计与制造实用教程

主　编　唐晓红　肖　乾
副主编　周慧兰　付　伟
编　写　刘建春　郑丽珍　孔令斌
　　　　吴灵波　孙政伟　周冰锋
主　审　杨迎新

中国电力出版社
CHINA ELECTRIC POWER PRESS

内 容 提 要

本书为普通高等教育“十二五”规划教材。本书具有以下特点：一，由多年使用 Pro/ENGINEER Wildfire 5.0 软件进行模具设计、制造及培训教学的经验丰富的作者编写而成，以帮助从事模具行业的相关技术人员更方便、快捷地掌握 Pro/ENGINEER Wildfire 5.0 的模具、制造模块为目标；二，以基础知识为主线，配合实例引导读者由浅入深地掌握 Pro/ENGINEER Wildfire 5.0 模具设计、制造的设计方法和运用技巧；三，本书语言通俗易懂，讲解深入浅出。

本书可作为普通高等院校本、专科模具相关课程的教材，以及推广模具设计与制造技术的培训教材，也可作为从事机械行业的工程技术人员的参考用书。

图书在版编目（CIP）数据

Pro/ENGINEER Wildfire 5.0 模具设计与制造实用教程 / 唐晓红，肖乾主编. —北京：中国电力出版社，2012.11（2021.1 重印）

普通高等教育“十二五”规划教材

ISBN 978-7-5123-3577-6

Ⅰ. ①P… Ⅱ. ①唐… ②肖… Ⅲ. ①模具－计算机辅助设计－应用软件－高等学校－教材 Ⅳ. ①TG76-39

中国版本图书馆 CIP 数据核字（2012）第 237472 号

中国电力出版社出版、发行

（北京市东城区北京站西街 19 号 100005 http://www.cepp.sgcc.com.cn）

北京天泽润科贸有限公司印刷

各地新华书店经售

*

2012 年 11 月第一版 2021 年 1 月北京第四次印刷

787 毫米×1092 毫米 16 开本 17 印张 416 千字

定价 **50.00** 元

前　　言

美国参数技术公司（Parametric Technology Corporation，PTC）于1998年发布了三维产品开发软件——Pro/ENGINEER。Pro/ENGINEER以其强大的单一数据库体系结构、基于特征的实体建模、独特的相关性及比较完善的功能等特点而著称。它改变了设计工程师的工作方法，提高了企业的工作效率，使企业能够把精力集中在产品的创新和竞争上，因此受到很多用户的欢迎。经过多年的不断改进，Pro/ENGINEER已成为三维设计领域优秀的CAD/CAE/CAM软件之一。

在模具设计与制造领域，Pro/ENGINEER较早地在广东及沿海一带得到广泛应用。由于它的应用，大大缩短了模具设计与制造周期，提高了模具质量，降低了生产成本，为企业带来了更大的经济效益。

随着现代社会市场竞争越来越激烈，产品更新换代的周期越来越短，对产品的造型、功能要求越来越苛刻，相应地对模具生产的周期、质量、成本的要求也越来越高，这就要求用于模具设计与制造的软件不断创新，功能更强大，更容易使用。PTC及时响应上述的社会需求，自Pro/ENGINEER推出以后，不断完善、版本不断更新。在经历了多个版本之后，又推出了Pro/ENGINEER Wildfire 5.0。

Pro/ENGINEER Wildfire 5.0比以前的版本有了许多改进，主要表现在：更高效的操作方法；更利于产品创新的新技术；更多更强的新功能；友好的操作界面等方面。新版本的功能遍及整个Pro/ENGINEER的设计、仿真和制造等方面的内容，尤其是在制造模块中，NC序列的快捷工具、加工参数的可视化等方面。它比以前的版本更加直观、更加易用、更加智能化，更能够响应模具设计与制造的要求。

Pro/ENGINEER Wildfire 5.0针对模具的解决方案及模具设计和制造的整个流程，它根据模具设计与制造的一般顺序来模拟设计及制造的整个过程。该软件在中国模具行业得到广泛的应用。

为了让更多的人掌握Pro/ENGINEER Wildfire 5.0，利用它为模具工业服务，编者根据使用Pro/ENGINEER Wildfire 5.0进行模具设计、制造及从事培训教学的经验，结合有关资料，整理汇集成本书。希望读者通过较短时间的学习，就能够了解、掌握并应用该软件。

本书的内容主要分两部分。第1章～第7章为零件设计和模具设计部分；第8章～第11章为数控加工部分。在模具设计部分中，首先介绍一些相关的基本知识，并通过几个比较简单的实例介绍利用Pro/ENGINEER Wildfire 5.0进行模具设计的基本流程及相关概念，然后在第7章以综合实例的形式介绍以Pro/ENGINEER Wildfire 5.0软件进行模具设计的全过程，每个实例都具有不同的代表性；在数控加工部分中，同样也首先在第8章介绍一些数控加工的基本知识，然后在第9章和第10章结合模具加工实例，介绍如何利用Pro/ENGINEER Wildfire 5.0进行模具元件的数控加工。虽然车削数控加工在模具元件加工中用得较少，但鉴于车削数控加工也是机械零件加工中最重要的加工方法之一，因此，本书的最后，在第11章结合一个典型的回转体零件介绍了如何进行车削加工的设置，这对于从事机械行业的读者来说有着很重要的指导价值。

读者在本书的引导下，一步一步跟着书中的步骤来做，就能够了解 Pro/ENGINEER Wildfire 5.0 的操作环境、用户界面，进行零件原型设计，熟悉模具设计的基本流程和数控加工的过程；通过对若干实例进行创建模具模型、建立分模面、分割模具、模具检测分析与试模、开模等练习，掌握利用 Pro/ENGINEER Wildfire 5.0 进行模具设计的全过程；进一步掌握利用 Pro/ENGINEER Wildfire 5.0 NC 实现对模具元件的制造设置及机械零件的数控车削加工设置，包括建立制造模型、进行 NC 序列设置、轨迹演示、加工仿真及过切检查等方面的内容。本书中提到的所有实例文件，都可在中国电力出版社教材中心网站（http://jc.cepp.sgcc.com.cn）下载。

本书可以作为本、专科及高职院校模具相关课程的教材，以及推广模具设计与制造技术培训班的教材，也可作为从事机械行业的工程技术人员及社会有需要人士的参考书。

本书共 11 章，其中第 1 章由华东交通大学肖乾主编，郑丽珍、孔令斌、吴灵波、孙政伟、周冰锋完成了 1.3.4 节的编写；第 2 章～第 6 章由华东交通大学周慧兰编写；第 7 章由华东交通大学付伟编写；第 8 章、第 9 章、第 11 章由华东交通大学唐晓红编写；第 10 章由江西现代职业技术学院刘建春、华东交通大学唐晓红编写。

参加本书校核并提供帮助的有华东交通大学的张海、任继文、何思疑，全书由江西理工大学杨迎新主审。

限于编者的能力和水平，本书难免存在一些问题，恳请广大读者批评指正。

编　者

2012 年 6 月

目　　录

第 1 章 Pro/ENGINEER Wildfire 5.0 三维建模

美国参数技术公司（Parametric Technology Corporation，PTC）1985 年成立，1988 年推出了 Pro/ENGINEER 的第一个版本，产品一经推出就在市场上获得了极大的成功。Pro/ENGINEER 软件很快被广泛应用于自动化、电子、航空航天、医疗器械、重型机械等多个领域。随后，在花大力气进行技术开发的同时，公司不断收集用户的反馈信息，逐步在软件中增加各种实用功能，使之更趋完善。

2003 年 6 月正式发布的 Pro/ENGINEER Wildfire（野火版），在功能上有了很大增强，在界面和使用风格上更加桌面化，操作更简捷、方便，更容易学习和掌握。

PTC 公司最近推出的 Pro/ENGINEER Wildfire 5.0，较之以前的版本有了很多改进，界面更加友好，操作更加方便、实用、高效，功能更加强大。例如，它采用 Pro/ENGINEER Wildfire 5.0 用户界面（UI）。此用户界面采用了操控面板界面和图标的形式，用户可以使用菜单项简单、直观地创建和编辑设计。

1.1 Pro/ENGINEER Wildfire 5.0 的操作环境

Pro/ENGINEER Wildfire 5.0 拥有一个如图 1-1 所示的全新的用户界面，可以使用户快速入门。对用户界面的强烈关注体现在为建模提供了更大的绘图区域、更简单的视图控制，减少了鼠标的移动和增强了色彩配置方案，增加了用户使用的舒适度，几何模型的建立更加简

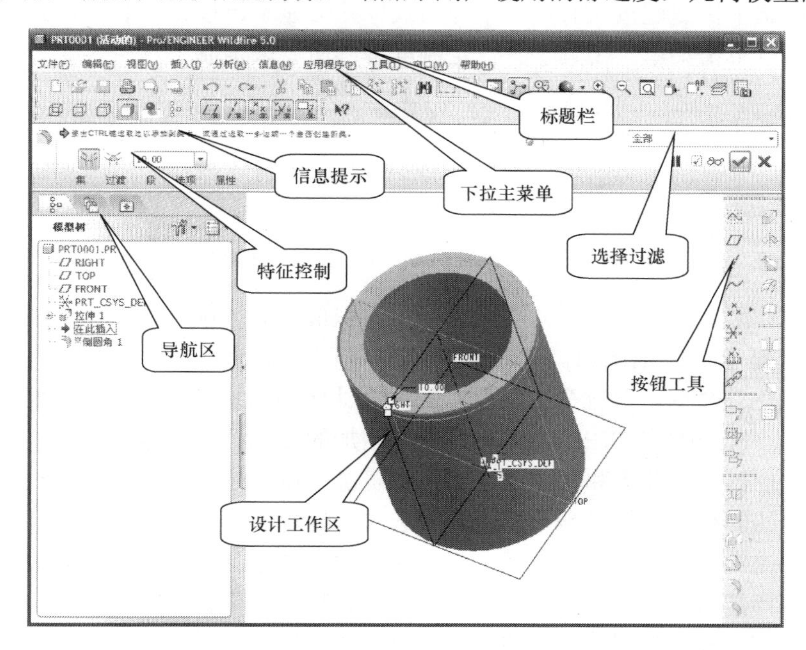

图 1-1　全新的用户界面

单。通过广泛的图形预览，使用更简便的操控面板来代替对话框，以及对特征的关键要素进行直接控制的方法，即使是复杂的模型也能够轻松地完成。

1.1.1 用户界面简介

（1）视窗标题栏。相信长期使用 Windows 操作系统的用户对如图 1-2 所示的视窗标题栏不会感到陌生，该标题栏将显示系统打开文件的名称和软件版本号。此外，视窗标题栏中的“活动的”字样是指针对绘图区而言，该窗口为当前窗口。

PRT0001 (活动的) - Pro/ENGINEER Wildfire 5.0

图 1-2 视窗标题栏

（2）下拉主菜单。下拉主菜单位于视窗标题栏的下方，按功能不同进行分类。在实际操作过程中，主菜单的内容随着系统调用各种不同的功能模块而有所变化，如图 1-3 所示为系统启动后的主菜单。Pro/ENGINEER 将大部分有关系统环境的命令集成在菜单内，使界面更加接近于 Windows 标准，这样更有利于用户使用。默认情况下菜单栏包括“文件”、“编辑”、“视图”、“插入”和“分析”等 10 个菜单项。

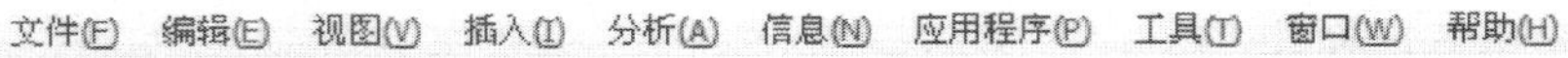

文件(F) 编辑(E) 视图(V) 插入(I) 分析(A) 信息(N) 应用程序(P) 工具(T) 窗口(W) 帮助(H)

图 1-3 下拉主菜单

（3）图标按钮区。工具条上的各个图标按钮取自使用频率最高的下拉菜单选项，可以实现各种命令的快捷操作，以便提高设计效率。根据当前工作的模块（如零件模块、草绘模块和装配模块）及工作状态的不同，在该栏内还会出现一些其他的按钮，并且每个按钮的状态及意义也有所不同。

把光标指向某个快捷键按钮时，一个弹出式标签会显示该按钮的名字，如图 1-4 所示。此外，还可以通过单击菜单“工具”→“定制屏幕”命令来定制工具栏。

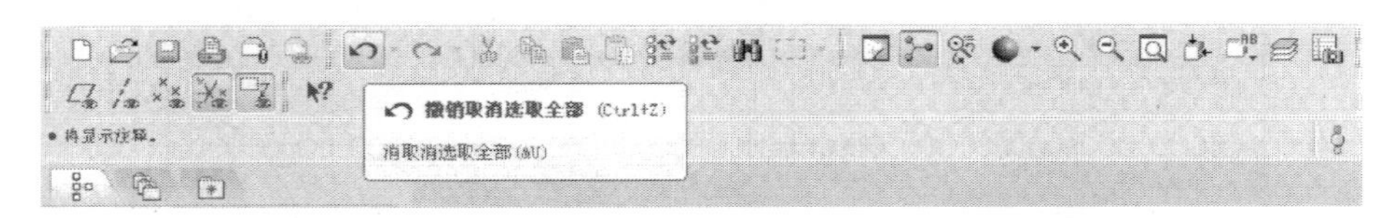

图 1-4 将光标移至工具按钮时显示的工具标签

（4）设计工作区。设计工作区是用户界面中面积最大的区域，是设计者最主要的创作场所，所有模型都显示在此范围内。背景的默认颜色可以通过单击菜单“视图”→“显示设置”→“系统颜色”命令，自行变更颜色。野火版默认的系统颜色是灰色渐变。

（5）导航区。Pro/ENGINEER Wildfire 5.0 新增加的导航栏不仅包括了以往的模型树，而且还包括资源管理器、收藏夹和相关的网络技术资源。单击导航栏右侧向左的箭头可以隐藏导航栏，它们之间的相互切换只需单击上方的选项卡标签即可，如图 1-5 所示。

“模型树”：提供一个树工具，记录了模型建立的全过程。用户在模型树中可完成一些很主要的操作，如特征的重新排序、特征尺寸的修改、特征的重新定义、特征的插入等。

“资源管理器”：根据管理系统、FTP 站点及共享空间，提供对本地文件系统、网络计算机等对象的导航。

“收藏夹”：包含最常访问的网站或文档的快捷方式。

“连接”：用于进行网络用户间的信息交流，切换内嵌式浏览器的内容。

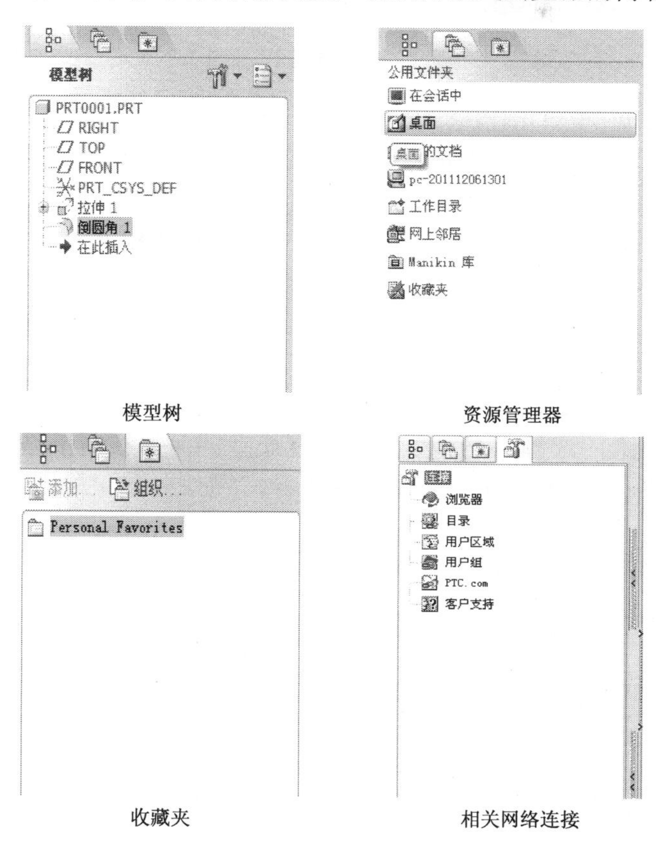

图 1-5　导航区

（6）操控面板。操控面板是 Pro/ENGINEER Wildfire 5.0 新增的操作界面，如图 1-6 所示。Pro/ENGINEER 中有许多复杂的命令，涉及多个对象的选取、多个参数及多个控制选项的设定，这些都在操控面板上完成。在建立或者修改特征的时候，系统会自动打开操控面板，用于显示建立特征时所定义的参数，以及绘制该特征的流程。操控面板把原来的串行操作改为并行操作，功能强大，操作更快捷。

图 1-6　操控面板

（7）信息提示区。信息提示区记录了绘图过程中的系统提示及命令执行结果，系统的提示信息包括操作步骤提示、各种警告信息、出错信息等，如图 1-7 所示。

在系统需要用户输入数据时，信息提示区将会出现一个白色的文本编辑框，以便输入数据。完成数据输入后，按 Enter 键或单击操控面板右侧的按钮即可。

◆选取坐标系位置。
• 显示约束时：右键单击禁用约束。按 SHIFT 键同时右键单击锁定约束。使用 TAB 键切换激活的约束。
◆选取坐标系位置。
• 显示约束时：右键单击禁用约束。按 SHIFT 键同时右键单击锁定约束。使用 TAB 键切换激活的约束。
◆为截面2 输入y_axis 旋转角(范围: 0 - 120) 45.0000

图 1-7　信息提示区

（8）命令解释区。Pro/ENGINEER Wildfire 的命令解释区位于信息提示区的下方。当光标指向某个命令或按钮时，该区域中即会显示一行描述性文字，说明该命令或按钮所代表的含义。

图 1-8　选择过滤器

（9）选择过滤器。位于 Pro/ENGINEER Wildfire 用户界面右下方的如图 1-8 所示的选择过滤器，可以让用户指定选择某一类型的对象，如特征、面组、基准等，这样可以降低选择的错误率。

1.1.2　鼠标的基本操作

在 Pro/ENGINEER Wildfire 中鼠标是一个很重要的工具，通过与其他组合键组合使用，可以完成各种图形要素的选择，还可以用来进行模型截面的绘制工作。需要注意的是，Pro/ENGINEER Wildfire 中使用的是有滚轮的三键鼠标。下面将三键鼠标的用法整理于表 1-1 中。

表 1-1　三键鼠标的使用

对　象	用　　途
鼠标左键	用于选择菜单、工具按钮、明确绘制图素的起始点与终止点、确定文字注释位置、选择模型中的对象等
鼠标右键	选择对象如绘图区、模型树中的对象、模型中的图素等。在草绘时单击鼠标右键可取消自动约束；在绘图区单击鼠标右键显示相应的快捷菜单
鼠标中键	单击鼠标中键表示结束或完成当前的操作，一般情况下与菜单中的“确定”选项、对话框中的“是”按钮、命令操控面板中的按钮 ✓ 的功能相同
鼠标中键+Ctrl	垂直上下移动鼠标可以缩放模型，其效果等同于直接转动滚轮
鼠标中键+Ctrl	水平左右移动鼠标可以旋转模型，但在单纯的 2D 草绘模式中无作用
滚轮+ Shift	0.5 倍缩放模型
滚轮	直接转动滚轮，1.0 倍缩放模型
滚轮+Ctrl	2.0 倍缩放模型

1.1.3　快捷菜单

在一般的窗口化系统中，单击鼠标右键（简称右击鼠标）会出现快捷菜单，然后用户即可方便、迅速地进行相关的操作。在 Pro/ENGINEER Wildfire 系统中，不同的环境会出现不同内容的快捷菜单，下面介绍 4 种比较常见的情况。

（1）图标按钮工具栏。在图标按钮工具栏中的任一位置右击鼠标会出现一个快捷菜单，被选择的项目即会在工具栏中显示其图标按钮。用户可以随个人习惯调整图标按钮的分布，如图 1-9 所示。

单击该快捷菜单最下面的“命令”或者“工具栏”选项会弹出前面介绍过的“定制”对话框。

（2）模型树。直接从“模型树”中点选特征，右击鼠标弹出快捷菜单后即可选择要进行的操作，如图 1-10 所示。

（3）模型。与“模型树”类似，直接选择模型上的点、边和面特征等对象，然后右击鼠标即可选择要进行的操作，如图 1-11 所示。

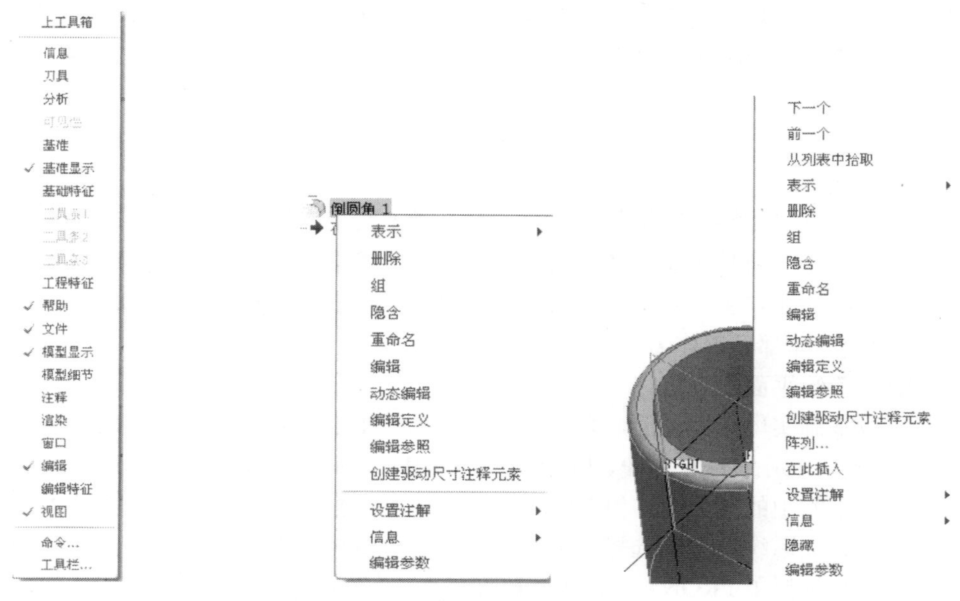

图 1-9　图标按钮工具栏快捷菜单　　图 1-10　模型树快捷菜单　　图 1-11　选择模型后的快捷菜单

（4）草绘。在草绘阶段直接右击鼠标即可选择要进行的操作，如图元绘制、尺寸标注和修改等，如图 1-12 所示。

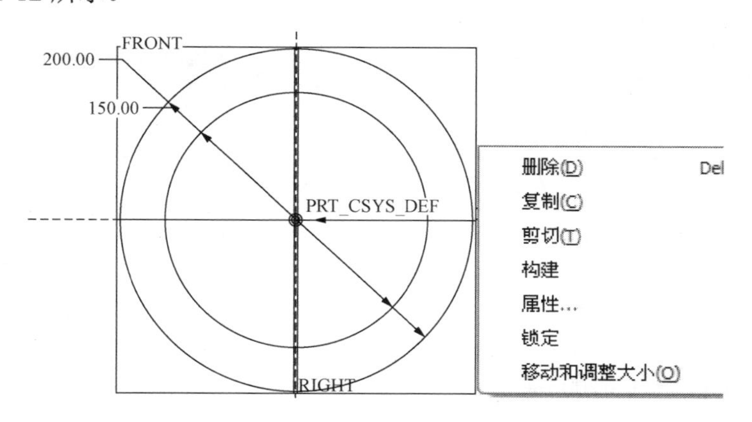

图 1-12　草绘状态下的快捷菜单

当然，快捷菜单有很多，读者在使用 Pro/ENGINEER Wildfire 的过程中，可慢慢积累，养成使用快捷菜单的习惯，这样可以大大提高工作效率。

1.1.4　数值输入方式

在特征的创建过程中经常需要输入数值，如拉伸深度、旋转角度等。在输入数值的提示区可以直接输入对应数值，也可以输入计算公式。也就是说，Pro/ENGINEER Wildfire 系统提供有数学计算的功能。例如，某个尺寸是两个尺寸（63−17）差的一半，则可直接在信息提示区内输入“（63−17）/2”。

系统所能接受的数学式内容有一般的数学运算符号，如加（+）、减（-）、乘（*）、除（/）、括号（()）和次方（a^b）等，其他的如三角函数和在一般的计算机语言中所能使用的数学函数都可用。数值或数学式输入后，有 3 种方式告知系统已完成输入：按 Enter 键、鼠标中键或单击数值输入提示区的按钮✔。若要取消输入，则可按 Esc 键或单击按钮✖。

1.2 三维造型基础知识

无论是创建实体特征还是曲面特征，都不能脱离二维平面草绘。在二维草绘时则需要选择一个草绘平面，同时还要选择一个参照面，系统将草绘平面旋转到与显示器屏幕“重叠”的状态。草绘平面与参照面是二维“平面”且相互正交，一般来说，基准面、实体表面（平面）、平面型曲面都可以作为草绘平面及参照面。

1.2.1 草绘平面的设置

在生成基础实体特征之前，系统提供有 3 个互相正交的基准平面作为标准基准平面，如图 1-13 所示，分别命名为 TOP、FRONT 和 RIGHT。从零开始进行三维建模工作时，通常选取标准基准平面中的某个面作为草绘平面，用户可以根据自己的习惯任意选择一个。在选择了草绘面之后，系统会自动选择好参照面，用户可以按照系统默认的方式进入草绘状态。

例如，在选择了 FRONT 面作为基准面之后，如图 1-14 所示，在“草绘”对话框的“参照”文本框中可以看出系统按照默认方式选择了 RIGHT 面作为参照面，若无特别要求，用户可以单击“草绘”按钮进入草绘状态。

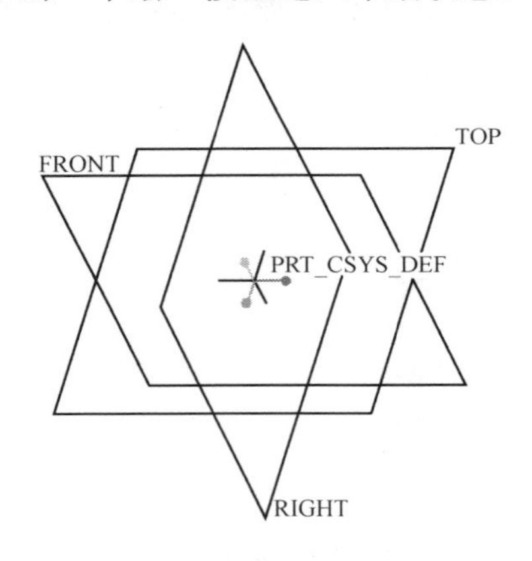

图 1-13 默认的基准面

图 1-14 “草绘”对话框

在建立放置实体特征时，通常选取实体特征上的表面作为草绘平面，但是在选取草绘平面时不能选取曲面。

在某些特殊情况下，还需要用户先创建基准面来作为草绘平面，如图 1-15 所示，其中 DTM1 就是新建的草绘平面。

在创建偏距特征、筋特征等放置实体特征时，系统要求指定实体特征以外的平面作为草绘平面，如果标准基准平面不可使用，则必须新建基准平面作为草绘平面。

另外，从如图 1-14 所示的“草绘”对话框中可以看出，用户还可以单击“使用先前的”按钮来选择前一次的草绘平面作为当前草绘的基准面，这是一种快速选择的方式，但前提是前后两个特征可以使用同一个面作为草绘平面。

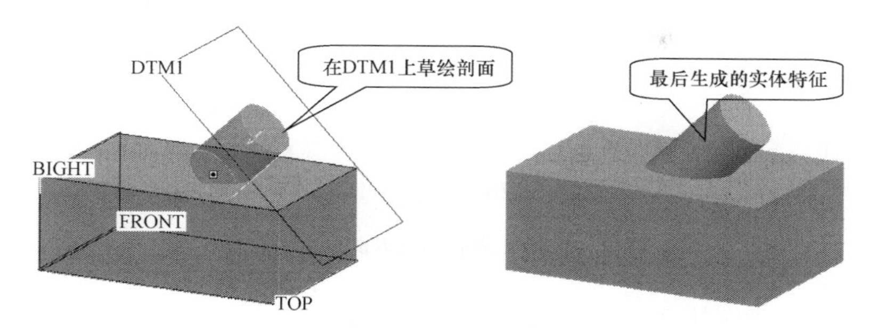

图 1-15　使用新建草绘平面示例

1.2.2　草绘方向的设置

草绘平面的方向（法向量方向）可朝向显示器“外部”与“内部”（即逼近用户“◎”与远离用户“⊗”）。

在建立草绘剖面特征时，草绘平面上的箭头指向为观看方向，并非特征产生的方向，该观看方向会朝向显示器的内部即远离用户“⊗”。若要改变视图方向可以单击如图 1-14 所示的“草绘”→“反向”按钮，也可以单击绘图区视图方向的箭头来实现视图观看方向的变化，如图 1-16 所示。

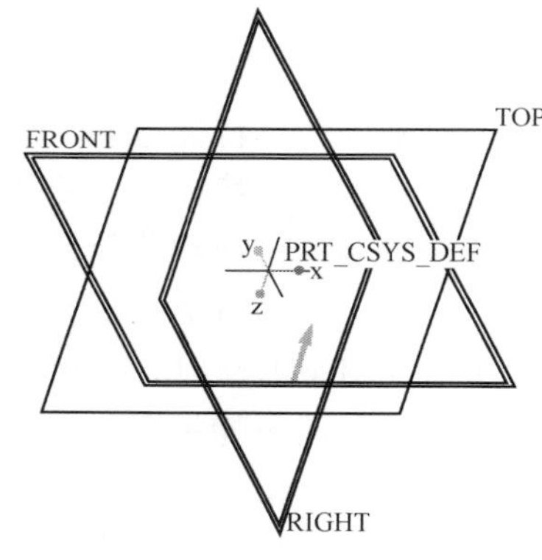

图 1-16　改变视图方向

在选择其他性质的平面作为草绘平面时可用同样的方法设置视图方向。

1.2.3　参照面的设置

在定义草绘平面时只要选取要垂直“看过去”的面即可，定义参照面则需要确定一个面及此参照面的方向。如图 1-17 所示，选择实体上表面为草绘平面，选择图中箭头所指侧面为参照面，在“方向”的下拉列表中有“顶”、“底部”、“左”和“右”4 个方向选项，这里的方向指的是参照面法线方向。依次选择 4 个方向可得到实体不一样的摆放位置，如图 1-18 所示。

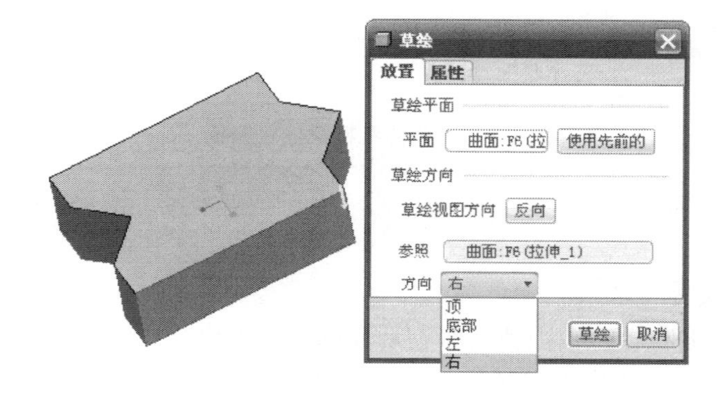

图 1-17　选择实体表面作为草绘平面和参考平面

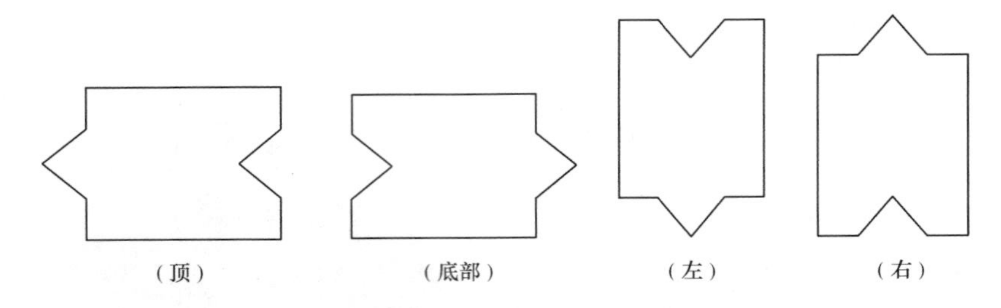

图 1-18 相同参照面不同方向的摆放位置

为了能按照用户意图快速摆放好草绘平面，系统提供了智能模式，但要求用户在进入草绘状态前选择好草绘平面并将草绘平面旋转到接近摆放的角度。这样只要用户选择了草绘平面，系统会自动选择好一个参照面并按照最接近用户摆放草绘平面的角度将草绘平面摆放好。

1.3 基础实体造型

三维基础实体特征在 Pro/ENGINEER Wildfire 中有着极其重要的地位。一方面，基础实体特征是放置实体特征产生的基础；另一方面，创建基础实体特征的一般原理和基本方法对于创建放置实体特征和曲面特征都具有很好的指导作用。

创建基础实体特征主要有 4 种方式：拉伸、旋转、扫描、混合，而每种方式都可以得到伸出项（加材料）、切口（减材料）、曲面和薄壁等。

1.3.1 创建拉伸特征

拉伸特征是由二维草绘截面沿着给定方向和给定深度生长而成的三维特征，它适合于创建等截面的实体特征。要执行拉伸命令，单击主菜单“插入”→“拉伸”命令或单击屏幕右侧的特征工具栏的“拉伸”按钮，执行命令之后操作界面出现如图 1-19 所示的操控面板。

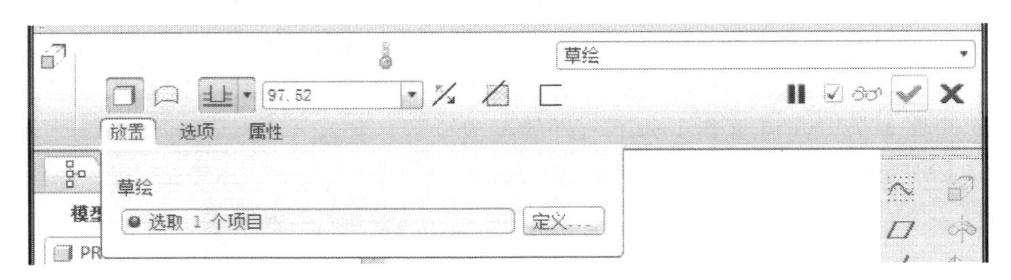

图 1-19 “拉伸”特征操控面板

1. 操控面板功能简介

（1）图标按钮。

：建立拉伸实体特征。

：创建拉伸曲面特征，曲面特征将在后面的章节中进行详细介绍。

：按给定值沿一个指定方向拉伸，单击其旁边的按钮，有几种其他方式的拉伸模式供使用，具体如表 1-2 所示。

表 1-2　拉伸深度选项说明

深度形式	说　明
盲孔	由用户直接输入深度值。指定负的深度值会使深度方向反向
对称	以指定深度值的一半向草绘平面的两侧来拉伸剖面外形
到下一个	朝拉伸方向到下一个零件曲面为止
穿透	朝拉伸方向贯穿所有零件面
穿至	延伸某个剖面，使其与所选的曲面或平面相交
到选定的	平行延伸草绘平面到选定的：基准点或顶点、实体边、轴、曲线、平面或曲面

：相对于草绘平面反转特征创建方向。

：当按钮处于未选择状态时，将添加拉伸实体特征；当该按钮处于选择状态时，将建立拉伸去除特征，从已有的模型中去除材料。

：通过为截面轮廓指定厚度创建薄体特征。

：暂时中止使用当前的特征工具，以访问其他可用的工具。

：退出暂定模式，继续当前的特征工具。

：模型预览。若预览时出错，表明特征的构建有误，需要重定义。

：确认当前特征的建立或重定义。

：取消特征的建立或重定义。

（2）上滑面板。

1）“放置”上滑面板。单击操控面板上的“放置”按钮，弹出如图 1-20 所示的上滑面板，单击“定义”按钮选择草绘平面和参照平面，进入草绘截面状态。

2）“选项”上滑面板。单击操控面板上的“选项”按钮，弹出如图 1-21 所示的上滑面板，可以完成拉伸深度方式的选择和具体数值的定义；“侧 1”和“侧 2”同时使用适合双侧拉伸；“封闭端”复选框适合于拉伸曲面特征。

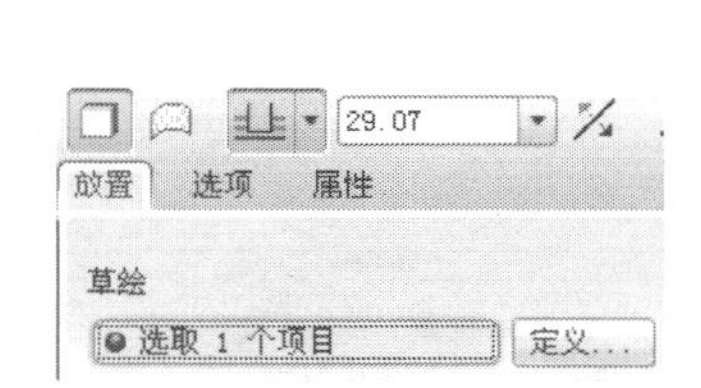

图 1-20　“放置”上滑面板（一）

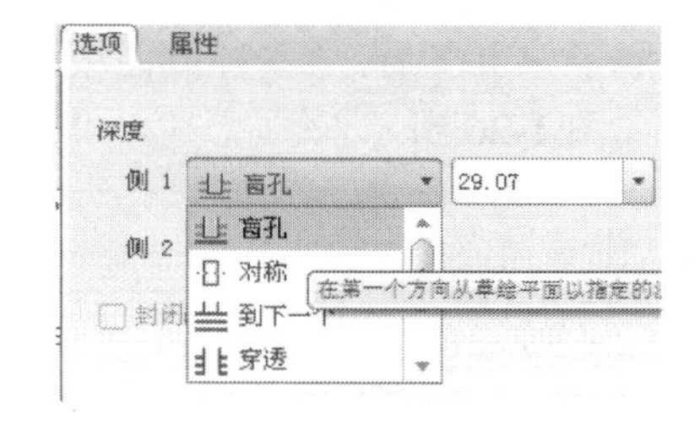

图 1-21　“选项”上滑面板（一）

3）“属性”上滑面板。单击操控面板上的“属性”按钮，弹出如图 1-22 所示的上滑面板，使用该上滑面板编辑特征名，单击按钮可在 Pro/ENGINEER 浏览器中打开特征信息。

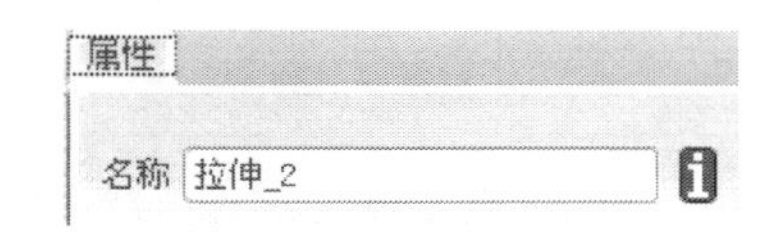

图 1-22　“属性”上滑面板

2. 创建“拉伸”实例

（1）建立新文件。单击菜单“文件”→“新建”命令或者单击按钮，系统弹出“新建”

对话框，选择“零件”→“实体”类型，在此输入文件名并取消“使用默认模板”项，在“新文件选项”对话框中选择 mmns_part_solid 模板进入实体建模环境。

（2）建立拉伸实体特征。两种方法进入拉伸模式：单击菜单“插入”→“拉伸”命令或单击屏幕右侧的特征工具栏的“拉伸特征”按钮 。单击“放置”→“定义”命令，打开草绘对话框，选择好草绘平面和参照平面，进入草绘模式。

（3）绘制拉伸对象的截面图。进入草绘状态之后，绘制如图 1-23 所示的截面，单击草绘工具条上的按钮 ，完成草绘，继续下一步操作。

（4）定义拉伸方式。可在“选项”上滑面板或直接在控制面板上定义拉伸方式和深度。这里选择“对称拉伸”项，拉伸深度为 100。

也可以在如图 1-24 所示模型预览图的深度控制滑块上单击鼠标右键，系统弹出“深度”快捷菜单，用户可快速选择拉伸方式。深度值可以直接拖曳深度控制滑块获得，也可双击深度值进行修改。

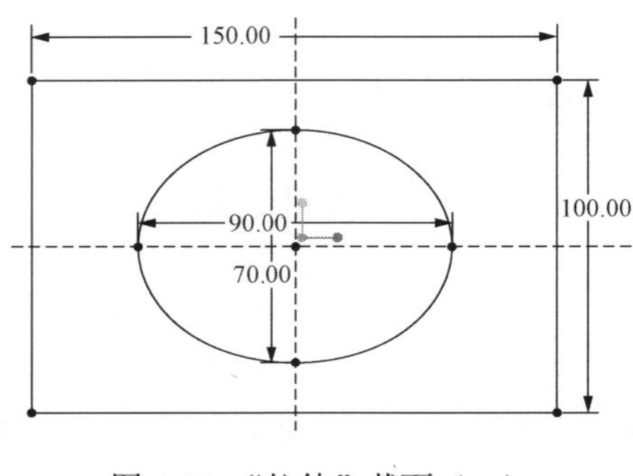

图 1-23 “拉伸”截面（一）

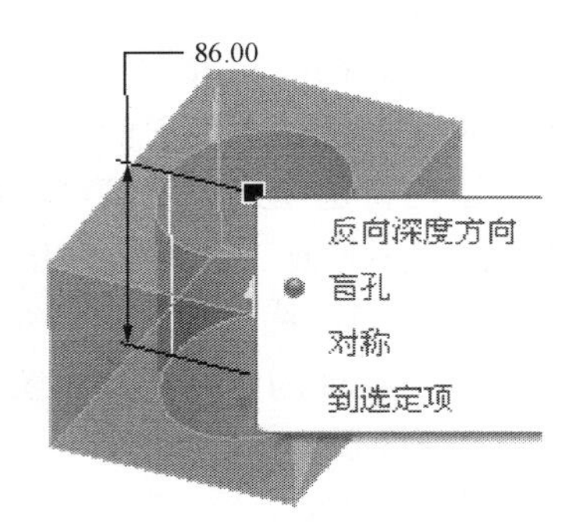

图 1-24 “深度”快捷菜单

快捷菜单的使用可以提高绘图速度和工作效率，在不同环境下单击鼠标右键，系统弹出与之操作对应的快捷菜单。例如，在拉伸特征定义过程中，在绘图区单击鼠标右键，系统弹出如图 1-25 所示的快捷菜单，用户可根据需要选择要执行的命令。

在完成了定义之后，单击控制面板上的按钮 或者单击鼠标中键，完成拉伸特征的建立，最终模型如图 1-26 所示。

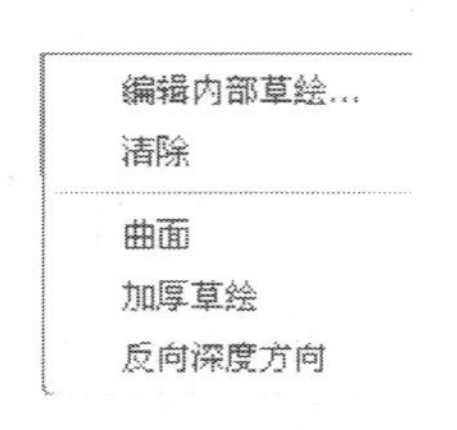

图 1-25 “拉伸”快捷菜单

图 1-26 “拉伸”模型

（5）建立拉伸减材料特征。刚刚做拉伸实体特征时，是先执行拉伸命令，再绘制拉伸截面。实际上也可以先绘制拉伸截面，再执行拉伸命令，这里采用后一种方式。

单击工具栏中的按钮 ，在弹出的“草绘”对话框中选择实体上表面作为草绘平面，选择实体其中一个侧面作为参考平面，进入草绘状态。

（6）绘制拉伸截面，绘制如图 1-27 所示 4 个大小相等的圆。

（7）单击工具栏中的按钮，完成草图绘制，单击工具栏中的按钮（或选择对应菜单），执行拉伸命令；在模型树中选择刚刚完成的草图作为拉伸对象，在“拉伸”控制面板中选择并根据情况单击按钮调整拉伸方向和材料保留侧，并选择“盲孔”为拉伸方式，深度为 25。最后得到的实体如图 1-28 所示。

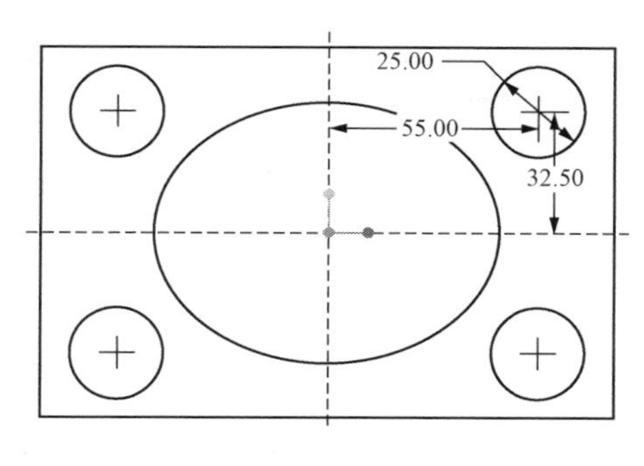

图 1-27 “拉伸”截面（二）

图 1-28 实体模型

注意： 调整方向时可通过单击控制面板中的按钮，也可在图形预览区直接单击方向箭头。

拉伸曲面特征和拉伸薄板特征的操作方法与拉伸实体特征的方法相同，这里不举例说明，用户可以通过切换操控面板上的按钮和按钮来实现不同类型特征的创建。

1.3.2 创建“旋转”特征

在生活中，常常会遇到另一类典型实体特征，这类特征具有回转中心轴线，而且过中心轴线的剖面形状关于轴线严格对称，这类实体特征就是旋转实体特征。旋转实体特征的创建也有添加材料和去除材料两种方法。

要执行“旋转”命令，两种方法进入旋转模式：单击菜单中的“插入”→“旋转”命令或单击屏幕右侧的“旋转特征”按钮，进入旋转特征操控面板如图 1-29 所示。

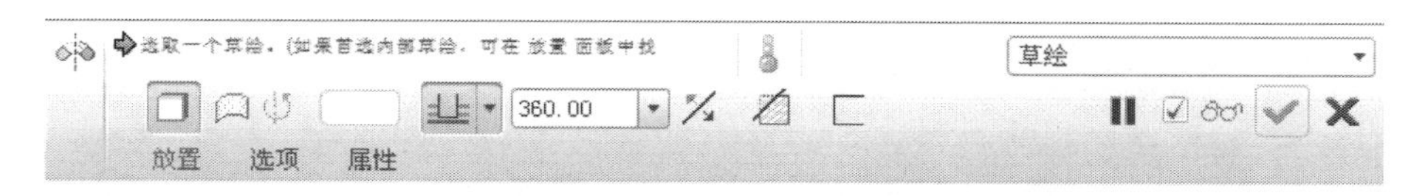

图 1-29 “旋转”操控面板

1. 操控面板功能简介

（1）图标按钮。

：创建旋转实体特征。

：创建旋转曲面特征。

内部：旋转轴。单击收集器将其激活，激活后颜色变为黄色。若在草绘旋转截面时绘制了中心线则自动捕获为内部 CL，也可以在设计时利用此工具选用外部对象（基准轴线、实体边等）为旋转轴。

：从草绘平面开始按给定角度值旋转，单击其旁边的按钮，有 3 种旋转模式供使用，具体如表 1-3 所示。

表 1-3　“旋转”角度选项说明

角度形式	说　明
可变的	从草绘平面指定一个角度值旋转剖面，或是选取预先定义的角度（90°、180°、270°、360°）
对称	以指定角度值的一半向平面的两侧旋转剖面
到选定的	将剖面旋转到选定的基准点、顶点、平面或曲面，但终止平面或曲面包含旋转轴

：相对于草绘平面反转特征创建方向。

：使用旋转特征体积块创建切减材料特征。

：通过为截面轮廓指定厚度的薄板特征。

（2）上滑面板。

1）“放置”上滑面板。单击操控面板上的“放置”按钮，弹出如图 1-30 所示的上滑面板，单击“定义”按钮选择草绘平面和参照平面，进入草绘截面状态。若选择某一截面为旋转截面，则激活“轴”的收集器选择某对象为旋转轴。

2）“选项”上滑面板。单击操控面板上的“选项”按钮，弹出如图 1-31 所示的上滑面板，可以完成旋转角度方式的选择和具体数值的定义；“侧 1”和“侧 2”项同时使用适合双侧旋转；“封闭端”复选框适应于旋转曲面特征。

3）“属性”上滑面板。与“拉伸”上滑面板一样，使用该上滑面板编辑特征名，并可在 Pro/ENGINEER 浏览器中打开特征信息。

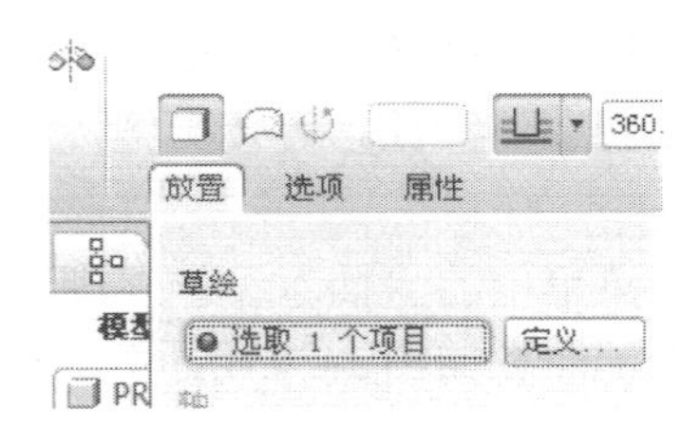

图 1-30　“放置”上滑面板（二）

图 1-31　“选项”上滑面板（二）

2. 创建“旋转”实例

（1）建立新文件。单击菜单“文件”→“新建”命令或者单击按钮，系统弹出“新建”对话框，选择“零件”→“实体”类型，并在此输入文件名并取消“使用默认模板”项，在“新文件选项”对话框中选择 mmns_part_solid 模板进入实体建模环境。

（2）建立旋转增料特征。两种方法进入旋转模式：单击菜单中的“插入”→“旋转”命令或单击屏幕右侧的“特征”工具栏“旋转特征”按钮，进入“旋转特征”操控面板，单击其中的“位置”→“定义”项，在弹出的“草绘”对话框中选择好草绘平面和参照平面，进入草绘截面状态。

（3）绘制旋转截面及旋转轴。进入草绘状态之后，绘制如图 1-32 所示的截面，单击“草绘”工具条上的按钮✓，完成草绘，继续下一步的操作。

（4）定义旋转方式和角度。可在“选项”上滑面板和操控面板上定义旋转方式和深度，这里选择“可变的”的方式，旋转角度为 300°，得到的模型如图 1-33 所示。

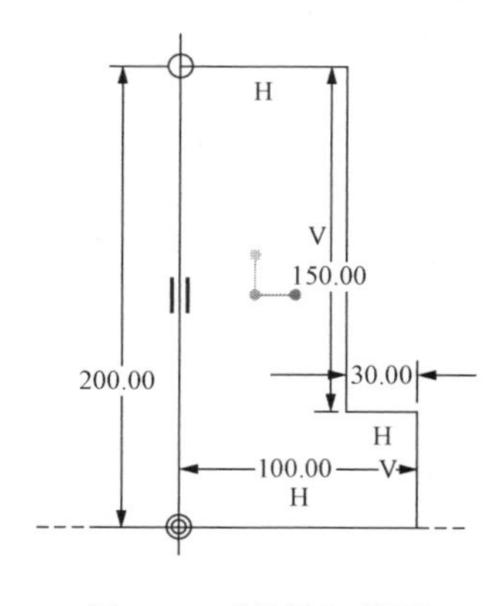

图 1-32 “旋转”截面

图 1-33 “旋转”得到的模型

当然也可以直接在“旋转特征”操控面板上直接定义旋转方式和角度；还可以通过单击预览模型上的控制滑块，在系统弹出的快捷菜单中选择角度的旋转方式并双击预览图中的角度数值进行修改。

（5）建立旋转减特征。操作过程与建立旋转增料特征类似，关键是要注意选择操控面板上的按钮 。在进入草绘状态之后绘制如图 1-34 所示的封闭截面，若截面只画如图 1-35 所示的 1/4 圆的开放截面，也同样实现材料的切除。

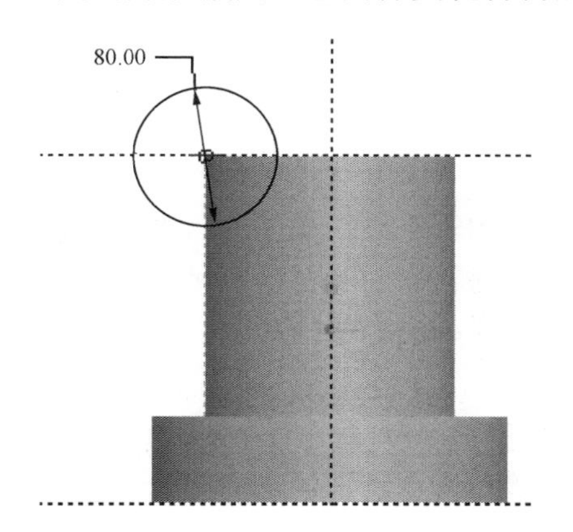

图 1-34 “旋转”切除封闭截面

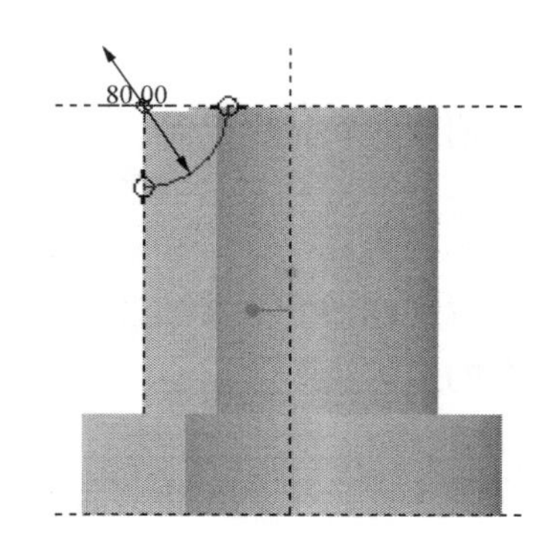

图 1-35 “旋转”切除开放截面

这里需要注意的是为了能准确定位图中圆心的位置，可在草绘状态下单击菜单“草绘”→“参照”命令，弹出如图 1-36 所示的“参照”对话框来添加模型的上表面与左侧轮廓线作为绘图参照。用户在设计过程中很多时候系统默认的参照不一定满足要求，需要根据情况自定义参照，这种方法希望大家能掌握。

单击“草绘”工具条上的按钮 完成旋转截面绘制，通过激活操控面板上旋转轴的收集器 内部 CL ，选择如图 1-37 所示的两平面交线作为外部旋转轴，当然也可以在绘制旋转截面时一并绘制内部中心轴。采用“到选定的”方式定义旋转角度，用鼠标指定要切除材料的终止平面（见图 1-38 中阴影面）。最后完成的实体模型如图 1-39 所示。

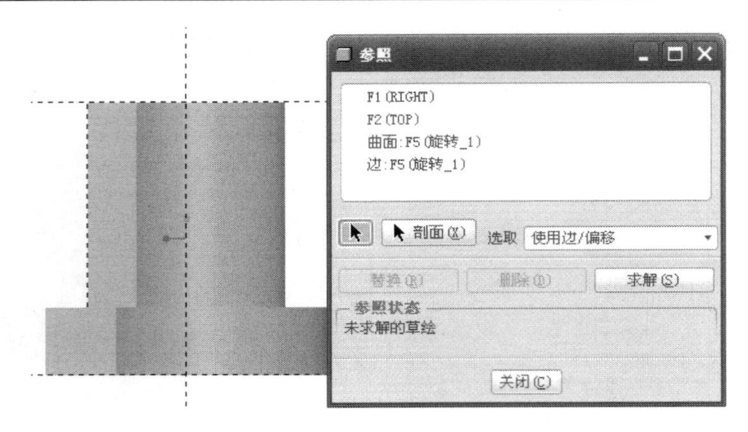

图 1-36 自定义“参照”

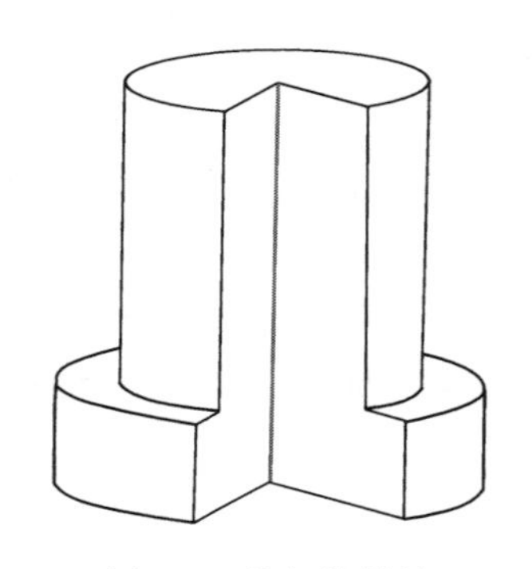

图 1-37 外部旋转轴

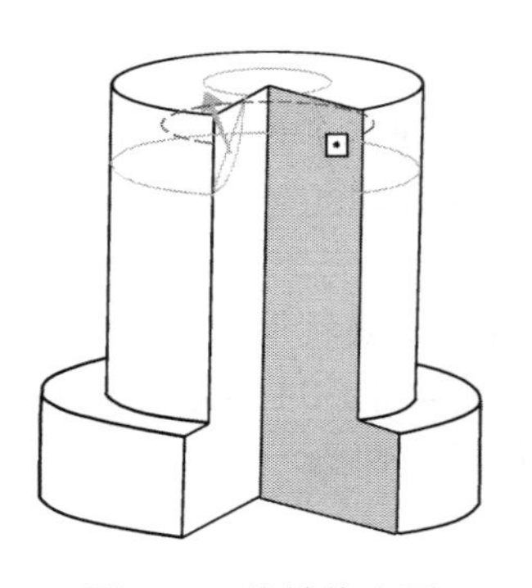

图 1-38 旋转终止面

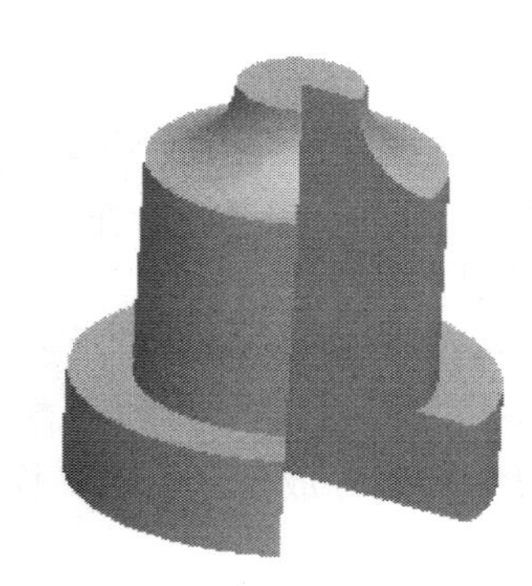

图 1-39 “旋转”切减材料后的模型

1.3.3 创建“扫描”特征

扫描实体特征就是将绘制的二维草绘截面沿着指定的轨迹线扫描生成三维实体特征。同拉伸与旋转实体特征一样，建立扫描实体特征也有添加材料和去除材料两种方法。建立扫描实体特征时首先要绘制一条轨迹线，然后再建立沿轨迹线扫描的特征截面。扫描实体特征可以构建复杂的实体特征。

1. 菜单功能简介

在默认的 Pro/ENGINEER“特征”工具条上没有“扫描”特征的快捷图标按钮，要执行“扫描”命令，可单击菜单“插入”→“扫描”→“伸出项”命令，如图 1-40 所示，弹出如图 1-41 所示的“伸出项：扫描”特征对话框和“扫描轨迹”菜单管理器。

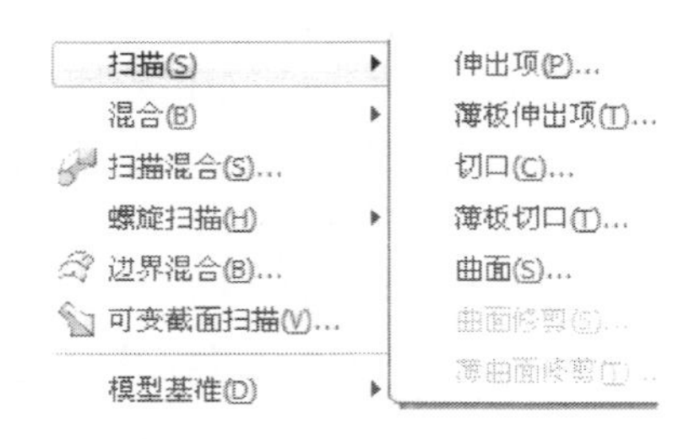

图 1-40 “插入”扫描菜单

图 1-41 “伸出项：扫描”特征对话框与“扫描轨迹”菜单管理器

从图 1-40 可以看出，“扫描”方式可以完成“伸出项”、“薄板伸出项”、“切口”、“薄板切口”和“曲面”等特征的操作，本节主要介绍 “伸出项” 特征操作。

从如图 1-41 所示的“扫描轨迹”菜单可以看出，系统提供了以下两种方式确定扫描轨迹。

1）草绘轨迹：用“草绘器”模式草绘扫描轨迹。

2）选取轨迹：选取现有曲线或边的链作为扫描轨迹。单击“选取轨迹”项，弹出如图 1-42 所示的“链”菜单管理器，系统提供了以下 6 种方式用于选取轨迹线。

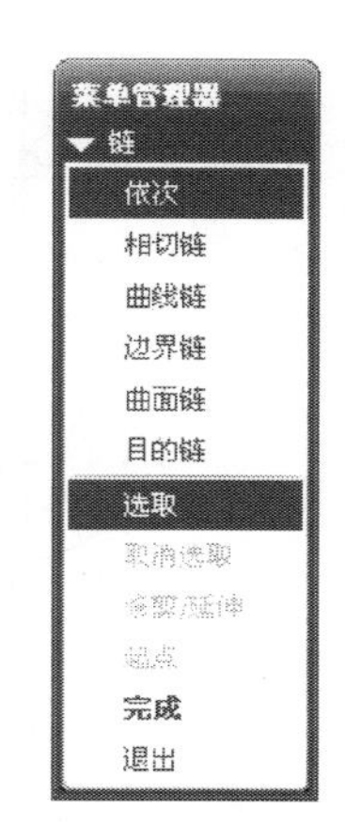

图 1-42 “链”菜单管理器

“依次”：按照任意顺序选取实体边线或基准曲线作为轨迹线，在这种方式下，一次只能选取一个对象。

“相切链”：一次选择多个相互间相切的边线或基准曲线作为轨迹线。

“曲线链”：选取基准曲线作为轨迹线，当选取指定基准曲线后，系统还会自动选取所有与之相切的基准曲线作为轨迹线。

“边界链”：选取面组曲面的边界后，可以一次选择所有与该边界相切的边界曲线作为轨迹线，在曲面的相关内容中应用较多。

“曲面链”：选取某曲面，并将其边界曲线作为轨迹线。

“目的链”：选取环形的边线或曲线作为轨迹线。

2. 创建“扫描”实例

下面以实例的方式说明菜单和命令的用法。

（1）简单“扫描”。单击下拉菜单“插入”→“扫描”→“伸出项”命令进入扫描特征模式，在弹出的菜单管理器中选择“草绘轨迹”项，按照系统提示进入草绘截面并完成如图 1-43 所示的轨迹线。单击“草绘”工具条上的按钮✓，完成轨迹线的绘制，继续下一步的操作。

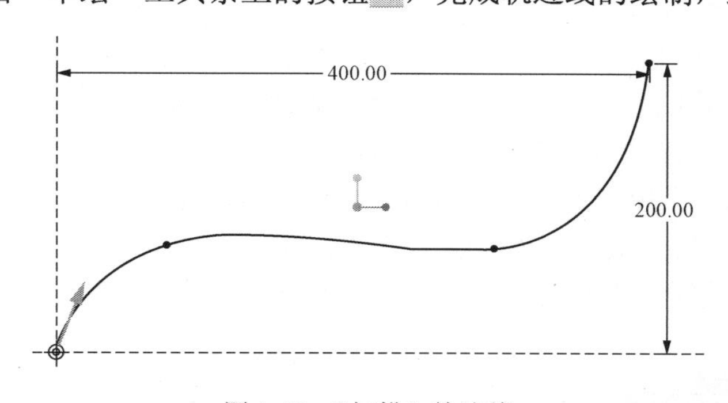

图 1-43 “扫描”轨迹线

在操作界面的信息提示区系统提示“现在草绘横截面”，用户可在绘图区系统默认的参照点绘制如图 1-44 所示的横截面。

单击“草绘”工具条上的按钮✓，完成横截面的绘制，继续下一步的操作。单击“扫描”→“确定”按钮，完成扫描，得到的模型如图 1-45 所示。

（2）“合并端点”与“自由端点”扫描。若用户在某实体特征的表面上选择已完成的曲线（不封闭，且与实体的面相交）作为扫描轨迹线，则系统弹出如图 1-46 所示的特征对话框和菜单。

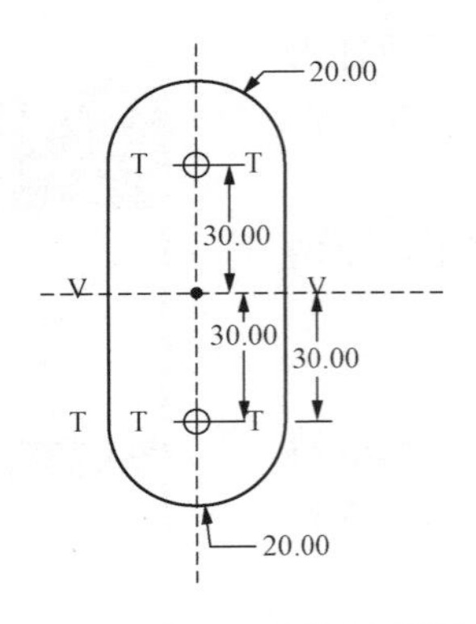

图 1-44 草绘横截面

图 1-45 “扫描”实例

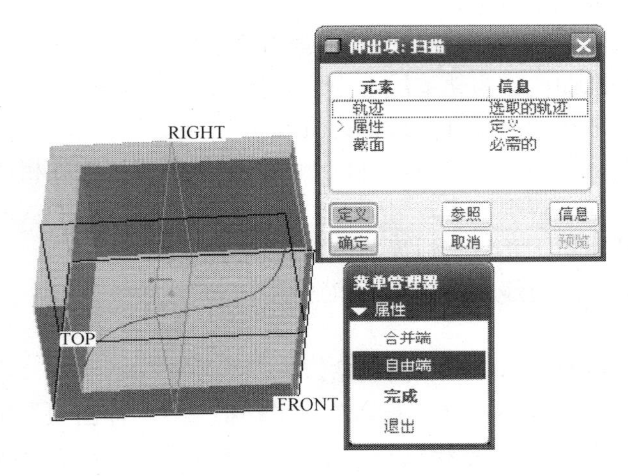

图 1-46 扫描特征对话框及菜单管理器

在“属性”菜单管理器中有“合并端”点和“自由端”点之分。

1）合并端：把扫描的端点合并到相邻实体。为此，扫描端点必须连接到零件几何。

2）自由端：不将扫描端点连接到相邻几何。

如图 1-47 所示的两个模型是同样的横截面沿相同的轨迹线扫描得到。若选择“自由端”为扫描属性，扫描特征的末端与实体的相邻面存在间隙；而选择“合并端”为扫描属性则可实现扫描特征与实体相邻面的无缝连接。

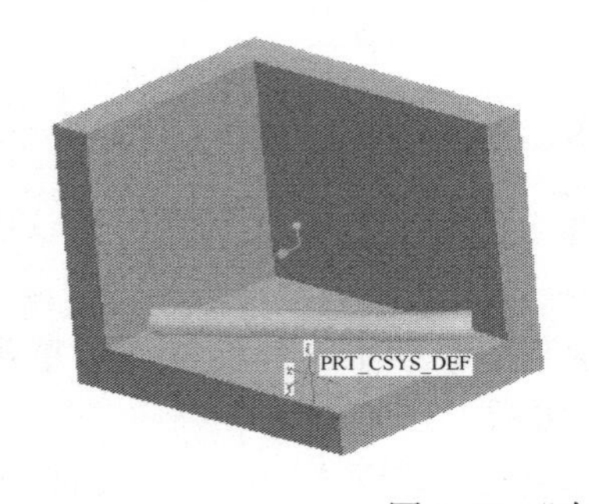

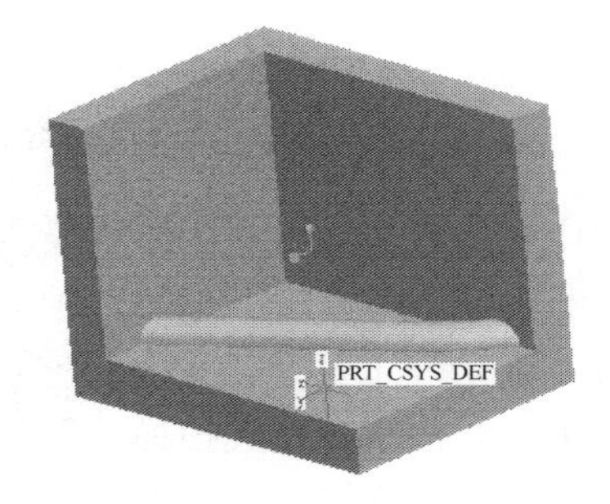

图 1-47 “自由端”点与“合并端”点的区别

（3）“添加内表面”和“无内表面”扫描。使用草绘曲线的方法在实体面上绘制如图 1-48（a）所示的封闭的曲线链，执行扫描命令，选择该曲线链为扫描轨迹，系统弹出如图 1-48（b）所示的菜单管理器。在“属性”菜单管理器中有“添加内表面”和“无内表面”两个选项。

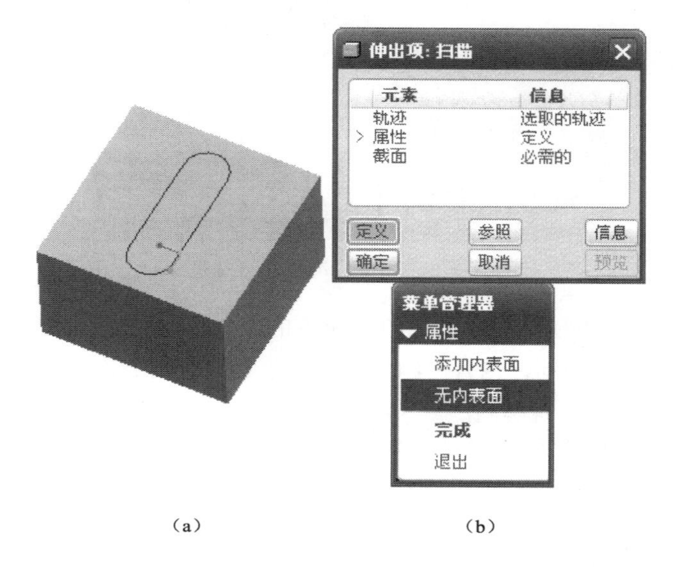

图 1-48　扫描轨迹、扫描特征对话框及其菜单管理器

“添加内表面”：草绘剖面沿轨迹线扫描产生实体特征后，自动补足上下表面，形成闭合实体，结构如图 1-49 所示，则要求使用开放型剖面。

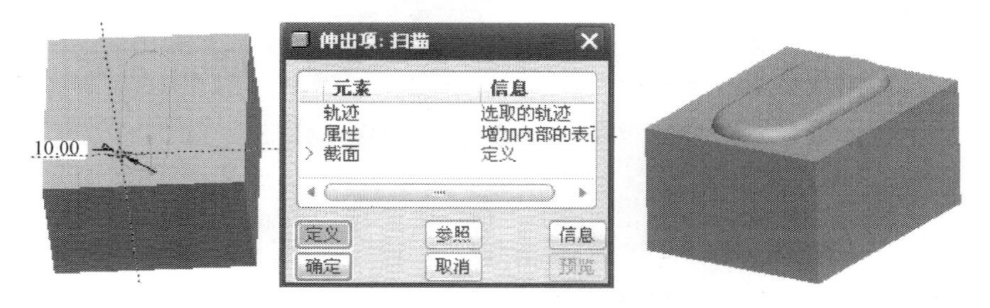

图 1-49　“添加内表面”产生实体特征

“无内表面”：草绘剖面沿轨迹线扫描产生实体特征后，不会补足上下表面，如图 1-50 所示，这时要求使用封闭型剖面。

图 1-50　“无内表面”产生实体特征

（4）执行“插入”→“扫描”→“薄板”命令后，系统会弹出如图 1-51 所示的特征对话框，需按照系统提示选择薄板的材料生长方向及厚度值。

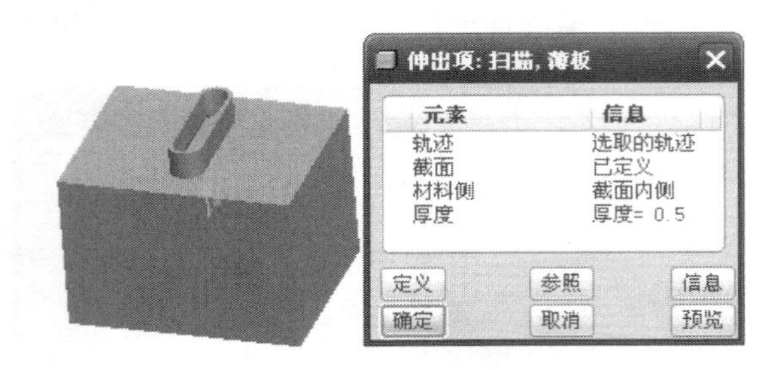

图 1-51 “扫描，薄板”对话框

（5）执行“插入”→“扫描”→“切口”命令的操作方法与前面所讲的执行“插入”→“扫描”→“伸出项”命令相同，也有“添加内表面”和“无内表面”之分，如图 1-52 所示。

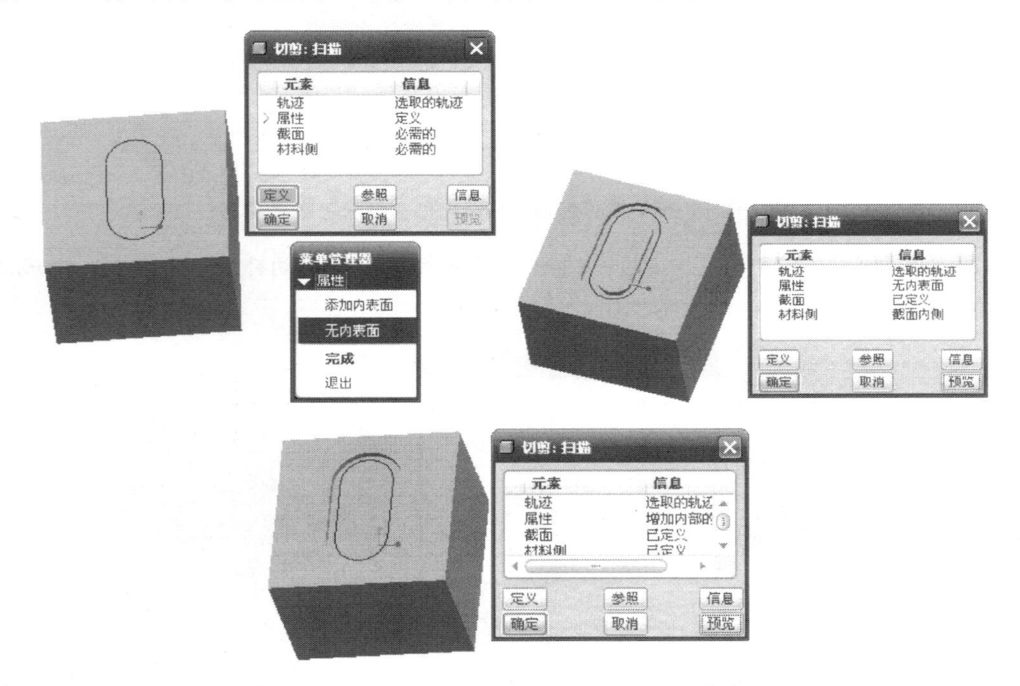

图 1-52 “插入”→“扫描”→“切口”操作实例

（6）执行“插入”→“扫描”→“薄板切口”命令与执行“插入”→“扫描”→“薄板”命令类似，如图 1-53 所示。注意去除材料的操作。

执行“插入”→“扫描”→“曲面”命令与执行“插入”→“扫描”→“伸出项”命令操作方法一样，这部分内容在曲面造型中会详细讲解。要注意的是薄板、切口、薄板切口和曲面扫描特征的横截面可以是开放型截面。

1.3.4 创建“混合”特征

混合实体特征是一种形状更加复杂的三维实体特征，是由两个或多个草绘截面在空间融合所形成的特征，沿实体融合方向截面的形状是渐变的。

图 1-53 “插入”→“扫描”→“薄板切口”

混合实体特征不仅应用非常广泛，而且其生成方法也非常丰富，灵活多变。

1. 菜单功能简介

在默认的 Pro/ENGINEER “特征” 工具条上没有 “混合” 特征的快捷图标按钮，要执行 “混合” 命令，可单击菜单 “插入” → “混合” → “伸出项” 命令，系统弹出如图 1-54 所示的“混合选项”菜单管理器。

图 1-54 “混合选项”菜单管理器

在 “混合选项” 菜单管理器中，单击下列命令之一，然后单击 “完成” 项。

（1）“平行”：所有混合截面都位于截面草绘中的多个平行平面上。

（2）“旋转的”：混合截面围绕 Y 轴旋转，最大旋转角度可达 120°。每个截面都单独草绘并用截面坐标系对齐。

（3）“一般”：一般混合截面可以围绕 X 轴、Y 轴和 Z 轴旋转，也可以沿这 3 个轴平移。每个截面都单独草绘并用截面坐标系对齐。

（4）“规则截面”：特征使用草绘平面。

（5）“投影截面”：特征使用选定曲面上的截面投影。该选项只用于平行混合。

（6）“选取截面”：选取截面图元。该选项对平行混合无效。

（7）“草绘截面”：草绘截面图元。

单击 “完成” 项继续进行下一步操作，系统弹出 “属性” 菜单管理器，不同的实体特征不但具有不同的视觉效果，而且还会具有不同的使用性能。如图 1-55 所示选项用于所有混合实体特征。

（1）“直”：各截面之间采用直线连接，截面间的过渡存在明显的转折。在这种混合实体特征中可以比较清晰地看到不同截面之间的转接。

（2）“光滑”：各截面之间采用样条曲线连接，截面之间平滑过渡，在这种混合实体特征上看不到截面之间明显的转接。

若 “混合选项” 菜单管理器中选择 “旋转的” 项，单击 “完成” 项继续下一步操作，系统弹出如图 1-56 所示的菜单管理器，除了 “直” 和 “光滑” 属性之外，还有 “开放” 和 “封闭的” 两个属性。

（1）“开放”：顺次连接各截面形成旋转混合实体特征，实体起始截面和终止截面并不封闭相连。

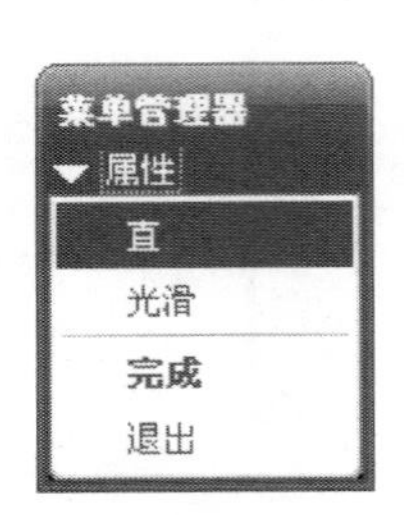

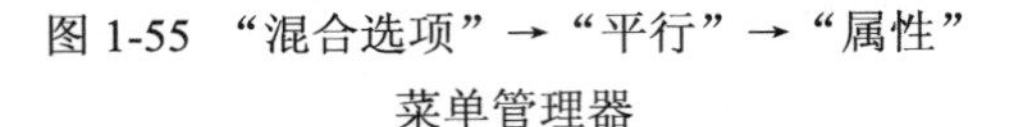
图 1-55 “混合选项”→“平行”→“属性”菜单管理器

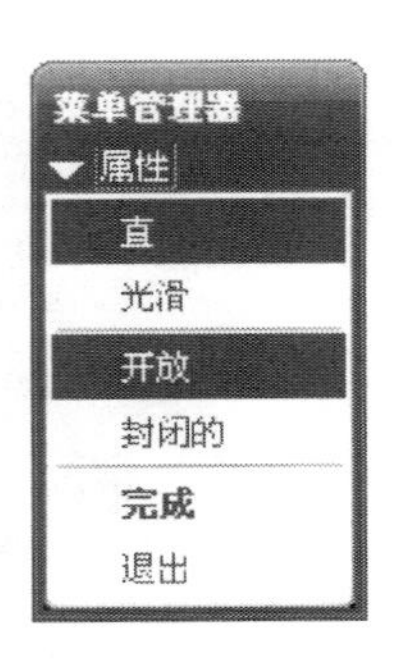

图 1-56 “混合选项”→“旋转的”→“属性”菜单管理器

（2）“封闭的”：顺次连接各截面形成旋转混合实体特征，同时，实体起始截面和终止截面相连组成封闭实体特征。

2. 创建“混合”实例

（1）平行混合。平行混合特征中所有的截面都互相平行，所有的截面都在同一窗口中绘制完成。截面绘制完毕后，要指定混合截面的距离，下面以如图 1-57 所示的多头蜗杆为例来介绍平行混合的相关知识。

1）单击菜单“插入”→“混合”→“伸出项”命令，会出现如图 1-54 所示的“混合选项”菜单管理器，依次单击“平行”→“规则截面”→“草绘截面”→“完成”项，在“属性”菜单管理器中依次单击“光滑”→“完成”项，然后继续下一步操作。

2）按照系统提示选择好草绘平面与参照平面，进入草绘状态。完成如图 1-58 所示的截面绘制并保存。因为该实例模型截面形状一致，在绘制后面的截面时可直接调用保存的对象，也可以在执行“混合”命令之前先完成截面草图的绘制并保存。

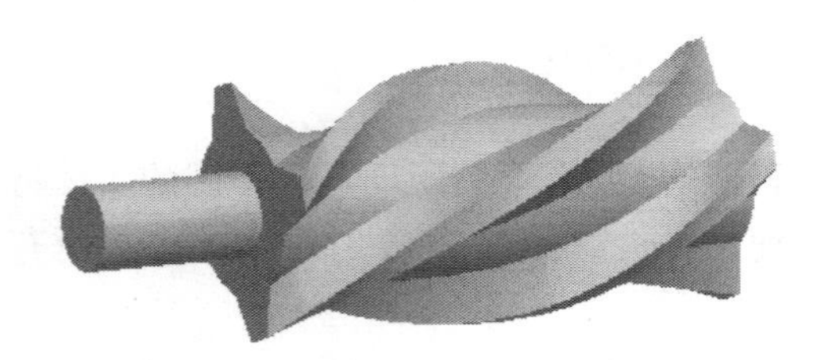
图 1-57 多头蜗杆

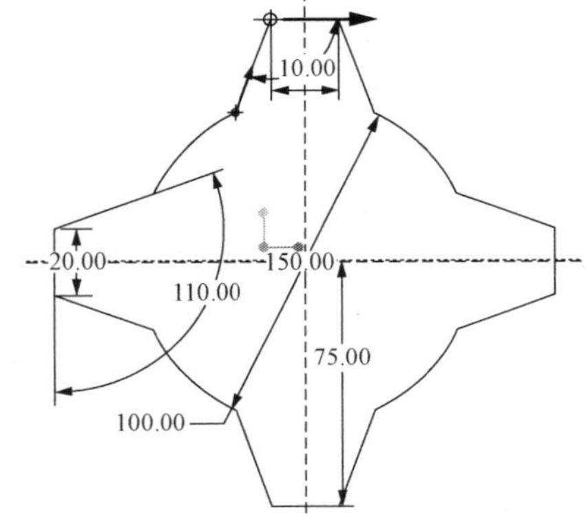

图 1-58 草绘多头蜗杆截面

3）在绘图区单击鼠标右键，弹出如图 1-59 所示的快捷菜单，选择“切换剖面”命令，或者单击菜单“草绘”→“特征工具”→“切换剖面”命令，进入第二个截面的绘图状态。可直接通过单击“草绘”→“用户来自文件”→“文件系统”命令，在“打开”对话框中找到刚刚保存的截面图文件并打开，用鼠标左键在绘图区拾取截面图的插入点，弹出如图 1-60 所示的“缩放旋转”对话框。按照比例为 1:1 和旋转 0°角的方式插入刚刚保存的截面。

当然，第二个截面也可以在切换剖面后重新绘制。

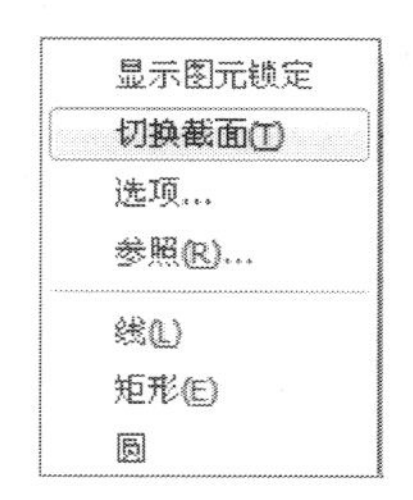

图 1-59　“切换剖面”快捷菜单

图 1-60　“缩放旋转”对话框

4）选择如图 1-61 所示截面图中箭头所指的点，单击 “草绘”→“特征工具”→“起始点”命令。也可以在选择点之后单击鼠标右键，弹出如图 1-62 所示的快捷菜单，选择“起点”命令设置当前点为第二个截面的混合起始点，起始点方向与第一个截面的起始点方向均为顺时针方向。可以通过在所选端点上再次执行“起始点”命令改变起始点方向。

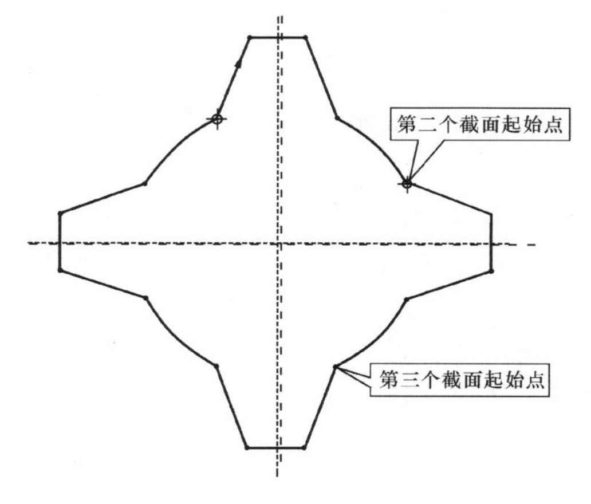

图 1-61　第二个截面起始点

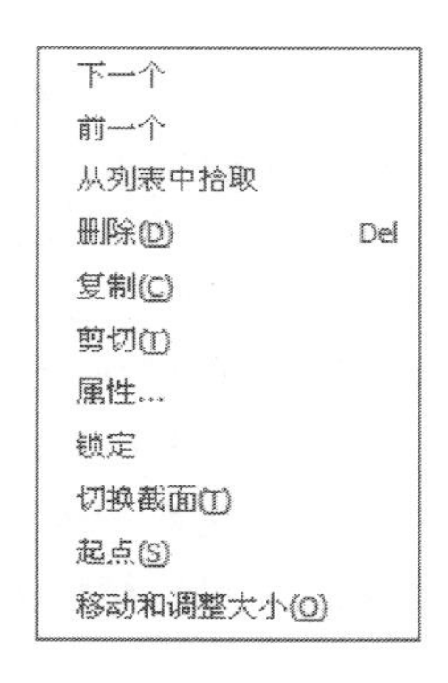

图 1-62　“起始点”快捷菜单

5）按照同样的方法完成第三个截面。

6）单击草绘工具条上的按钮✔，完成截面草绘，按照系统提示输入 3 个截面之间的间距，这里均为“150”，单击特征对话框中的“预览”→“确定”按钮，可得到如图 1-63（a）所示的平行混合实体模型。若将“属性”项改为“直”，其模型如图 1-63（b）所示。

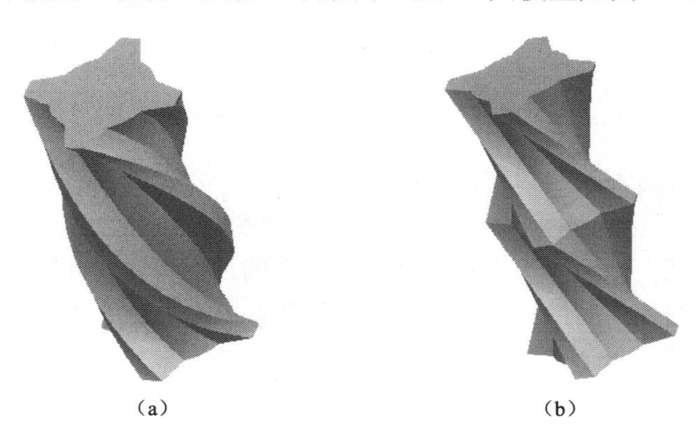

（a）　（b）

图 1-63　混合实体模型

7）在混合实体模型的上表面创建如图 1-64 所示的“拉伸”特征，最后完成多头蜗杆模型。

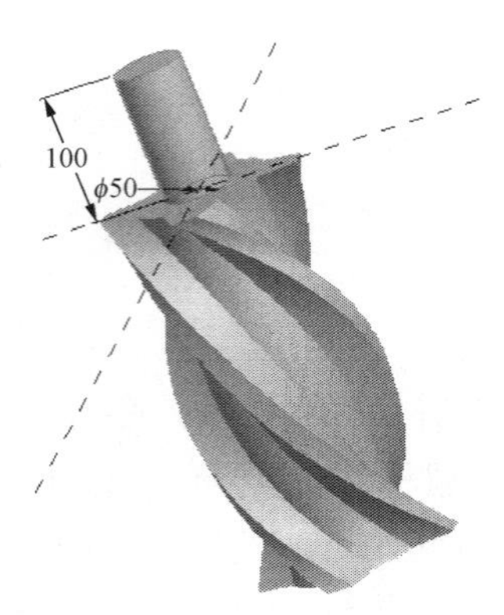

图 1-64　创建“拉伸”特征

注意：

1）平行混合中每一个截面图中都有一个起始点，不同截面上的起始点相互连接，在起始点后按照箭头指示的方向顺次相连。

2）一般来说，要求参与混合的各截面具有相同数量的顶点。对于没有足够几何图元的截面，可以使用“草绘”工具栏中的“分割”按钮分割图元，也可以采用“混合顶点”的方法加以处理。如图 1-65 所示，第一个截面为四边形，第二个截面为三边形。可在绘制完第二个截面后，选择图形中箭头所指顶点，单击 “草绘” → “特征工具” → “混合顶点” 菜单命令。或者用鼠标右键单击该顶点，在弹出的快捷菜单中选择“混合顶点”命令，这样才能正确地完成混合。得到的模型如图 1-66 所示。

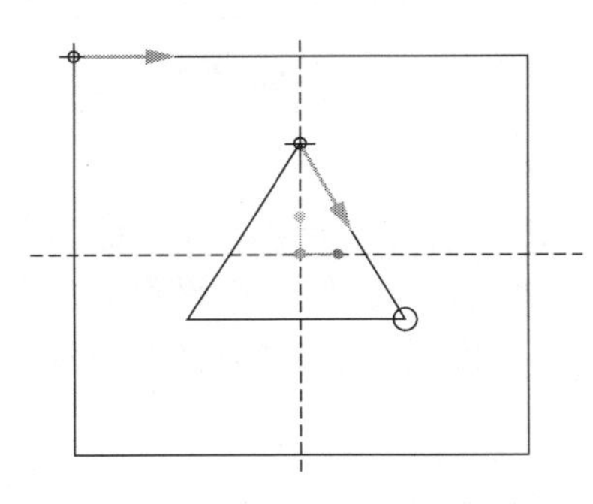

图 1-65 “混合顶点”设置

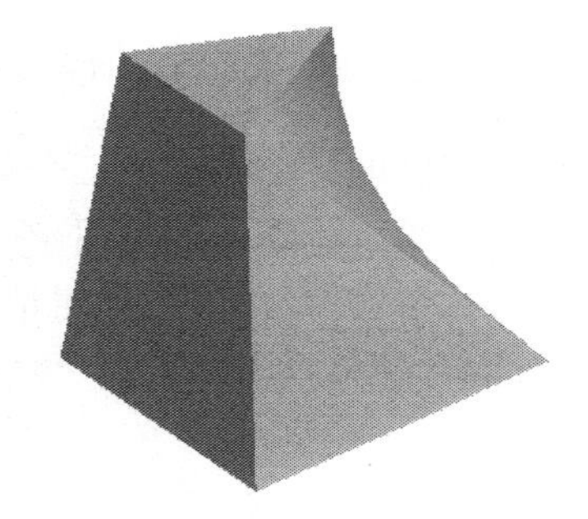

图 1-66 “混合”实体模型

（2）旋转混合。旋转混合实体特征的生成方法和平行实体特征有比较大的差异。创建这种混合实体特征时使用的截面不一定必须满足平行条件，但是仍然要求各截面具有相同数量的边数或顶点数。某一截面的顶点数少于其他截面的顶点数时，同样可以采用混合顶点的方法。旋转混合具备回转体的性质，特别可完成不规则的回转体，如常见的苹果就可以通过旋转混合实现快速造型。

1）单击菜单“插入”→“混合”→“伸出项”命令，再单击“旋转的”→“规则截面”→“草绘截面”→“完成”项，继续下一步操作。

2）在“属性”菜单管理器中单击“光滑”→“封闭的”→“完成”项，按照系统提示选择好草绘平面和参照平面进入草绘状态，完成如图 1-67 所示的截面图形。特别注意旋转混合需要建立坐标系作为旋转参照，因此在绘制截面图时应该单击“草绘”工具条上的按钮插入坐标系。由于苹果的各个截面类似，可将该图形保存并在后面插入新的截面时直接调用该截面并可做适当修改。

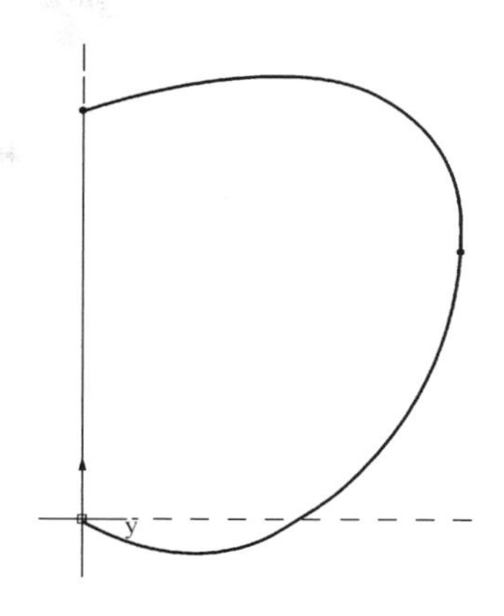

图 1-67　草绘截面

3）单击“草绘”工具条上的按钮，完成第一个截面的绘制。按照系统提示输入截面 2 与截面 1 绕 Y 轴的旋转角（10°～120°），这里输入“45°”。进入第二个截面的绘图状态，本例中可直接通过单击“草绘”→“用户来自文件”→“文件系统”命令，按照比例 1:1 和旋转角度 0°的方式插入刚刚保存的截面。可适当编辑该截面的样条曲线从而稍微改变截面的形状。单击“草绘”工具条上的按钮，完成第二个截面的绘制。按照系统提示继续下一截面，共完成 5 个类似的截面。

当然，第一个截面后的其他截面也可以在进入新的截面绘图状态后重新绘制，但要注意的是每次绘制新的截面都需要插入坐标系。

4）最后系统提示“继续下一截面吗”，选择“否”项，完成所有截面的绘制。单击特征对话框中的“确定”按钮得到如图 1-68（a）所示的实体模型。若将“属性”改为“开放”项，则实体模型如图 1-68（b）所示。

5）在旋转混合特征的基础上加入辅助特征“扫描混合”（该特征的具体用法后面详细讲解），从而得到苹果的“把”，最终完成苹果模型如图 1-69 所示。

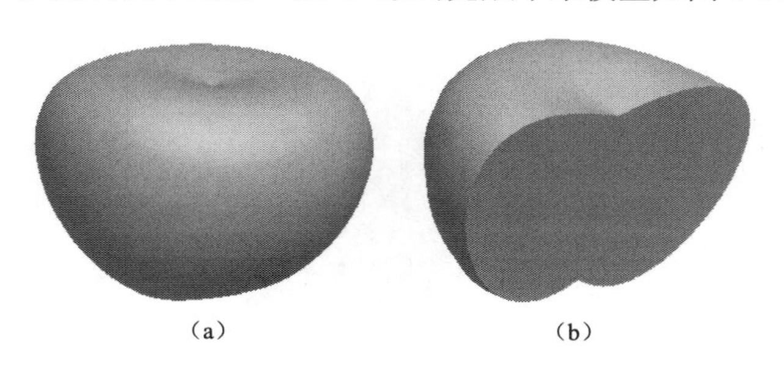

（a）　（b）

图 1-68 “混合”实体模型

图 1-69　苹果实体模型

（3）一般混合。一般混合实体特征具有更大的设计灵活性，可以用于生成更为复杂的实体特征。掌握了旋转混合实体特征的生成方法后，很容易理解一般混合特征的生成原理。旋转混合实体特征中后一截面的位置是由前一截面绕 Y 轴转过指定角度后，再在 XOY 平面内由到 X 轴和 Y 轴的两个线性距离尺寸来确定的。在一般混合实体特征的生成过程中，后一截面的位置是由前一截面分别绕 X、Y、Z 3 个坐标轴各转过一定角度来确定，这样截面的位置更加丰富，可以生成更加复杂的实体特征。

单击菜单“插入”→“混合”→“伸出项”命令，在弹出的菜单管理器中依次单击“一般”→“规则截面”→“草绘截面”→“完成”项，在“属性”菜单管理器中依次单击“光滑”→“完成”项，按照系统提示选择草绘平面进入到草绘环境，绘制如图 1-70 所示的第一个截面。与旋转混合相似的是这里也需要插入坐标系。

单击“草绘”工具条上的按钮，按照系统提示输入第二个截面相对坐标系 *X*、*Y*、*Z* 轴 3 个方向旋转的角度，分别为 30°、30°、0°，进入草绘界面后绘制如图 1-71 所示的第二个截面。

单击“草绘”工具条上的按钮，完成第二个截面的绘制。在信息提示区的编辑框中输入“Y”或单击“是”按钮，继续下一个截面的绘制。

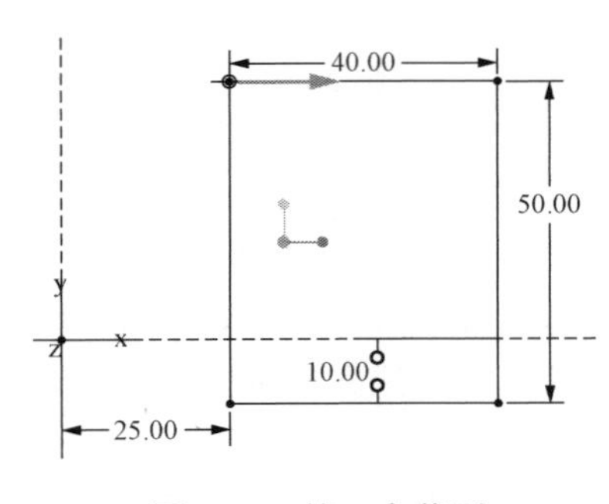

图 1-70　第一个截面

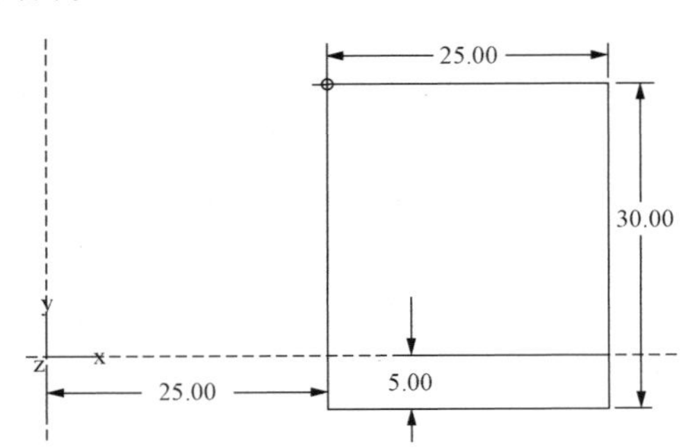

图 1-71　第二个截面

根据系统提示，输入第三个截面绕相对坐标系 *X*、*Y*、*Z* 3 个方向旋转的角度为 30°、0°、15°，进入草绘界面后绘制如图 1-72 所示的第三个截面。

单击“草绘”工具条中的按钮，完成第三个截面的绘制。然后在信息提示区中单击“否”按钮，表示不继续绘制下一截面。按照系统提示输入截面间的深度值分别为“50”、“40”。

单击“混合”特征对话框中的“确定”按钮完成一般混合模型的创建，如图 1-73 所示。

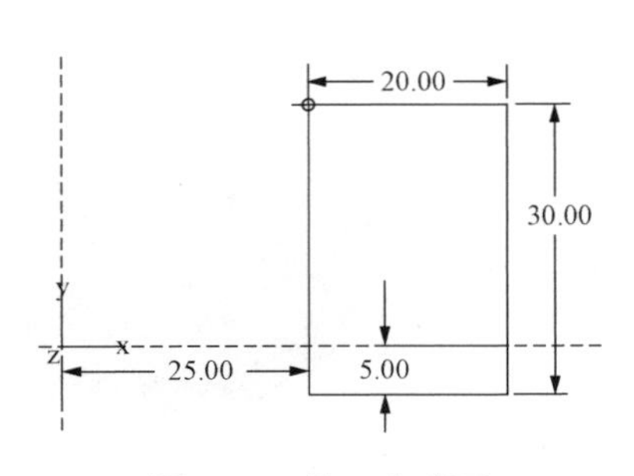

图 1-72　第三个截面

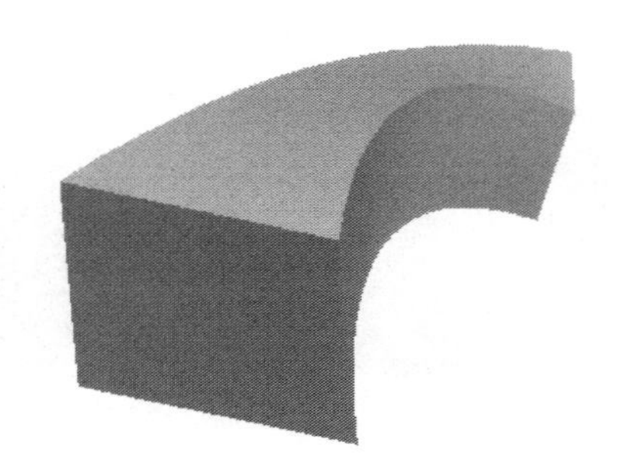

图 1-73　“混合”实体模型

至此，已经全部介绍了基础实体特征的 4 种创建方法。这 4 种方法在三维实体建模中具有相当重要的地位。在随后曲面特征的创建中将会看到，这些方法同时还是曲面特征创建的基本工具，具有几乎相同的创建原理。

另外，除了上述 4 种创建了基础实体特征的方法外，系统还提供了一些高级功能，使用这些高级功能可以创建更加典型和复杂的实体特征。读者可以自行查阅资料学习。

第 2 章　模 具 设 计 简 介

2.1　Pro/ENGINEER 模具设计模块介绍

Pro/ENGINEER 的模具设计模块与 Pro/ENGINEER 基础模块一起，为塑料模具、压铸模具、冲压模具提供了快速而完整的模具零部件设计功能。它可帮助模具设计人员和制造工程师，创建复杂曲面、精密公差及所需的模具嵌件等特征。

Pro/ENGINEER 软件提供了以下几种模具的设计模块。

（1）注塑模具设计：Pro/ENGINEER 用于注塑模的设计模块（Pro/MOLDESIGN），提供了在 Pro/ENGINEER 中仿真注塑模具设计的过程，它能让模具设计人员创建、修改和分析模具构件，并在模具设计变化时，快速更新它们。

（2）注塑模具设计专家（EMX）：该模块能大大缩短模具设计人员在创建、定制、和细化模架部件及注塑模具和压铸模具所需要的模具组件上的时间。

（3）压铸模具设计：Pro/ENGINEER 用于压铸模的设计模块（Pro/CASTING），全面提供了在 Pro/ENGINEER 软件中仿真压铸模设计的过程。

（4）冲压模具设计：Pro/ENGINEER 的钣金设计模块提供了钣金件的设计功能，用户还可以添加钣金模架库模块（PDX）设计冲裁模的模架。

本文主要针对注塑模具设计及注塑模具设计专家（EMX）这两部分的内容进行介绍。

2.2　Pro/ENGINEER 模具设计术语

1. 设计模型

设计模型是模具要制造的产品，如图 2-1 所示，它是模具设计的基础，它决定了模具类型、模具型腔形状、成型过程是否需要侧型芯、销、镶块等模具元件，以及浇注系统、冷却水线系统的布置等。

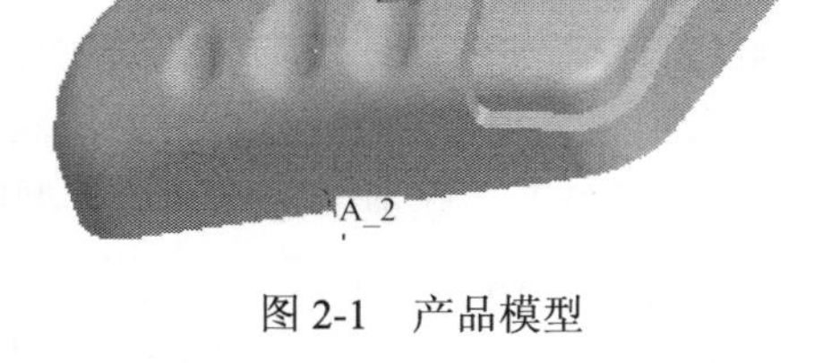

图 2-1　产品模型

2. 参照模型

Pro/ENGINEER 模具设计时，不是直接用设计模型作参照模型，参照模型只是"参照"设计模型的几何要素，所以两种模型一般不完全相同。设计零件并不包含成型件所有必要要素，如设计模型上可能不收缩，也不包含拔模角，而一般在参照模型上应当设置收缩率和拔模角。

参照模型的创建方法如下。

（1）按参照合并：参照模型是从设计模型中复制而来的，可以在模具设计过程中，将收缩、拔模角、倒角及其他一些特征应用到参照模型中而不会影响设计模型。

（2）同一模型：表示参照模型和设计模型指向同一文件，且彼此关联。

提示： 用“按参照合并”、“同一模型”创建参照模型，只要设计模型发生变化，参照模型及所有相关模具特征都发生相应变化。

（3）继承：参照模型继承设计零件中所有几何和特征信息。继承可使设计零件中的几何和特征数据单向且相关地向参照零件中传递。继承特征从与其参照零件（它从此参照零件衍生出来）一样的几何和数据开始。可在继承特征上标识出要修改的几何和特征数据，而不更改原始零件。继承可为在不更改设计零件情况下修改参照零件提供更大的自由度。

3. 工件模型

工件模型代表直接参与熔融材料成型的模具元件整个体积（例如，顶部和底部嵌件）。如图 2-2 所示，工件模型又称坯料模型。在 Pro/ENGINEER 中工件可以通过装配或临时创建的方法实现。

4. 模具模型

模具模型是模具模块的最高模型，文件后缀为*.asm，它包含参照模型、工件、各种模具特征和模具元件，如图 2-3 所示。

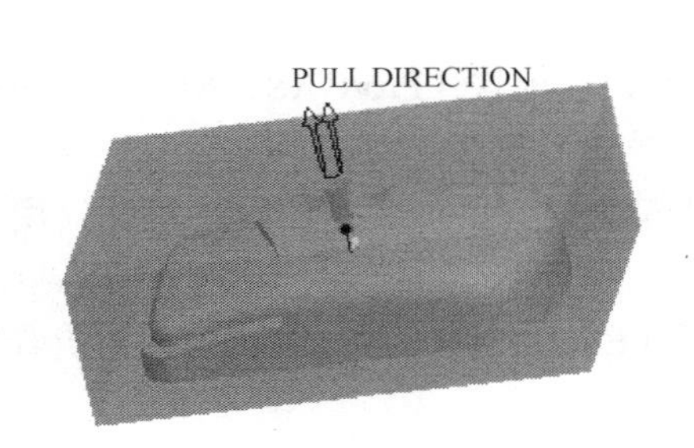

图 2-2 工件

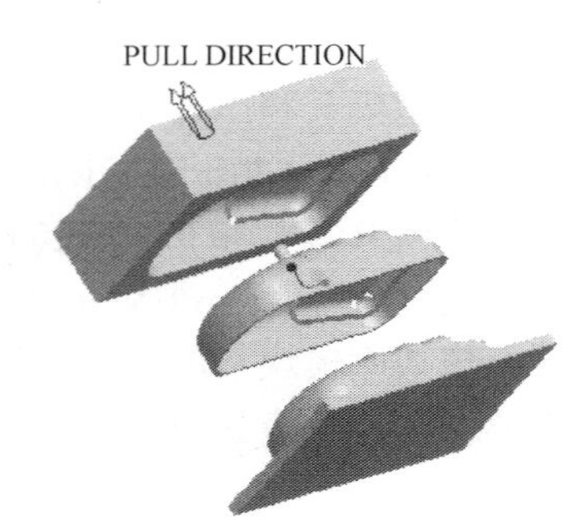

图 2-3 模具模型

2.3 模具设计基本流程

【实例 2-1】 文件 chap2\原始文件\mouse.prt

打开 Pro/ENGINEER 软件后，通过“文件”→“设定工作目录”命令设定当前工作目录，将工作目录设定为本地硬盘的 chap2\原始文件，后面的实例如无特别提示也是类似操作。

应用“文件”→“新建”命令，在“新建”对话框中的“类型”选项中选“制造”单选按钮，“子类型”选项中选择“模具型腔”单选按钮，在“名称”文本框中输入模具模型的名称，如图 2-4 所示。取消“使用默认模板”复选框，单击“确定”按钮，弹出如图 2-5 所示的“新文件选项”对话框，用于选择模板文件，单击“确定”按钮，进入模具设计界面。用于模具设计的菜单管理器如图 2-6 所示。

提示： 在“新建”对话框中与模具设计有关的“子类型”模块有以下 3 种。

（1）铸造型腔：用于设计压铸模。

（2）模具型腔：用于设计注塑模。

（3）模面：用于设计冲压模。

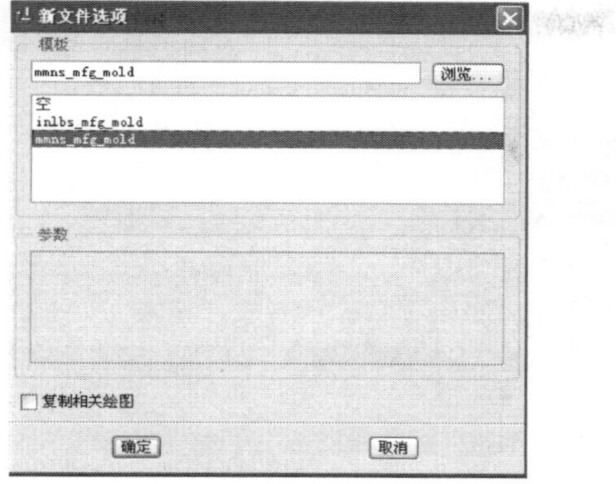

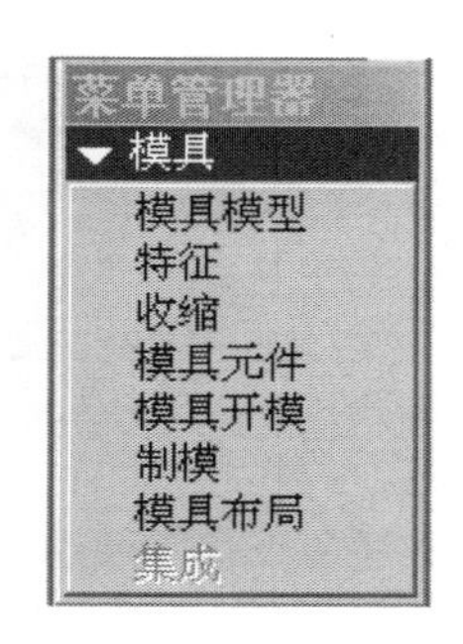

图 2-4 “新建”对话框　　图 2-5 “新文件选项”对话框　　图 2-6 “模具”菜单管理器

2.3.1 创建模具模型

（1）在“模具”菜单管理器中选择“模具模型”→“装配”→“参照模型”项，在“打开”对话框中选择相应的文件作为设计模型的参照，单击“打开”按钮。在“元件放置”对话框中设置装配约束，直至完整约束为止，这里用“默认坐标系”的方法进行装配约束。

（2）在“模具”菜单管理器中选择“模具模型”→“创建”→“元件”→“手动”项，弹出“元件创建”对话框，如图 2-7 所示。在“名称”文本框中输入工件名，单击“确定”按钮，弹出“创建选项”对话框，如图 2-8 所示。在该对话框中选择“创建特征”选项，单击“确定”按钮，进入工件实体的创建过程，具体过程参考拉伸特征的创建过程，工件的草绘平面如图 2-9（a）所示，草绘参照如图 2-9（b）所示，草绘截面如图 2-9（c）所示，拉伸深度为如图 2-9（d）所示，创建的工件如图 2-9（e）所示。

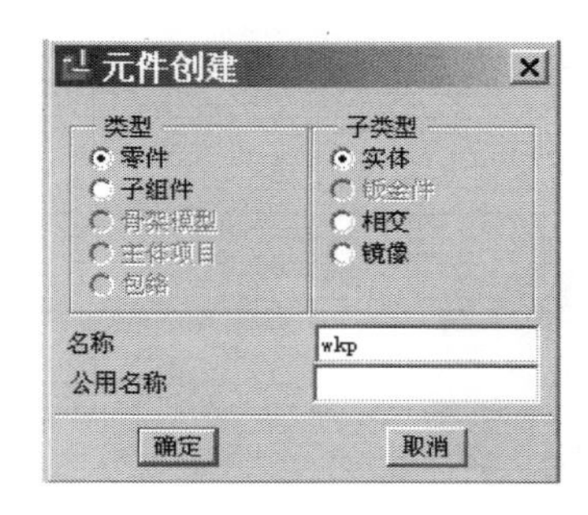

图 2-7 “元件创建”对话框

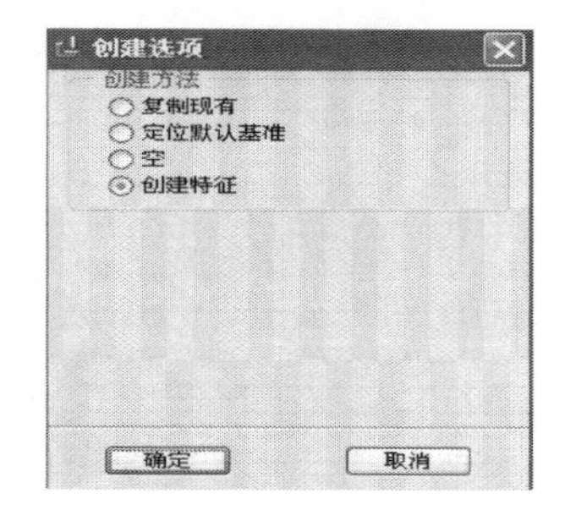

图 2-8 “创建选项”对话框

2.3.2 设置收缩率

塑料件从模具中取出后冷却至室温后尺寸发生缩小变化的特性称为收缩性，收缩性的大小以单位长度塑料件收缩量的百分数表示，称为收缩率。

收缩率的设置方法如下。

（1）“按尺寸”：允许为所有模型尺寸设置一个收缩系数，也可为个别尺寸指定收缩系数。可选择将收缩应用到设计模型中。

（2）“按比例”：允许相对于某个坐标系按比例收缩零件几何。可分别指定 *X*、*Y* 和 *Z* 坐标的不同收缩率。如果在“模具”模式下应用收缩，则它仅用于参照模型而不影响设计模型。

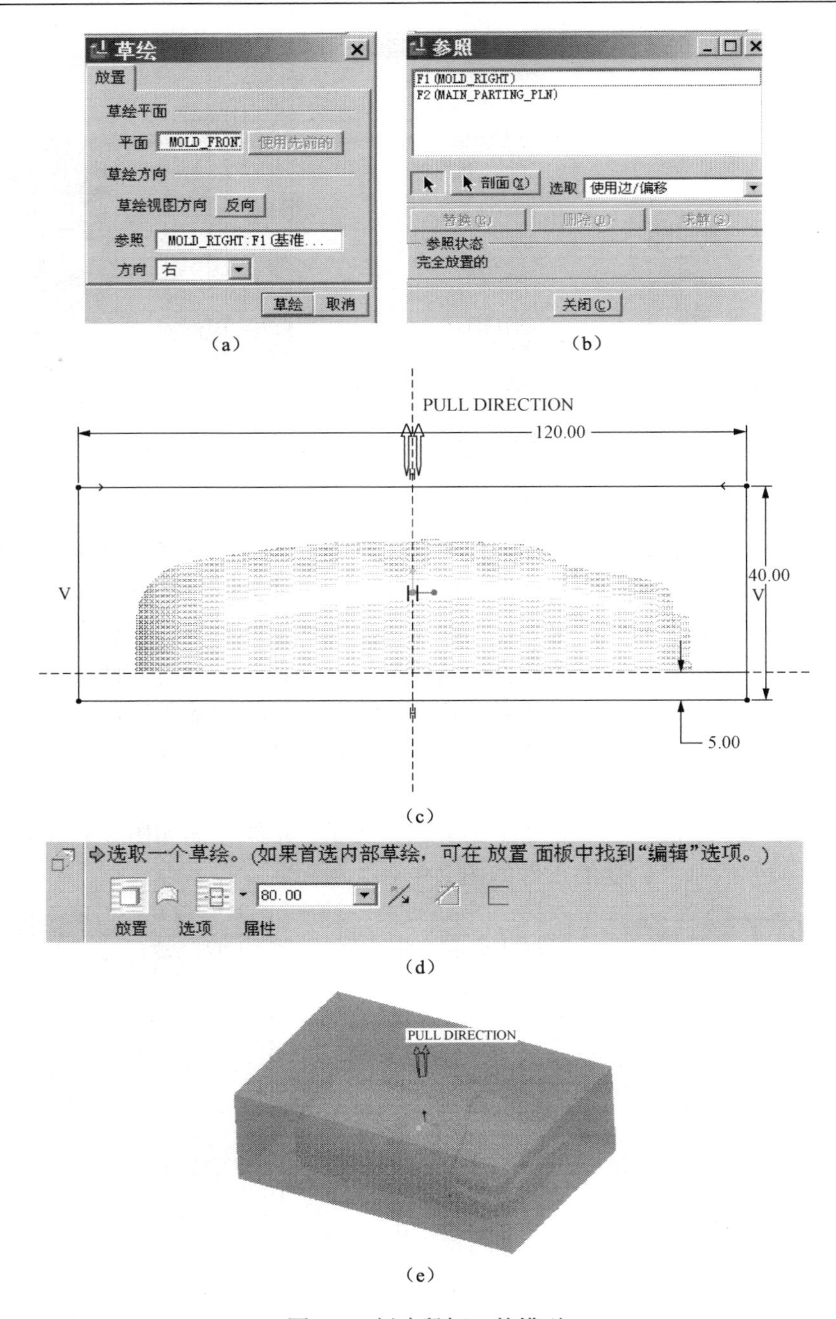

(a)　(b)　(c)　(d)　(e)

图 2-9　创建鼠标工件模型

(a) 工件草绘平面；(b) 草绘参照；(c) 草绘鼠标工件模型截面；(d) 定义拉伸深度；(e) 生成的工件

Pro/ENGINEER 使用两种公式计算收缩。应用收缩后，便可利用公式$\frac{1}{1-S}$指定基于参照零件最终几何的收缩因子。公式 1+S 使用基于零件原始几何的预先计算的收缩因子。

收缩率设置的进入方法：单击“模具”→“收缩”命令或单击“收缩率设置”按钮，选择“按尺寸收缩”项，单击“确定”按钮，进入如图 2-10 所示的对话框。在该对话框中选择公式、设定收缩选项、确定收缩尺寸和收缩率大小。

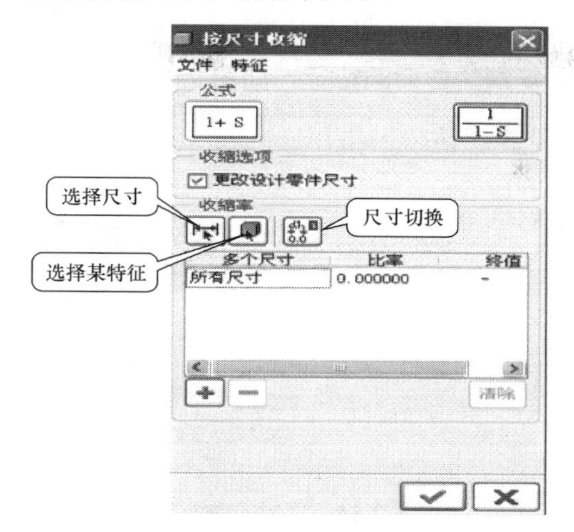

图 2-10 “按尺寸收缩”对话框

2.3.3 设计分型面

分型是模具设计中最重要的部分，各种模具的设计都要通过分型面分割工件打开模具。Pro/ENGINEER 中创建分型面与一般曲面无本质区别，完全可以用建模模块中创建曲面相同的方法来创建分型面。各种分型面的设计方法，在后面的章节中将详细介绍。

Pro/ENGINEER 中进入分型面设计的方法如下。

方法一：单击“分型面工具”按钮。

方法二：单击“插入”→“模具几何”→“分型曲面”命令。

具体步骤如下。

（1）复制分型面。将图形界面右下方的选择对象过滤器由默认的“智能”切换到“几何”。

单击“分型面工具”按钮进入分型面创建模式后，选择如图 2-11 所示的曲面为种子面，按住 Shift 键，再选如图 2-12 所示的曲面为边界曲面。按 Ctrl+C 键进行复制，按 Ctrl+V 键进行粘贴，进入如图 2-13 所示的设计界面。

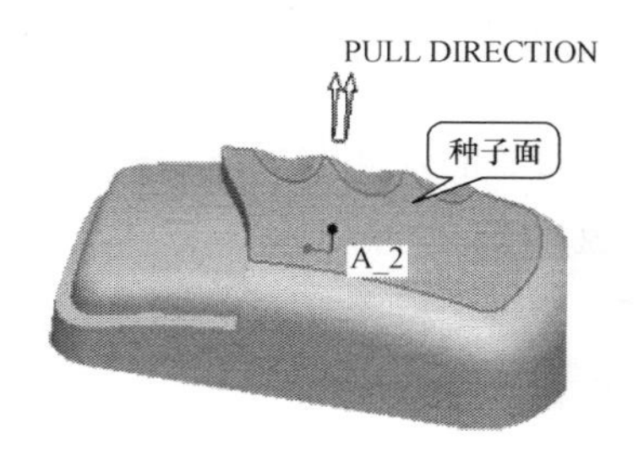

图 2-11 选择种子面

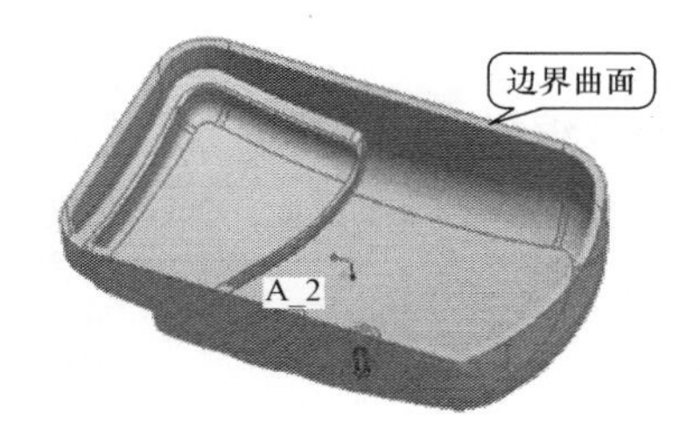

图 2-12 选择边界曲面

图 2-13 复制曲面下滑面板

“参照”：用于定义复制曲面的面。

“选项”：用于定义曲面是否需要破孔填充等内容。

定义好复制的曲面后，单击图 2-13 中的按钮✔或按鼠标中键，退出曲面复制画面。这时可以在模型树中看到刚才复制的曲面的特征，如图 2-14 所示。

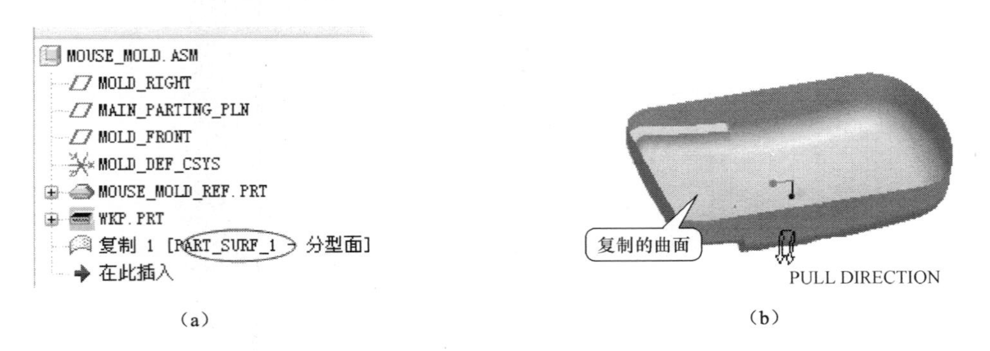

图 2-14 复制的曲面

（a）模型树中复制的曲面；（b）复制的曲面

（2）延伸分型面。在模型树中右键单击刚刚复制的曲面特征“复制 1［PART_SURF_1－分型面］”，单击“重定义分型面”项。第一次延伸：在复制的分型面中选择延伸的第一条曲面边界线，按住 Shift 键，当鼠标附近的字体为“依次”时，再依次选取另外两条边，如图 2-15 所示，放开 Shift 键，完成需要延伸的边界曲线的选择。在选择曲面边界曲线之前，最好将参考模型隐藏，防止参考模型的边界曲线被选择，如果选择的边为参考模型的边界曲线，则“编辑”→“延伸”命令将变为灰色。

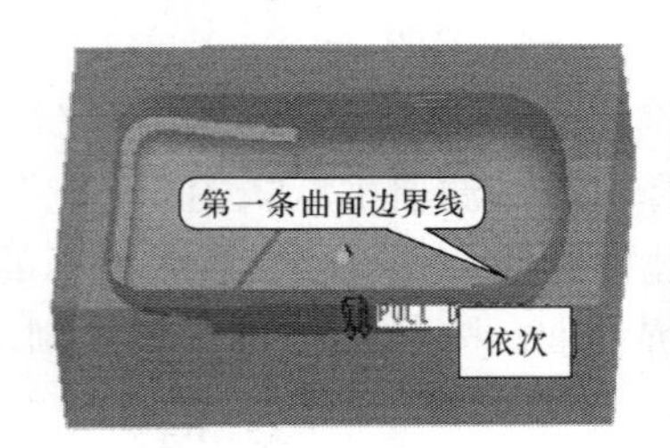

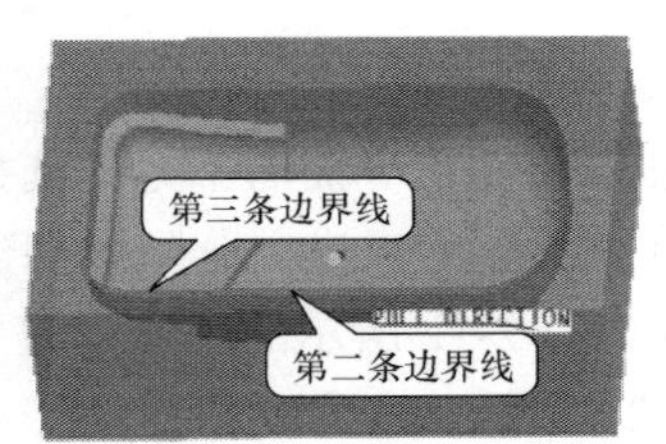

图 2-15 选择延伸的边界曲线

执行“编辑”→“延伸”命令，进入如图 2-16 所示的曲面延伸的下滑面板。

图 2-16 曲面延伸定义下滑面板

单击如图 2-16 所示操控面板中的按钮，以定义边界曲线将延伸到的参照平面。选取图 1-17 中工件表面作边界线将延伸到的平面。延伸后的曲面如图 2-18 所示。

用相同的方法进行延伸第二次延伸，得到如图 2-19 所示的曲面。

用相同的方法进行第三次和第四次延伸，分别如图 2-20 和图 2-21 所示。到此为止，分型面创建完毕。

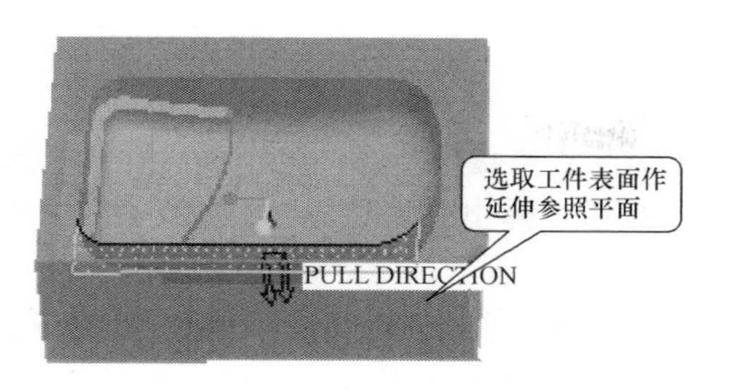

图 2-17 选择延伸参照平面

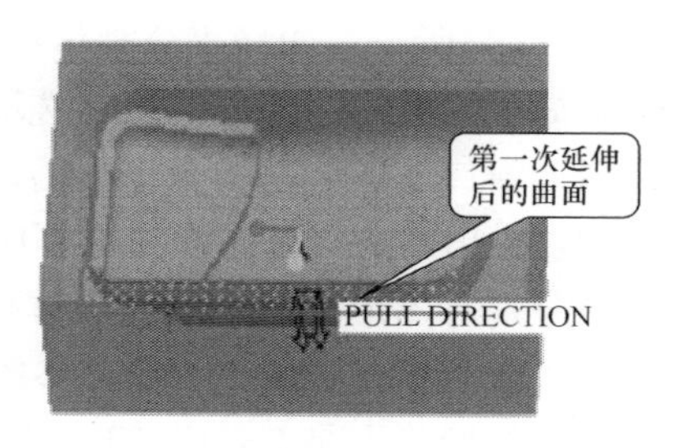

图 2-18 第一次延伸后的曲面

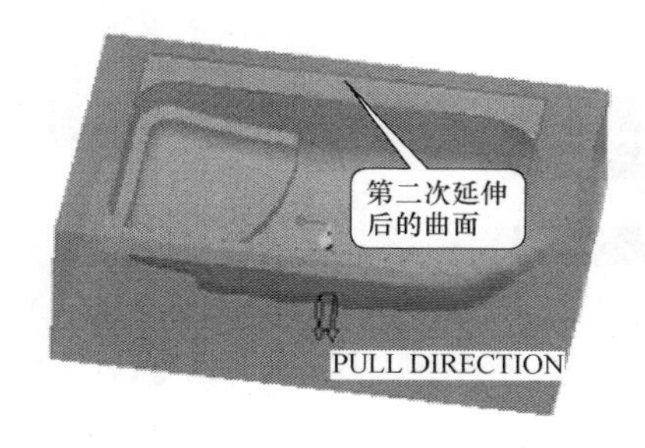

图 2-19 第二次延伸后的曲面

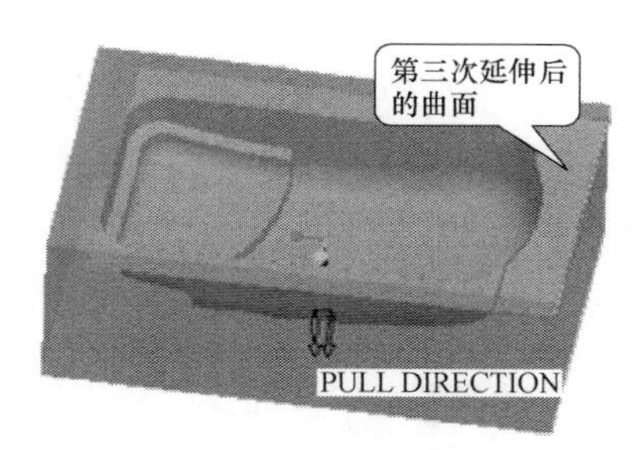

图 2-20 第三次延伸的边界线和延伸后的曲面

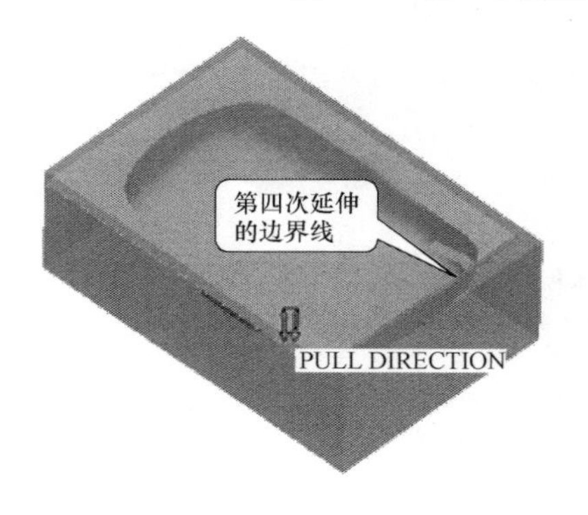

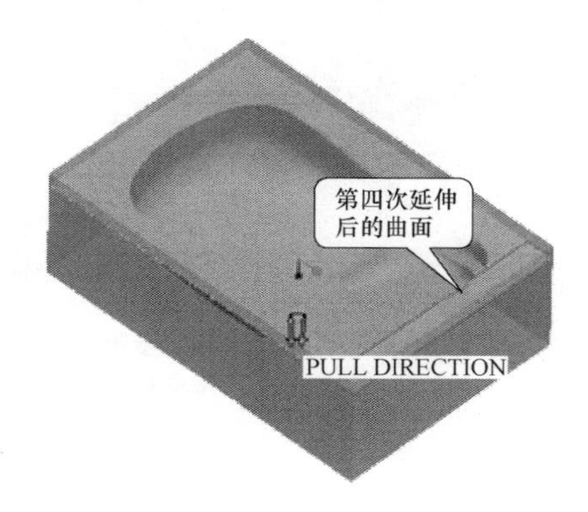

图 2-21 第四次延伸的边界线及延伸后的曲面

2.3.4 创建模具体积块

使用分型面分割工件打开模具型腔，可以直接得到模具体积块。关于模具体积块创建的相关方法后面章节中会进一步介绍。下面介绍通过分割得到体积块的方法。

单击“分割模具体积块”按钮，创建模具体积块，弹出“分割体积块”菜单管理器，如图 2-22（a）所示，选择“分割体积块”→“两个体积块”→“所有工件”→“完成”项。

信息提示区提示：为分割工件选取分型面。

在图形窗口选取创建的分型面后，按鼠标中键或单击“选取”对话框中的“确定”按钮。单击图 2-22（b）中“分割”属性框中的“确定”按钮，弹出“属性”对话框，在“属性”对话框中分别对图形窗口中加亮的体积块命名，如图 2-23 所示。

此时，在模型树中多了一个“参照特征切除”和两个“分割”特征，如图 2-24 所示。其中“参照零件切除”是 Pro/ENGINEER 系统自动将参照零件自工件中切除后产生的模穴。

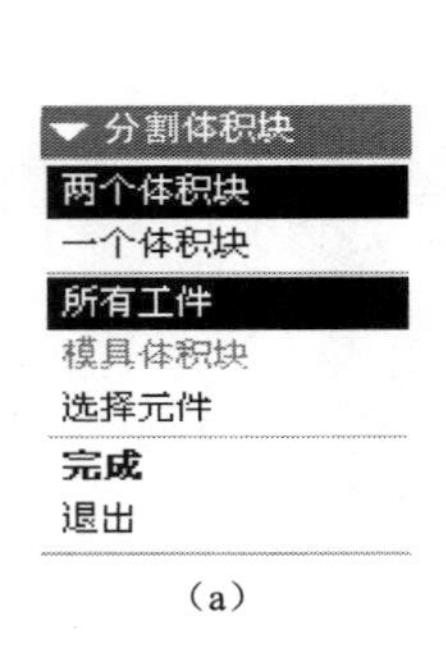

（a）

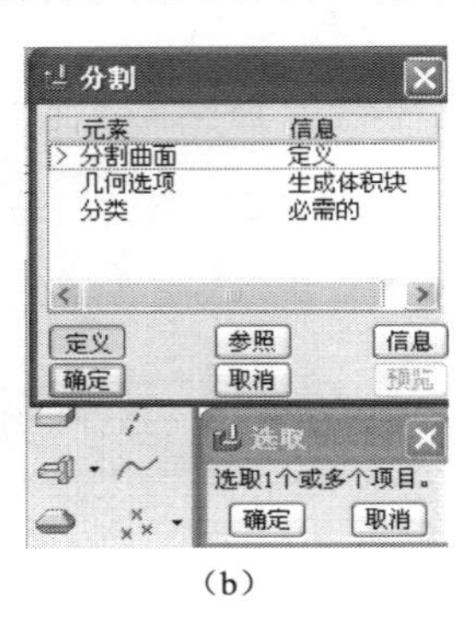

（b）

图 2-22　分割体积块

（a）“分割体积块”菜单；（b）“分割”属性框

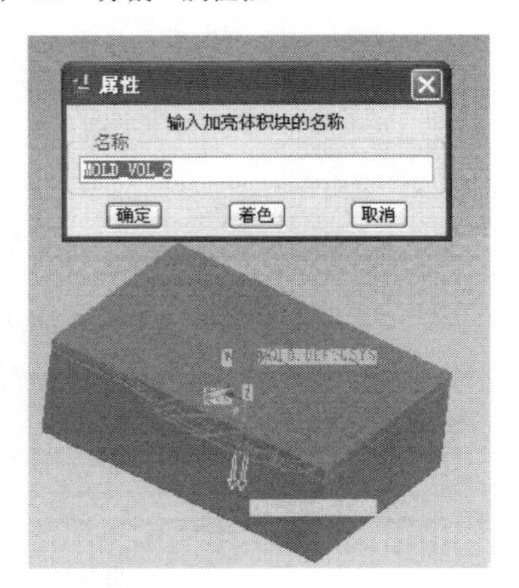

图 2-23　分别为体积块命名

参照零件切除 标识1871
分割 标识1870 [MOLD_VOL_1 -
分割 标识2518 [MOLD_VOL_2 -
在此插入

图 2-24　模型树中和分割有关的特征

2.3.5　创建模具元件

模具体积块只是封闭曲面组，其本质也是曲面，还不是真正的实体。这里可以通过抽取的方法将体积块转化为模具元件，从而完成模具元件的创建。所谓模具抽取实际上就是用实体材料填充模具体积块产生模具元件的过程。

在“模具”菜单管理器中选择“模具元件”命令，系统弹出“模具元件”菜单管理器，如图 2-25 所示。选取“抽取”项，弹出“创建模具元件”对话框，如图 2-26 所示。选取窗口中的体积块，单击“确定”按钮。这时模型树中多了两个模具元件 MOLD_VOL_1.PRT 和 MOLD_VOL_2.PRT，如图 2-27 所示。

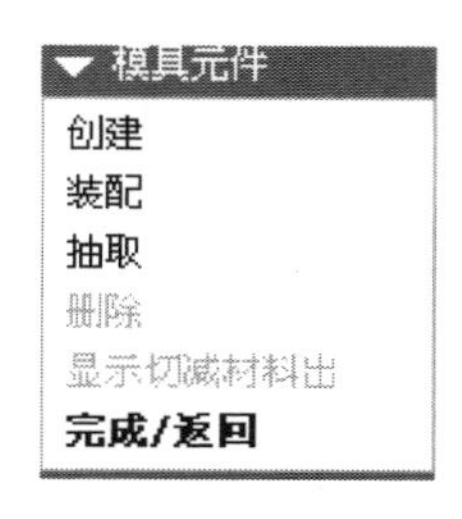

图 2-25 “模具元件”菜单管理器

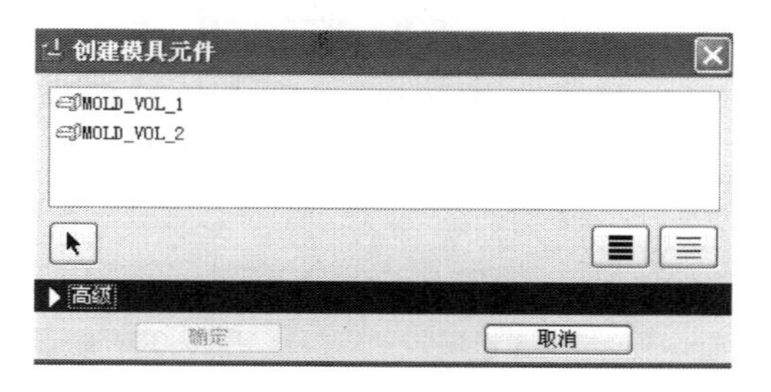

图 2-26 “创建模具元件”对话框

2.3.6 浇注系统设计

浇注系统是引导熔融塑料从注塑机喷嘴开始到模具型腔为止的一种完整通道。Pro/ENGINEER 中浇注系统的设计方法有两种。

MOLD_VOL_1.PRT
MOLD_VOL_2.PRT

图 2-27 模型树中两个模具元件

第一种：在“模具”菜单管理器中单击“特征”→“型腔组件”→“模具”→“流道”项，可快速创建标准流道。这种方法在后面的章节中有专门介绍，这里就不再详细阐述。

第二种：在“模具”菜单管理器中单击 “特征”→“型腔组件”→“实体”项，可以使用各种切剪方式来建立浇注系统。

下面介绍本实例中浇注系统的设计步骤。

（1）在“模具”菜单管理器中单击 “特征”→“型腔组件”→“实体”→“切减材料”→“旋转”→“实体”→“完成”项，进入浇道的设计画面，如图 2-28 所示。

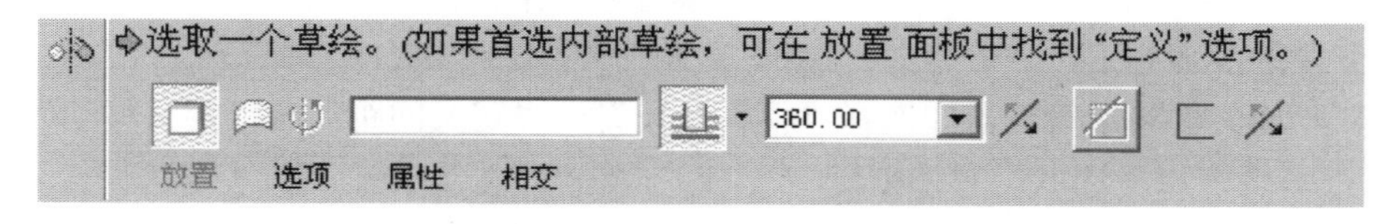

图 2-28 浇道的“旋转”下滑面板

图 2-29 “草绘”对话框

（2）单击“放置”→“定义”命令，选择草绘平面 MOLD_FRONT 和草绘参照平面 MOLD_RIGHT，单击“草绘”按钮，如图 2-29 所示，进入草绘模式。绘制如图 2-30 所示的浇道旋转截面，定义旋转角度为 360°，该下滑面板中“相交”选项，用来定义切减流道的零件，如图 2-31 所示，单击下滑面板中按钮✔完成浇注系统的创建。

2.3.7 制模

制模是将实体体积填充到模穴及浇道系统所形成的空间，以模拟浇铸完成的成品，即试模的过程。若铸模不成功，则表明：

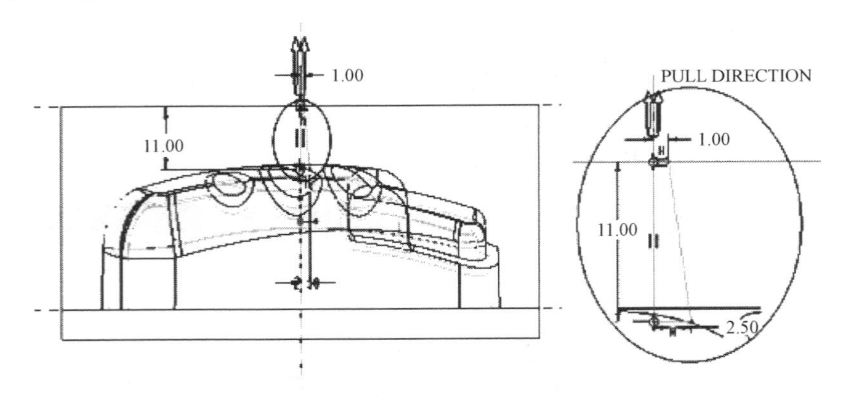

图 2-30　绘制浇道旋转截面

☑ 自动更新
相交的模型

模型	显示
WKP	MOUSE_MOLD.ASM
MOLD_VOL_1	MOLD_VOL_1.PRT
MOLD_VOL_2	MOUSE_MOLD.ASM

添加相交模型
设置:
默认显示级:　顶级
☐ 添加实例
☐ 在子模型中显示特征属性
相交

图 2-31　定义相交零件

（1）原始零件的设计有破孔；

（2）原始零件是由 IGES 数据修补而成，而 IGES 的修补并不完整，仍有微小破孔存在；

（3）分型面设计不当。

制模步骤：单击“模具”菜单管理器中的“制模”→“创建”项，信息栏的文本框要求输入零件名称，输入 molding 后，单击按钮✔。此时在模型树中多了一个 molding.prt 零件。在窗口中也可以看到刚才铸模得到的浇铸件，它的位置和参考模型完全重合，试模件与参考模型的区别是多了个流道，如图 2-32 所示。

2.3.8　开模

开模过程用来模拟模具的打开过程，查看模具分型效果。开模的步骤如下。

（1）在“模具”菜单管理器中选择“模具开模”→“定义间距”→“定义移动”项或单击按钮，系统弹出“选取”对话框。

（2）在工作区选取模具元件（MOLD_VOL_1），如图 2-33 所示，单击“确定”按钮。

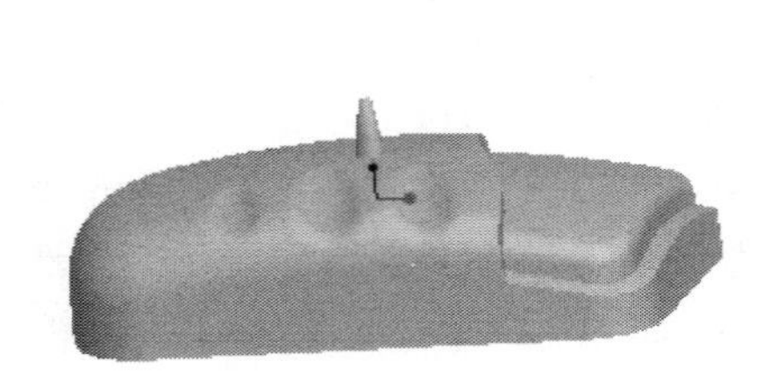

图 2-32　制模件

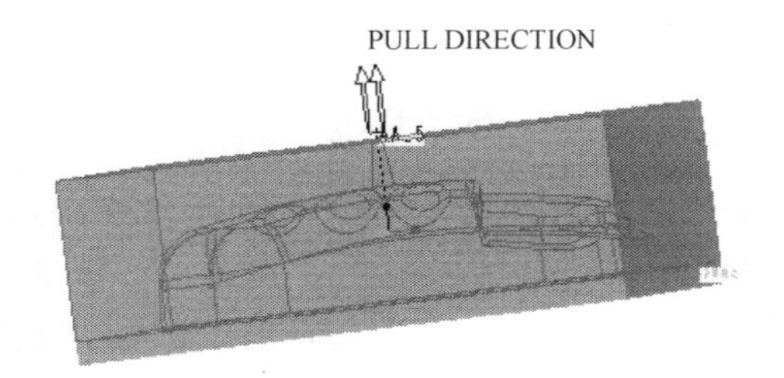

图 2-33　选择移动元件

（3）在工作区中选择一个面或边定义移动方向，如图 2-34 所示，再在消息提示框中输入移动距离 50，如图 2-35 所示，就可以移动该元件了。

另一个模具元件 MOLD_VOL_2 的移动用相同的步骤。

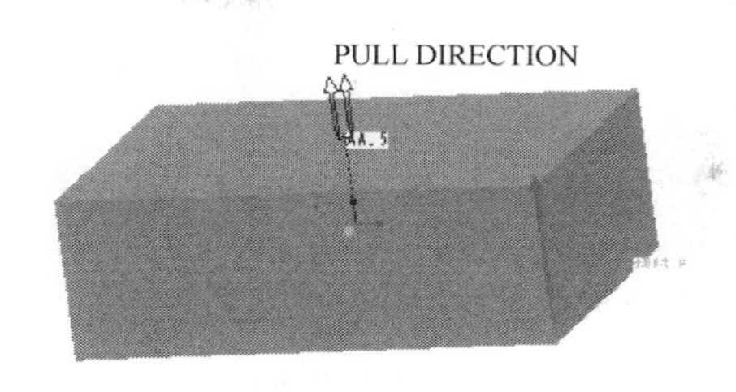

图 2-34 选择移动方向的边

输入沿指定方向的位移 50

图 2-35 输入移动距离

单击按钮，打开“遮蔽-取消遮蔽”对话框，如图 2-36 所示，在对话框中选取分型面，单击“遮蔽”按钮，将分型面遮蔽。

将各个模具元件的移动定义好后，最后的开模效果如图 2-37 所示。

图 2-36 “遮蔽-取消遮蔽”对话框

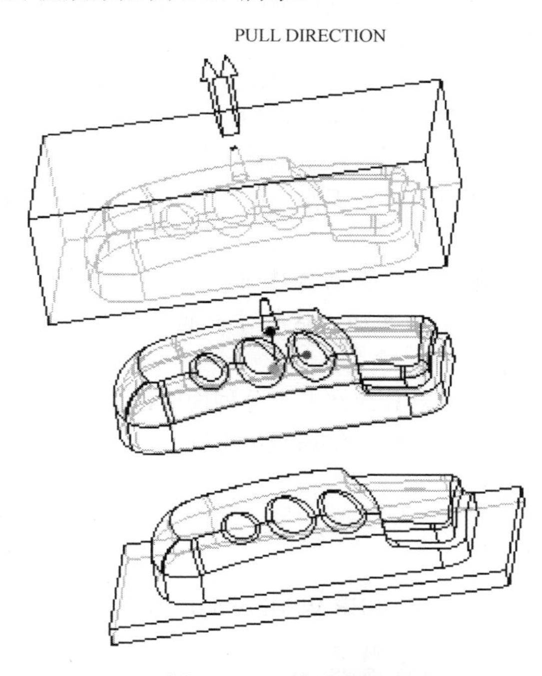

图 2-37 开模效果图

第3章 模具分型面设计

分型面设计的作用是将工件拆分为各个模具元件，分型面是组件中的曲面面组，也是任何附属曲面片的父特征。

本章将介绍Pro/ENGINEER Wildfire 5.0中分型面的设计方法，这是整个模具设计的重点。

3.1 Pro/ENGINEER Wildfire 5.0 分型面简介

Pro/ENGINEER Wildfire 5.0 中创建分型面与一般曲面没有本质区别，可以用与建模模块中创建曲面相同的方法来创建分型面。换言之，就是设计系列曲面片，再经过合并、裁减或其他操作将其合并成一个曲面面组。

Pro/ENGINEER 中创建分型面时应注意以下问题。

（1）分型面不能自我相交，Pro/ENGINEER Wildfire 5.0 提供了检测分型面自交的工具。

（2）分型面必须与工件或模具体积块完全相交，如第 1 章中的鼠标上盖分型面的设计，在延伸之前，未与工件完全相交，不能实现分割工件的目的，经过边界延伸后，与工件完全相交。

提示： 在分型面创建时，通过各种操作方法得到的多个曲面片，务必通过合并操作将其合成一个曲面组，这样才能将工件或体积块完全分割，否则会造成分型面的破孔而无法分割。

（3）当模具存在多个分型面时，要经过多次分型，每次分型都会产生体积块。分割次序不同，得到的模具体积块也不同。

3.2 创建分型面的方法

Pro/ENGINEER Wildfire 5.0 中创建分型面有如下两种方式。

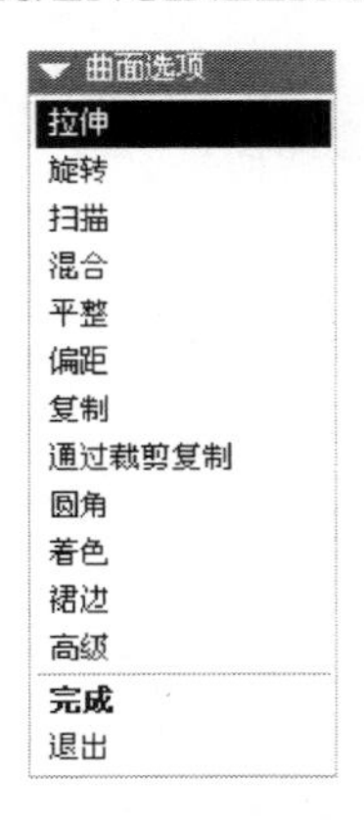

图 3-1 "曲面选项"菜单管理器

（1）在"插入"菜单中选择"模具几何"→"分型面"命令或单击工具栏上按钮，进入分型面的创建模式。应用工程特征如拉伸、旋转或"编辑"菜单下的延伸、合并等方法创建所需分型面，单击按钮✔完成，单击按钮✖取消操作。

（2）在"模具"菜单中选择"特征"→"型腔组件"→"曲面"→"新建"命令，在"曲面选项"菜单管理器中选择创建分型面的方式，如图 3-1 所示。

提示： 在创建第一个曲面片后，可以使用分型面的编辑命令来延伸、修剪和偏移，或通过合并将其他曲面片合并到分型面定义中。

下面重点介绍分型面的设计方法。

3.2.1　拉伸分型面

创建拉伸分型面的主要步骤如下。

单击按钮，进入分型面创建模式，单击“拉伸工具”按钮，进入如图3-2所示的下滑操控面板。

（1）在操控面板的“放置”下滑面板中单击“定义”按钮，在“草绘”对话框中选取草绘平面和草绘方向参照，单击“草绘”按钮。

（2）在“参照”对话框中选择草绘参照，单击“关闭”按钮，在草绘器中绘制草图，单击按钮，单击“确定”按钮。

（3）在操控面板中设置拉伸深度，单击按钮。

图3-2　拉伸分型面流程

拉伸分型面指定深度有如下几种类型。

（盲孔）：通过具体数值控制拉伸深度。

（对称）：以草绘平面为基准，向两侧拉伸，这里输入的是拉伸总长。

（到选定的）：拉伸到指定点、曲线、曲面。

【实例3-1】　文件 chap3-1\原始文件\sphere_mold.asm

操作步骤：

（1）设置工作目录至chap3-1\原始文件，选择“文件”→“打开”命令，打开shpere_mold.asm文件（注意：本章的实例原始文件都已创建好了模具模型，即创建好了参照模型和工件模型，直接打开最高级别的*.asm文件即可进入模具分模模式继续创建分型面），工作区如图3-3所示（图中的参考零件是通过单击“模具”→“模具模型”→“定位参照零件”项来创建的）。

（2）单击“分型面”按钮，进入分型面的创建模式，单击“拉伸工具”按钮。

提示：创建分型面要进入分型面的创建模式，否则一些分型面工具将不能使用，并且创建的是普通曲面，不能为系统所识别。

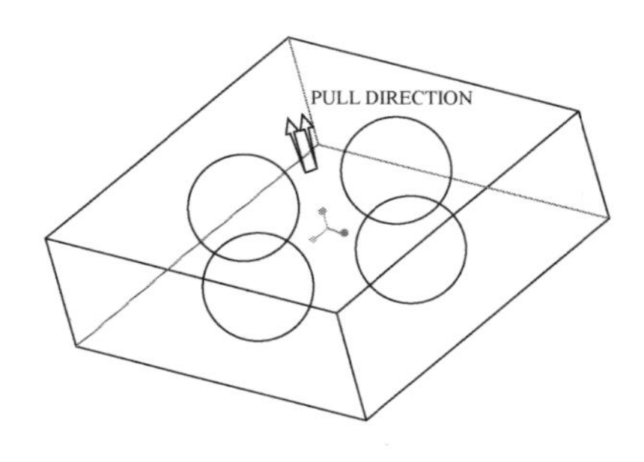

图3-3　shpere_mold.asm文件工作区

（3）在“拉伸”下滑面板中，通过“放置”选项设置草绘，选择草图平面MOLD_FRONT，草绘方向参照平面MOLD_PARTING_PLN（顶），在草绘器中绘制如图3-4所示截面（注意绘制直线的两端和工件轮廓对齐，直线和球的直径位置对齐），单击按钮。

（4）设置拉伸深度，分别选择两侧拉伸深度为按钮，选择工件的前后两个侧面为拉伸截止参照平面，如图 3-5 所示，得到分型面。

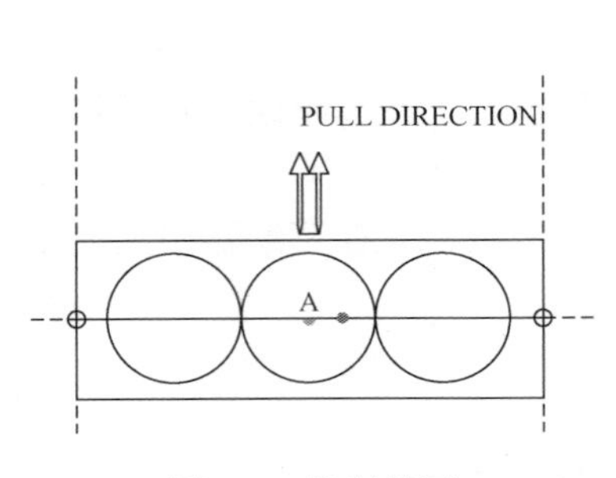

图 3-4 绘制截面

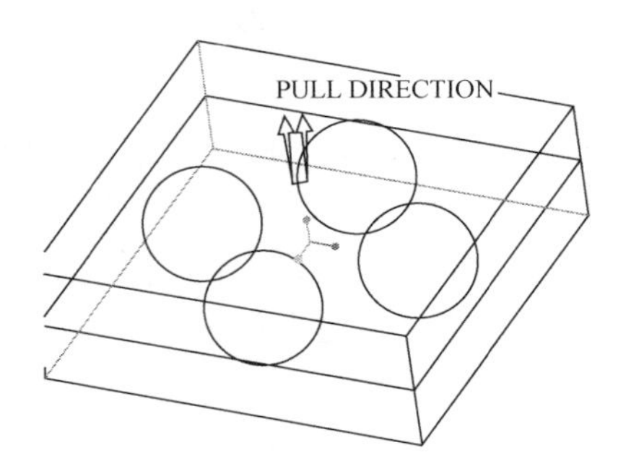

图 3-5 分型面

（5）单击按钮完成拉伸分型面的建立。

（6）选择“文件”→“保存”命令保存文档。

3.2.2 平整分型面

平整分型面是有边界的平面，其创建通过选择“编辑”→“填充”命令，依次选取草绘平面和草绘方向参照，并绘制一个封闭图形作为曲面的边界。

【实例 3-2】 文件 chap3-2\原始文件\ flat_mold.asm

操作步骤：

（1）设置工作目录至 chap3-2\原始文件，选择“文件”→“打开”命令，打开 flat_mold.asm 文件，进入工作区，如图 3-6 所示。

（2）单击按钮，进入分型面创建模式，选择“编辑”→“填充”命令。

（3）在特征下滑面板中单击“参考”按钮，选择草绘平面为 MAIN_PARTING_PLN，草绘方向参照为 MOLD_RIGHT（顶）。

（4）在草绘器中绘制草图，利用按钮提取工件边缘，如图 3-7 所示，单击按钮，完成平整分型面的创建。

（5）选择“文件”→“保存”命令保存文档。

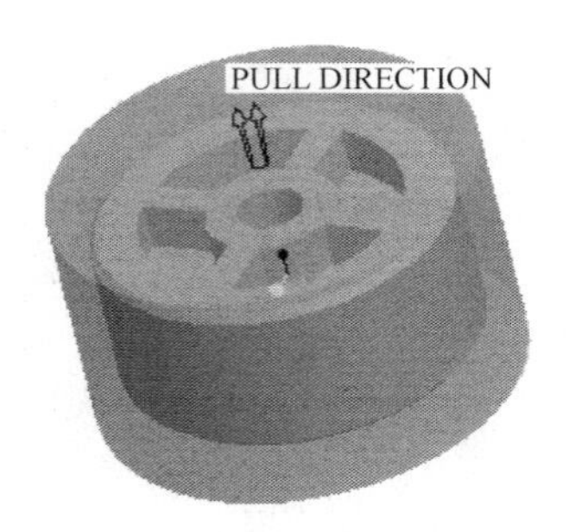

图 3-6 初始工作区

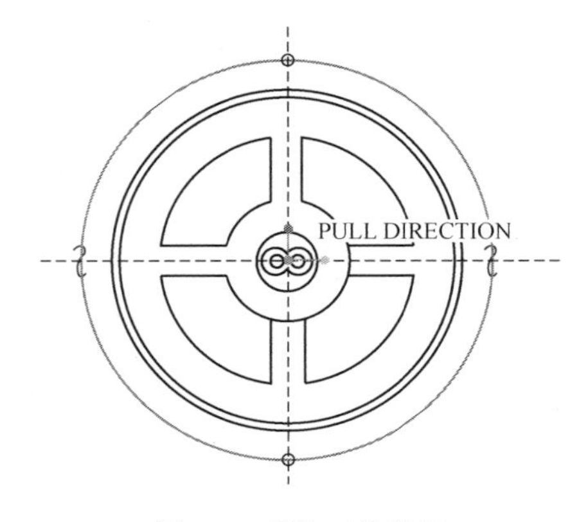

图 3-7 提取工件边缘

3.2.3 复制分型面

使用复制曲面的方法创建分型面可以利用参照零件的曲面，特别适用于复杂分型面的设计，是 Pro/ENGINEER 创建分型面的重要方法。

创建复制分型面的主要步骤如下。

（1）单击按钮，进入分型面创建模式。

（2）将选择对象过滤器有默认的“智能”项切换到“几何”项，便于曲面的选取。

（3）在参照零件上选取要复制的曲面，按 Ctrl+C 键复制曲面，再按 Ctrl+V 键粘贴刚才复制的曲面，系统打开“粘贴曲面”下滑面板，如图 3-8 所示。

图 3-8 “粘贴曲面”下滑面板

（4）在“参照”滑板中查看所选曲面，单击“细节”按钮，打开“曲面集”对话框，用于对选择曲面重新进行设置。

（5）“选项”滑板上的“排除曲面并填充孔”项用来填充复制曲面中的破孔。

提示： 复制曲面时，对曲面的选择有下面两种方法：①独立曲面法：按住 Ctrl 键，依次单击零件的每个曲面，直到选取所需的全部曲面；②种子面和边界面法：先选取零件一个曲面为种子面，然后按住 Shift 键，选取边界曲面，系统会将种子面连续延伸，直到碰到边界面的边界为止（边界面不会选择）。

【实例 3-3】 文件 chap3-3\原始文件\copy_mold.asm

主要操作步骤如下。

（1）设置工作目录至 chap3-3\原始文件，选择“文件”→“打开”命令，打开 copy_mold.asm 文件。

（2）单击按钮，进入分型面创建模式，进入初始工作区，如图 3-9 所示。将选择对象过滤器有默认的“智能”项切换到“几何”项。

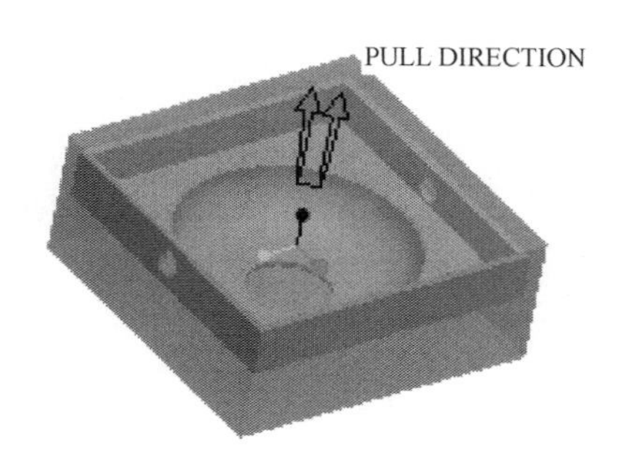

图 3-9 初始工作区

（3）在工作区中遮蔽工件，单击选择参照模型内侧曲面，如图 3-10（a）所示的曲面用做种子面，按住 Shift 键，选择图 3-10（b）中的曲面用做边界曲面，松开 Shift 键，Pro/ENGINEER 自动选择种子面和边界面边界之间的所有曲面，如图 3-10（c）所示（包括种子面但不包括边界面）。

（4）按 Ctrl+C 键复制曲面，再按 Ctrl+V 键粘贴刚才复制的曲面，系统打开“粘贴曲面”

下滑面板。打开该下滑面板中“选项”滑板，如图 3-11 所示，选择“排除曲面并填充孔”项。信息提示栏提示：“选取要填充的任何数量的参照，如封闭轮廓（环）或曲面”，按住 Ctrl 键，选取包含破孔的 3 个曲面（都处于参照模型内侧），如图 3-12 所示，单击按钮✔或按鼠标中键，复制得到的曲面如图 3-13 所示。

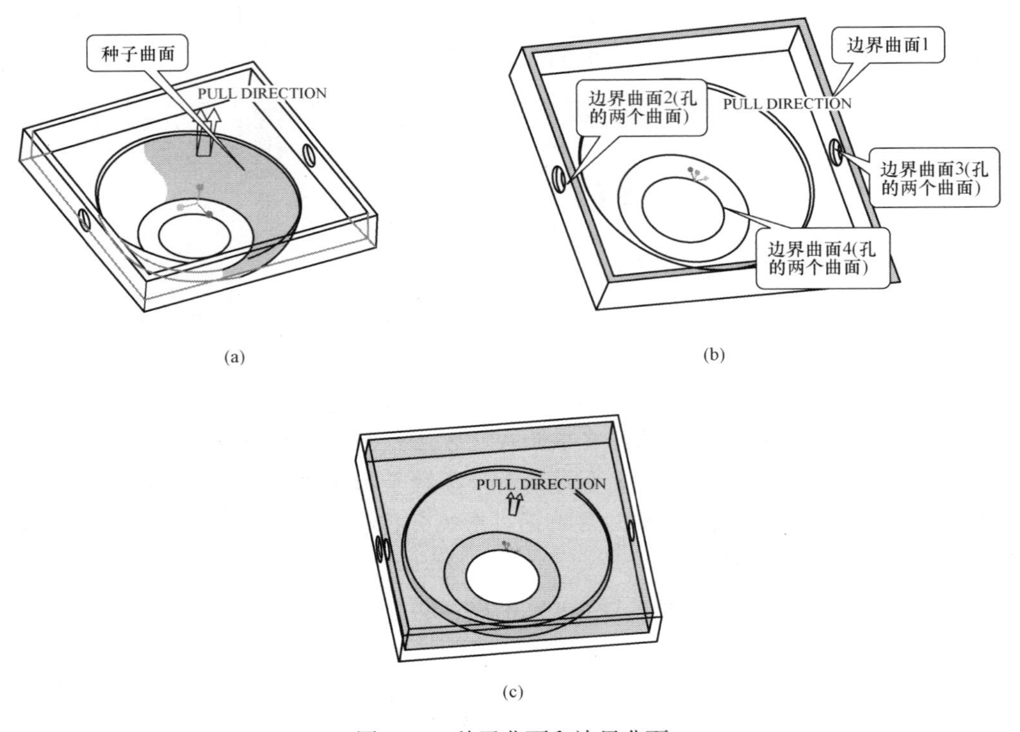

图 3-10 种子曲面和边界曲面

（a）种子面；（b）边界曲面；（c）选择的曲面

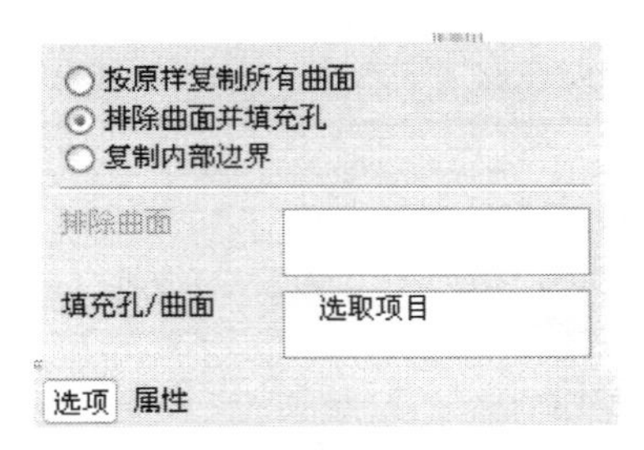

图 3-11 “粘贴曲面”下滑面板中“选项”滑板

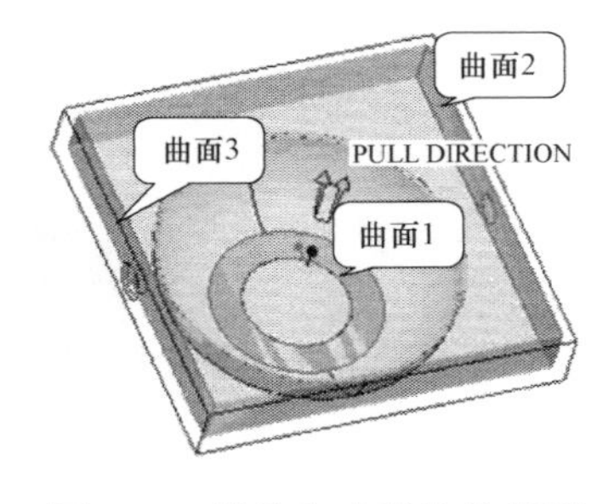

图 3-12 选取包含破孔的曲面

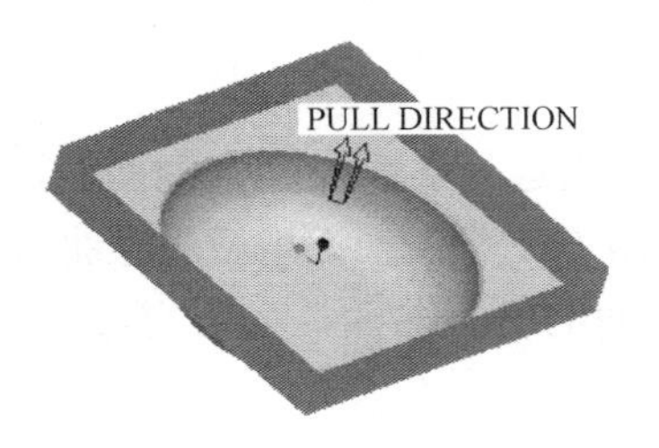

图 3-13 复制的曲面

（5）对刚才复制的曲面进行延伸，延伸之前，取消对工件的隐藏，同时将参照模型隐藏，主要是为了防止选择曲面边界时，若选取的边是参考模型的边而不是复制的曲面的边界，编辑中的“延伸”按钮将变为灰色，即处于不可操作状态。

（6）选择需要进行延伸的边链，再选择“编辑”→“延伸”命令，在“延伸”下滑面板中选择按钮，选择工件侧面作为延伸截止面，如图3-14所示。单击按钮，得到如图3-15所示的分型面延伸曲面。

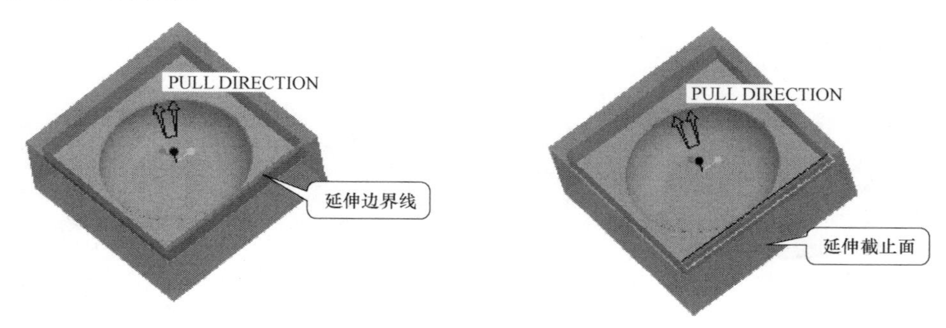

图3-14　选择延伸边界线及延伸截止面

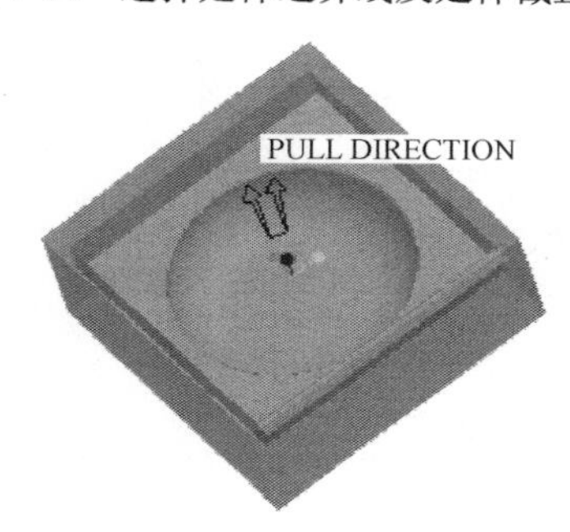

图3-15　延伸后得到的延伸分型面

（7）应用相同方法对另外3个方向的边进行延伸。通过选择“视图”→“可见性”→“着色”命令，打开“搜索工具”对话框，如图3-16所示。选择PART_SURF_1后单击按钮>>，再单击“关闭”按钮，可在图形窗口中看到刚才所创建的分型面，如图3-17所示。单击“完成”按钮回到模具菜单管理模式。

（8）由于参照模型的侧面有两个孔，所以本模具中除了主分型面外，还需要创建和侧孔对应的滑块分型面。

（9）将工件隐藏，取消参照模型隐藏，单击按钮将PART_SURF_1遮蔽，单击按钮进入分型面创建模式，按住Ctrl键，选择侧面孔的所有内表面，如图3-18所示，按住Ctrl+C键复制所选曲面，再按住Ctrl+V键粘贴曲面，单击按钮退出“复制曲面”下滑面板。复制的曲面如图3-19所示。

（10）下面对该分型面的内侧的破孔进行填充。在模型树中右键单击刚才复制的曲面，单击“重定义分型面”项，再次进入分型面模式。单击“编辑”→“填充”命令，弹出“填充”下滑面板。通过“参照”定义草绘平面，选择参照模型内侧面为草绘平面，参照模型的上表面为草绘参照（顶），如图3-20所示。定义草绘参照后，进入草绘状态，利用按钮选择孔的内侧边界曲线，如图3-21所示。

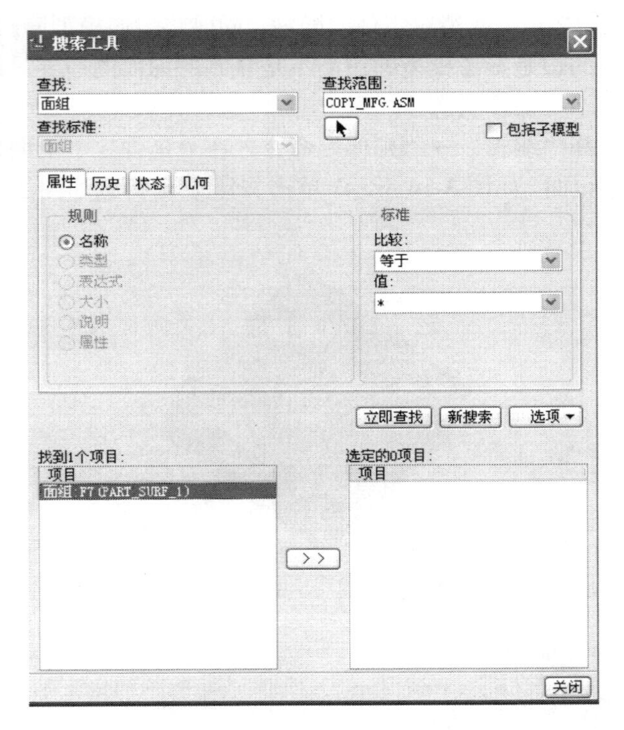

图 3-16 “搜索工具”对话框

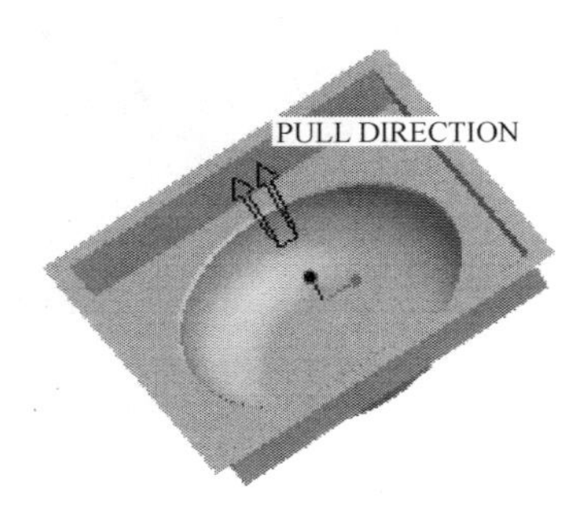

图 3-17 着色后的分型面

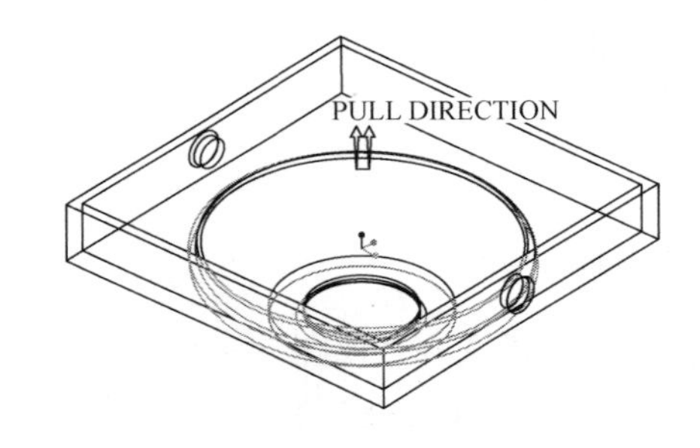

图 3-18 选择孔的内表面

图 3-19 复制得到的曲面

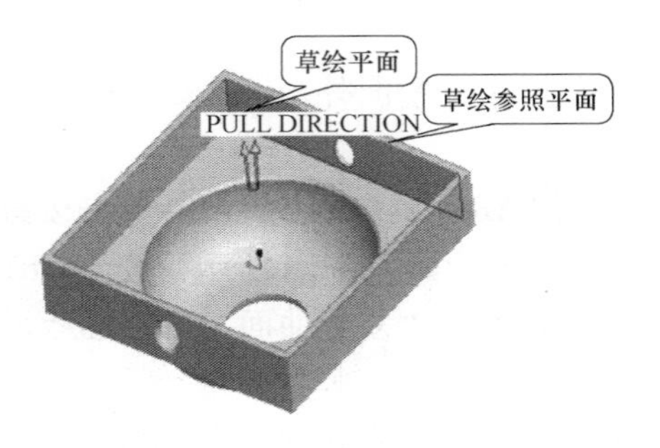

图 3-20 定义草绘

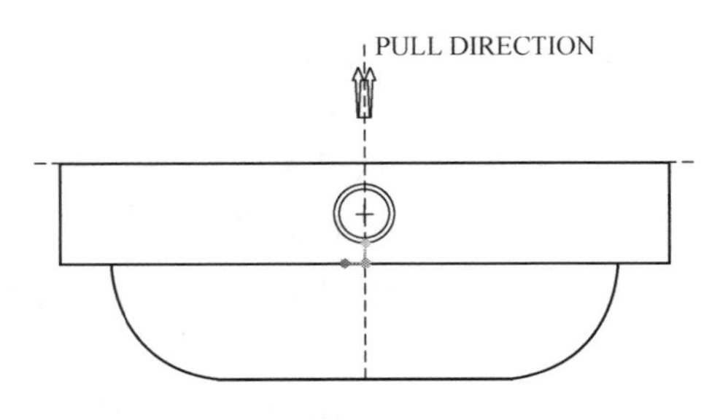

图 3-21 草绘破孔截面

（11）单击按钮✓退出草绘，单击“填充”下滑面板中的按钮✓，关闭下滑面板。

（12）按住 Ctrl 键，在模型树中选择 PART_SURF_2 中分别通过复制和填充得到的两个曲面，选择“编辑”→“合并”命令，弹出“合并”下滑面板，如图 3-22 所示。单击按钮✓，关闭“合并”下滑面板，曲面合并成功。合并后的曲面如图 3-23 所示。

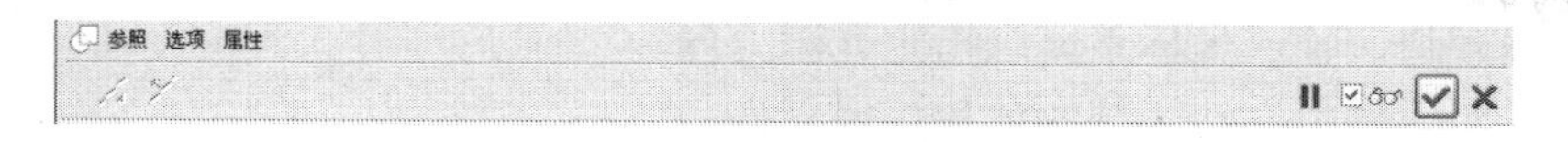

图 3-22　“合并”下滑面板图

图 3-23　合并后的分型曲面

（13）将参照模型隐藏，取消工件隐藏，选择合并后曲面的边界线如图 3-24 所示，选择“编辑”→“延伸”命令，弹出“延伸”下滑面板。单击按钮定义延伸截止面，如图 3-25 所示，单击按钮完成曲面延伸，延伸后的侧滑块分型面如图 3-26 所示。

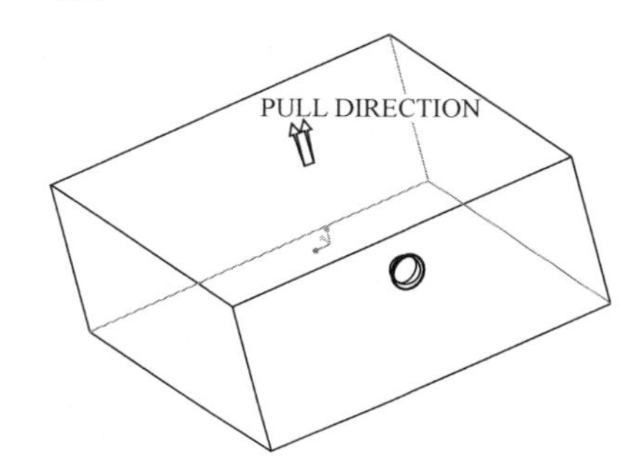

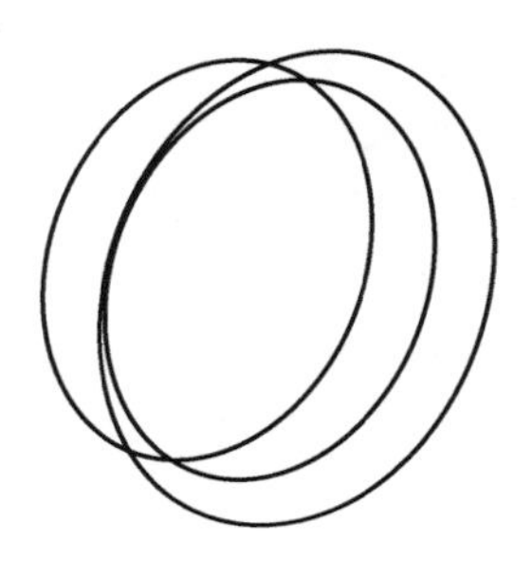

图 3-24　选择延伸边界曲线

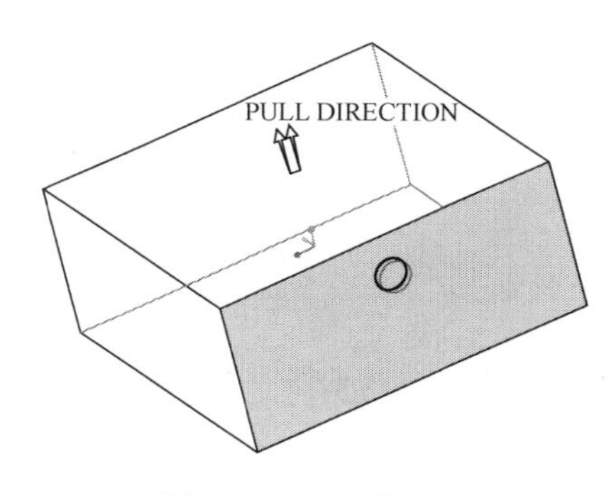

图 3-25　延伸截止面

图 3-26　侧滑块分型面

（14）另一个侧滑块分型面的创建过程完全相同，不再阐述。

（15）选择“文件”→“保存”命令保存文档。

3.2.4　裙边分型面

当产品的外形不规则时，难以确定分型面位置。根据分型面应取在产品投影尺寸最大轮廓的原则，使用侧面影像曲线得到最大轮廓线，然后使用裙边曲面功能沿最大轮廓线向工件四侧延伸，将工件分割。

1.　侧面影像曲线

侧面影像曲线的创建：应用“模具”→“特征”→“型腔组件”→“侧面影像”命令或工具栏中的按钮，弹出如图 3-27 所示的窗口，可以设置如下选项。

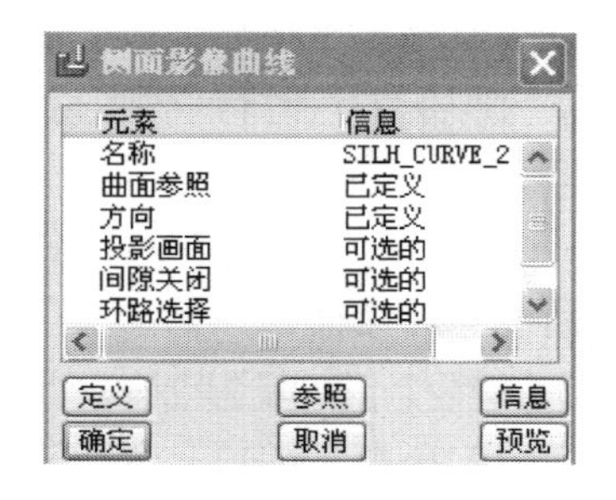

图 3-27　“侧面影像曲线”对话框

名称：设置侧面影像曲线名称。

曲面参照：选择要在其上创建侧面影像曲线的曲面。

方向：选取平面、曲线、边、轴或坐标系，以指定光源方向。

投影画面：指定处理参照零件中底切区域的体积块或元件。

间隙关闭：处理初始侧面影像中的间隙。

环路选择：手工选取环或链或两者都选，以解决底切和非拔模区中的模糊问题。

其中后面 3 项是可选项。

2. *裙边曲面*

创建裙边分型面的主要步骤如下。

（1）单击按钮，进入分型面创建模式，选择“编辑”→“裙状曲面”命令。

提示： *只有在创建分型面或重定义分型面时，“编辑”→“裙边曲面”命令才可用。*

（2）系统将打开“裙边曲面”对话框，如图 3-28 所示，对话框中标记为“已定义”或“定义”的元素进行定义，对标记为“可选的”元素可定义也可不定义。

（3）对话框中的“方向”默认方向为模型拖动方向的反向，也可设置为其他方向。

（4）定义曲线时，系统弹出如图 3-29 所示的“链”菜单管理器，选取参照零件上形成的侧面影像的现有曲线。该曲线中可能含有内环和外环分别供填充和延伸使用。

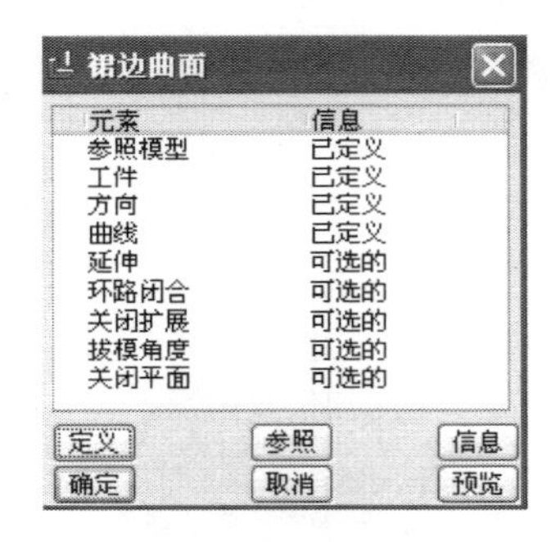

图 3-28 “裙边曲面”对话框

图 3-29 “链”菜单管理器

（5）“延伸”选项用来实现外环的延伸控制，“环路闭合”选项用来处理内环。

（6）如果要定义关闭延伸并使曲面延伸截止到一个分型平面，则使用“关闭扩展”和“关闭平面”项。“拔模角度”项定义关闭角度。

（7）单击“确定”按钮关闭对话框。

【实例 3-4】 文件 chap3-4\原始文件\qunbian_mold.asm

主要操作步骤如下。

（1）设置工作目录至 chap3-4\原始文件，选择“文件”→“打开”命令，打开 qunbian_mold.asm 文件。

（2）选择“模具”→“特征”→“型腔组件”→“侧面影像”命令，系统弹出“侧面影像曲线”对话框。

（3）对“方向”进行定义，调整为“反向”项，单击“预览”按钮可预览生成的曲线。

（4）单击“确定”按钮关闭“侧面影像曲线”对话框。

（5）在“特征操作”菜单中选择“完成/返回”项。

（6）单击按钮，进入分型面创建模式，选择“编辑”→“裙边曲面”命令。系统弹出“裙边曲面”对话框，在工作区或模型树中选择刚创建的曲线，单击“完成”按钮。

（7）单击“预览”按钮，可以看到如图3-30所示的裙边曲面。将工件和参考零件隐藏，可以看到所生成的裙边曲面如图3-31所示。

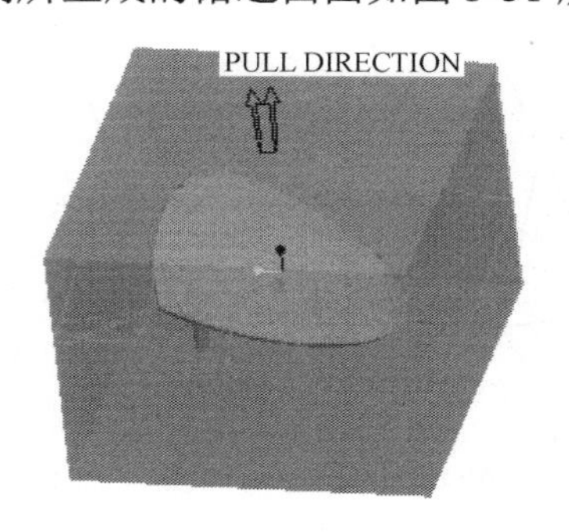

图3-30 预览裙边曲面

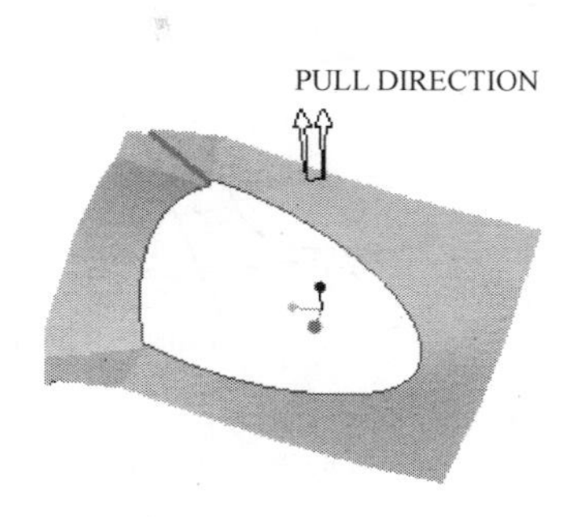

图3-31 裙边曲面

（8）由图3-31可知，刚才得到的裙边曲面并不光滑，需要对其进行调整。在模型树中用鼠标右键单击该裙边曲面特征，选择“编辑定义”命令，系统重新打开“裙边曲面”对话框。选择“延伸”选项，单击“定义”项，打开如图3-32所示的“延伸控制”对话框，并切换到“延伸方向”选项卡，在工作区中可以看到混乱的箭头，如图3-33所示。

图3-32 “延伸控制”对话框

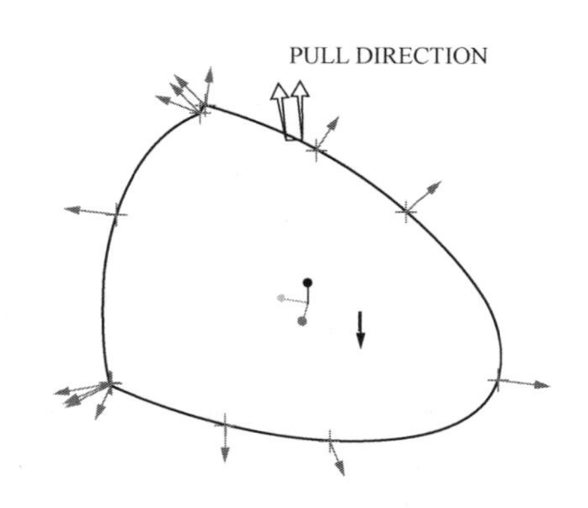

图3-33 方向箭头

（9）单击“添加”按钮，用鼠标选取如图3-34所示的箭头，在弹出菜单中选择“完成”命令结束选取，选择方向为“平面”参照方式，选取MOLD_RIGHT为参照平面。在弹出菜单中选择“正向”命令，箭头方向将发生变化和参照平面垂直，如图3-35所示。

（10）应用相同的方法调整对侧及拐角处的箭头。

（11）在“延伸控制”对话框中单击“确定”按钮，退出该动画框。再单击“裙边曲面”对话框中的“确定”按钮，变更后的曲面如图3-36所示。

（12）选择“文件”→“保存”命令保存文档。

提示： 由于分割体积块时是先减去模具组件特征及参照零件，再使用分型面分割，正因为如此，可以将模具组件特征和参照零件特征的表面视为分型面的一部分，所以在设计分型面时只要填充破孔，将分型面延伸到工件边界即可分割工件，而不需要全部复制参照零件的表面。

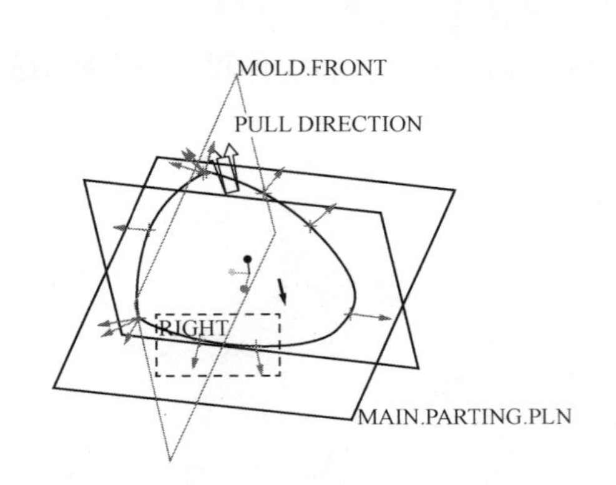

图 3-34 选取箭头和参照平面

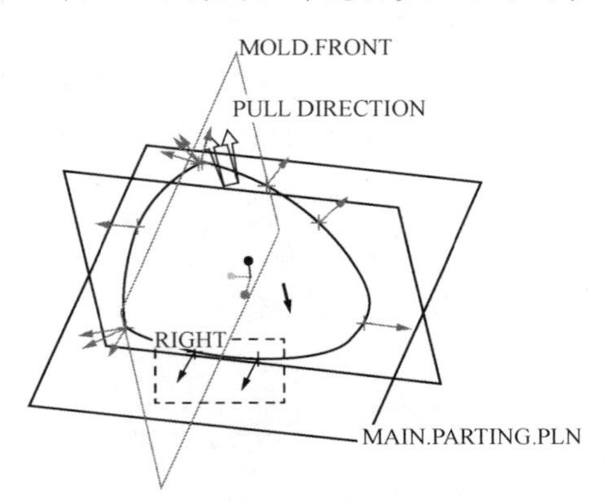

图 3-35 调整后的箭头方向

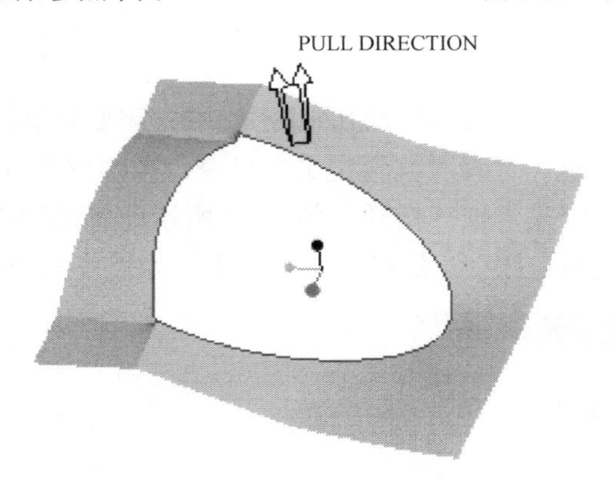

图 3-36 调整后的曲面

3.3 编辑分型面

创建的分型面往往需要编辑，对分型面的编辑包括重命名、重定义、着色、延伸、合并和修剪等操作。

3.3.1 延伸分型面

可将分型曲面中的所有边或指定边按指定距离延伸或延伸直至选定平曲面或基准平面。

方法： 先选取分型面中需要延伸的边或边链，再选择“编辑”→“延伸”命令。

提示：“延伸”是对已存在分型面进行延伸，而不是对实体的曲面进行延伸。因此在选择曲面边界进行拉伸时，选择的边界线是在分型面上，而不是在参照零件上。为了避免由于参照零件与分型面发生重叠引起的选择困难，如在工作区选择了边界，但曲线并没有变色提示（实际上分型面的边界线发生了变色提示，但被重叠的参照零件的边界线所遮挡），用户应当注意状态栏的提示，也可以遮蔽参照零件。

1. 边链的选择

由于链创建选项较多，使用较为复杂。链是由相互关联（如通过公共点或相切相关）的多条边或曲线组成的，构建链需要先选取参照的边，然后按 Shift 键以激活链的构建方式，其构建方法如下。

（1）在模型上选取边或曲线以构建锚点，该选项加亮。

（2）按 Shift 键并按鼠标右键以查询所有可能与锚点相关的链，所有可能链的有效边或曲线都将加亮，同时系统在状态栏中标识链类型，如“相切”、“曲面环”、“依次”项。应用相关类型选取所需要的边链。

（3）如果要在同一工作流程期间构建其他链，则松开 Shift 键，然后，按 Ctrl 键并单击模型上的边或曲线以选取新的锚点，再松开 Ctrl 键并重复第（2）到第（3）步骤。

提示： 按住 Ctrl 键并单击链可从选项集中移除整个链。

除了应用上述介绍的方法选择边链外，在“延伸曲面”下滑面板中的“参照”也可以定义需要延伸的边链，具体流程如图 3-37 所示。切换到“选项”选项卡，选择“基于规则”项，可以看到有 3 个规则：相切、部分环、完整环。

2. 延伸曲面定义

单击“延伸曲面”下滑面板中的按钮，状态栏提示选择要延伸的截止面，选取相应的平面，单击按钮完成延伸曲面的创建。

前面介绍的许多实例都需要用到延伸，这里就不再单独列出实例了。

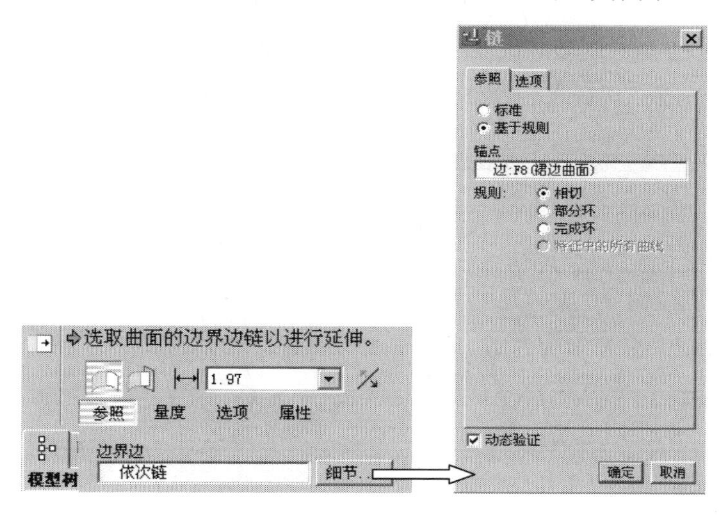

图 3-37 “延伸曲面”流程

3.3.2 合并分型面

在创建分型面的过程中创建附加曲面片时，无法将它们自动包括在分型面定义中。必须通过连接或求交将它们与基本面组（包括最先添加的曲面的面组）连接起来。

两分型曲面片合并的主要步骤如下。

（1）按住 Ctrl 键，选择要合并的两张分型面，再选择“编辑”→“合并”命令，系统将打开“曲面合并”下滑面板，工作区中当前的分型面被加亮，如图 3-38 所示。

图 3-38 “合并曲面”下滑面板

（2）在“参照”下滑面板中可以选择参加合并的曲面，单击“交换”按钮还可以切换主面组侧和附加组测。合并和系统通过“着色”工具或“遮蔽”工具可识别的是主面组对应的曲面片。

（3）在“选项”下滑面板中可以选择如下的合并方式。

“求交”：两个曲面相交时使用。Pro/ENGINEER 以交线截去相交曲面的指定侧，系统不必计算曲面相交，可以加快进程。

“连接”：两个曲面具有公共边时使用，Pro/ENGINEER 直接连接两张选取的曲面，Pro/ENGINEER 会创建除相交边界并询问每个曲面要保留的部分。

（4）在操控面板上单击按钮和按钮可以切换主面组侧和附加面组侧要保留的曲面部分。

例如下面两个曲面的相交操作，如图 3-39 所示。

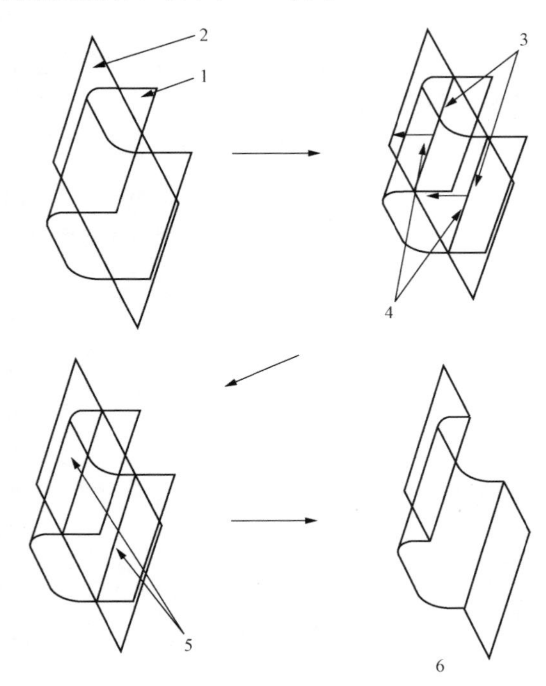

图 3-39　曲面相交操作

1—第一个曲面；2—第二个曲面；3—相交线；4—选取此侧为第一个曲面；
5—选取此底面为第二个曲面；6—生成的面组

3.3.3　修剪分型面

“修剪”工具可以从分型面中移除多余曲面片，使用“修剪”工具修剪分型面的主要步骤如下。

（1）选择要修剪的分型面，单击“编辑”→“修剪”命令，系统打开“修剪”下滑面板，如图 3-40 所示。

（2）用鼠标选择用做修剪对象的任意曲线、平面或面组，单击按钮可以改变修剪后需要保留的曲面侧。

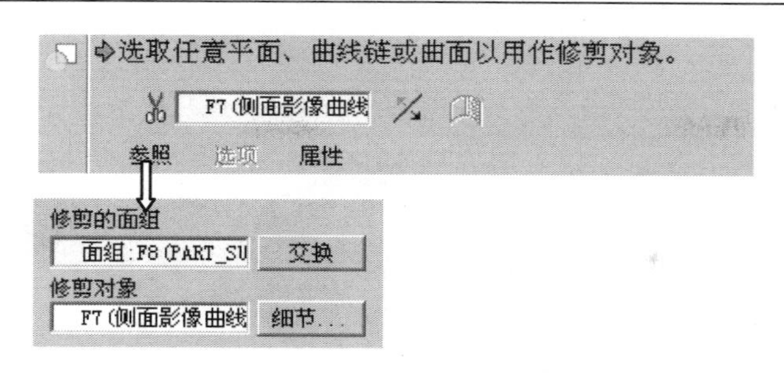

图 3-40 “修剪”下滑面板

（3）在“参照”滑板上通过“交换”按钮切换修剪的面组和修剪对象，在“选项”滑板中通过“保留修剪曲面”复选框是否保留修剪对象，如图 3-40 所示。

下面介绍应用修剪和合并工具的一个实例。

【实例 3-5】 文件 chap3-5\ 原始文件\mushroom_mold.asm

主要操作步骤如下。

（1）设置工作目录至 chap3-5\原始文件，选择“文件”→“打开”命令，打开 mushroom_mold.asm 文件，工作区如图 3-41 所示。

（2）应用前文中介绍的方法生成侧面影像曲线，如图 3-42 所示。

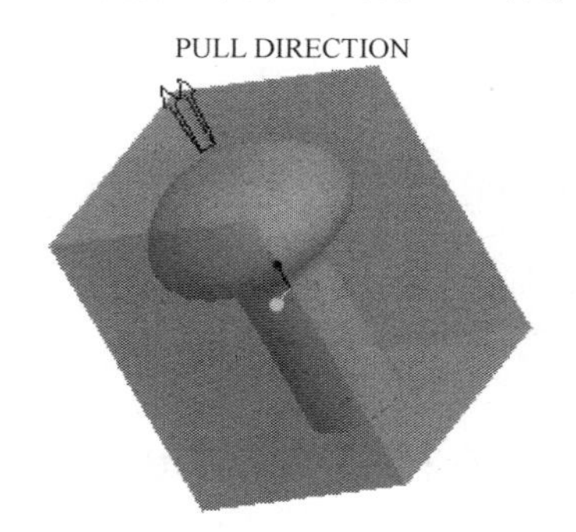

图 3-41 初始工作区

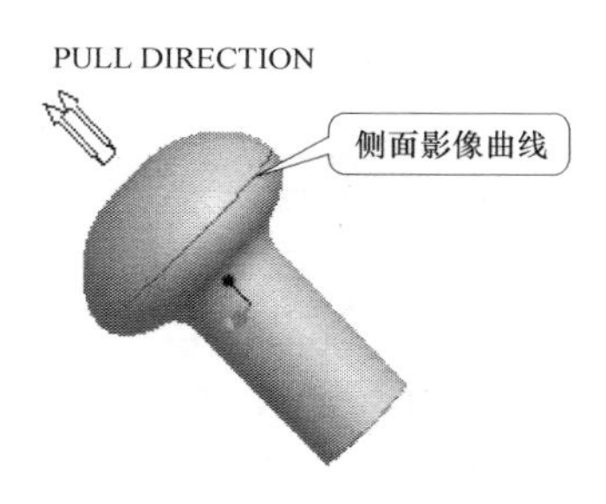

图 3-42 侧面影像曲线

（3）单击按钮，进入分型面创建模式。按住 Ctrl 键，选择如图 3-43 所示的曲面，按 Ctrl+C 键复制，再按 Ctrl+V 键粘贴。系统打开“粘贴曲面”下滑面板，单击按钮完成分型面复制，得到的分型面如图 3-44 所示。

（4）在模型树或在窗口中选择刚才复制的曲面，选择“编辑”→“修剪”命令，弹出“修剪曲面”下滑面板，同时状态栏提示“选取任意平面、曲线链或曲面以用作修剪对象”，在模型树或工作区选择前面生成的侧面影像曲线作修剪对象，通过按钮切换箭头方向设置要保留的曲面侧，如图 3-45 所示。单击按钮完成修剪。

（5）单击工具栏中的“拉伸工具”按钮，弹出“拉伸曲面”下滑面板。

（6）选择 MOLD_RIGHT 为草绘平面，MAIN_PARTING_PLN 为草绘方向参照平面（顶），绘制如图 3-46 所示的截面（注意增加绘制线条和侧面影像曲线的重合及线条端点和工件轮廓的重合约束）。单击“草绘”工具栏的按钮完成草图绘制。

（7）单击按钮定义拉伸深度，选取工件的前后两个侧面作为拉伸终止面，得到拉伸平面如图 3-47 所示，单击按钮完成拉伸操作，注意该拉伸平面中的曲线为侧面影像曲线。

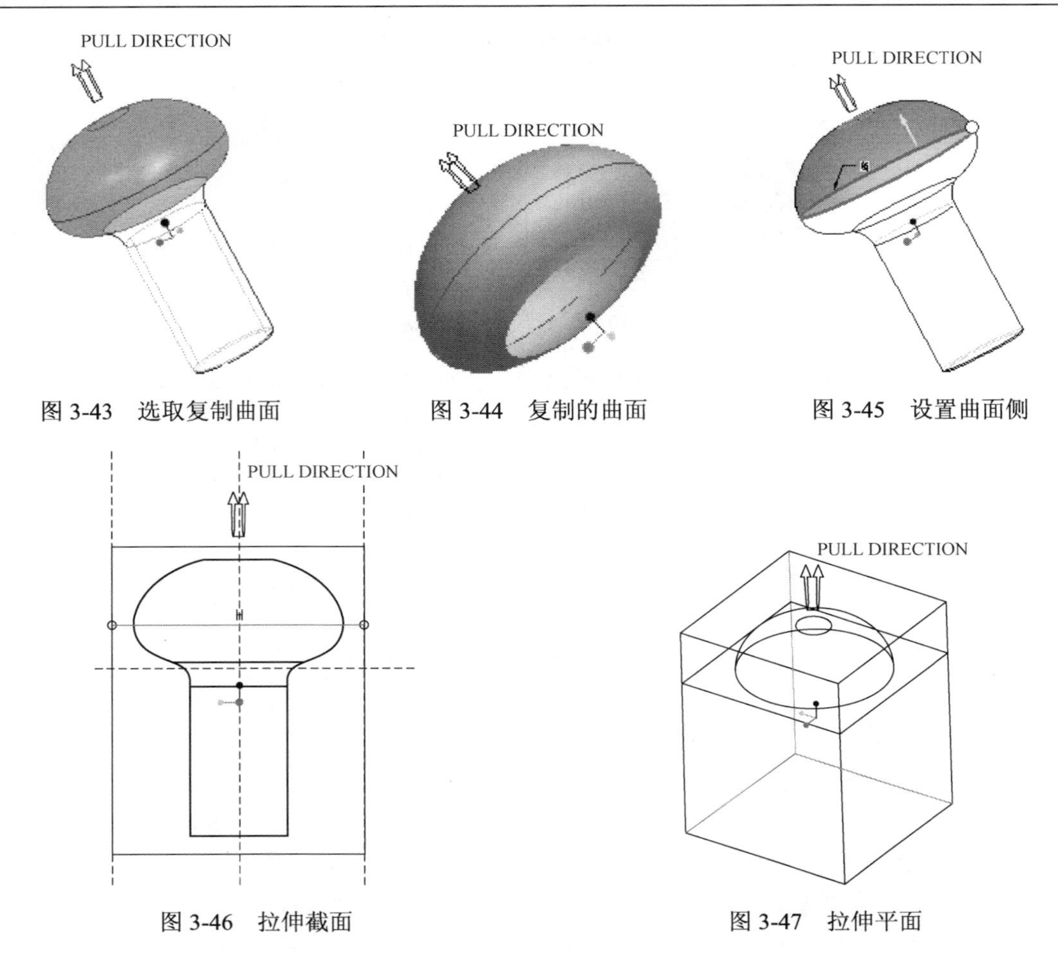

图 3-43 选取复制曲面　　图 3-44 复制的曲面　　图 3-45 设置曲面侧

图 3-46 拉伸截面　　图 3-47 拉伸平面

（8）按住 Ctrl 键，在模型树中选择修剪后的曲面和拉伸平面，放开 Ctrl 键。选择“编辑”→“合并”命令，系统弹出“合并曲面”下滑面板，通过“参照”中的“切换”项可以切换主面组和附加面组。通过“相交”实现两曲面的合并。单击按钮切换附加面组方向，如图 3-48 所示。

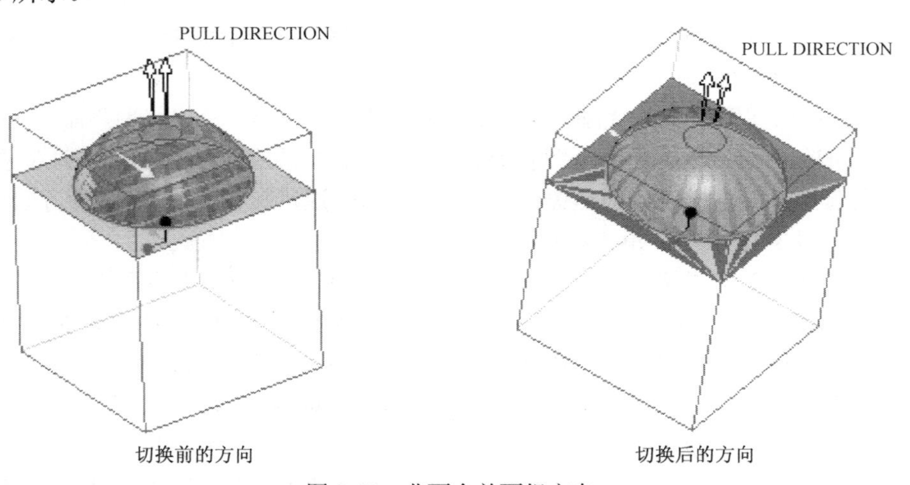

图 3-48 曲面合并面组方向

（9）单击“合并”下滑面板中的按钮✔完成合并曲面，合并后的分型面可通过“视图”→“可见性”→“着色”命令查看，如图3-49所示。最后在模型树中可以看到操作过程中通过复制、修剪、拉伸、合并操作后得到的曲面特征，如图3-50所示。

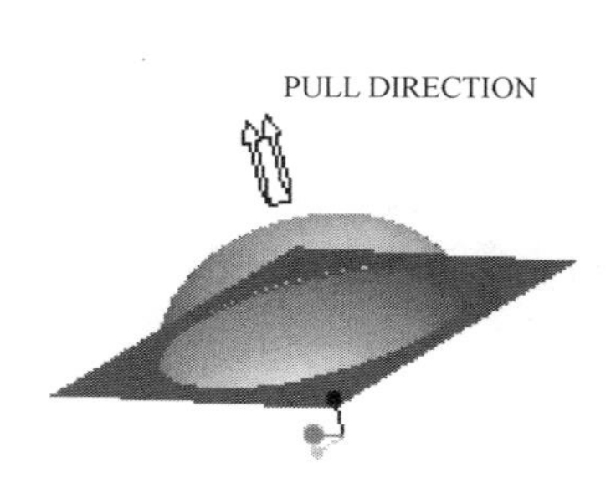

图3-49 合并后的分型面

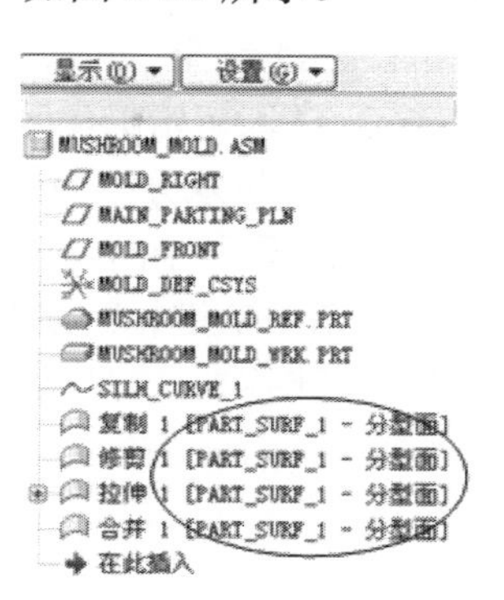

图3-50 模型树中的分型面特征

（10）单击工具栏中的按钮✔退出分型面创建模式，完成分型面创建。

（11）单击“文件”→“保存”命令保存文档。

3.4 分型面破孔填充

产品若在拔模方向存在孔洞，使分型面不能完全分割工件，此时需要对破孔（内部环）进行填充。这里介绍破孔填充的几种常用方法。

3.4.1 复制分型面中的破孔填充

应用独立曲面法或种子面与边界曲面法选择曲面后，按Ctrl+C键复制曲面后，再按Ctrl+V键粘贴曲面，系统弹出“粘贴曲面”下滑面板。若曲面中存在破孔，且破孔的边界曲线属于曲面内部环线，则可在下滑面板中的“选项”下滑面板上进行设置，如图3-51所示。

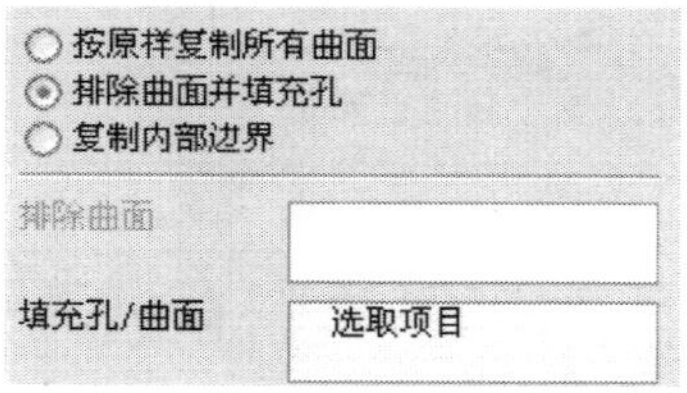

按原样复制所有曲面
排除曲面并填充孔
复制内部边界
排除曲面
填充孔/曲面 选取项目

图3-51 “选项”下滑面板

在“选项”下滑面板中有以下3个选项。

1）按原样复制所有曲面：默认选项，用来创建选定曲面的精确副本。

2）排除曲面并填充孔：选择该项后下面两个收集器处于活动状态。其中“排除曲面”收集器用来选取要从当前复制曲面中要排除破孔的曲面或破孔的边；“填充孔/曲面”收集器可以在选定曲面上选取要填充的孔。

3）复制内部边界：当选定该选项时，“边界曲线”收集器变为活动状态，用于定义要复制曲面的边界。

若破孔处于同一曲面上，则直接选取该曲面为要修补的曲面，系统对所选曲面中的破孔会自动修补。

若破孔不在一个曲面上，而是位于面与面的交线上时，则选取该破孔的任何一个边界线，系统自动对破孔进行修补。

注意： 在选择多个曲面或多条边界线时，应按住 Ctrl 键。

【实例 3-6】 文件 chap3-6\原始文件\monitor_mold.asm

主要操作步骤如下。

（1）设置工作目录至 chap3-6\原始文件，单击“文件”→“打开”命令，打开 monitor_mold.asm，进入初始工作区，如图 3-52 所示。

（2）单击按钮，进入分型面创建模式。将工件隐藏，通过种子面与边界曲面的方法复制参照零件的外表面。选取种子面，按住 Shift 键，再选取边界曲面，如图 3-53 所示。按住 Ctrl+C 键复制曲面，按住 Ctrl+V 键粘贴曲面，单击“粘贴曲面”下滑面板中的按钮✔，完成曲面的复制。通过选择“视图”→“可见性”→“着色”命令可查看该曲面，如图 3-54 所示。

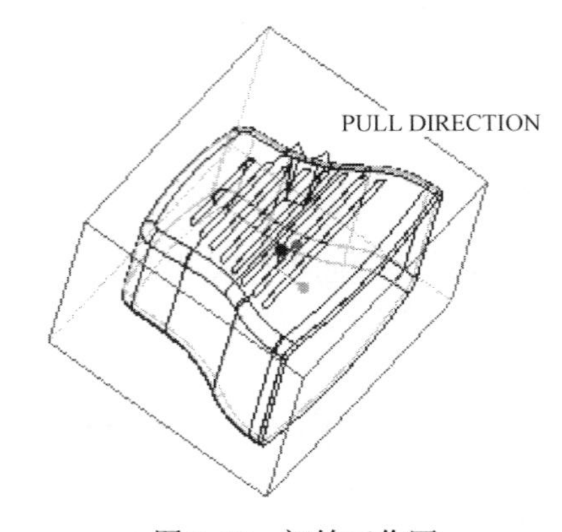

图 3-52 初始工作区

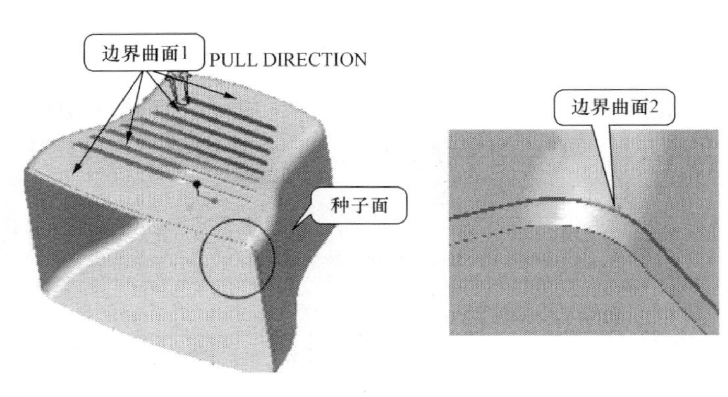

图 3-53 种子面与边界面

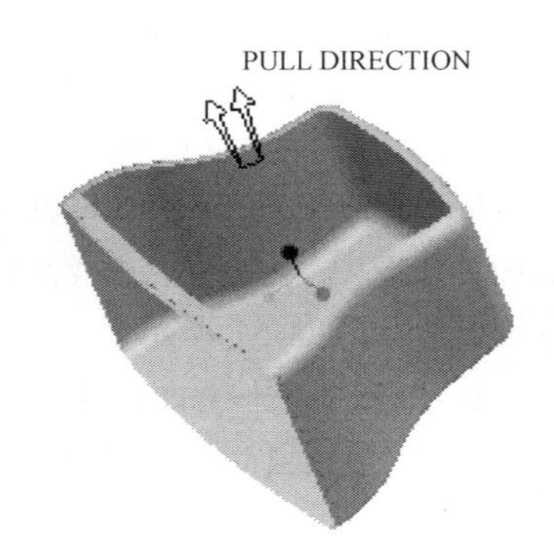

图 3-54 复制的曲面

（3）添加包含破孔的 4 个曲面到分型面。在模型树中选择刚刚复制的曲面，右键单击“编辑定义”项，重新进入“粘贴曲面”下滑面板。选择“参照”下滑面板，单击“细节”按钮，打开“曲面集”对话框，如图 3-55 所示。然后单击曲面收集器将其激活，按住 Ctrl 键，依次选取参照模型上包含破孔的 4 个外侧曲面，放开 Ctrl 键，单击 “确定”按钮，关闭对话框，如图 3-55 所示。

（4）单击“选项”下滑面板，选择“排除曲面并填充孔”项，如图 3-56 所示。按住 Ctrl 键，再次依次选取 4 个曲面及两个位于曲面交线位置孔的任何一个边界线，如图 3-57 所示，放开 Ctrl 键，系统将会填充破孔。单击“粘贴曲面”下滑面板中的按钮✔完成曲面的复制及破孔填充，破孔填充后的曲面如图 3-58 所示。

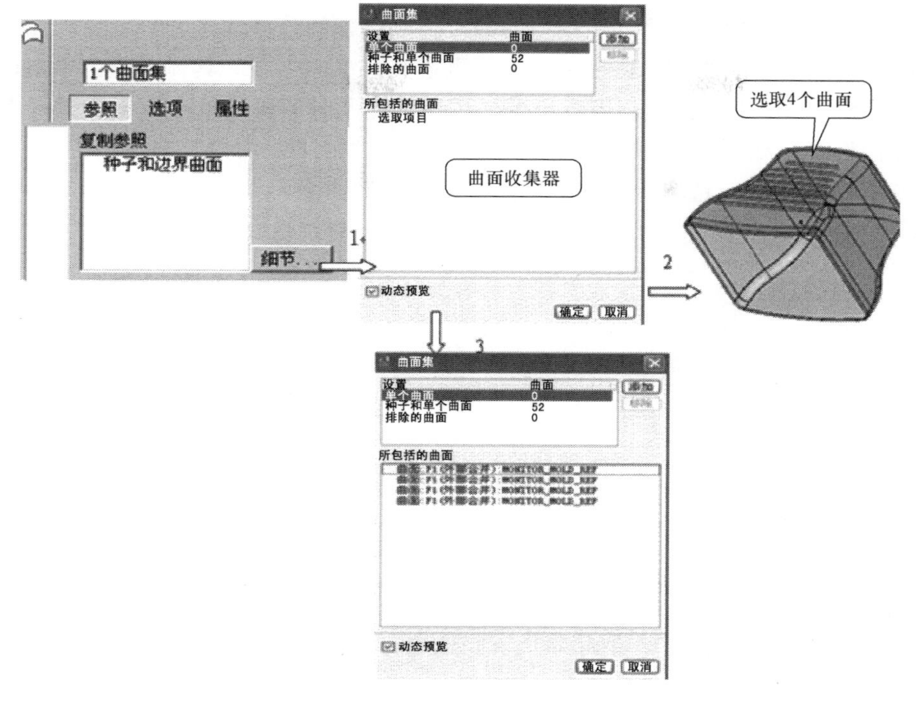

图 3-55　添加包含破孔的 4 个曲面

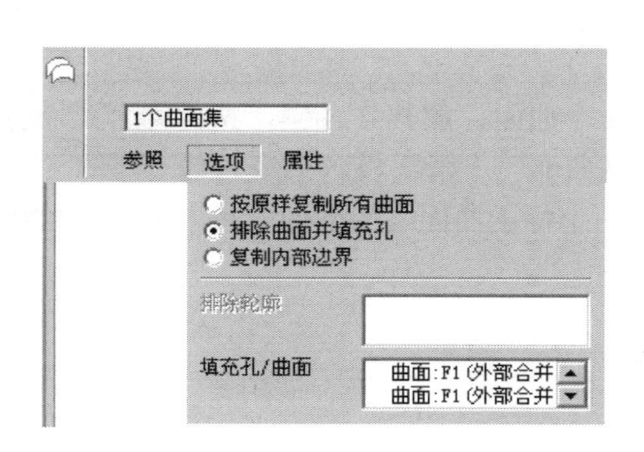

图 3-56　破孔填充

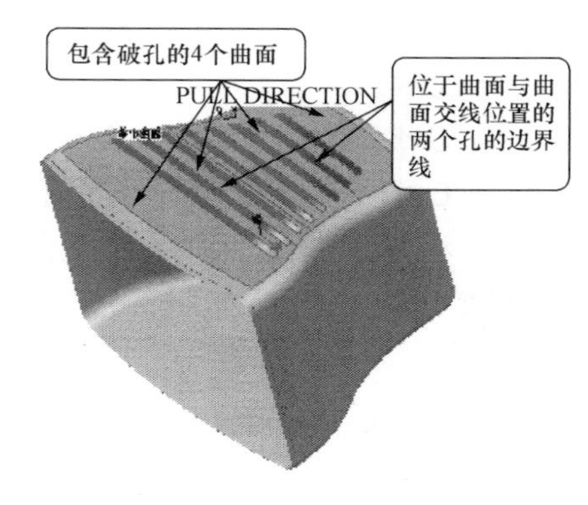

图 3-57　选取破孔填充的曲面或孔边界线

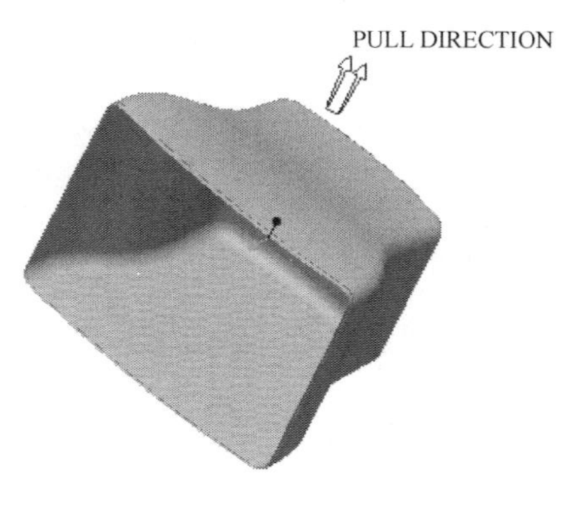

图 3-58　合并后得到的分型面

（5）取消对工件的隐藏，将参照模型隐藏，将刚创建的分型面延伸到工件表面，在模型树中，右键单击刚刚复制的曲面特征，选取“重定义分型面”项。具体操作为单击选择某一边界曲线，按住 Shift 键，当鼠标附近出现“相切”提示时，再次单击鼠标左键，则整个分型面的边界被选择，如图 3-59 所示。单击“编辑”→“延伸”命令，在弹出的“延伸曲面”下滑面板中单击按钮，选取工件前侧平面，得到延伸曲面，如图 3-60 所示。

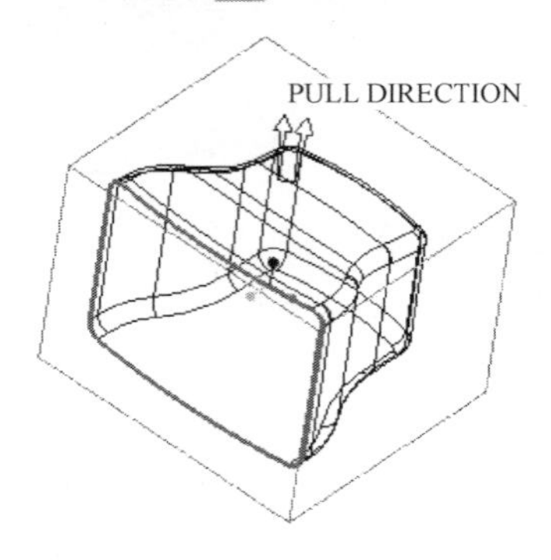

图 3-59　选取分型面边界

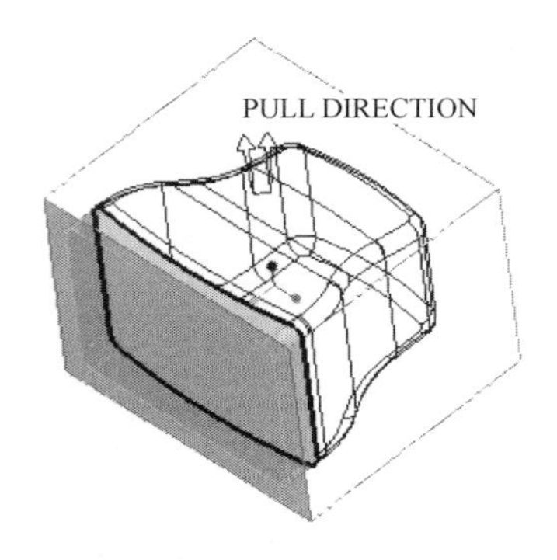

图 3-60　延伸后的曲面

（6）单击工具栏的按钮，到此为止，完成主分型面 PART_SURF_1 的创建。

（7）由于参照零件侧面上含有破孔，故需要设计侧滑块所需的滑块分型面，下面继续介绍滑块分型面的创建过程。

（8）再次单击按钮，进入分型面创建模式。隐藏工件和主分型面 PART_SURF_1，取消参照模型的隐藏。

（9）按住 Ctrl 键，依次选取如图 3-61 所示的 4 个曲面，放开 Ctrl 键，按住 Ctrl+C 键复制曲面，按住 Ctrl+V 键粘贴曲面，系统弹出“粘贴曲面”下滑面板。用第（4）步骤介绍的方法将上面的 8 个孔填充（其中 6 个是在曲面上，两个位于曲面与曲面的交线上）。复制的曲面通过“着色”命令查看，如图 3-62 所示。

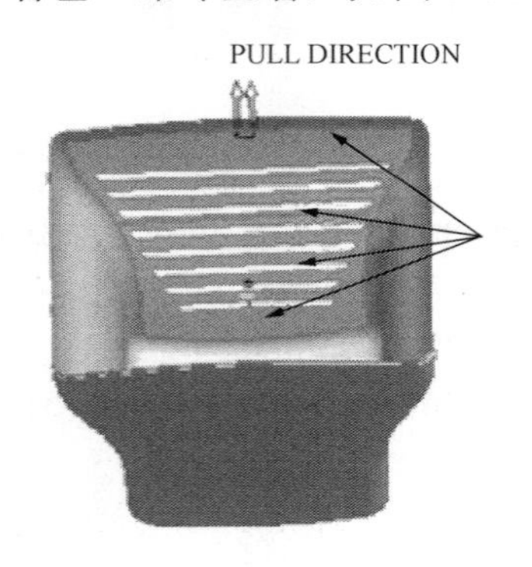

图 3-61　选取内侧的 4 个曲面

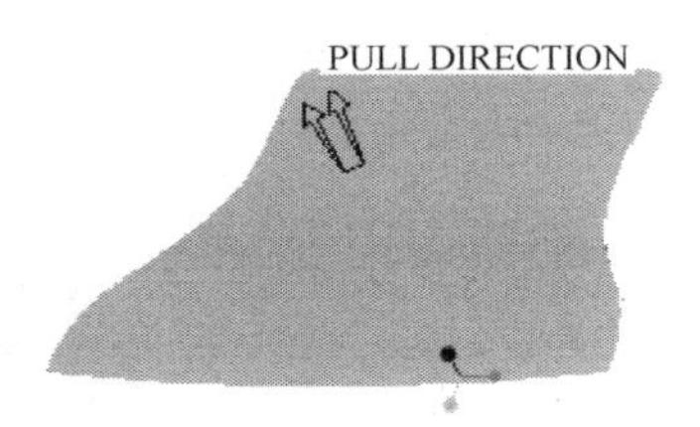

图 3-62　着色后的曲面

（10）取消工件隐藏，以拉伸方式创建曲面。单击工具栏中的按钮，弹出“拉伸曲面”下滑面板。

选取工件上和参照模型 8 个孔对面的平面为草绘平面，选取相应平面为草绘方向参照（底），如图 3-63 所示。定义好尺寸参考平面后，进入草绘模式，草绘截面如图 3-64 所示的截面，单击按钮✔退出草绘。单击下滑面板中定义拉伸深度的按钮，单击刚才复制的曲面的某点或边，再用鼠标右键打开的选择列表中选取刚才复制的第二个分型面为拉伸终止面，得到如图3-65所示的拉伸曲面。

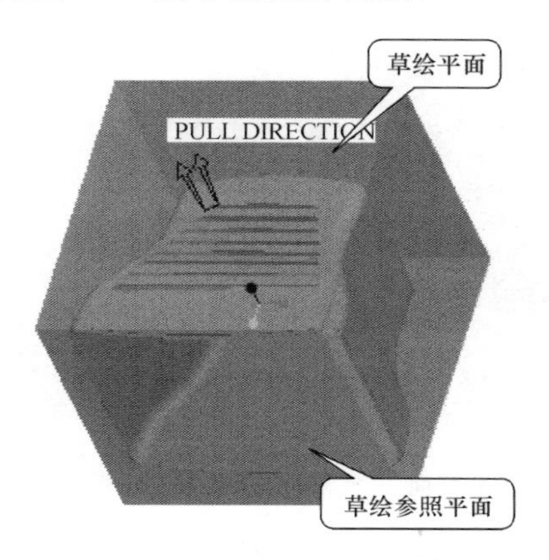

图3-63 定义拉伸草绘平面和参照

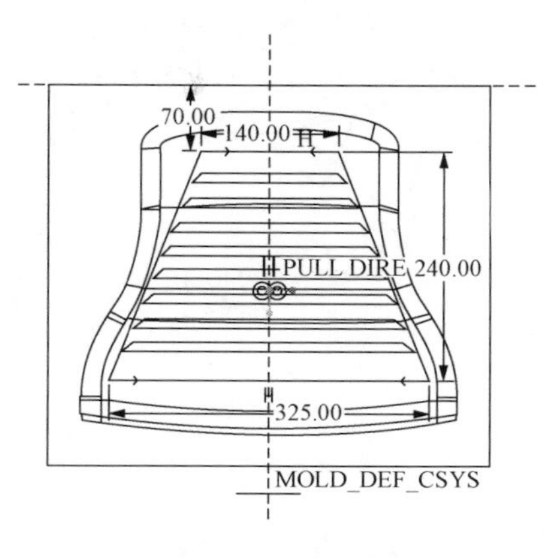

图3-64 草绘拉伸截面

（11）将刚才复制和拉伸的曲面进行合并。具体操作为：按住Ctrl键，在图形窗口中选择进行合并的两曲面，如图3-66所示。放开Ctrl键，单击“编辑”→“合并”命令打开“合并”下滑面板，同时图形区显示合并曲面的方向，如图3-67所示，单击按钮✔完成合并。得到如图3-68所示的滑块分型面。单击“文件”→“保存”命令保存文档。

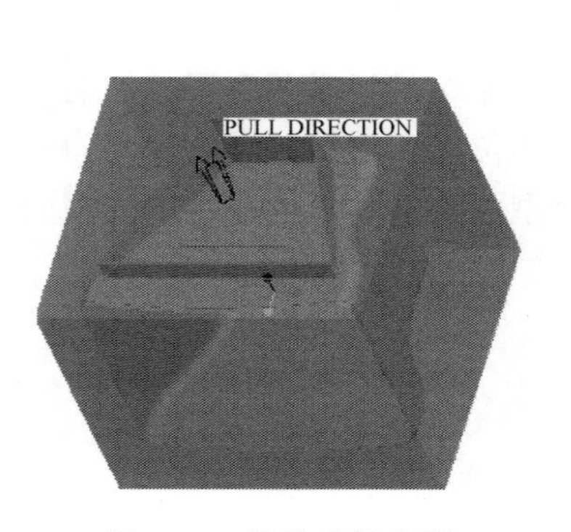

图3-65 拉伸后的曲面

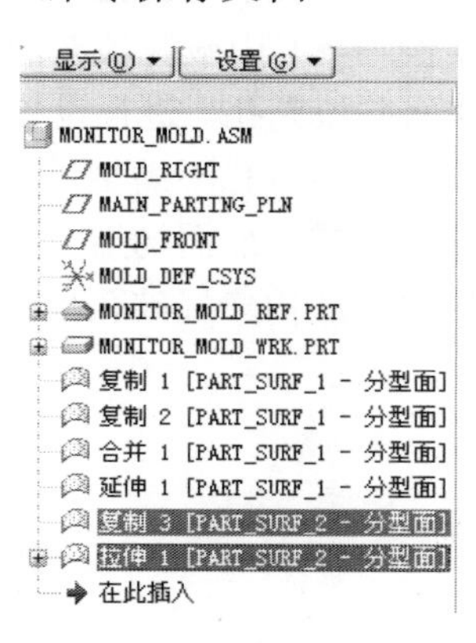

图3-66 选择合并曲面

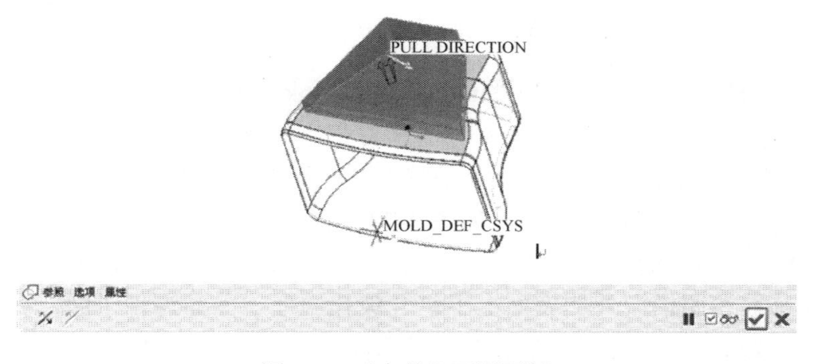

图3-67 “合并”下滑面板

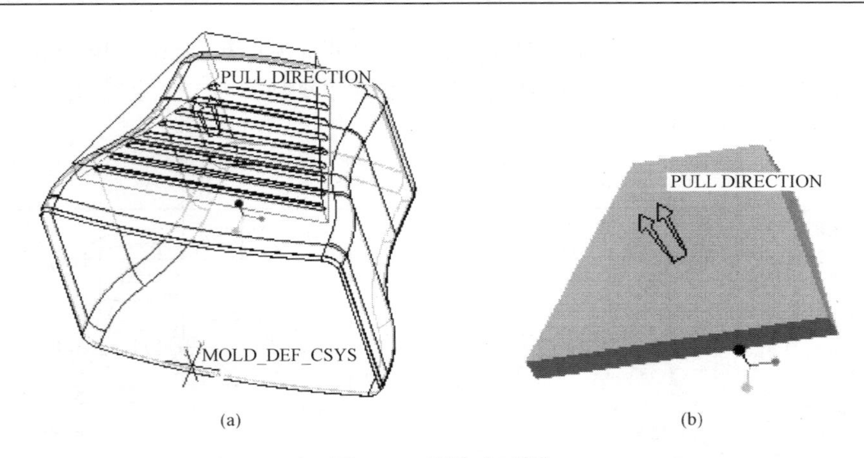

(a) (b)

图 3-68 滑块分型面

（a）合并后的分型面；（b）着色后的分型面

提示： 对于这种包含侧滑块分型面的模具模型，在利用分型面将工件分割时，一定要注意分型面的分割顺序。先用侧滑块分型面分割，再用主分型面分割，反过来则不行（试试看，再思考一下原因）。本实例中利用分型面分割工件时，先用侧滑块分型面（PART_SURF_2）再用主分型面（PART_SURF_1）分割，若按相反的顺序分割，则所分割的模具元件结构是不一样的。

3.4.2 其他破孔填充方法

在［实例 3-6］中破孔填充的方法是直接利用复制曲面下滑面板中的“选项”下滑面板的“排除曲面并填充孔”进行设置，如图 3-69 所示。这种方法只适用于破孔的边界线处于曲面上时的情况。当破孔不满足该条件时不能用这种方法。这是就需要应用其他的破孔填充方法，如平整、扫描等曲面构造方法，这要看破孔所处的位置和形状。具体操作为：先应用分型曲面的构造方法构建好破孔处的曲面，再将其与分型面合并起来形成完整分型面。

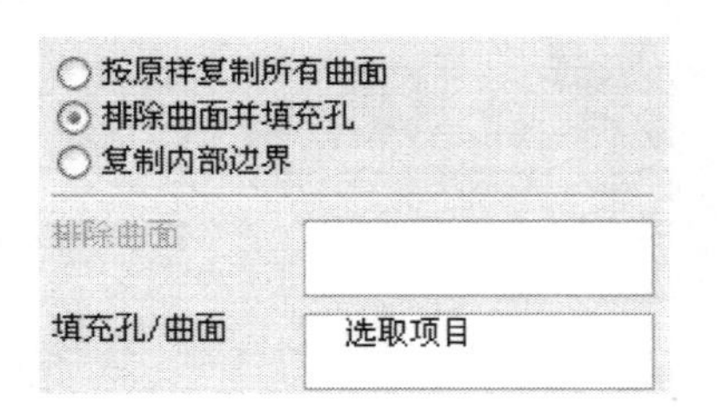

图 3-69 复制曲面下滑面板中的“选项”

【实例 3-7】 文件 chap3-7\原始文件\mouse_mold_pk.asm

主要操作步骤如下。

（1）设置工作目录至 chap3-7\原始文件，选择“文件”→“打开”命令，打开 mouse_mold_pk.asm，进入初始工作区，如图 3-70 所示。

（2）单击按钮，进入分型面创建模式，将工件隐藏，将对象过滤器由“智能”项切换到“几何”项。选取参照模型外侧表面上不包含破孔的任一曲面为种子面，如图 3-71 所示。按住 Shift 键，选取如图 3-72 所示的面为边界曲面（边界曲面 1 和 3 个包含破孔的内侧曲面），放开 Shift 键。按 Ctrl+C 键复制曲面，按 Ctrl+V 键粘贴曲面，系统弹出“粘贴曲面”下滑面板，单击按钮✓完成曲面的复制。通过“着色”命令查看刚刚复制的分型面，如图 3-73 所示。

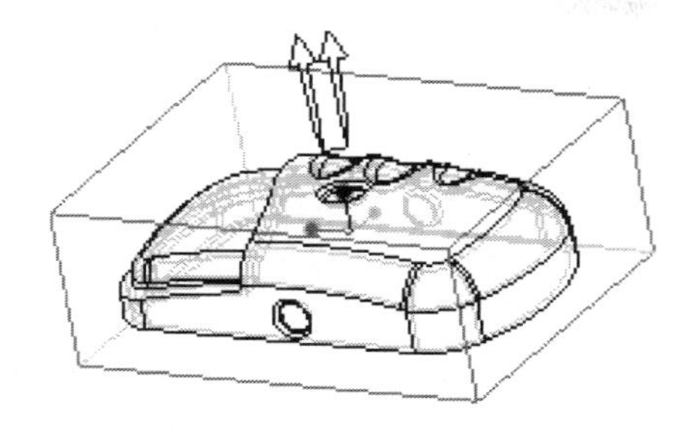
图 3-70 初始工作区

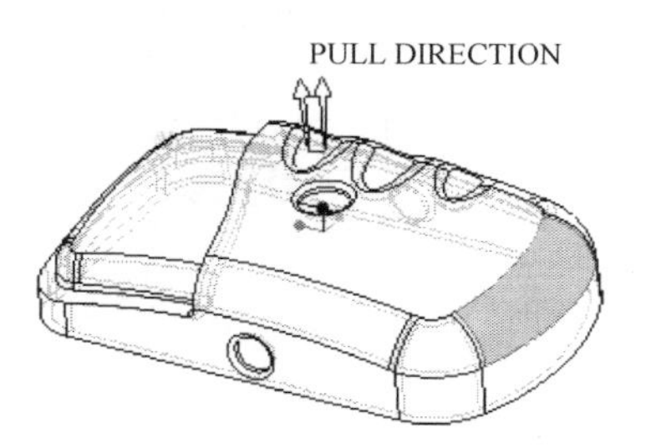

图 3-71 种子曲面

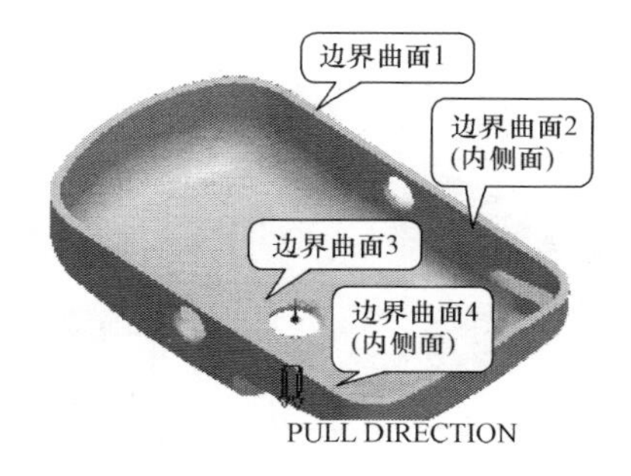

图 3-72 边界曲面

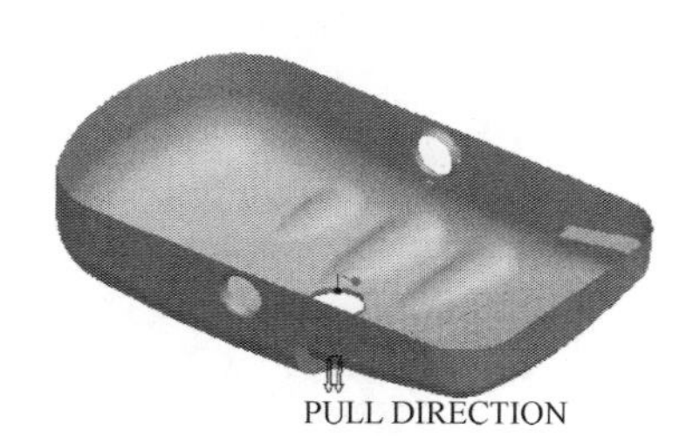

图 3-73 着色后的分型面

（3）在上面复制的分型面中包含 3 个破孔，这 3 个破孔不属于曲面内部环，不能用图 3-69 中的“排除曲面并填充孔”项来填充（思考一下为什么，操作一下试试看），而必须再创建新的曲面片，再将其和步骤（2）中复制的曲面合并。

（4）选取如图 3-74 所示的曲面，按 Ctrl+C 键复制曲面，按 Ctrl+V 键粘贴曲面，系统弹出“粘贴曲面”下滑面板，选择“选项”的第二项“排除曲面并填充孔”，收集器激活，如图 3-75 所示。再次选取如图 3-74 所示的曲面，系统自动将该曲面上的破孔填充。填充后的曲面如图 3-76 所示。

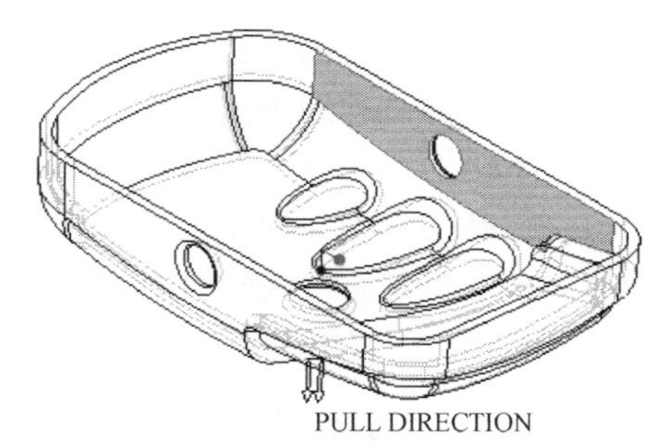

图 3-74 选取曲面

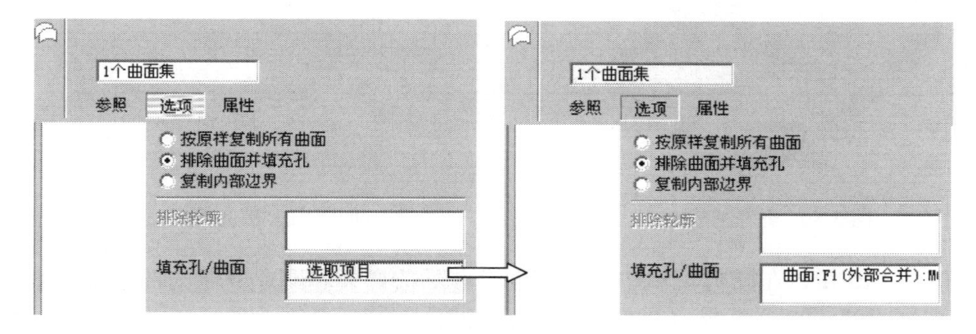

图 3-75 曲面填充选项

（5）按住 Ctrl 键，在图形窗口中选择前面复制的两个曲面，如图 3-77 所示。单击“编辑”→“合并”命令，弹出“合并”下滑面板。单击按钮切换合并曲面方向，如图 3-78 所示，单击按钮退出曲面的合并。合并后的曲面通过“着色”命令查看，如图 3-79 所示。

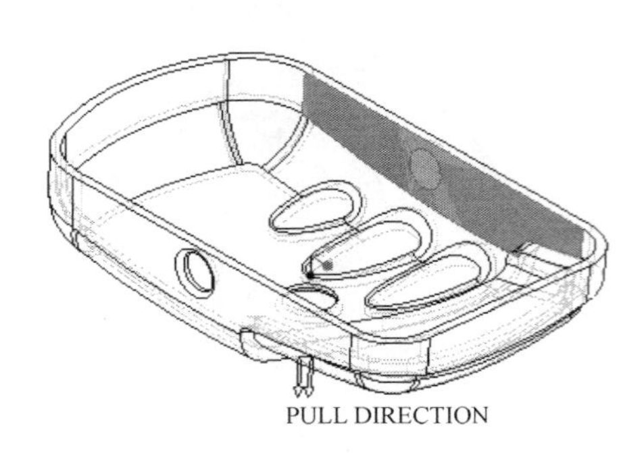

图 3-76　破孔填充后的曲面

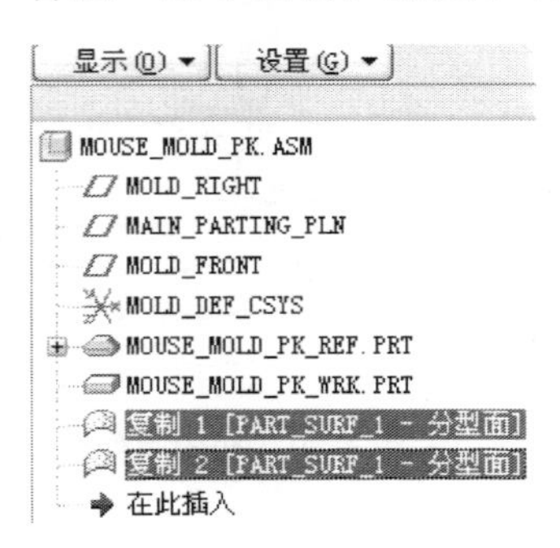

图 3-77　选择合并的两个曲面

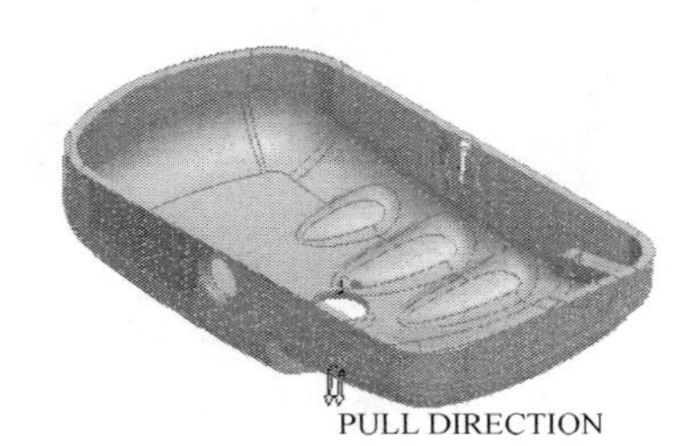

图 3-78　切换曲面合并方向

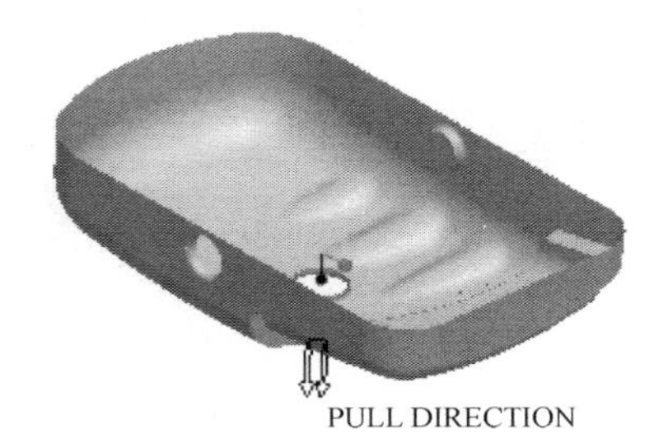

图 3-79　合并后的曲面

（6）另外一个侧面孔的填充方法与此相同，不再阐述。

（7）底部破孔的填充方法类似具体操作如下。在参照模型上选取底部包含破孔的曲面，如图 3-80 所示，按 Ctrl+C 键复制曲面，按 Ctrl+V 键粘贴曲面，系统弹出“粘贴曲面”下滑面板，选择“选项”的第二项“排除曲面并填充孔”，收集器激活。再次选取如图 3-80 所示的曲面，系统自动将该曲面上的破孔填充。填充后的曲面如图 3-81 所示。单击按钮完成曲面的复制。

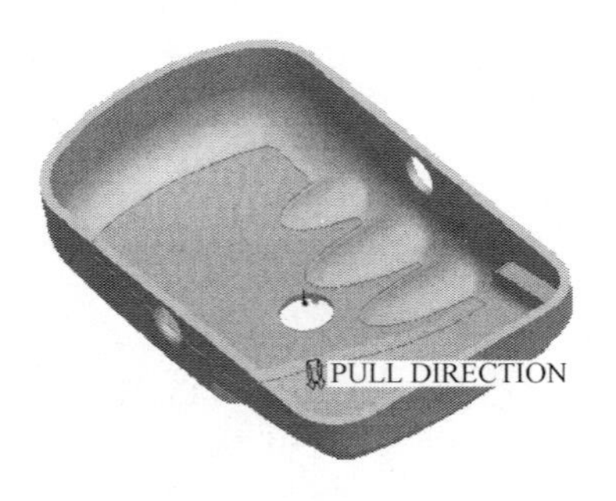

图 3-80　选取曲面

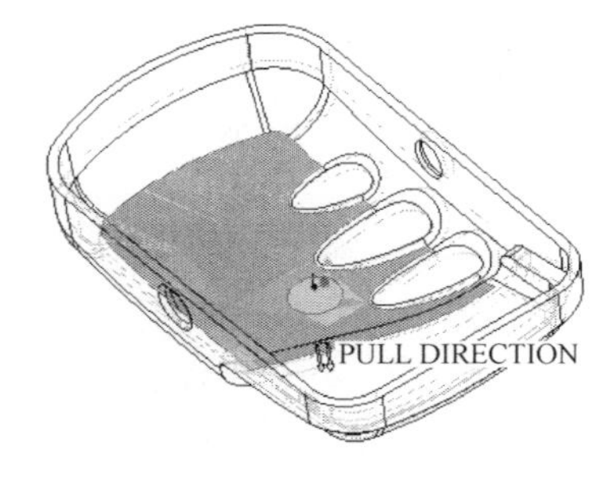

图 3-81　破孔填充后的曲面

（8）按住 Ctrl 键，在图形窗口中选择前面合并后的曲面和刚才复制的曲面片，如图 3-82 所示，模型树中的特征“复制 4”即是刚刚复制的曲面片。单击“编辑”→“合并”命令，弹出“合并”下滑面板。单击按钮切换合并曲面方向，单击按钮退出曲面的合并。合并后的曲面通过“着色”命令查看，如图3-83所示。

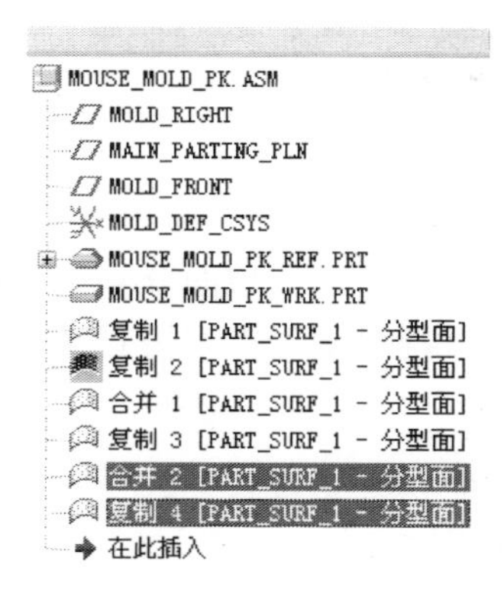

图3-82 选择合并的曲面

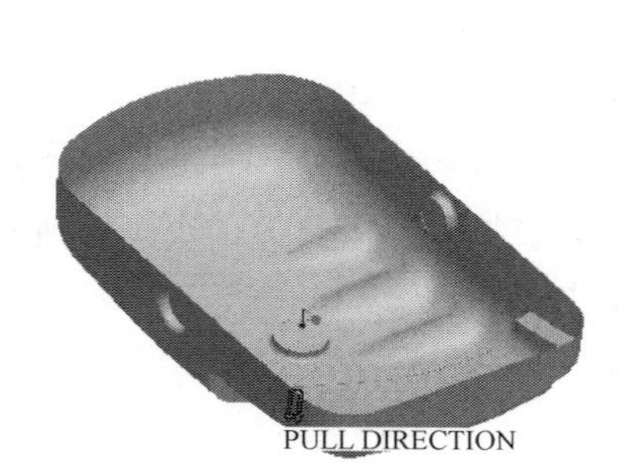

图3-83 破孔填充后的分型面

（9）将参照模型隐藏，取消工件隐藏。将分型面的边界向工件侧面延伸，具体步骤在前面的许多实例中都有介绍，这里不再详述。边界延伸后的分型面如图3-84所示。单击按钮✓退出分型面创建模式，回到“模具”菜单管理器模式。

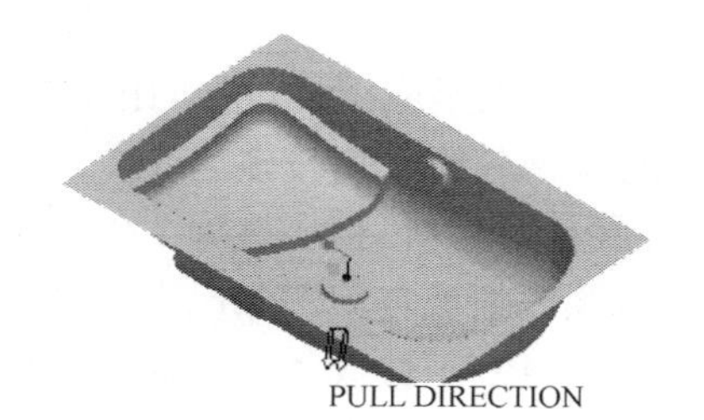

图3-84 延伸后的分型面

（10）单击“文件”→“保存”命令保存文档。

第4章 模具体积块创建

模具的分割与抽取是获取模具型腔元件的必要步骤，可以通过分型面分割工件得到体积块，也可以直接创建模具体积块。得到模具体积块后，通过抽取操作得到模具成形零部件如凸凹模、型芯等。

4.1 模具体积块简介

模具体积块也是一个曲面面组，但与分型面不同的是，分型面可以是开放的，而体积块必须是封闭面组。

Pro/ENGINEER 中设计体积块的方法有以下两种。

（1）分割体积块。单击"分割工具"按钮，通过分型面分割工件或已存在的体积块产生新的体积块。

（2）创建体积块。不使用分型面，而是应用 Pro/ENGINEER 的体积块创建命令，直接建立新的体积块，在建立滑块等成形零部件时使用较多。

这两种方法相比，使用分型面分割得到体积块有如下优点。

（1）分割工件或体积块时，参照模型被自动切除已产生模具型腔。

（2）使用分割工具时，系统自动复制工件或体积块的边界曲面，对它们的修改不会影响分割。当修改工件时，只要分型面和工件边界完全相交，分割就没问题。不管使用哪种方式得到体积块，通过抽取得到模具元件时并无差别。

4.2 分割体积块

通过分割得到体积块的步骤如下。

（1）单击按钮，系统弹出"分割体积块"菜单管理器，如图 4-1 所示。菜单管理器中各个选项的含义如下。

"两个体积块"：表示将工件或体积块分割为两个新体积块，要求分别对每个体积块命名。

"一个体积块"：表示将工件或体积块分割为两个新体积块，但只新建一个体积块，只要求对一个体积块命名，因此系统会询问是包括还是忽略生成的体积块。

"所有工件"：所有工件都将被分割。

"模具体积块"：将已有的模具体积块分割产生新的体积块。

"选择元件"：分割指定模具组件产生新的体积块。

提示：①分割体积块时有可能将工件分割为多个体积块，此时每个体积块都作为型腔或型芯，系统会弹出"岛屿表"用于选择或取消体积块；②用于分割的曲面不一定是分型面，也可以是直接创建的体积块，因为体积块也是曲面特征。

（2）单击"完成"命令后，系统弹出如图 4-2 所示的"分割"对话框，用来定义分割曲面和分割结果，单击“确定”按钮。在指定分型面后，系统自动计算工件或体积块的总体积，再用总体积减去创建浇道、流道、浇口等模具组件特征，并裁减所有参照零件。

图 4-1 “分割体积块”菜单管理器

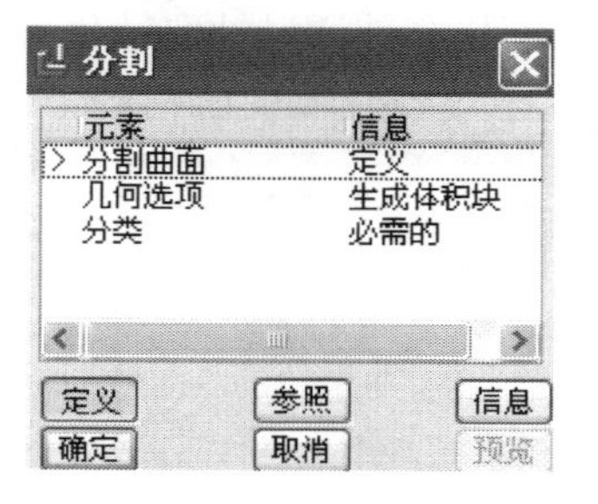

图 4-2 “分割”对话框

（3）使用分型面对材料进行分割时，系统先对分型面的一侧材料计算出体积，将其转化为体积块，再对分型面另一侧的剩余体积重复此计算过程。

【实例 4-1】 文件 chap3-6\完成文件\monitor_mold.asm

主要操作步骤如下。

（1）设置工作目录至 chap3-6\完成文件，选择“文件”→“打开”命令，打开 monitor_mold.asm 文件。

（2）应用前面已创建好的主分型面和滑块分型面进行分割。

（3）单击按钮，在“分割体积块”菜单管理器中选择“两个体积块”→“所有工件”→“完成”项，弹出“分割”对话框，在窗口中选取侧滑块分型面 PART_SURF_2 后，单击“分割”对话框中的“确定”按钮，分别为分割的体积块命名，大的体积块为 body，如图 4-3 所示，滑块体积块为 slide。

（4）再次单击按钮，在“分割体积块”菜单管理器中选择“两个体积块”→“模具体积块”→“完成”项，弹出“搜索工具”对话框，选择要分割的现有体积块 body，如图 4-4 所示，单击“关闭”按钮。弹出“分割”对话框，如图 4-5 所示。在图形窗口中选取主分型面 PART_SURF_1，单击“分割”对话框的“确定”按钮，再次弹出“属性”对话框分别为分割的新体积块命名 MOLD_VOL_1 和 MOLD_VOL_2。

图 4-3 为体积块命名

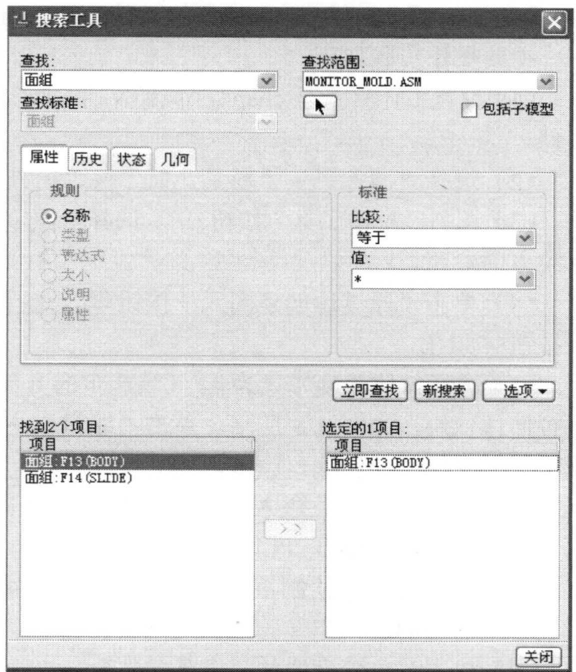

图 4-4 “搜索工具”对话框

（5）单击按钮或单击“模具”→“模具元件”→“抽取”→“完成/返回”项，弹出“创建模具元件”对话框，如图 4-6 所示。单击按钮选择所有体积块，单击“确定”按钮。此时模具体积块全部通过抽取转化为模具元件了。

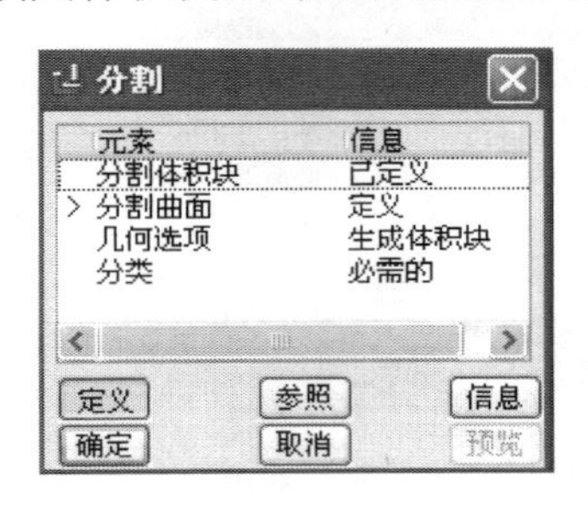

图 4-5　“分割”对话框

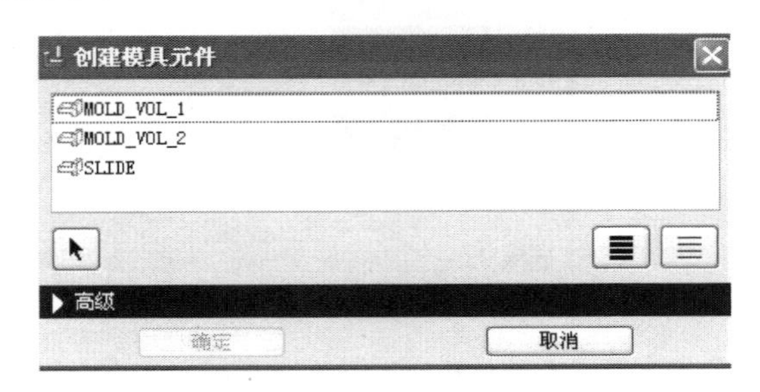

图 4-6　“创建模具元件”对话框

4.3　创 建 体 积 块

与弹出“创建分型面”模式相似，创建模具体积块也需要进入特定的建模环境。选择“插入”→“模具几何”→“模具体积块”命令，进入体积块创建模式。可以通过草绘体积块、聚合体积块及滑块体积块 3 种方法创建体积块。

4.3.1　草绘体积块

草绘体积块与创建实体方法相似，可以看做是用建模特征创建一个封闭面组。如果系统中存在其他体积块，系统会询问是否对体积块增加或减切。

创建草绘体积块的选项有拉伸、旋转、扫描、混合及高级等。

【实例 4-2】　文件 chap4-2\原始文件\jin_mold.asm

主要操作步骤如下。

（1）设置工作目录至 chap4-2\原始文件，选择“文件”→“打开”命令，打开 jin _mold.asm 文件。

（2）选择“插入”→“模具几何”→“模具体积块”命令，进入体积块创建模式。

（3）单击“拉伸工具”按钮，选择参照零件的底部外表面为草绘平面，默认的方向为草绘方向参照。

（4）单击“通过边创建图元”按钮，选择棘轮盒内边缘，绘制截面如图 4-7 所示，单击按钮退出。

（5）选择拉伸深度方式为（到选定的），选择工件表面为拉伸截止面，单击按钮生成拉伸体积块，如图 4-8 所示。单击“编辑”→“修剪”→“参照零件切除”命令，完成体积块对参照模型的切除。

（6）单击按钮，进入分型面的创建模式。选择“编辑”→“填充”命令，选择草图平面为 MAIN_ PARTING _PLN，草绘方向参照为（MOLD_ RIGHT，顶）。

（7）在草绘器中绘制草图，提取工件的边缘，单击按钮退出草绘。单击按钮完成平整分型面的创建。

（8）单击菜单管理器的“模具元件”→“抽取”项，在弹出的“创建模具元件”对话框中选择草绘体积块 MOLD_VOL_I，单击“确定”按钮，抽取得到如图 4-9 所示的模具元件。

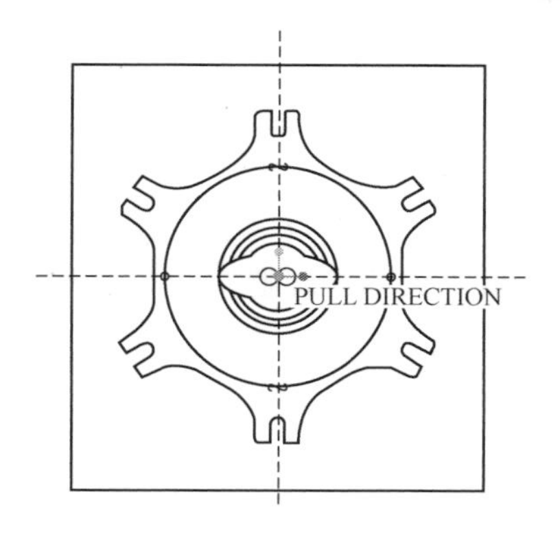

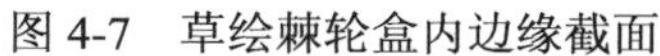
图 4-7 草绘棘轮盒内边缘截面

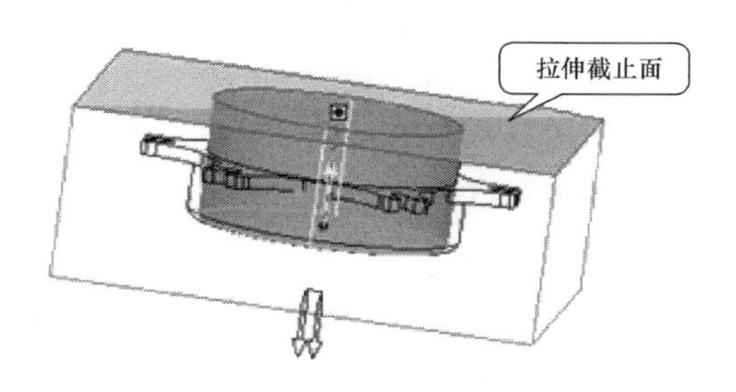

图 4-8 拉伸体积块

（9）将工件减去抽取得到的模具元件 MOLD_VOL_I。在“模具”菜单管理器中选择“模具模型”→“高级使用工具”→“切除”项，先选择工件作为切除对象，单击“确定”按钮，再选择 MOLD _VOL _1 元件作为切除参照零件，切除后的工件模型如图 4-10 所示。

图 4-9 模具元件 MOLD_VOL_I

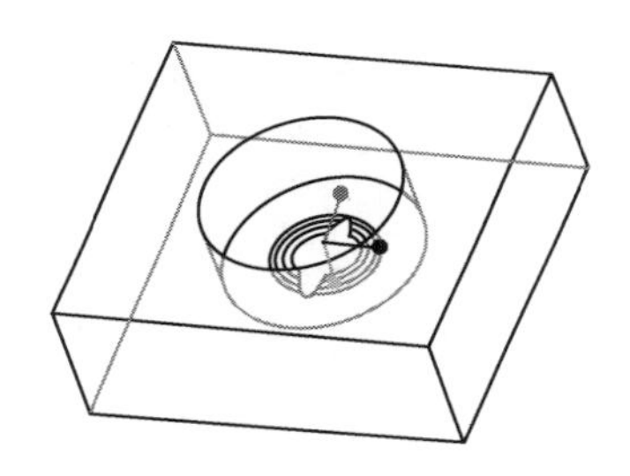
图 4-10 减去模具元件的工件

（10）单击“分割工件”按钮，在“分割体积块”菜单管理器中选择“两个体积块”→“所有工件”→“完成”项，选择填充的分型面作为分割的曲面组，单击“分割”对话框中的“确定”按钮，保留默认的体积块名称，完成体积块的创建。

（11）单击“模具元件”按钮，在弹出的“创建模具元件”对话框中选择体积块 MOLD_VOL_2 和 MOLD_VOL_3。

（12）单击“确定”按钮，抽取的结果如图 4-11 所示。

图 4-11 抽取后得到的第二、第三个模具元件 MOLD_VOL_2 和 MOLD_VOL_3

（13）单击“文件”→“保存”命令保存文档。

4.3.2 聚合体积块

聚合体积块通过复制参照模型的曲面及参考边缘，然后用一个盖平面封闭整个体积，创建聚合体积块的步骤如下。

（1）单击“插入”→“模具几何”→“模具体积块”命令，进入体积块创建模式。

（2）单击“编辑”→“收集体积块”命令，在“聚合步骤”菜单管理器中选择聚合选项，如图 4-12 所示，默认的两个选项为“选取”和“封闭”，各个选项的含义如下。

选取：从参照零件中选取曲面或特征。

排除：从体积块定义中排除边或曲面环。

填充：在体积块上填充内部轮廓线或曲面上的孔。

封闭：通过指定顶部曲面或底部关闭聚合的体积块。

（3）选取“选取”和“封闭”复选框，单击“确定”按钮，系统弹出如图 4-13 所示的“聚合选取”菜单管理器，用来选取参照模型曲面以定义体积块的基本曲面组，有下面两种方式选取参照曲面。

曲面与边界：通过种子面与边界面的方法进行选取。

曲面：通过独立曲面选取的方法进行选取。

图 4-12 “聚合步骤”菜单

图 4-13 “聚合选取”菜单

（4）所有包含在体积块定义中的曲面都被缝合在一起形成单一曲面，也可以通过“排除”和“填充”命令进行修改，这取决于曲面的特征。

（5）“封闭”复选框用来指定体积块的曲面断环或可以盖住这些环的平面。

【实例 4-3】 文件 chap4-3\原始文件\bowl_mold.asm

主要步骤如下。

（1）设置工作目录至 chap4-3\原始文件，单击“文件”→“打开”命令，打开 bowl_mold.asm 文件。

（2）单击“插入”→“模具几何”→“模具体积块”命令，进入体积块创建模式。

（3）单击“编辑”→“收集体积块”命令，在“聚合步骤”菜单管理器中选择“选取”和“封闭”选项，选择曲面的聚合选择类型为“曲面”。

提示： 若零件表面存在通孔，则需要对其进行填充，此时要选择“填充”选项。

（4）按住 Ctrl 键，选择参照零件的所有内表面（包括上面的边缘面）作为参考曲面，如图 4-14 所示，选择“完成参考”项返回。

（5）系统弹出“封合”菜单管理器要求封闭体积块，选取“顶平面”和“全部环”两个选项，如图 4-15 所示。单击“完成”项，系统提示选取盖平面，选择工件的上表面，如图 4-16 所示。

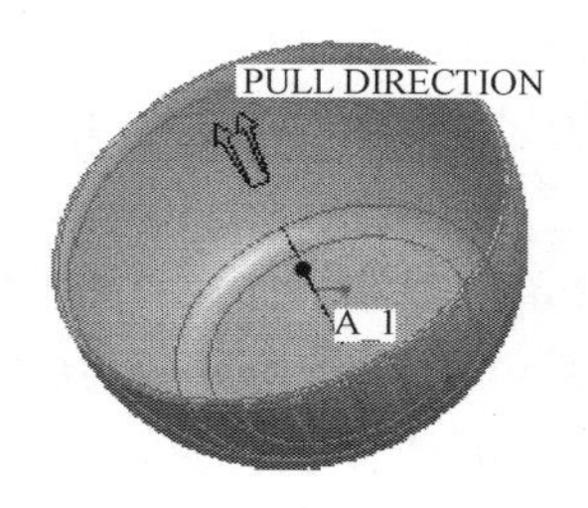

图 4-14 选取参考曲面

图 4-15 “封合”菜单

（6）单击“聚合体积块”菜单管理器中的“显示体积块”项，预览刚生成的体积块，如图 4-17 所示。选择“完成”→“完成/返回”项。

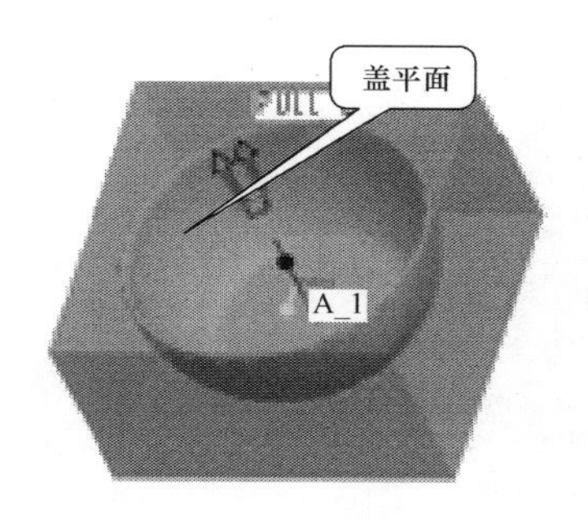

图 4-16 选取盖平面

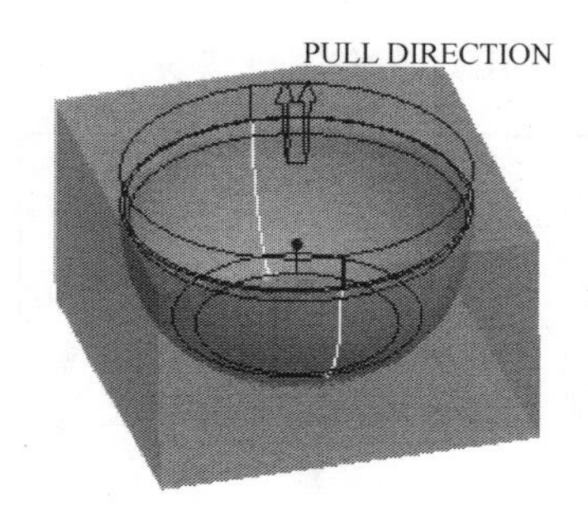

图 4-17 显示体积块

（7）单击工具栏中按钮☑完成 MOLD_VOL_1 的创建。

（8）单击“插入”→“模具几何”→“模具体积块”命令，再次进入体积块创建模式。

（9）单击按钮，选择工件表面为草绘平面，选择草绘方向参照为 MOLD_RIGHT，右）。绘制截面如图 4-18 所示，单击按钮✔退出草绘。

（10）选择盲孔拉伸方式，深度为 4，单击按钮☑完成体积块的创建并退出体积块的创建模式。

（11）按住 Ctrl 键，选择刚创建的两张曲面（两个体积块），选择“编辑”→“合并”命令，单击按钮，调整合并方向，单击按钮✔，合并得到如图 4-19 所示的体积块。

提示： 由于模具体积块是一种封闭的曲面特征，因此也可以对其进行曲面的合并操作。

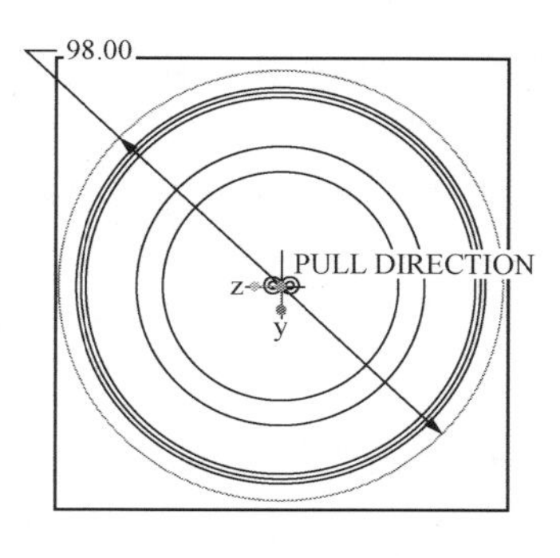

图 4-18 草绘体积块截面

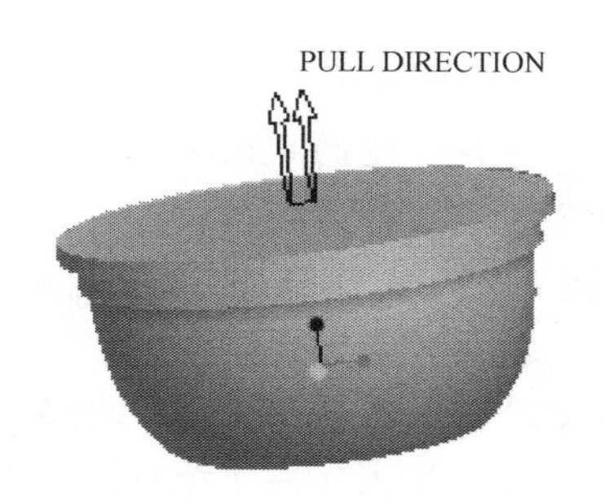

图 4-19 合并后的体积块

（12）单击按钮，进入分型面的创建模式。

（13）单击“编辑”→“填充”命令，选择草图平面为 MAIN_PARTING_PLN，草绘方向参照为（MOLD_RINGHT，右）。绘制草图，提取工件的边缘如图 4-20 所示，单击按钮✔完成草绘。单击按钮☑，完成填充分型面的创建。

（14）单击“分割工件”按钮 ，在“分割体积块”菜单管理器中选择“两个体积块”→“所有工件”→“完成”项，选择合并得到模具体积 MOLD_VOL_1 作为分割的曲面组，单击“分割”对话框中的“确定”按钮，保留默认的体积块名称，完成体积块的创建。

（15）再用平整分型面对较大的模具体积块进行分割，得到凹凸模。

（16）单击“模具元件”按钮 ，在弹出的“创建模具元件”对话框中选择体积块 MOLD_VOL_4、MOLD_VOL_5 和 MOLD_VOL_6，单击“确定”按钮，抽取的结果如图 4-21 所示。

（17）单击“文件”→“保存”命令保存文档。

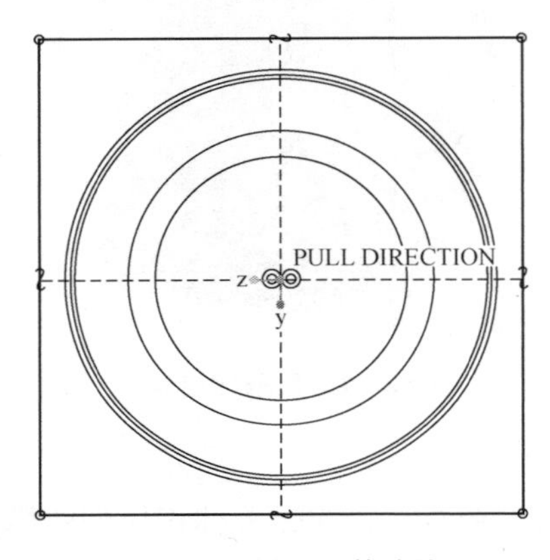

图 4-20　提取工件边缘

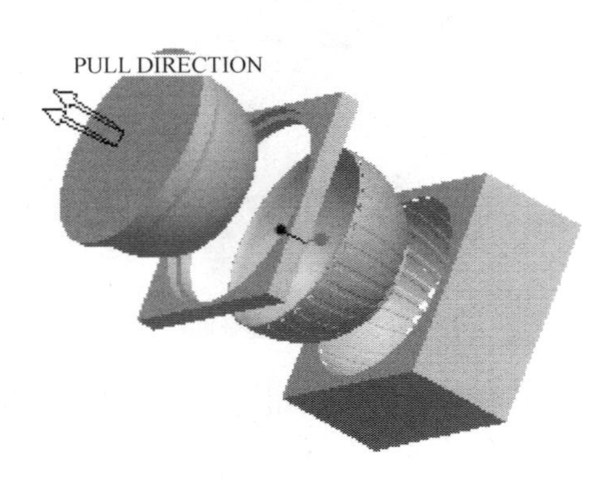

图 4-21　抽取后得到的模具元件

4.3.3　滑块体积块

滑块是斜导柱侧抽芯机构的重要元件，Pro/ENGINEER 提供了滑块体积块创建工具，滑块创建过程如下。

（1）单击“插入”→“模具几何”→“模具体积块”命令，进入体积块创建模式。

（2）单击“插入”→“滑块”命令，系统将会弹出“滑块体积”对话框，系统基于给定的拖动方向选择几何分析，以标识出体积块。

（3）当系统标识并显示所有体积块时，选取要包括单个滑块体积块或体积块组。

（4）指定投影平面，系统将所选体积块沿着与投影平面垂直的方向延伸，直至投影平面。

提示： *系统给定的默认拖动方向即 PULL_DIRECTION 的方向，所以在装配参照零件时要注意定义好相应的装配约束。*

【实例 4-4】 文件 chap4-4\原始文件\int_mold.asm

操作步骤如下。

（1）设置工作目录至 chap4-4\原始文件，选择“文件”→“打开”命令，打开 int_mold.asm。

（2）选择“插入”→“模具几何”→“模具体积块”命令，进入体积块创建模式。

（3）单击“插入”→“滑块”命令，系统将会弹出“滑块体积”对话框，如图 4-22 所示。参照零件将自动选取，拖动方向可用系统默认方向，也可自己定义。当模具的开模方向和

PULL_DIRECTION 一致时，选择“使用默认值”复选框。否则用户可以自己定义模具开模方向。

（4）单击“计算底切边界”按钮，系统将检测出滑块体积块面组，在“排除”列表中选择面组 1 和面组 2，单击按钮<<，系统将以蓝色显示所包括的边界面组。

（5）选择面组 2，单击按钮，工作区将显示其对应大曲面，如图 4-23 所示。

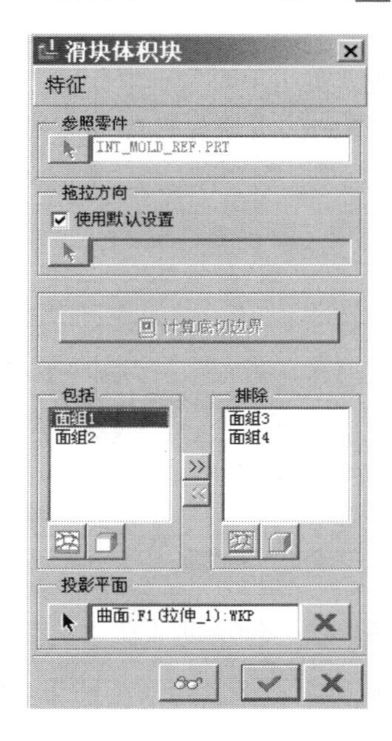

图 4-22 “滑块体积块”对话框

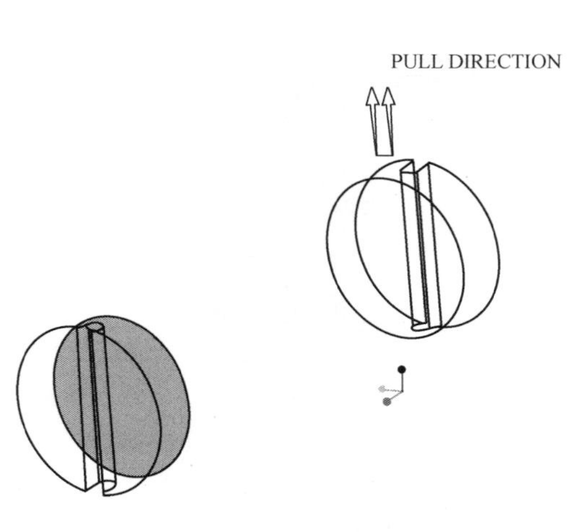

图 4-23　查看曲面

（6）单击“投影平面”选项组的按钮，并选取滑块对侧的工件侧面，如图 4-24 所示，作为投影平面，单击按钮确认，得到的滑块体积如图 4-25 所示。

注意： 投影平面决定了滑块的拖动方向，选取投影平面，这样滑块体积块能够沿着与投影平面垂直的方向被拖出参照零件。

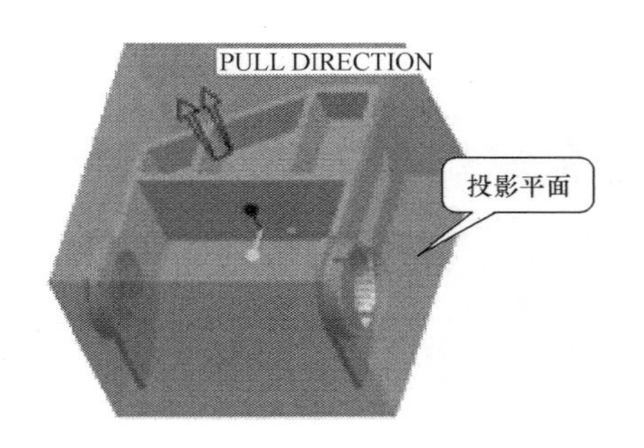

图 4-24　投影平面

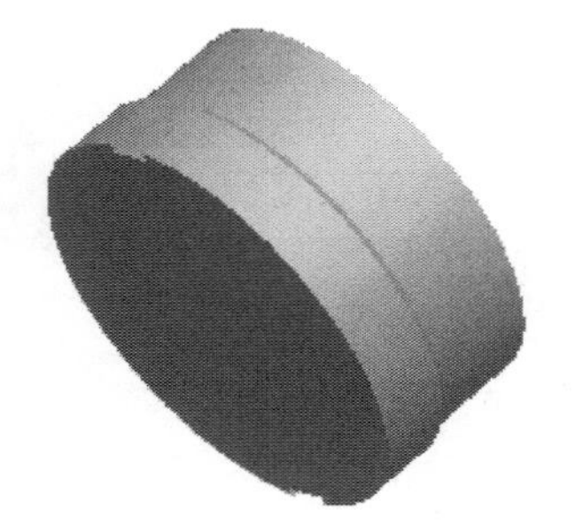

图 4-25　滑块体积块

草绘方向参照为（MOLD_RIGHT，右）。

（7）单击按钮退出滑块体积块的创建。按照相同的方法，继续创建另一侧的滑块体积块。

（8）单击按钮，进入分型面的创建模式，单击“编辑”→“填充”命令。

（9）在“特征”下滑面板板中单击“参照”按钮，选择草图平面为 MAIN_PARTING_PLN。

（10）在草绘器中绘制草图，提取工件的边缘如图 4-26 所示，单击按钮✔，完成填充分型面的创建。单击工具栏按钮✔，退出分型面的创建模式。

（11）单击“模具元件”按钮，在弹出的“创建模具元件”对话框中选择刚创建两个滑块体积块，单击“确定”按钮。

（12）在“模具”菜单管理器中单击“模具模型”→“高级实用工具”→“切除”项，然后选择工件作为切除对象，单击“确定”按钮，再选择抽取得到的滑块元件作为参照零件，切除的结果如图 4-27 所示。

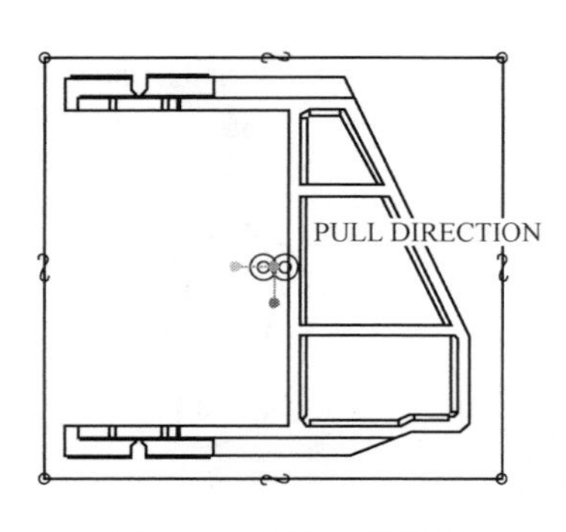

图 4-26 提取工件边界

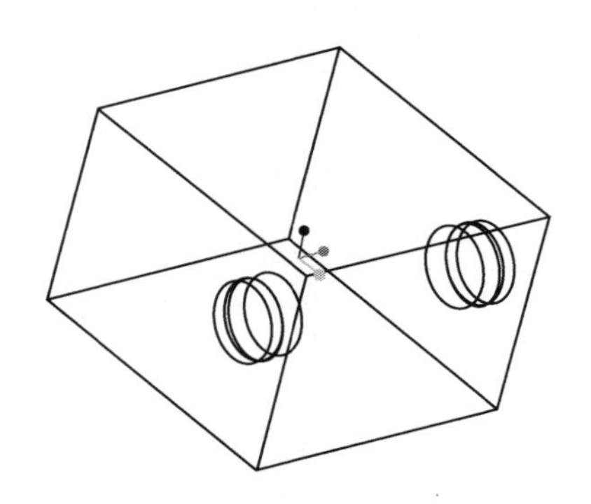

图 4-27 修剪后的工件

（13）单击“分割工件”按钮，在“分割体积块”菜单管理器中单击“两个体积块”→“所有工件”→“完成”项，选择填充分型面作为分割的曲面组，单击“分割”对话框中的“确定”按钮，保留默认的体积块名称，完成体积块的创建。

（14）单击“模具元件”按钮，在弹出的“创建模具元件”对话框中选择凹凸模体积块，单击“确定”按钮，抽取的结果如图 4-28 所示。

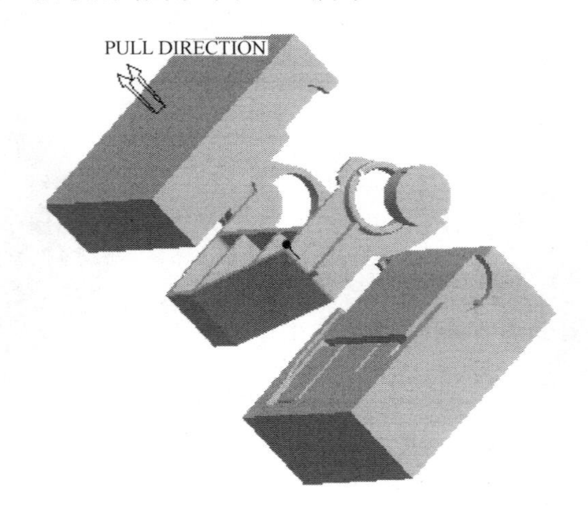

图 4-28 模具的滑块及凸凹模

（15）单击“文件”→“保存”命令保存文档。

4.4　模具元件的抽取与创建

模具体积块只是封闭曲面组，可以对其抽取创建模具元件来模拟实际铸模过程。

模具抽取就是用实体材料填充模具体积块来产生模具元件。完成模具体积块的抽取后，该模具元件就成为功能完备的 Pro/ENGINEER 实体零件，可以在零件模式中检索到，能用于绘图及用 NC 制造加工，并能添加新特征，如倒角、圆角、冷却通路、拔模、浇口和流道。

在“模具”菜单管理器中单击“模具元件”项，或者单击按钮，系统会弹出“模具元件”菜单管理器，一般通过“抽取”选项来得到模具元件。

模具抽取时会弹出如图 4-29 所示的“创建模具元件”对话框。对话框顶部是当前模具体积块，可以单独选取或单击按钮选择所有体积块，所选取的模具体积块出现对话框的“高级”区域中，可以在此处为抽取的模具元件指定名称。

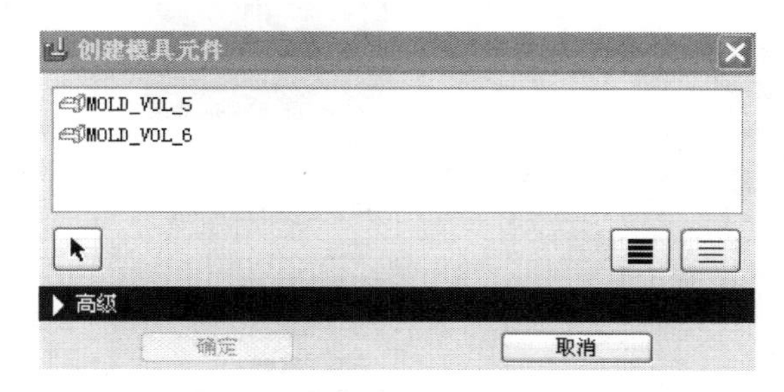

图 4-29　“创建模具元件”对话框

模型树中抽取后的模具体积块为实体零件的标志。在“模具元件”菜单管理器中的其余选项作用如下所示。

“创建”：可以直接创建一个模具元件。

“装配”：可以向模具组件中添加一个模具元件。

“删除”：可以删除指定的模具元件。

注意： 抽取的模具体积块只存储在进程中的内存里，直到模具文件被保存到磁盘上。因此在完成抽取模具体积块的操作后应当保存，这样在从 Pro/ENGINEER 的进程中退出时就不会丢失所做的工作了。

第5章 模具的浇注系统及冷却系统设计

5.1 模具特征概述

在"模具"菜单管理器下单击"特征"→"型腔组件"项，系统弹出"特征操作"菜单管理器，包括常用的模具组件特征类型，如图5-1所示。其中，图5-1（a）所示方法和建模模块中创建切减材料的过程完全相同，主要适用于用户根据需要定义自己的浇注系统，而图5-1（b）所示方法用来快速创建标准流道。

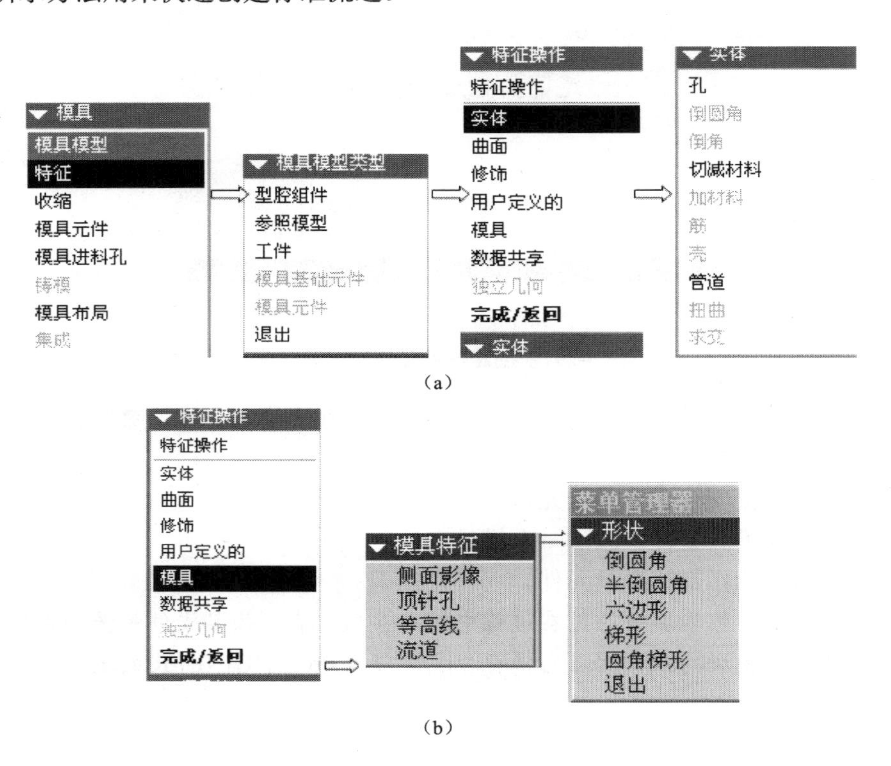

图5-1 创建浇注系统的方法

（a）通过"实体"→"切减材料"创建浇注系统；（b）通过"模具"→"流道"创建标准流道

5.2 浇注系统的组成

浇注系统的主要作用是将熔融塑料输送到型腔各处并充满型腔，以便获得制件，其主要组成如下。

主流道：由注塑机喷嘴与模具接触部位到分流道为止的一段流道，是熔融塑料进入型腔最先路过的部位。

分流道：主流道和浇口之间的流道。

冷料井：位于主流道正对面的动模板上，或处于分流道末端，其作用是收集料流前锋的冷料，防止冷料进入型腔而影像塑料件质量。

浇口：分流道和型腔入口间的一小段通道，其作用在于使由分流道输送来的熔融塑料在进入型腔时产生加速度，以便迅速充满型腔。

【实例 5-1】 文件 chap5-1\原始文件\pct_mold.asm

主要操作步骤如下。

（1）设置工作目录至 chap5-1\原始文件，单击“文件”→“打开”命令，打开 pct_mold.asm 文件。

（2）在“模具”菜单管理器中单击“特征”→“型腔组件”→“实体”→“切减材料”项，在弹出的菜单管理器中单击“旋转”→“实体”→“完成”项，开始创建主流道。

（3）选取 MOLD_RIGHT 作草绘平面，草绘方向参照为 MAIN_PARTING_PLN（顶），绘制如图 5-2 所示的截面。

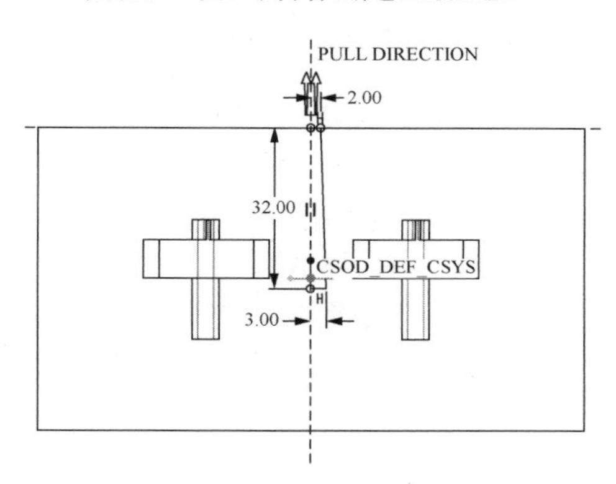

图 5-2　主流道草绘截面

（4）单击按钮✔，退出草绘。单击按钮✔，完成旋转特征的创建。

（5）在“模具”菜单管理器中单击“特征”→“型腔组件”→“模具”→“流道”项，系统弹出“流道”对话框，如图 5-3 所示。在弹出的“形状”菜单管理器中选择“倒圆角”项作为流道形状，在信息栏输入流道直径为 5。在弹出的“流道”菜单管理器中，选取“草绘流道”→“新设置”项，再选择 MOLD_PARTING_PLN 为草绘平面，草绘方向参照为 MOLD_RIGHT,右。

（6）绘制如图 5-4 所示的直线作为分流道的中心线，单击按钮✔，退出草绘。

（7）系统弹出“相交元件”对话框，如图 5-5 所示，选择“自动更新相交”项，单击“确定”按钮。单击“流道”对话框中的“确定”按钮，完成流道特征创建。通过镜像获得另一侧的分流道。

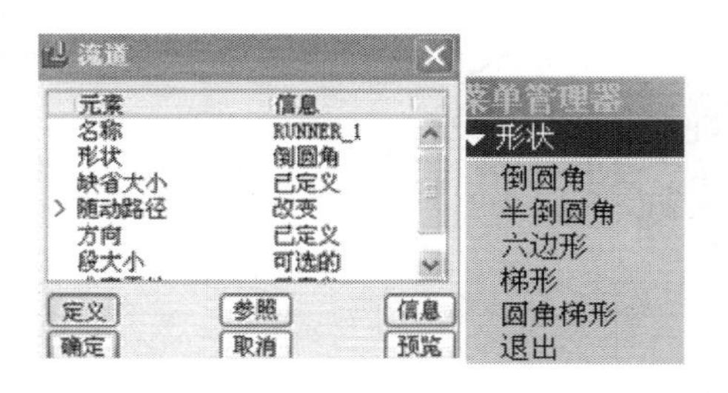

图 5-3　“流道”对话框和“形状”菜单管理器

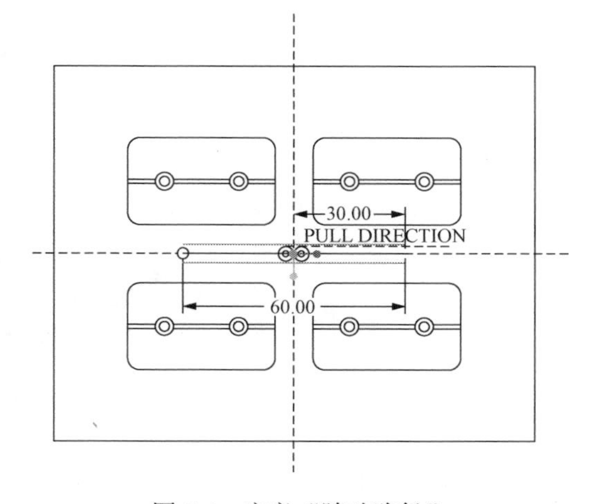

图 5-4　定义“随动路径”

（8）用和第一分流道相同的方法创建第二分流道，形状为“半倒圆角”，圆角直径为 4，该流道的随动路径如图 5-6 所示，注意添加图中的对称中心线，随动路径在该中心线上。

图 5-5 “相交元件”对话框

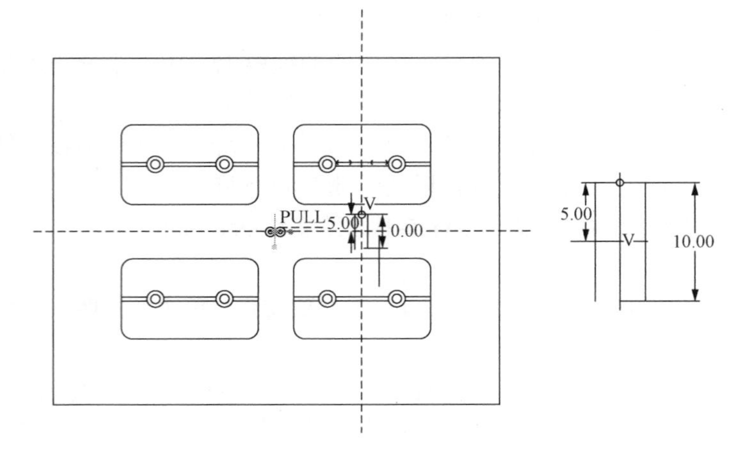

图 5-6 第二分流道“随动路径”

（9）下面创建浇口。在“模具”菜单管理器中单击“特征”→“型腔组件”→“实体”→“切减材料”项，选择 MOLD_FRONT 作为草绘平面，选择工件上表面作参照平面，绘制如图 5-7 所示的截面图。定义拉伸方向时，用 工具定义双侧拉伸，拉伸截止面分别为参照零件的表面，如图 5-8 所示。

（10）通过镜像的方法得到另一侧的浇口。

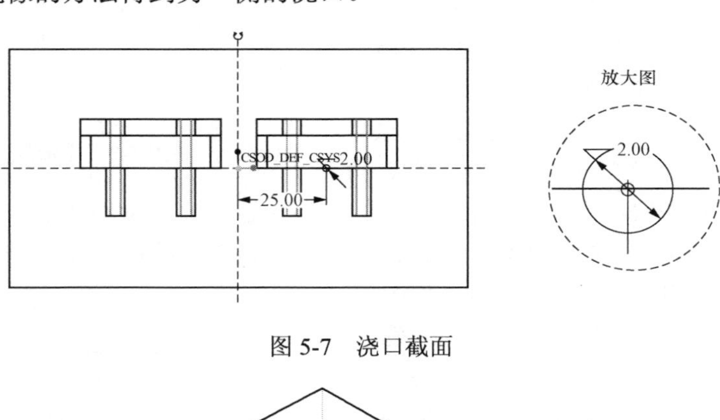

图 5-7 浇口截面

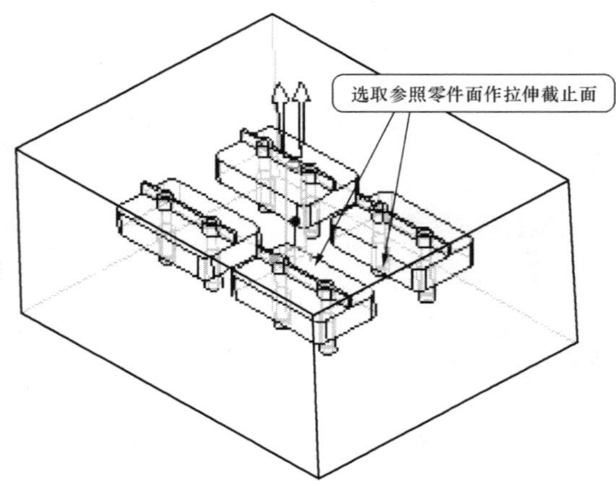

图 5-8 双侧拉伸的截止面

5.3 冷却系统设计

在“模具”菜单管理器中单击“特征”→“型腔组件”→“模具”→“等高线”项，系统弹出“等高线”对话框，如图 5-9 所示。

【实例 5-2】 文件 chap5-2\原始文件\lui_mold.asm

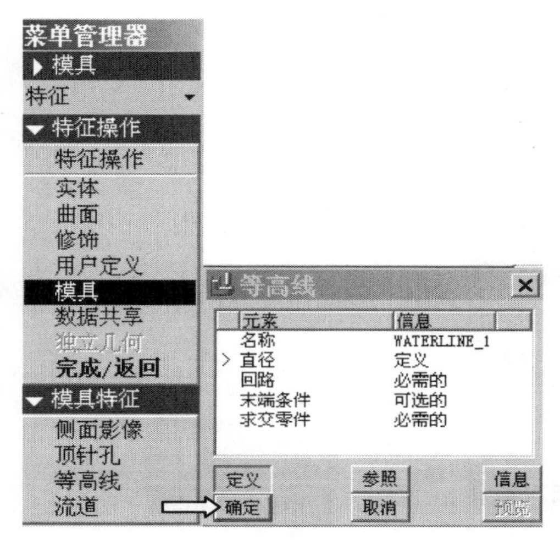

图 5-9　创建等高线对话框及相关菜单管理器

主要步骤如下。

（1）设置工作目录至 chap5-2\原始文件，单击“文件”→“打开”命令，打开 lui_mold.asm 文件，进入工作区，如图 5-10 所示。

（2）单击按钮，选择 MAIN_PARTING_PLN 平面为参照平面，设置偏移距离为 20，单击按钮，创建基准平面 ADTM1。

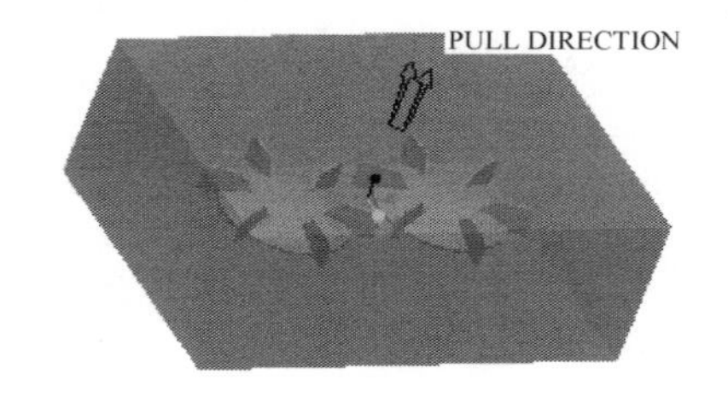

图 5-10　初始工作区

（3）在“模具”菜单管理器中单击“特征”→“型腔组件”→“模具”→“等高线”项，系统弹出“等高线”对话框。

（4）在消息框中输入水线直径为 5，按 Enter 键确定。

（5）选择 ADTM1 为草图平面，选择草绘方向为 MOLD_RIGHT（左），绘制如图 5-11 所示的水线回路，单击按钮退出草绘，弹出“相交元件”对话框如图 5-12 所示，通过选择“自动更新相交”项定义相交元件。

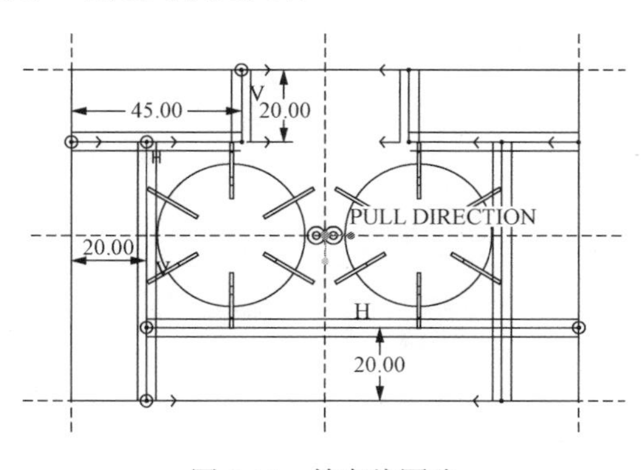

图 5-11　等高线回路

图 5-12　“相交元件”对话框

（6）在“等高线”对话框中单击“末端条件”项，再单击“定义”按钮，系统弹出“尺寸界线末端”菜单管理器如图 5-13 所示。按住 Ctrl 键，选择回路的各开放端点，如图 5-14 所示。

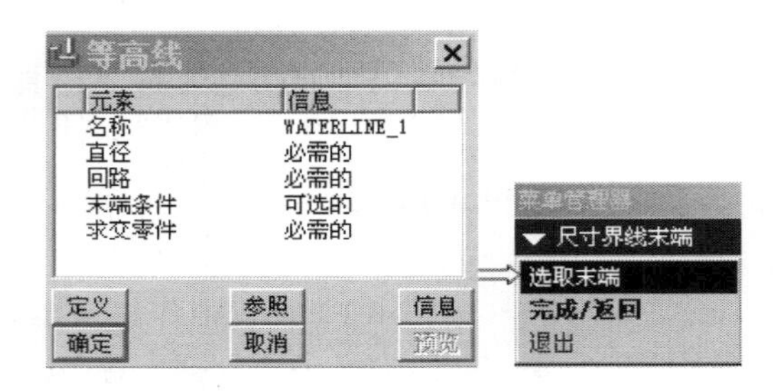

图 5-13 定义末端条件

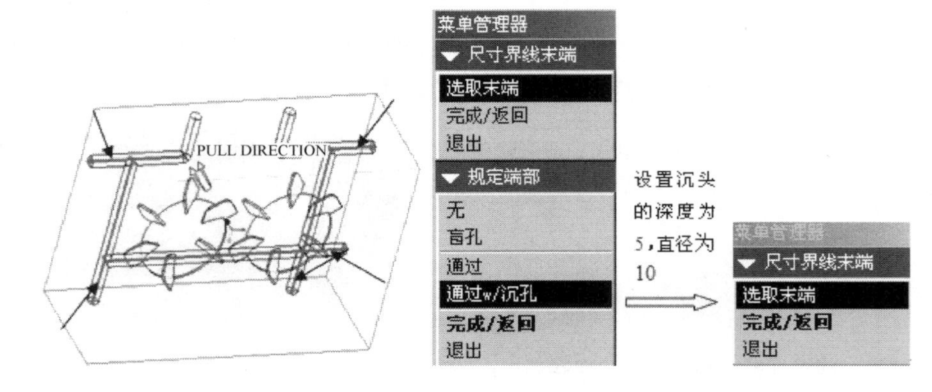

图 5-14 选择端点

（7）在“规定端部”菜单管理器中选择“通过 W/沉孔”选项，设置沉头的深度为 5，直径为 10，单击“尺寸界线末端”菜单管理器的“完成/返回”项返回。单击“等高线”对话框“预览”按钮，观察等高线。

（8）单击“确定”按钮，生成的等高线如图 5-15 所示。

（9）阵列等高线：选择刚才创建的等高线，单击“编辑”→“阵列”命令，在阵列方式列表中选择“方向”项，选阵列参照为 MAIN_PARTING_PLN，设置“阵列数目”为 2，“阵列距离”为 30，单击按钮✔，完成冷却系统的创建。最后的冷却系统如图 5-16 所示。

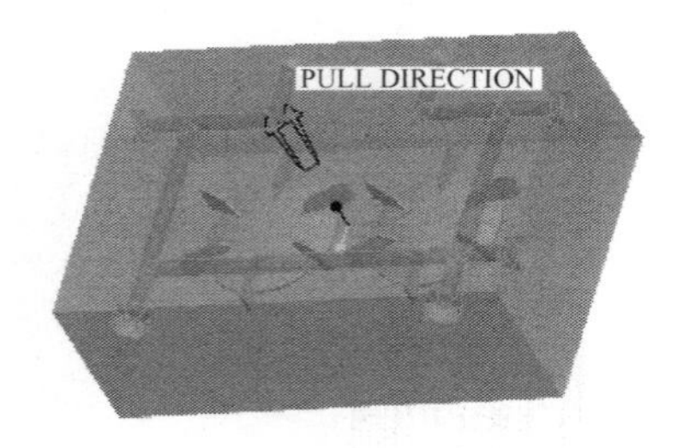

图 5-15 生成的等高线

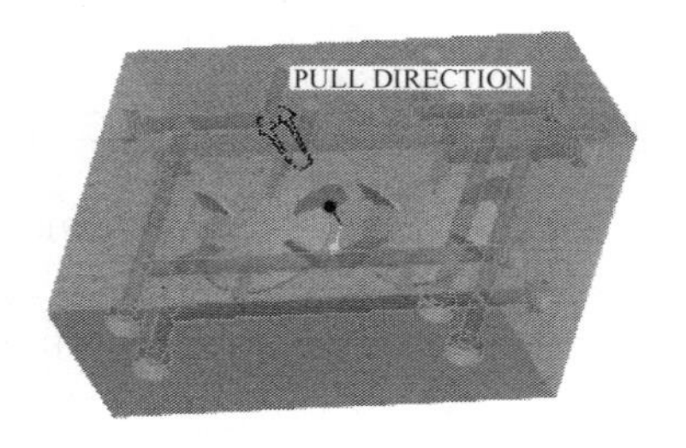

图 5-16 阵列后的等高线

第 6 章　EMX4.1 模架库设计

6.1　EMX4.1 模架库简介

EMX（Expert.Moldbase.Extension）4.1 模架库是 Pro/ENGINEER 软件的一个专业用户插件，可用于设计和细化模架。使用它可以设计标准的模板、滑块、顶杆、支柱等辅助零件，并可进一步进行开模仿真及干涉检查，设计完成后自动生成 2D 工程图和 BOM（Bill of Material）表。

EMX4.1 模架库基于独立参数化元件的使用。这种完整的模具设计很灵活，可以快速更改或修改。既可提高设计质量，又可大大提高工作效率。

6.2　EMX4.1 模架库的安装

EMX4.1 模架库的安装需要在 Pro/ENGINEER 软件安装后方可安装，其安装过程没什么特殊要求，但安装完毕后需要进行如下设置。

（1）打开 EMX4.1 安装目录下的 text 文件夹，如 D:\Program Files\emx4.1\text，将里面的 config.pro 和 config.win 文件复制到 Pro/ENGINEER 的安装目录下的 bin 文件夹里，如 D:\Program Files\Proewildfire5.0\bin。

（2）将 Pro/ENGINEER 安装目录下的\bin\proe.exe 文件发送到桌面，创建桌面快捷方式，并更名为 proemold，如图 6-1 所示。直接双击该图标即可打开装有 EMX4.1 模架库的 Pro/ENGINEER 软件。

图 6-1　模架库快捷方式

双击快捷图标打开 Pro/ENGINEER 软件，进入如图 6-2 所示的带有 EMX4.1 模架库的 Pro/ENGINEER Wildfire 5.0 的工作界面。

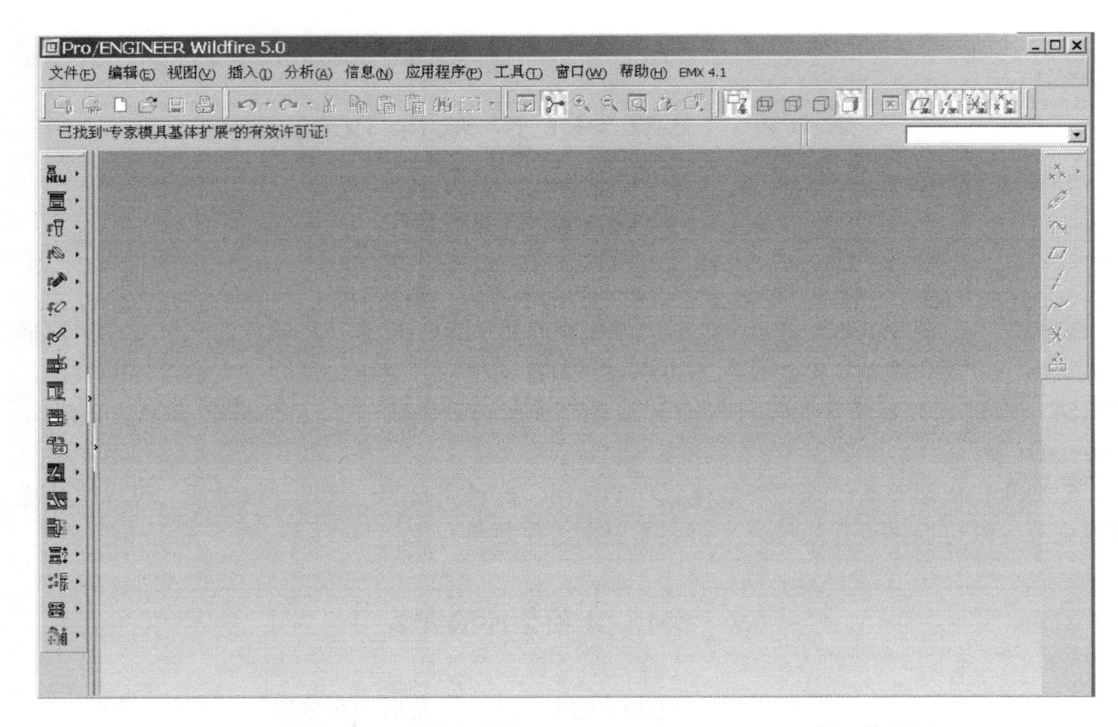

图 6-2 带有 EMX4.1 模架库的 Pro/ENGINEER Wildfire 5.0 的工作界面

6.3 EMX4.1 模架库的主要设计过程

使用 EMX4.1 模架库进行模架设计，从标准模架和标准件的调入、滑块、斜顶的生成，到浇注系统、顶出机构和冷却系统的设计都很方便。如图 6-3 所示是 EMX4.1 模架库的主要设计过程。

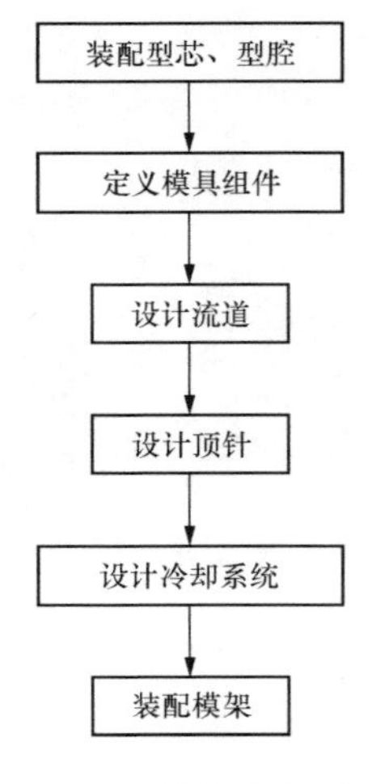

图 6-3 EMX4.1 模架库主要设计过程

6.4　EMX4.1 模架库基本功能介绍

6.4.1　创建新项目

创建新项目就是创建一个 EMX 文档，是模具设计的第一步骤。通过“新建项目”功能指定项目名称、零件前缀和主要单位等要素。

操作方法：在工具栏中单击“新建项目”按钮，弹出如图 6-4 所示的“定义新项目”对话框。在该对话框中可设置新项目的名称、零件前缀、主单元、模具基本类型、起始组件、绘图大小及注释等参数。

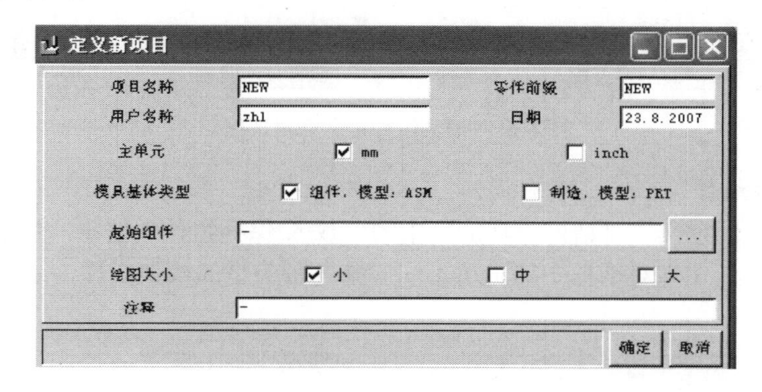

图 6-4　“定义新项目”对话框

提示： 新建项目后，会在当前工作目录生成 new.asm 装配文件，new.drw 工程图文件及 new.repBob 表文件。

6.4.2　准备项目

准备项目是对模具型芯和型腔组件元件进行分类，以便 EMX4.1 能识别。若零件名称中的扩展名为 REF、WRK、CORE 及 CAVITY 等，则 EMX 会自动对该零件进行分类。

在 EMX 工具栏中单击“准备项目”按钮，弹出如图 6-5 所示的“准备元件”对话框。

提示： 对于使用“型腔布局”功能创建的组件而言，准备元件这一步骤是必须的。

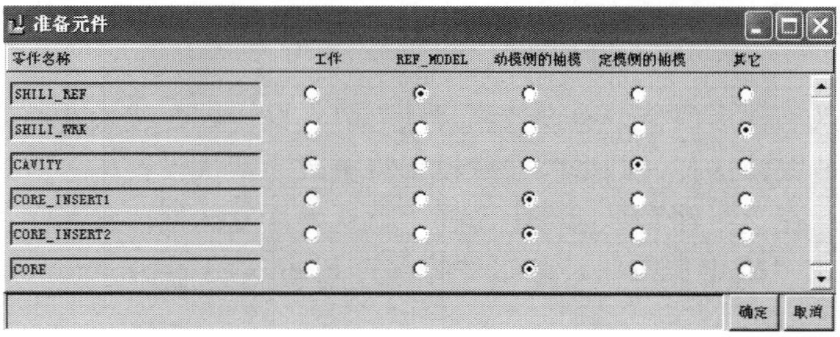

图 6-5　“准备元件”对话框

6.4.3　定义模具组件

在 EMX 工具栏单击“定义模具组件”按钮，弹出如图 6-6 所示的“模具组件定义”对话框。

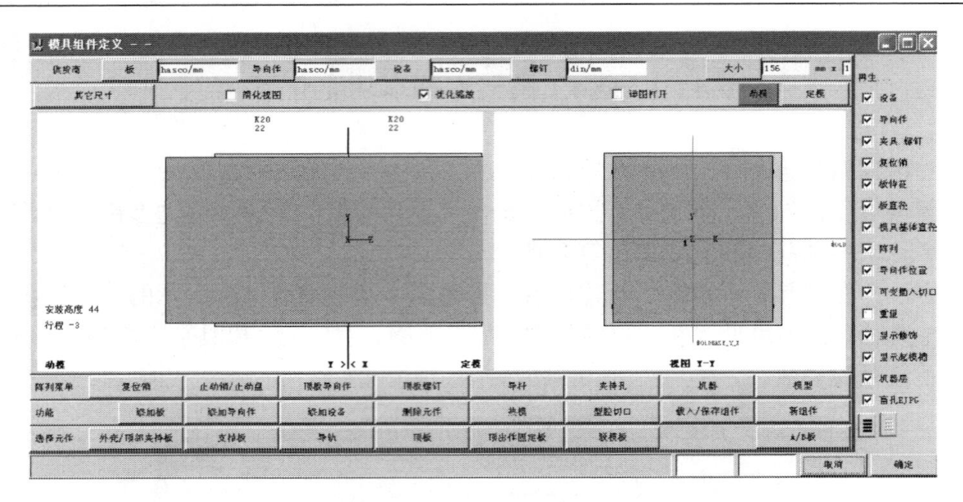

图 6-6 “模具组件定义”对话框

1. 载入/保存组件

单击“模具组件定义”对话框中功能区中的“载入/保存组件”按钮，弹出“组件”对话框，如图 6-7 所示。在该对话框中列出了不同厂家各种类型的模架组件，或选择自定义的模架组件。

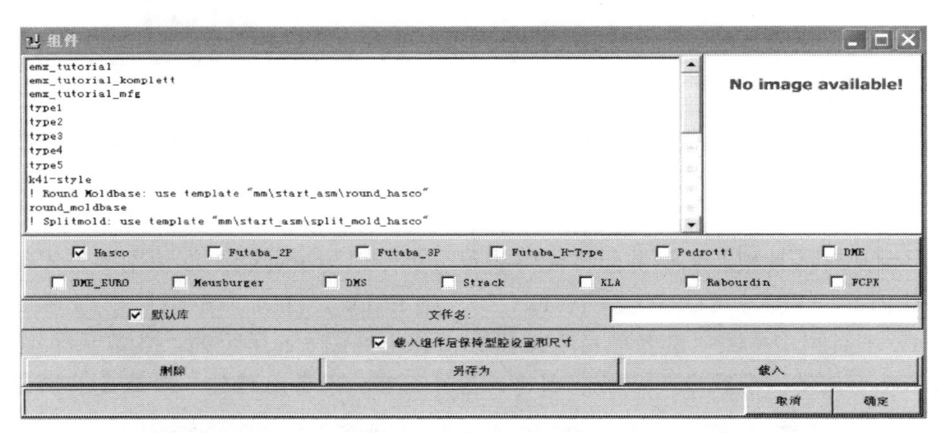

图 6-7 “组件”对话框

若选择了“载入组件后保持型腔设置和尺寸”复选框，则在载入新模架后，所有型腔嵌件设置保持不变。若取消选择，则型腔嵌件设置将更改为默认设置。

要保存组件时，在“组件”对话框中选择“默认库”复选框，接着在“文件名”中输入新的文件名，再单击“确定”按钮，则组件将保存到\emx4.1\configuration\my_moldbase 目录中。

在“组件”对话框中选择所需的模架组件后，然后依次单击“载入”和“确定”按钮，返回“模具组件定义”对话框，并出现所选模架组件的简化图，如图 6-8 所示。

2. 定义或修改板

从“组件”对话框中载入模架组件后，模架组件的各种尺寸都是默认的，这时需要定义模架组件大小和修改模板参数。

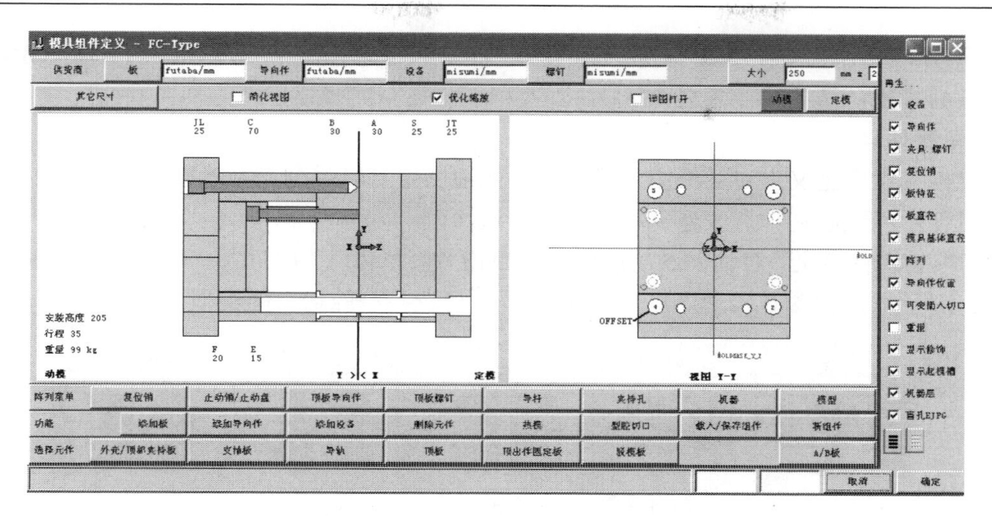

图 6-8 “模具组件定义”对话框

在“模具组件定义”对话框中单击按钮 大小 后，弹出“基本尺寸”对话框，如图 6-9 所示，在该对话框中设定模板的宽度和长度。

在“模具组件定义”对话框的模架组件侧视图中双击 A 板，如图 6-10 所示，弹出“A/B 板 - 板参数”对话框，如图 6-11 所示。在该对话框中选择 A 板的材料、厚度和修改长度、宽度及工作尺寸等参数。

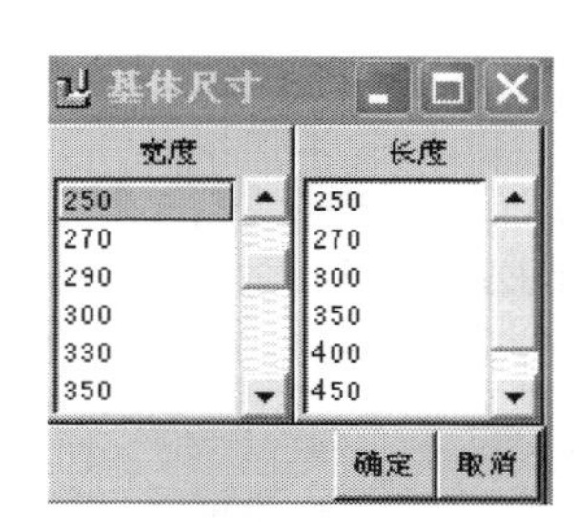

图 6-9 “基本尺寸”对话框

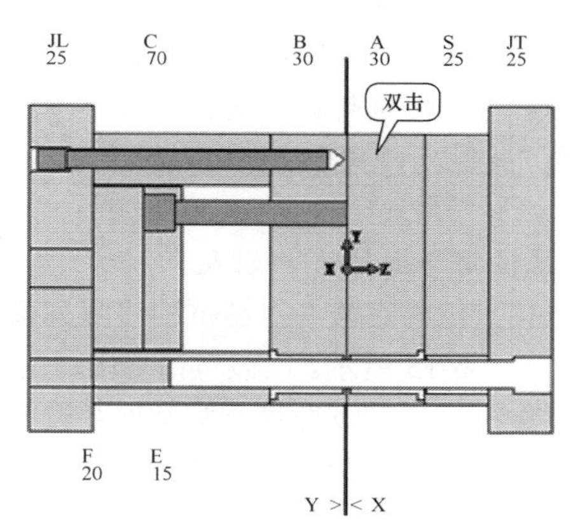

图 6-10 双击 A 板

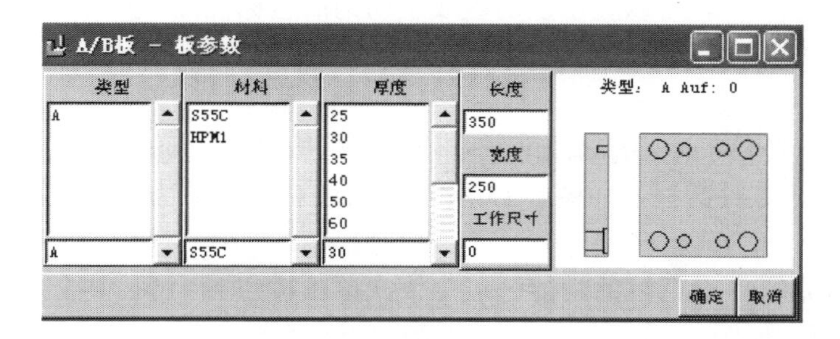

图 6-11 “A/B 板-板参数”对话框

提示： 在“A/B 板 - 板参数”对话框中修改“工作尺寸”参数后，可以减小 Pro/ENGINEER 模型中板的厚度，而其序号不变。

3. 型腔切口

在“模具组件定义”对话框中的模架组件侧视图中可以看到，A/B 板上没有任何嵌件切口，这时使用“型腔切口”来建立型腔嵌件切口。

在“模具组件定义”对话框的功能区域中单击“型腔切口”按钮 型腔切口 ，弹出“型腔嵌件”对话框，如图 6-12 所示。在该对话框中可选择型腔切口的类型。

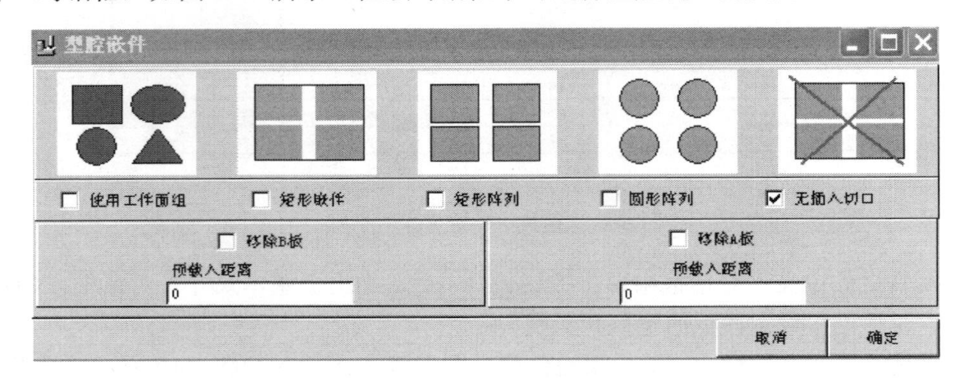

图 6-12 “型腔嵌件”对话框

若选择“移除 A 板”或“移除 B 板”复选框，则模具其体中将不会装配该板。该板将从侧视图和模架组件中移除，在“模具组件定义”对话框中的侧视图会出现一个与该板厚度对应的间隙。但仍可选择该板进行修改厚度，定义模架组件中留出的空间以装配自定义的板。

设置“预载入距离”参数可以定义动模和定模型腔板与分割平面 MOLDBASE_X_Y 之间的间隙。

4. 复位销与止动销/止动盘

在“模具组件定义”对话框的“阵列菜单”区域中单击按钮 复位销 ，弹出“后销”对话框，如图 6-13 所示。在该对话框中对复位销的厂家、尺寸及位置进行设置。若选择了“带弹簧”复选框，则可以选择弹簧类型并设置弹簧尺寸。

设置好复位销的参数后，单击按钮 更新阵列数据 以更新设置。

在“模具组件定义”对话框的“阵列菜单”区域中单击按钮 止动销/止动盘 ，弹出“止动盘/止动销”对话框，如图 6-14 所示。在该对话框中选择止动盘或止动销的类型、尺寸、位置及材料，单击按钮 详图打开 ，可以显示止动盘或止动销的坐标位置，并可以输入新的坐标来定义止动盘或止动销的位置。

5. 定位环和浇口衬套

在“模具组件定义”对话框的功能区域中依次单击按钮 添加设备 和按钮 定模侧定位环 ，弹出“定模侧定位环”对话框，如图 6-15 所示。在该对话框中选择定位环的类型、高度和直径。

在“模具组件定义”对话框的功能区域中依次单击按钮 添加设备 和按钮 浇口衬套 ，弹出“浇口衬套”对话框，如图 6-16 所示。在该对话框中选择浇口衬套的类型、浇口半径、直径、内径和长度。

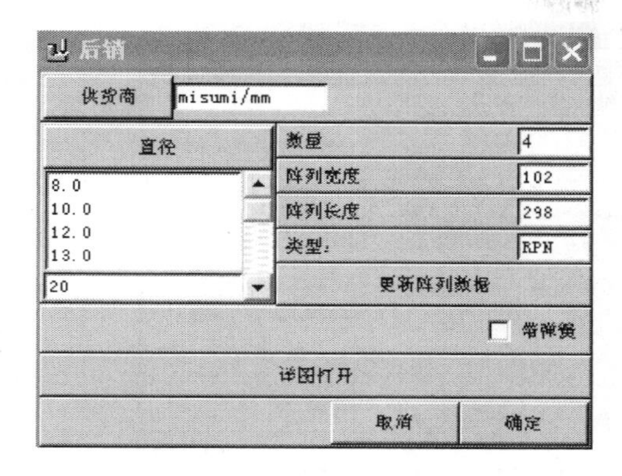

图 6-13 “后销”对话框

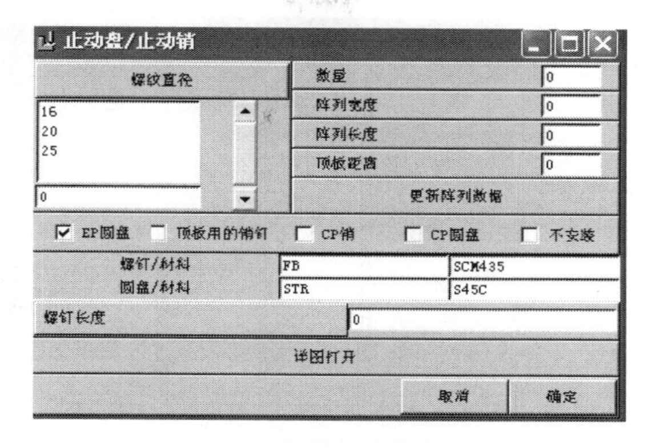

图 6-14 “止动盘/止动销”对话框

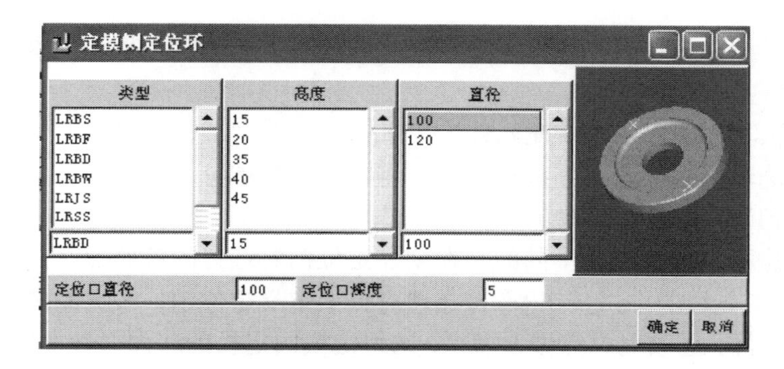

图 6-15 “定模侧定位环”对话框

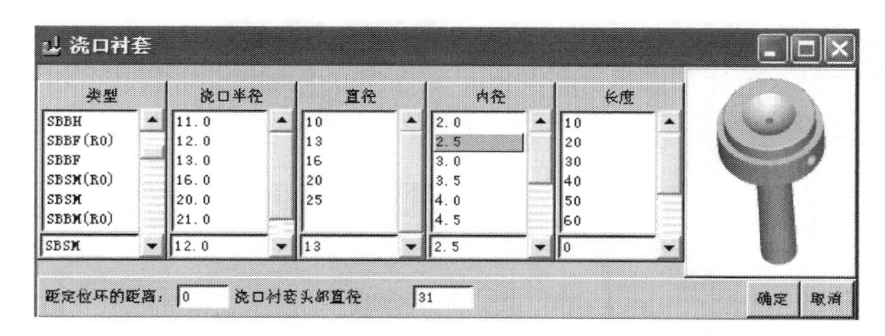

图 6-16 “浇口衬套”对话框

提示： 在对模具组件定义时，除了可以直接选择每个项目所列出的标准参数外，也可以通过输入所需的尺寸自定义元件。

6.4.4　螺钉

螺钉是通过选择基准点来创建的，其放置方式有在现有点上和通过鼠标选取所定义的点两种。

在 EMX4.1 工具栏中单击按钮可在现有点上定义螺钉，然后根据系统提示“请选择螺钉位置”选择参照点。选择点后，根据提示“请选择上部分的曲面（螺钉头）”，选择定模固定板的顶面。然后根据提示“请选择下部分（螺纹）的曲面”，选择水口板的顶面，系统弹出“螺钉”对话框，如图 6-17 所示。

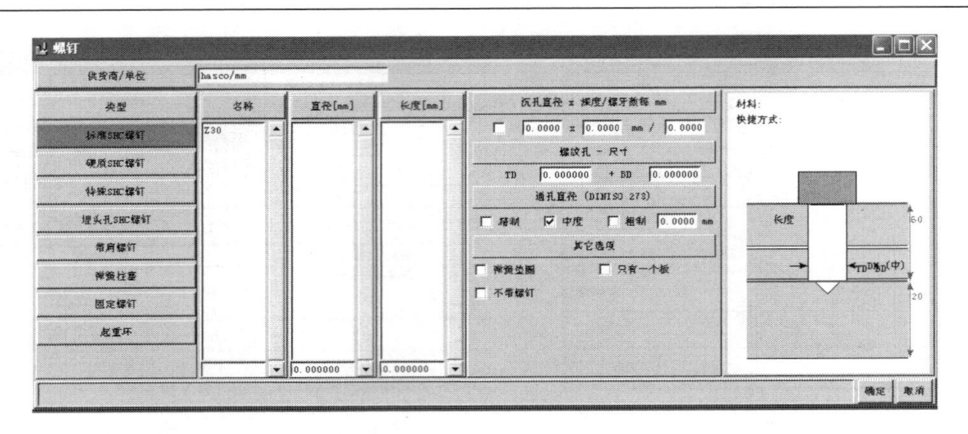

图 6-17 “螺钉”对话框

在“螺钉”对话框中设置好螺钉类型和尺寸后，单击“确定”按钮，系统立即进行计算并生成螺钉孔。

在 EMX4.1 工具栏中单击“装配元件”按钮，弹出“装配元件”对话框。在该对话框中选择“螺钉”选项单击“确定”按钮，系统将自动装配螺钉。

6.4.5　定位销

定位销的创建和螺钉相似，不同的是在创建定位销时选择的参照点必须在两块板之间。

在 EMX4.1 工具栏的单击按钮可在现有点上定义定位销，根据系统提示选择定位销的参照点及参照平面，选取现有点做参考点，选组定模固定板的底面做参照面，系统弹出“定位销”对话框，如图 6-18 所示。

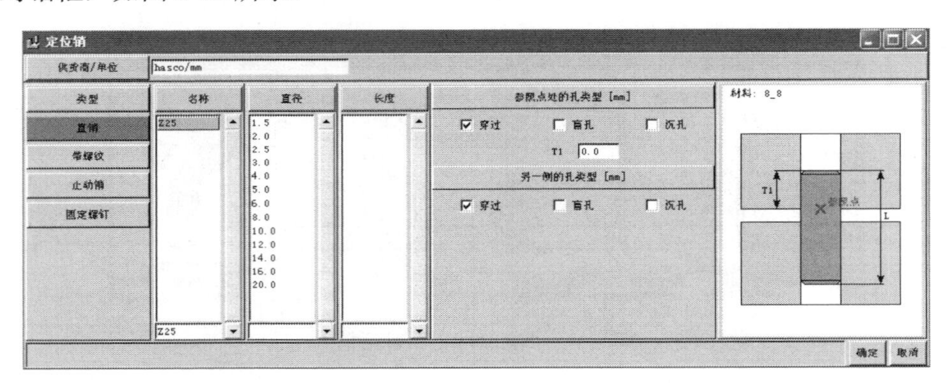

图 6-18 “定位销”对话框

设定好定位销类型和参数后，接着单击“确定”按钮，系统轮廓进行计算并生成定位销孔。再在 EMX4.1 工具栏中单击“装配元件”按钮，弹出“装配元件”对话框。在该对话框中选择“定位销”选项后单击“确定”按钮，系统将自动装配螺钉。

6.4.6　顶杆

顶杆是通过选择基准点来创建的，其定义过程和步骤与创建螺钉或定位销的操作步骤不同之处在于创建顶杆时只需选择点而不需要选择参照平面。

在定义顶杆之前应先创建参照点，不同直径的顶杆其参照点应分开创建，因为同时创建的参照点，在定义顶杆时只要选择其中任何一个参照点，系统会自动创建全部顶杆。

单击按钮，打开 “顶杆”对话框，如图 6-19 所示。具体设置过程参考螺钉或定位销，这里不再详细介绍。

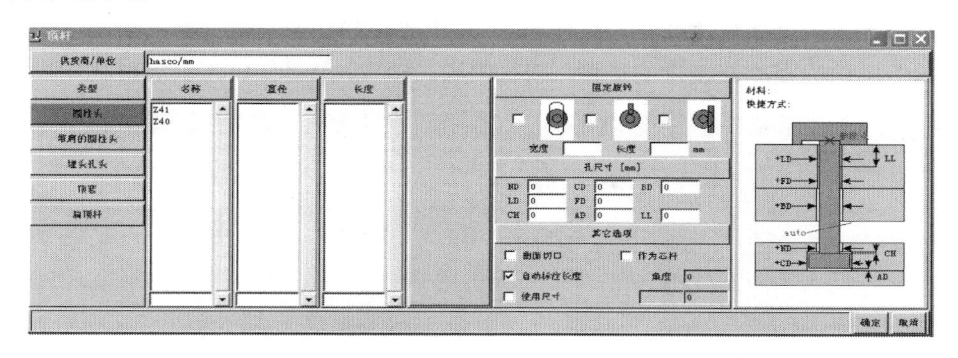

图 6-19 “顶杆”对话框

当顶杆需要作定位时，可以通过“固定选装”按钮作定位。

6.4.7　水线

水线功能包括创建装配冷却水线和装配相关元件两方面内容。

1. 装配冷却水线

冷却水线是定义冷却水孔的基础参照，可在参照零件、嵌件、模具其体组中将定义此曲线。

定义步骤：在菜单栏中选择“EMX4.1”→“水线”→“装配冷却水线”选项，弹出“选择水线”对话框，如图 6-20 所示。在该对话框中有 6 条曲线可以选择，选择完后，单击“确定”按钮，系统立即进行计算并装配预定义的冷却水线。在装配冷却水线时，可以定义整个冷却水线相对于模架组件坐标系的角度。

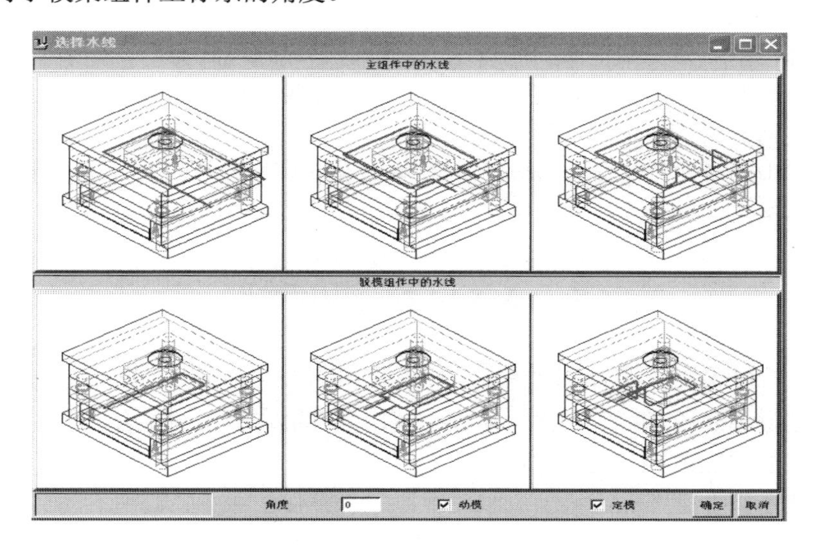

图 6-20 “选择水线”对话框

在实际模具设计时，这 6 条冷却水线是远远不够的，通常情况下冷却水线需要自定义，这在后面的实例中会介绍相关的方法。

2. 创建冷却孔

冷却孔是冷却水流动的通道，创建冷却孔时可以选择不同的冷却装置。

在工具栏中单击“创建冷却孔”按钮，弹出“冷却装置”对话框，如图 6-21 所示。在该对话框中可以选择冷却装置的类型，包括喷嘴、接头、管塞、O 形环、盲孔和直挡板等。

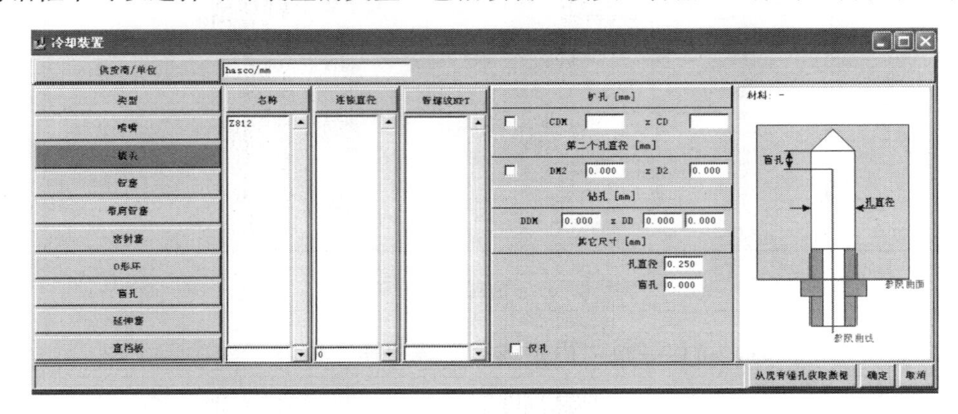

图 6-21 “冷却装置”对话框

选择类型并设置尺寸参数后单击“确定”按钮，接着选择冷却水线和沉孔放置面，系统立即计算并生成冷却孔。

当要放置其他类型冷却装置时，可以单击鼠标右键，重新弹出“冷却装置”对话框。选择所需的类型，设置好参数后单击“确定”按钮，然后选择几何参照。

如果要删除冷却孔，可以在菜单栏中单击“EMX4.1”→“水线”→“删除单个冷却孔”命令或单击工具栏中的按钮，然后选择冷却孔的参照基准点，即可删除冷却孔。

6.4.8 支柱

模具设计过程中，会受到很高的注射压力，可能会导致模具变形。如果要增加支撑块的厚度，就必然会增加成本。而在动模 B 板或支撑板与动模底板之间添加支柱，也可以增强模具强度，所以在模具设计中常用这种方法。

单击工具栏中的按钮，再根据系统提示进行操作，其操作过程与螺钉或定位销相似，这里不再详细介绍。

6.5 EMX4.1 综合应用实例

EMX 提供了“智能式”模架和模具组件，有助于消除各种因单调及重复性工作所造成的失误，如设计螺钉和脱模顶杆等。本节通过实例，介绍 EMX4.1 的综合应用，重点介绍提升装置和滑块装置的参数选择和使用方法。

6.5.1 新建项目

单击主菜单上的“EMX4.1”→“项目”→“新建”命令。打开“定义新项目”对话框。在对话框中输入项目名称为 PILL，前缀名为 PILL，主单位选择 mm，其余项默认，单击“确定”按钮，完成新建项目的创建，如图 6-22 所示。

此时程序在新的模架设计绘图区中生成新的默认参照坐标系和标准基准面。在模具树中生成新的一个文件名为 PILL.ASM 的项目。

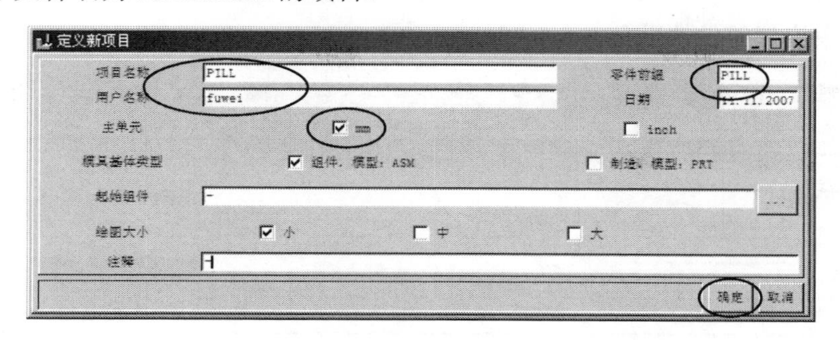

图 6-22　新建项目

6.5.2　载入模具装配元件

文件路径：chap6-6\原始文件\ PILL_MOLD.ASM。

1. 加载模具元件

单击“工程特征”工具栏中的“将元件添加到组件”按钮，弹出“打开”对话框。在“打开”对话框中选取 PILL_MOLD.ASM 装配文件，然后单击“打开”按钮。在弹出的“元件放置”操控面板中单击“默认”按钮，将约束类型设置成“默认”，然后单击按钮，结果如图 6-23 所示。

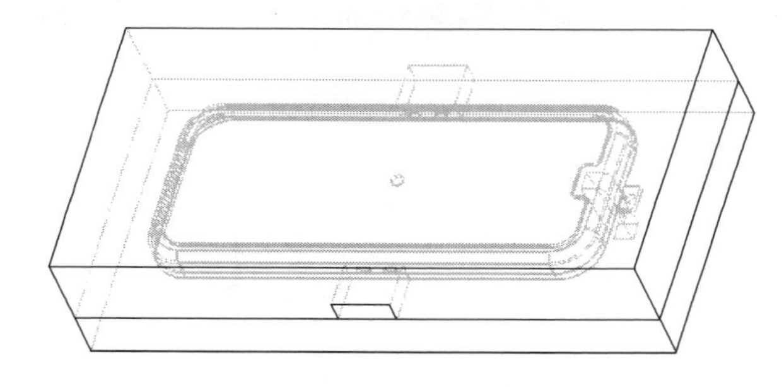

图 6-23　装载参照模型

2. 修改模具元件

为避免在后面加载模架时发生干涉，需要对模具体积块周边进行倒圆角处理。在模型树中用鼠标右键单击 CORE_MAIN_INS.PRT，在弹出的快捷菜单中选择“打开”命令，然后在弹出的元件模型窗口中，单击工具栏上的“倒圆角”按钮，选择模具体积块的 4 条竖向边，在操控面板的文本框中输入圆角半径值“15”，单击按钮，然后关闭当前的元件模型窗口。完成结果如图 6-24 所示。

用同样的方法对型腔元件 CAVITY_MAIN_INS.PRT 创建倒圆角特征，完成后的型腔元件模型如图 6-25 所示。

图 6-24　创建型芯圆角特征

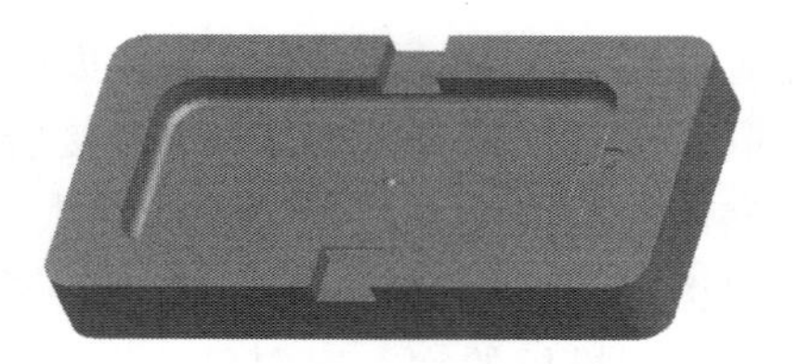

图 6-25　创建型腔圆角特征

6.5.3　加载标准模架

1. 准备元件

单击 EMX4.1 工具栏中的“准备元件”按钮，或者在主菜单上执行“EMX4.1”→“项目”→“准备”命令，程序弹出“准备元件”对话框，设置如图 6-26 所示参数，然后单击“确定”按钮，结束模架元件的准备。

准备元件

零件名称	工件	REF_MODEL	动模侧的抽模	定模侧的抽模	其它
CAVITY_MAIN_INS	○	○	○	●	○
CORE_MAIN_INS	○	○	●	○	○
SLIDE1	○	○	○	○	●
SLIDE2	○	○	○	○	●
LIFTER	○	○	○	○	●

确定 取消

图 6-26 “准备元件”对话框

2. 加载标准模架

（1）在 EMX4.1 工具栏中单击“定义模具组件”按钮，弹出“模具组件定义”对话框。在对话框下边的“功能”栏中单击“载入/保存组件”按钮，如图 6-27 所示。

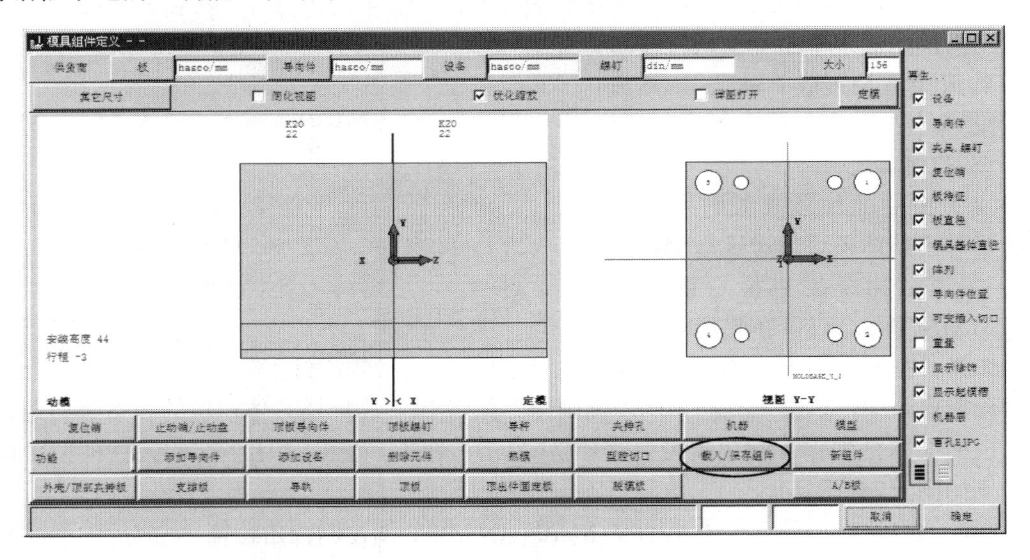

图 6-27 “模具组件定义”对话框

此时程序弹出“组件”对话框，如图 6-28 所示。从模架系列中选择 Futba_2P，并从子类型中选取大水口模架类型 SC-Type，接着单击“载入”→“确定”按钮，载入模架组件。

（2）修改模架大小。在“模具组件定义”对话框左上角单击“板”按钮，程序弹出“供货商”对话框。选择 futaba/mm 选项，单击“确定”按钮，弹出“基体尺寸”对话框。在此对话框中设置模板的宽度方向尺寸为“250”，长度方向为“400”，最后单击“确定”按钮，完成模板的设置，如图 6-29 所示。

（3）修改模板厚度。在“模具组件定义”对话框的主视图模架预览区中双击 A 板，如图 6-30 所示。程序弹出“A/B 板属性”对话框，在“厚度”列表中选择“70”，单击 OK 按钮，完成 A 板厚度的定义。按照相同的方法，修改 B 板的厚度为“60”。

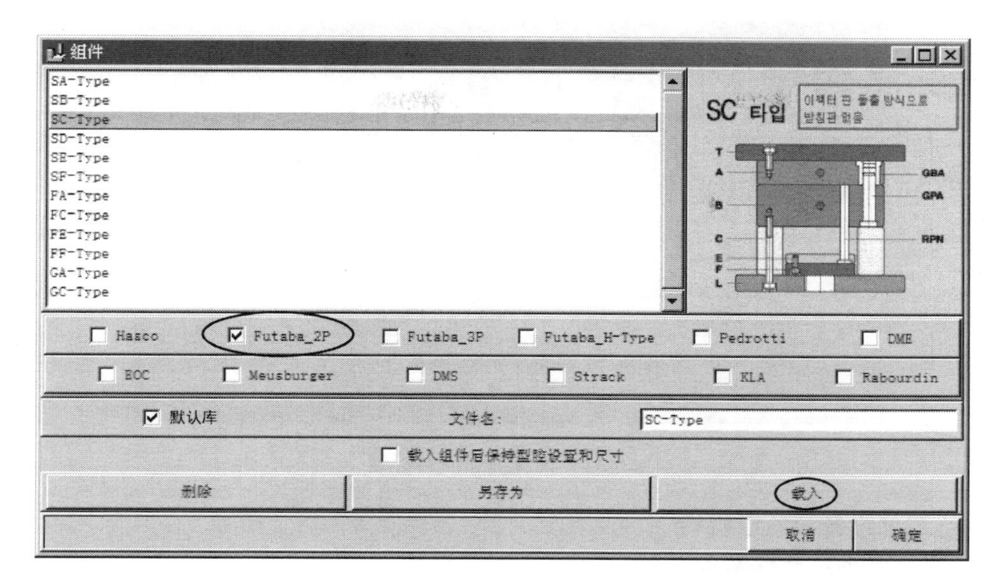

图 6-28　“组件”对话框

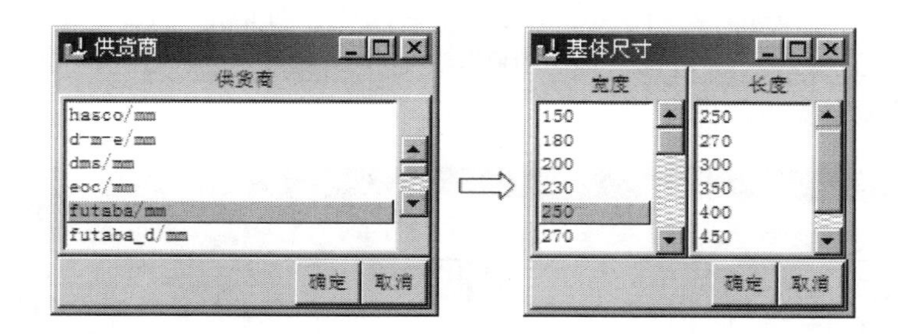

图 6-29　设置模板基本尺寸

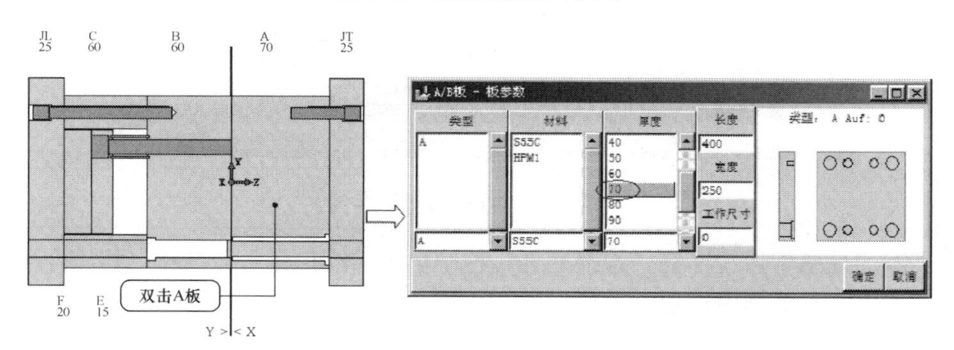

图 6-30　设置 A/B 板参数

（4）切出模仁型腔。单击“模具组件定义”对话框“功能”栏中的“型腔切口”按钮，在弹出的“型腔嵌件”对话框中勾选“矩形嵌件”复选框，设置动模“预载入距离”为“0.5”、“动模深度”为“25”、“嵌件长度”为“300”、“嵌件宽度”为“150”，设置定模“预载入距离”为“0.5”、“定模深度”为“39”、“嵌件长度”为“300”、“嵌件宽度”为“150”。在对话框下方“半径”选项区输入半径为“10”，单击“确定”按钮完成，如图 6-31 所示。

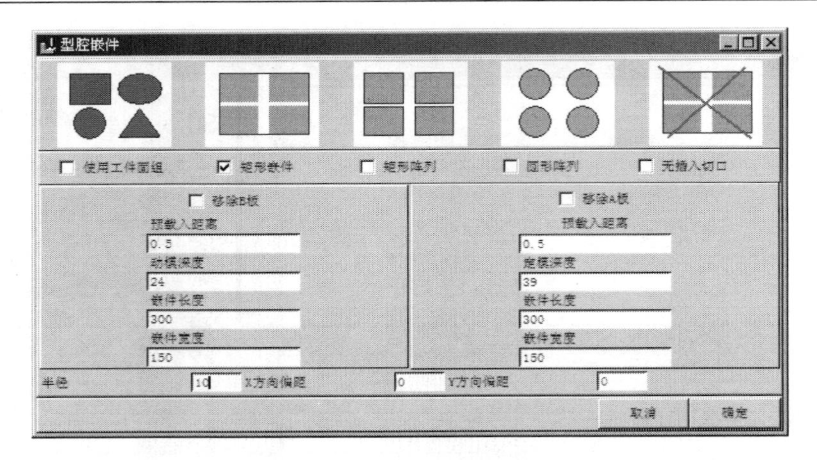

图 6-31 设置型腔嵌件参数

6.5.4 添加设备和顶出机构

1. 设置浇铸系统元件参数

单击“模具组件定义”对话框“功能”栏中的“添加设备”按钮，在“选择元件”栏中单击“定模侧定位环”按钮，程序弹出“定模侧定位环”对话框。在对话框中设置“类型”为 LRJS，“高度”为“25”，“直径”为“100”，“定位口深度”为“10”，如图 6-32 所示，完成后单击“确定”按钮。

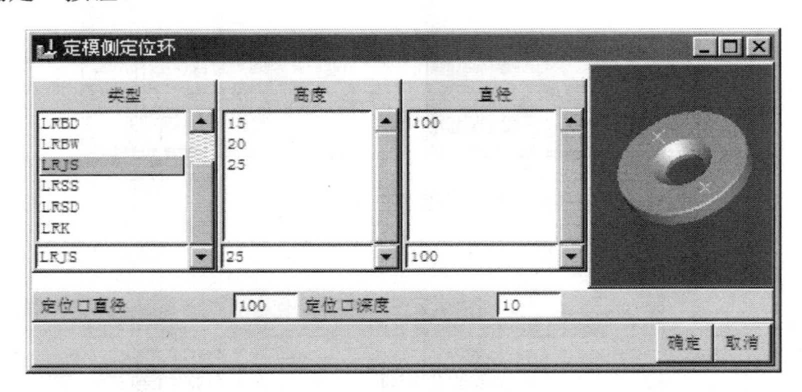

图 6-32 设置定位环参数

单击“添加设备”按钮，在“选择元件”栏中单击“浇口衬套”按钮，程序弹出“浇口衬套”对话框。在对话框中设置“类型”为 SBBF，“浇口半径”为“11”，“直径”为“20”，“内径”为“3”，“长度”为“26.5”，“浇口衬套头部直径”为“66”，如图 6-33 所示，完成后单击“确定”按钮。

在“模具组件定义”对话框中单击“确定”按钮，程序自动加载定义的模架。由于此时还没有设置“加载元件”，所以得到的是该设备的切口，如图 6-34 所示。

2. 设置复位销与止动盘/止动销

在“模具组件定义”对话框的“阵列菜单”区域中单击“复位销”按钮，弹出“后销”对话框。参照图 6-35 进行参数设置。设置好复位销的参数后，单击“更新阵列数据”按钮以更新设置。

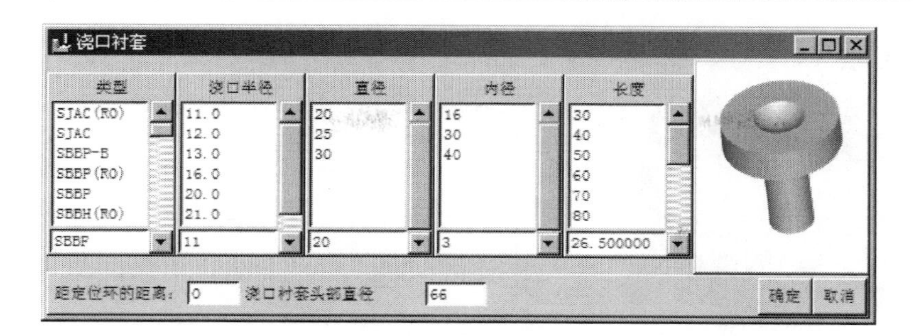

图 6-33　设置浇口套参数

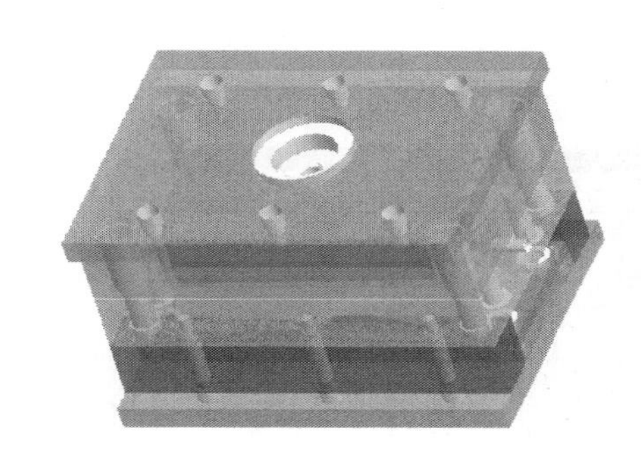

图 6-34　加载的模架

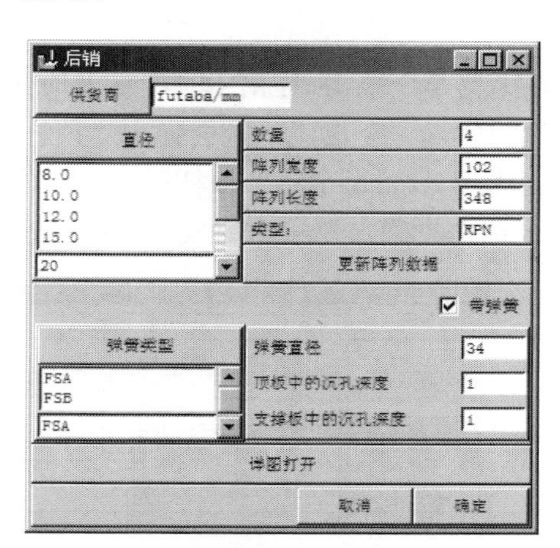

图 6-35　设置“复位销”参数

在“阵列菜单”区域中单击“止动盘/止动销”按钮，弹出“止动盘/止动销”对话框。参照图 6-36 进行参数设置，单击“更新阵列数据”按钮更新设置。

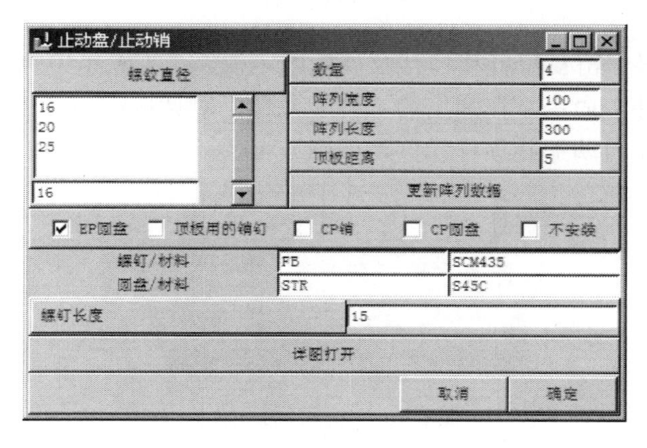

图 6-36　设置“止动盘/止动销”参数

3. 创建顶出机构

单击工具栏中的“基准点工具”按钮，程序弹出“草绘的基准点”对话框。选择如图 6-37 所示动模型芯的上表面作为草图平面，选择 MOLDBASE_X_Z 基准面作为草绘方向底部参照，在草绘器中单击按钮绘制如图 6-38 所示的 8 个点，单击按钮。

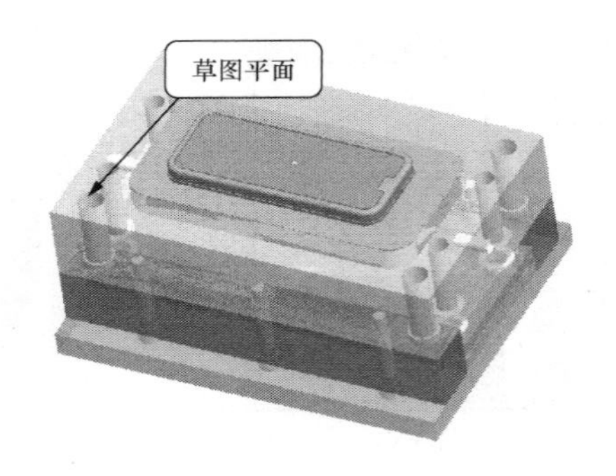

图 6-37　设置基准点草绘平面

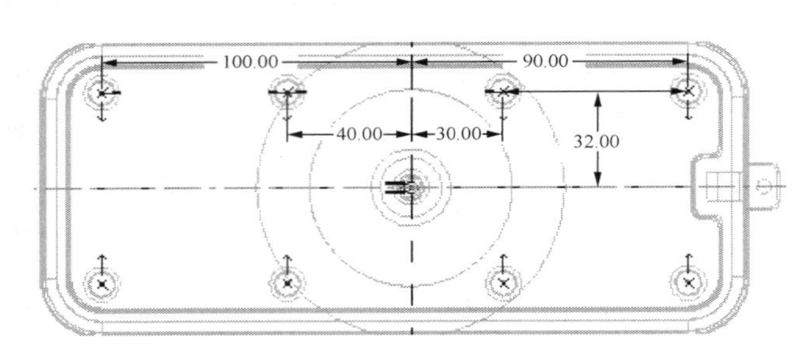

图 6-38　创建基准点

在主菜单上单击“EMX4.1”→“顶杆”→“定义”→“在现有点上”命令，选择步骤 1 所创建的任意一个点，系统会弹出“顶杆”对话框，如图 6-39 所示。单击“供货商/单位”按钮，选择“futaba/mm”顶杆厂商，单击“圆柱头”按钮，并“直径”选择 8，“名称”选择 EJ，单击“确定”按钮完成顶杆的创建。

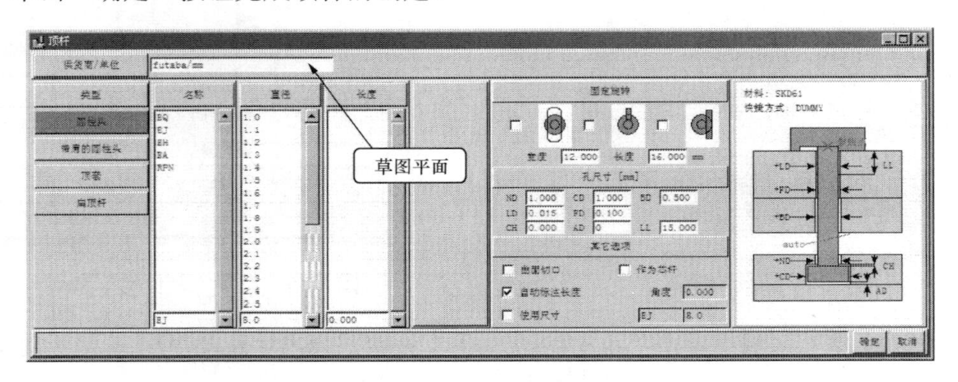

图 6-39　设置顶杆参数

隐藏其他元件，只保留复位杆和顶杆及顶杆固定板。在主菜单中执行“EMX4.1”→“模具基体”→“装配元件”命令，在弹出的“装配元件”对话框中勾选“顶杆”复选框，再单击“确定”按钮，程序自动加载顶杆元件，如图 6-40 所示。

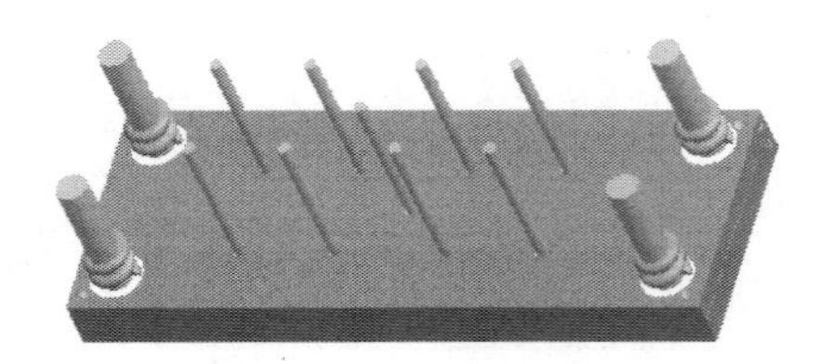

图 6-40　加载顶杆元件

6.5.5　冷却系统设计

1. 创建水路

在模型树中右击“core_main_ins”零件，在工具栏中单击“草绘工具”按钮，程序弹出“草绘”对话框。单击“基准面工具”按钮，程序弹出“基准平面”对话框。选择 core_main_ins 零件的底面，如图 6-41 所示，在“平移”文本框中输入“−15”，单击“确定”

按钮，系统以此平移平面作为草绘平面，设置 front 基准面为底部草绘方向参照，然后在“草绘”对话框中单击“草绘”按钮。

在草绘器工具栏中单击按钮＼，绘制如图 6-42 所示水线草绘，单击按钮✔结束草绘。

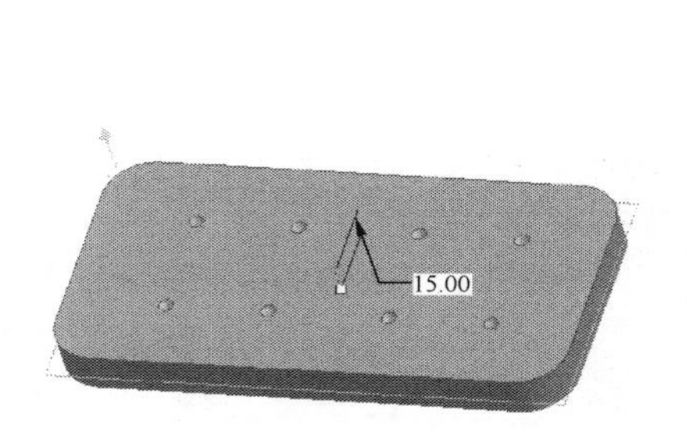

图 6-41　创建草绘平面

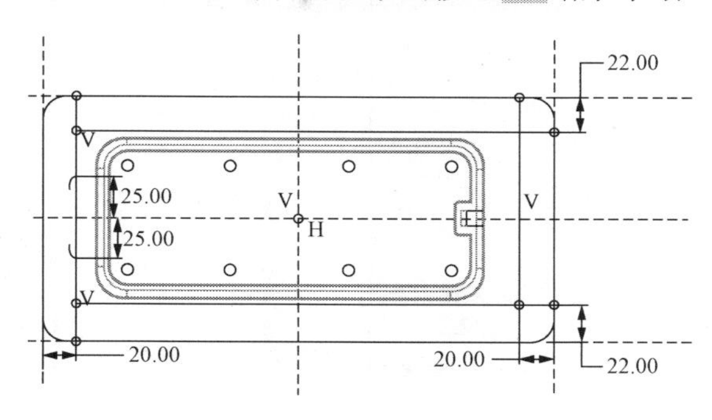

图 6-42　平面水线草绘

在工具栏中单击“草绘工具”按钮，程序弹出“草绘”对话框。然后单击“基准面工具”按钮，程序弹出“基准平面”对话框，选择“选择 Right” 基准平面，在“平移”文本框中输入“25”，单击“确定”按钮，系统以此平移平面作为草绘平面，设置 Top 基准面为底部草绘方向参照，然后在“草绘”对话框中单击“草绘”按钮。在草绘器工具栏中单击按钮＼，绘制如图 6-43 所示的草绘，单击按钮✔结束草绘。

在过滤器中选择“特征”项，选择刚创建的纵向水线曲线，在主菜单中执行“编辑”→“镜像”命令，选择 Right 基准面作为镜像平面，单击按钮✔。完成的水线曲线如图 6-44 所示。

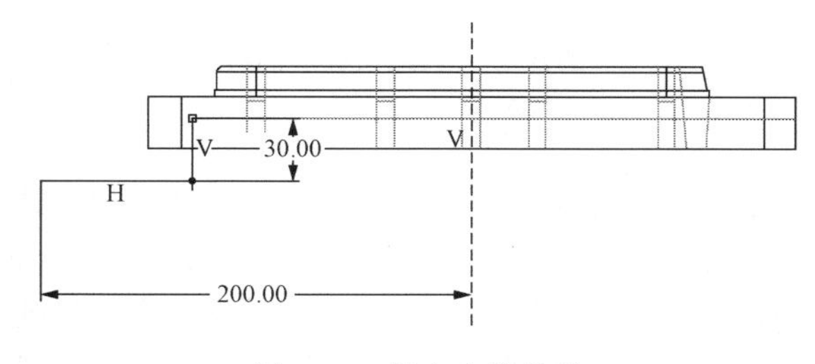

图 6-43　纵向水线草绘

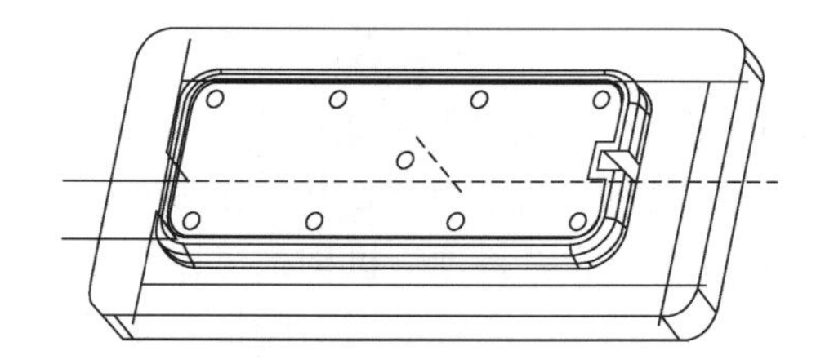

图 6-44　创建的水线曲线

2. 创建冷却孔

回到模架设计界面，在主菜单中执行“EMX4.1”→“水线”→“创建冷却孔”命令，程序弹出的“冷却装置”对话框，选择供货商/单位为 hasco/mm，然后单击“盲孔”按钮，选择孔的直径为“8”，单击“确定”按钮，如图 6-45 所示。

程序弹出“选取”对话框并提示选取曲线，绘图区中选择一条先前创建的水线曲线，程序再次提示选择曲面，在绘图区选择 core_main_ins 零件上或 B 板上与水线相垂直且相交的平面，创建出一条水线。按相同的方法，创建其他水线，创建后的水线如图 6-46 所示。

3. 创建喷嘴

单击“选取”对话框中的“取消”按钮，程序再次弹出“冷却装置”对话框。单击对话框中的“喷嘴”按钮，设置“名称”为“Z89”，设置“连接直径”为“9”，“管螺纹 NPT”

为“M8×0.75”，然后单击“确定”按钮。接着程序提示选择曲线和曲面，选取方法与创建水线的方法相同。装配喷嘴后地的冷却装置如图 6-47 所示。

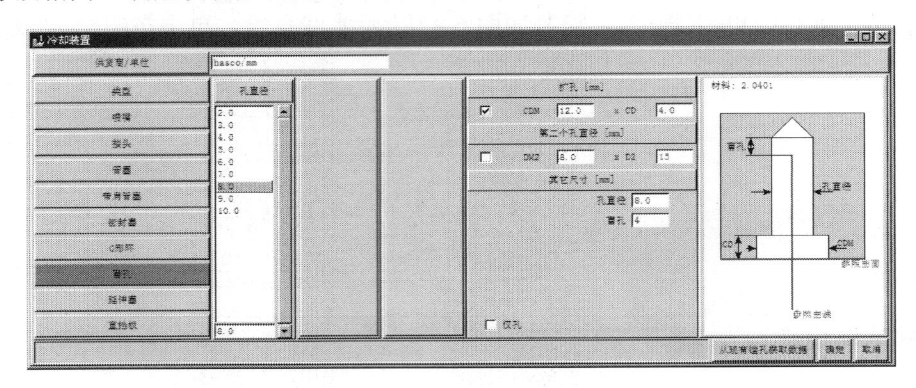

图 6-45 “冷却装置”对话框

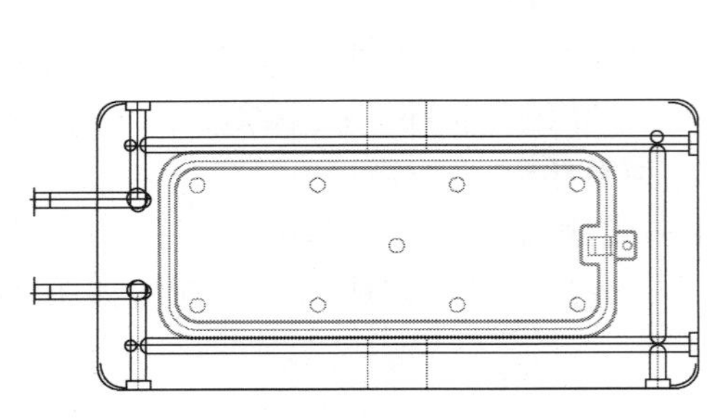

图 6-46 创建的冷却水线

图 6-47 装配喷嘴后的冷却装置

6.5.6 创建提升装置

为顺利取出带有“倒扣”的制品，必须设计相应的提升装置。在 EMX 中的提升装置，就是通常所说的“斜顶”机构，可以用来成型制品内侧带有“倒扣”的部分。当然，如果制品内侧空间足够大，也可以用内侧抽芯来做。通常来说侧抽芯机构比斜顶机构成型精度更高，但抽芯机构比斜顶机构制作成本高，占用空间大，所以对于一些精度要求不是特别高，或者受产品成型空间所限的情况，常采用这种斜顶机构。当然，这种机构也可以成型外侧抽芯的结构。提升装置同时也可以起到顶杆的作用，如果制品所需的脱模力不是很大，则可以不必另设顶出机构。

1. 加载提升机构

在 EMX 工具栏中单击“定义提升装置”按钮，在程序提示为提升机构选择坐标系时，在绘图区选取坐标系“lifter_2”，按提示选择动模板的底面作为导向件的参考平面，再选择顶杆固定板 E 板的下表面作为座圈的参考平面，如图 6-48 所示。在选择的时候如果难以选到，请将不用的元件隐藏起来，只显示需要的元件。

程序弹出“提升装置”对话框，单击 without_guide 按钮（方形推杆），如图 6-49 所示。接着程序弹出另一个“提升装置”对话框，在对话框中选择一个实例 CBMM10×10TGMM10，再将角度设为“5”，提升装置的预览图会随角度的改变而变化，最后单击“确定”按钮，如图 6-50 所示。

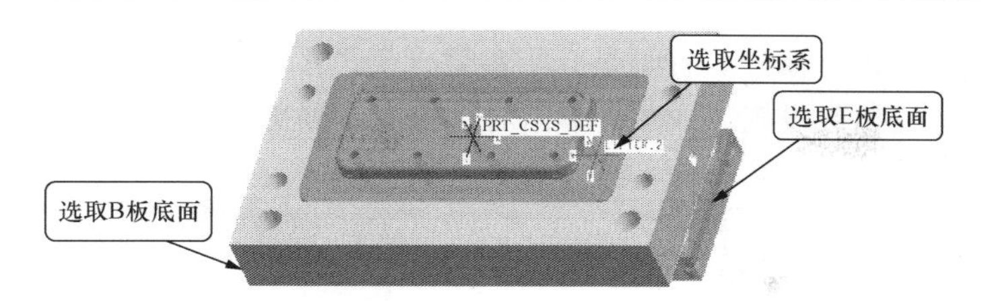

图 6-48　选择坐标系和参考平面

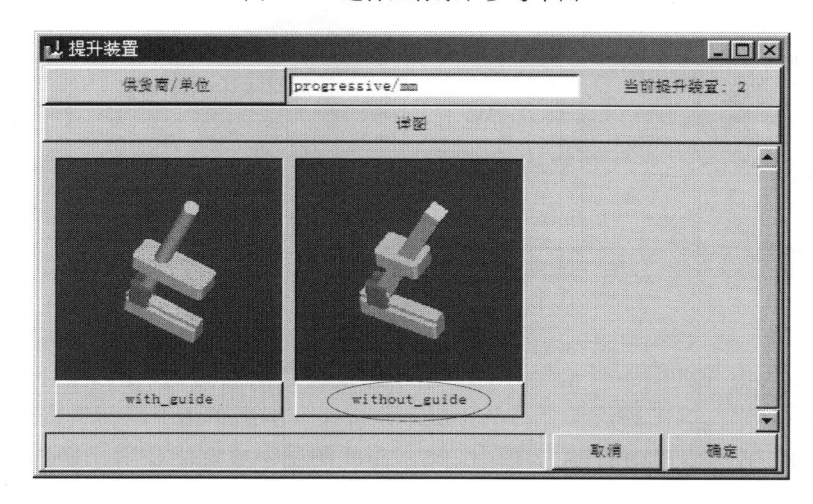

图 6-49　选择提升装置类型

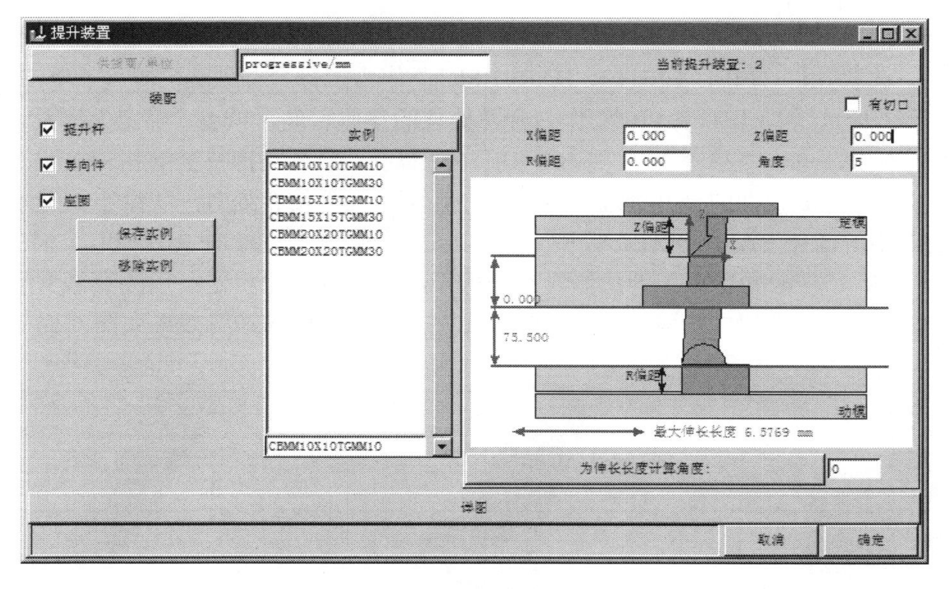

图 6-50　提升装置设置参数

提升机构的角度和推出距离的大小决定了它能完成多长的抽芯距离。如果用户不明确要使用多大的角度，则可以在对话框的右下角输入需要的伸长长度，然后单击“为伸长长度计算角度”按钮，即可得到需要的角度值。如果需要对提升装置各组成元件的尺寸进行修改，则单击对话框下方的“详图”按钮，打开“详图”对话框。在左侧的列表框中选择需要修改的参数后，在下方的文本框中进行修改。右侧是介绍参数含义的图解，单击按钮 < > 可以切换不同的组成元件，所有的参数设置完成后，单击对话框右下角的“确定”按钮，如图 6-51 所示。

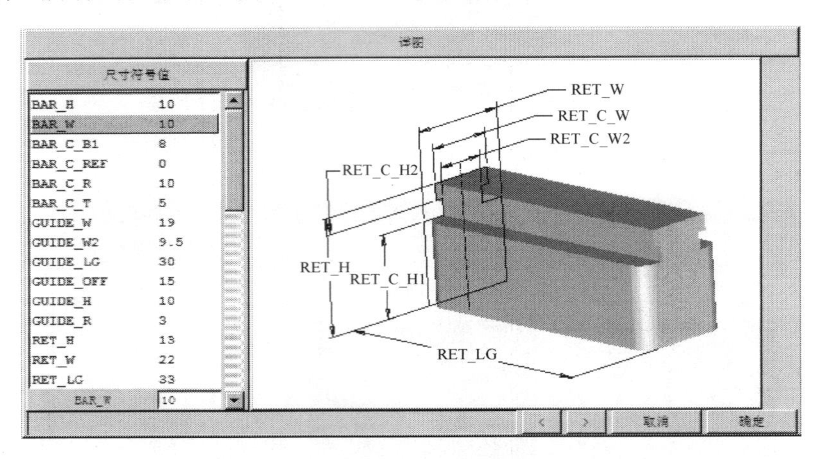

图 6-51　详图对话框

创建完成后的提升机构如图 6-52 所示。由于该机构是由曲面切割出来的，所以要将这些不用的曲面隐藏起来。单击导航器上方的“显示”按钮，然后单击“层树”按钮，打开层树，将其中的“00_BUW_CUTQUTITS”图层隐藏，在此图层中放置的是用于切割提升机构通过孔的曲面，单击主菜单中的“视图”→“重画”命令，得到如图 6-53 所示的效果。

2. 合并机构元件

在主菜单中单击“编辑”→“元件操作”命令，在弹出的菜单管理器中选择“元件”→“合并”项，选取元件“PILL_LIFTER_BAR01.PRT”作为执行合并处理的零件，单击“确定”命令，接着选取元件“LIFTER.PRT”作为合并处理的参照零件，单击“确定”按钮。在弹出的菜单管理器中，单击“参考”→“完成”项，在提示“是否支持特征的相关放置”时，单击“是”按钮，完成元件的合并处理。合并后，在两个元件结合处有一块细小的缝隙，单独打开 PILL_LIFTER_BAR01.PRT 模型，对其进行修补，同时提升机构转向元件 PILL1_LIFTER_UCOUP01.PRT 的边缘没有修剪干净，可通过编辑定义后改变修剪的尺寸值重新进行修剪。在模型树中隐藏 LIFTER.PRT 元件，提升机构的最终效果如图 6-54 所示。

图 6-52　创建的提升装置

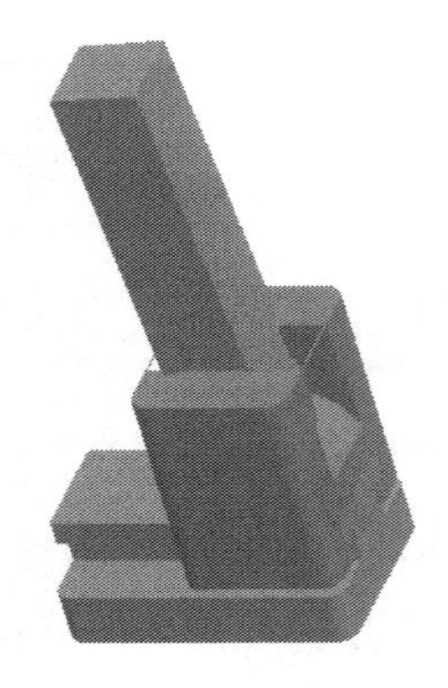

图 6-53　隐藏曲面后的提升装置

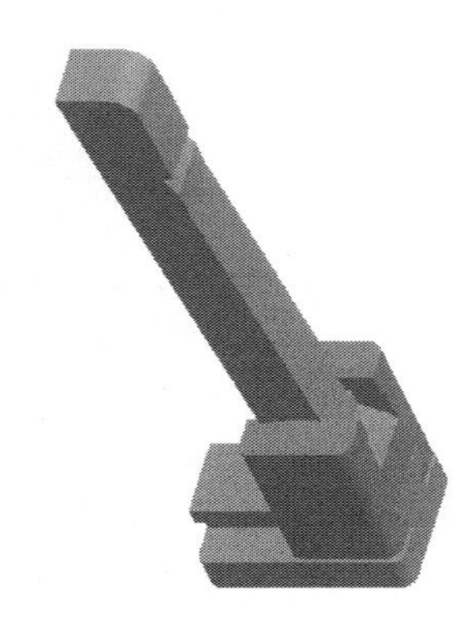

图 6-54　提升装置最终效果

6.5.7　设计滑块机构

1. 滑块机构参数的选择

只保留 A 板、B 板和滑块，将其他元件隐藏起来，需要的时候再取消隐藏。在 EMX 工具栏中单击“定义滑块装置”按钮，按照程序提示选取坐标系 SLIDER_1 作为滑块的定位坐标，然后选取 A 板的顶面作为斜导柱的放置平面，选取 B 板的顶面作为动模面，单击“确定”按钮，如图 6-55 所示。

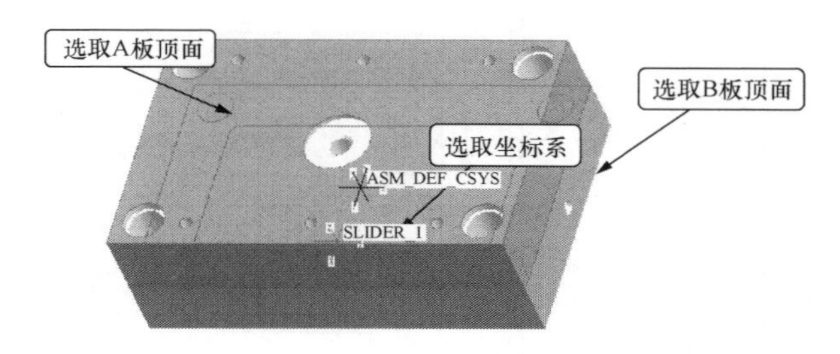

图 6-55　选取坐标系和定位面

程序弹出 hasco/mm 的“滑块定义”对话框，单击“供货商/单位”按钮，在弹出的“供货商/单位”对话框中选取 strack/mm，然后单击“确定”按钮，程序弹出 strack/mm 产品的“滑块定义”对话框，如图 6-56 所示。

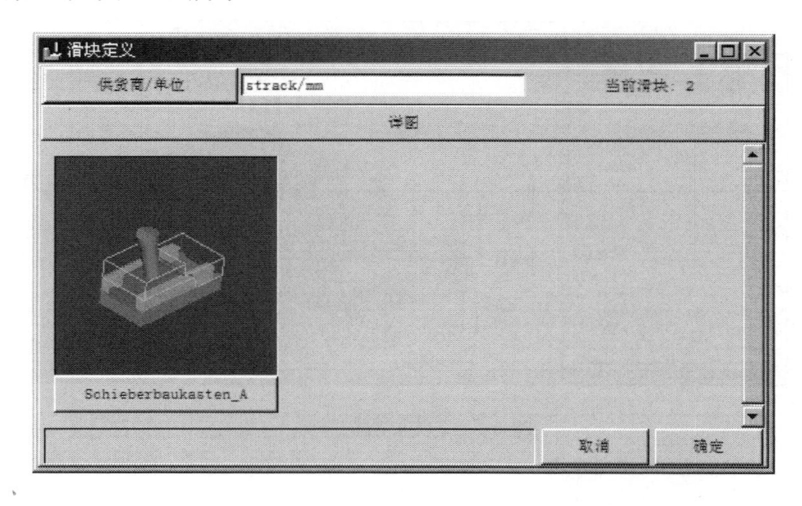

图 6-56　“滑块定义”对话框

在“滑块定义”对话框中单击 schieberbaukasten_A 按钮，程序进入尺寸设置界面，如图 6-57 所示。选取 EMX4.1 自带的实例 Z4200_50x28x75，然后在文本框中设置“销钉长度”为“100”，“凸轮长度”为“51”，“偏移孔”为“47”，勾选“有切口”复选框，完成后单击对话框下方的“详图”按钮。

程序打开滑块机构中其余组件参数的编辑视图，单击“循环显示”按钮，将视图调整到显示滑块，然后在左侧的列表框中修改尺寸，将“CAM_B2”设置为“30”，将“CAM_B1”设置为“35”，如图 6-58 所示。

继续单击“循环显示”按钮，将视图调整到显示导滑板，然后在左侧的列表框中修改尺寸，将“SLPL_B3”设置为“41”，将“SLPL_L5” 设置为“52”，如图 6-59 所示。

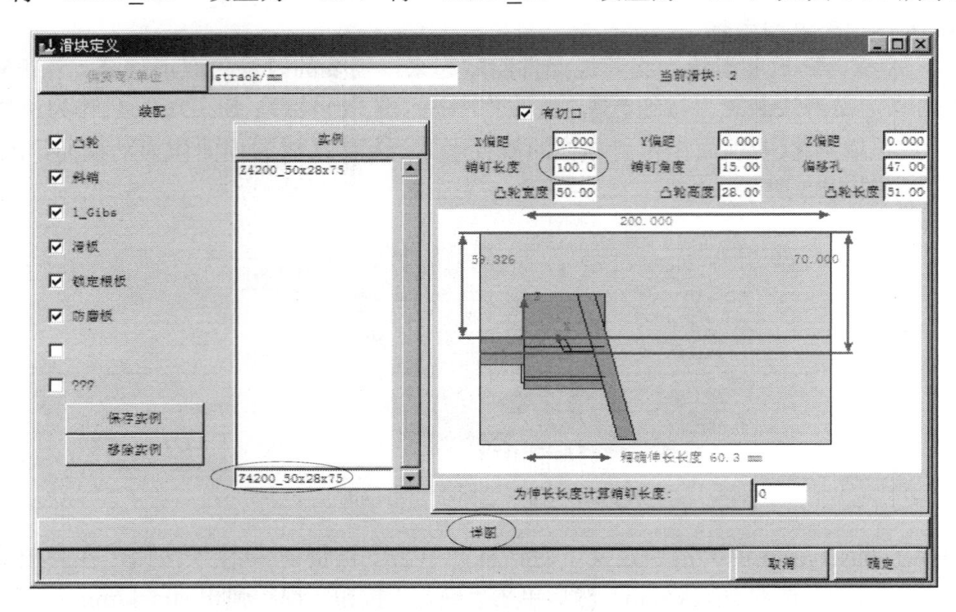

图 6-57 定义滑块参数

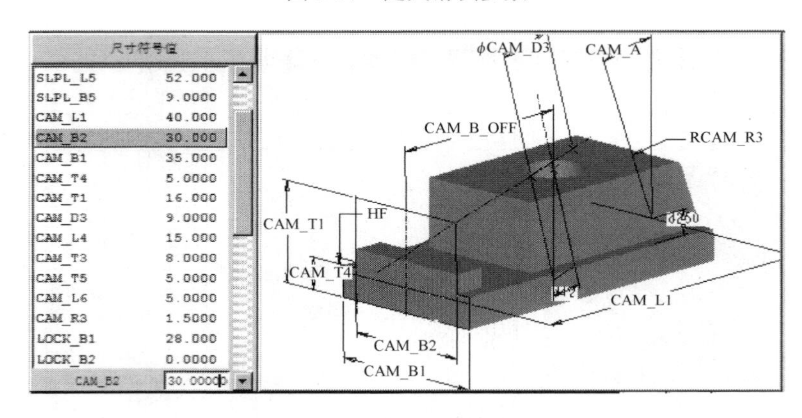

图 6-58 设置滑块参数

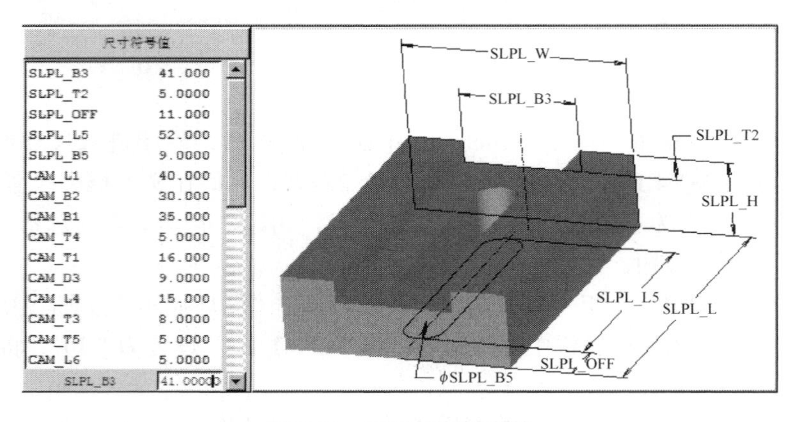

图 6-59 设置导滑板参数

继续单击“循环显示”按钮 ，将视图调整到显示楔形块，然后在左侧的列表框中修改尺寸，将“LOCK_B1”设置为“28”，将“LOCK_L1” 设置为“51”，将“LOCK_T2” 设置为“20”，将“LOCK_T3” 设置为“59.5”，将“LOCK_L5” 设置为“35”，“LOCK_L3” 设置为“24”，如图 6-60 所示。

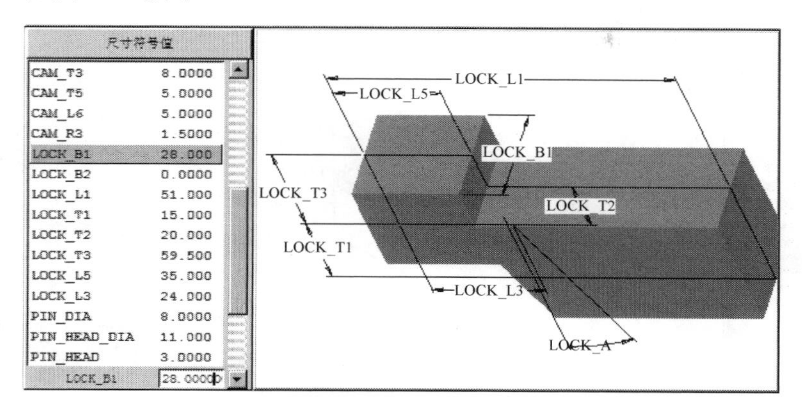

图 6-60　设置楔形块参数

继续单击“循环显示”按钮 ，将视图调整到显示防磨板，然后在左侧的列表框中修改尺寸，将“WPL_B3”设置为“28”，如图 6-61 所示。

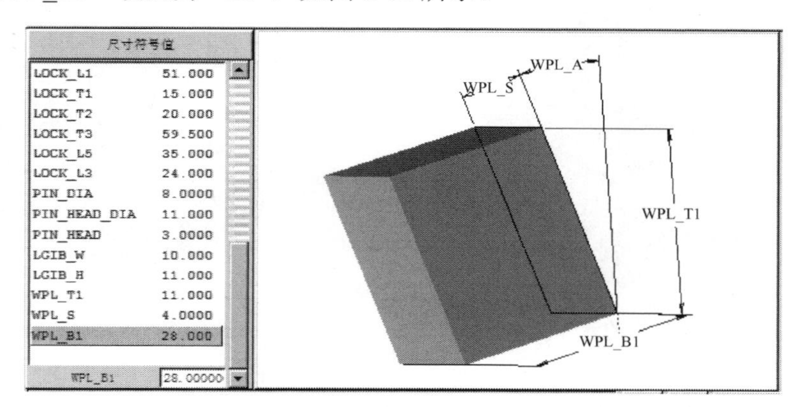

图 6-61　设置防磨板参数

继续单击“循环显示”按钮 ，将视图调整到显示压板，然后在左侧的列表框中修改尺寸，将“LGIB_W”设置为“10”，如图 6-62 所示。

所有元件参数都编辑完成后，单击“定义滑块”对话框中的“确定”按钮，程序开始自动加载滑块机构，完成后的滑块机构如图 6-63 所示。

2. 滑块机构的元件合并和修补

在主菜单中单击“编辑”→“元件操作”命令，在弹出的菜单管理器中选择“元件”→“合并”项，选取元件 CAM.PRT 作为执行合并处理的零件，单击“确定”命令。接着选取元件 SLIDER1.PRT 作为合并处理的参照零件，单击“确定”按钮。程序弹出菜单管理器，单击其中“参考”→“完成”项，在提示“是否支持特征的相关放置”时，单击“是”按钮，完成元件合并处理。在模型树中将 SLIDER1.PRT 和 SLIDER2.PRT 隐藏，合并后滑块机构如

图 6-64 所示。合并后，在两个元件结合处有一块缺少材料的地方，此处为滑块标准件和滑块加工件之间定位连接处。装配时靠滑块标准件上的方形键定位，通过螺钉锁紧，打开 CAM.PRT 模型，将此处补全。也可以在合并之前修改 SLIDER1.PRT 元件，使之和 CAM.PRT 形成紧密的配合，然后再将这两个元件合并。修整后的滑块机构如图 6-65 所示。

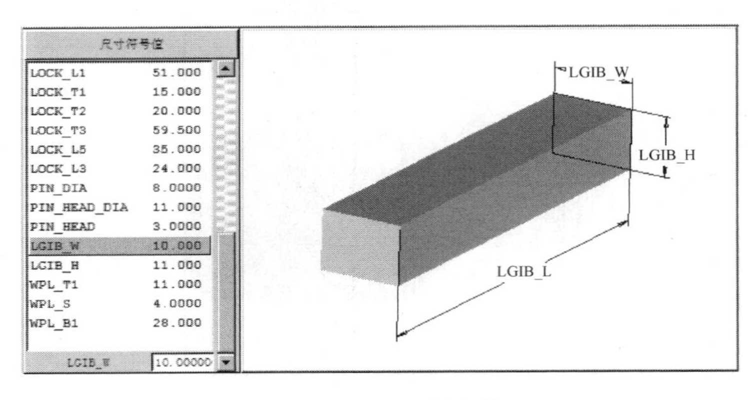

图 6-62　设置压板参数

图 6-63　创建的滑块机构

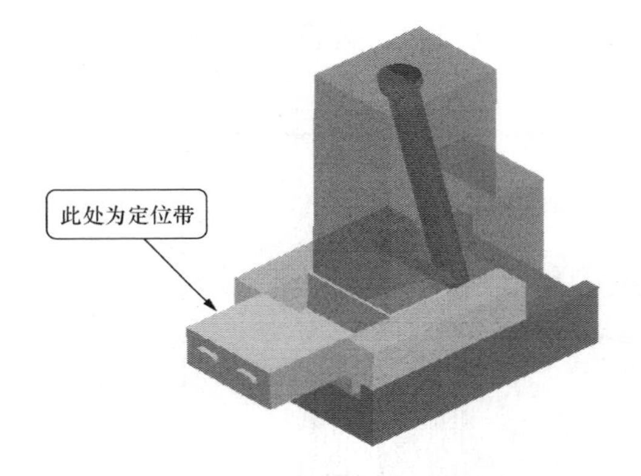

图 6-64　滑块机构的元件合并

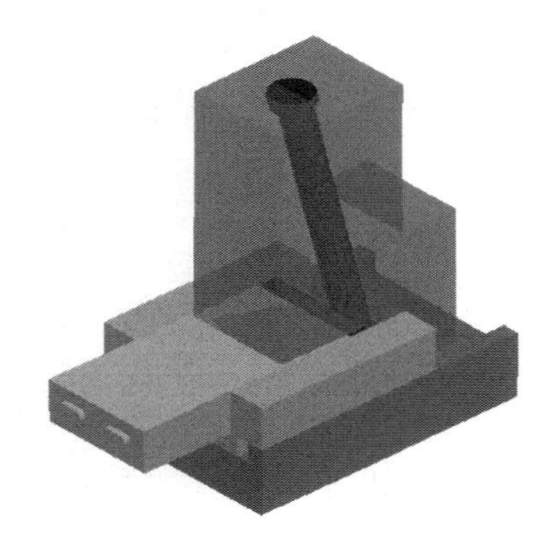

图 6-65　修整后的滑块机构

3. 创建自动元件

另一侧的滑块机构因为与前面的机构一样，所以可以利用 EMX4.1 提供的“重新装配”功能进行装配。将刚刚制作完成的滑块机构复制到另一个坐标系的位置上即可。执行主菜单中的“EMX4.1”→“滑块装置”→“重新装配”命令，先选择坐标系 SLIDER2，然后在模型数中选择第一个滑块机构 SLIDER_BASE .ASM，随即在另一侧建立起了滑块机构，完成后的两个滑块机构如图 6-66 所示。

隐藏 B 板以上的所有板件，得到滑块机构和提升机构的效果图如图 6-67 所示。

6.5.8　装配元件

当所有需要的元件创建完成后，在主菜单中执行“EMX4.1”→“模具基体”→“装配元件”命令，在弹出的“装配元件”对话框中单击按钮▤，再单击“确定”按钮，程序自动加载元件，如图 6-68 所示。

加载后的模架整体如图 6-69 所示。

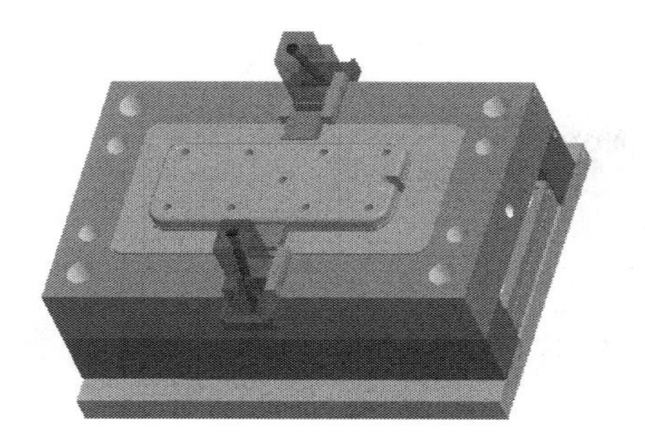

图 6-66　创建相同滑块机构

图 6-67　滑块和提升机构效果图

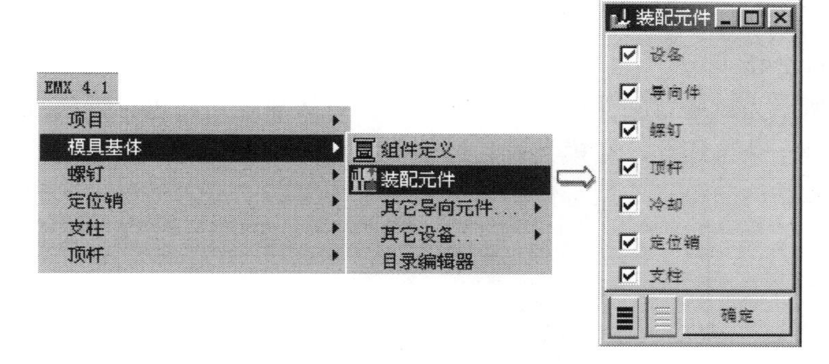

图 6-68　装配元件操作

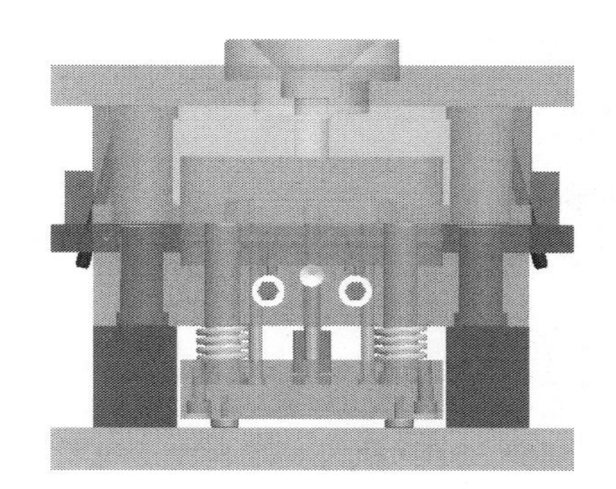

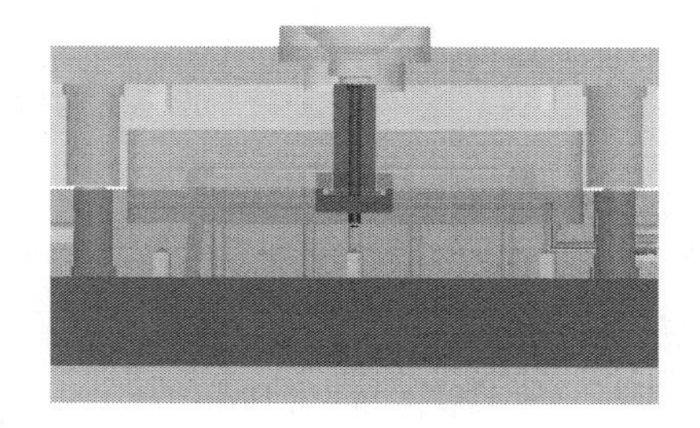

图 6-69　整体装配模架

第7章　模具设计综合实例

本章结合几个产品开发实例，介绍用Pro/ENGINEER进行模具设计的整个过程，重点介绍模具的分模、开模方法。

7.1　风扇罩模具设计

7.1.1　零件分析

如图7-1所示为风扇罩塑件模型。该产品正面有散热孔，在进行拆模时要注意破孔的修补。产品侧面是一个出线孔，在模具设计过程中，此处要设计一个侧滑块。此套模具采用一模一件的布局，结构简单，成型零件的设计主要考虑型芯的嵌入处理方式和滑块的结构。

图7-1　风扇罩零件模型

7.1.2　加载参照模型

文件路径：chap7-1\原始文件\ Cover.prt

1. 设置工作目录

首先新建一个文件夹，启动Pro/ENGINEER Wildfire 5.0，执行菜单栏上"文件"→"设置工作目录"命令，程序弹出"选取工作目录"对话框，选取新建的文件夹作为工作目录，单击"确定"按钮，如图7-2所示。

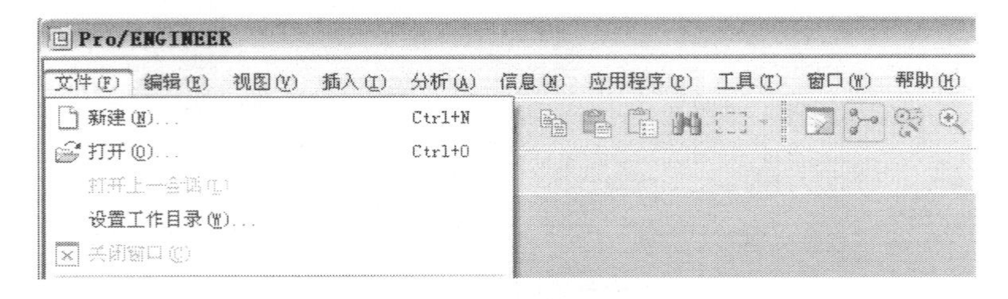

图7-2　设置工作目录

2. 新建文件

执行菜单栏上"文件"→"新建"命令，在"新建"对话框的"类型"选项区内单击

“制造”单选按钮，在“子类型”选项区中选择“模具型腔”选项，在“名称”文本框内输入 Cover，取消默认模板的使用，单击“确定”按钮，如图 7-3 所示。在“新文件选项”对话框的“模板”选项区内选择 mmns_mfg_mold 公制模板，单击“确定”按钮，进入模具设计界面。

图 7-3　“新建”对话框

3. 选取参照模型

单击“模具”菜单管理器中的“模具”→“模具模型”→“装配”→“参照模型”项，如图 7-4 所示。

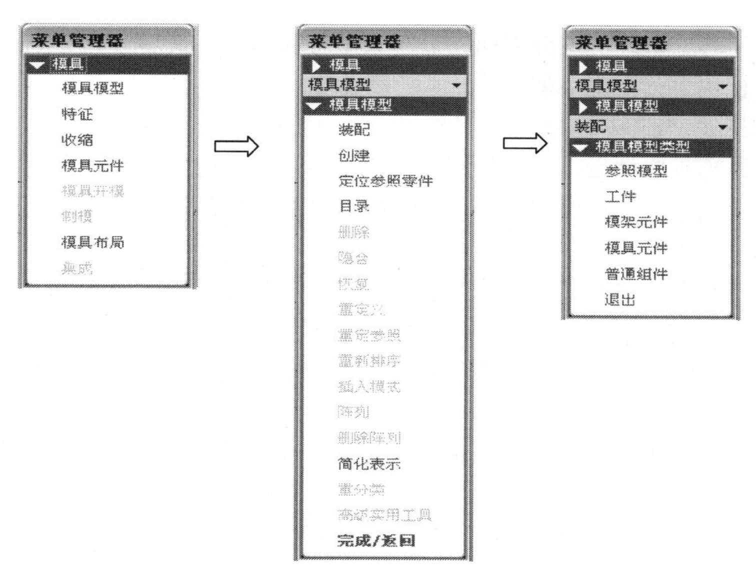

图 7-4　装配参照模型菜单

接着程序弹出“打开”对话框，在对话框中选取 Cover.prt 文件作为模具的参照零件，单击“打开”按钮。系统弹出“元件放置”操控面板，在“放置约束类型”下拉列表框中选择“坐标系”选项。在绘图区中依次选取参照模型坐标系 PRT_CSYS_DEF 和模具坐标系 MOLD_DEF_CSYS，如图 7-5 所示。然后再单击操控面板中的按钮 ✔ 。

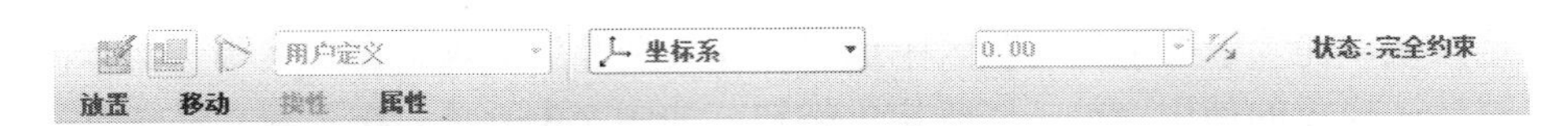

图 7-5 元件放置操控面板

接着程序弹出“创建参照模型”对话框，保留程序默认设置，单击“确定”按钮，如图 7-6 所示。

完成加载的参照模型如图 7-7 所示。

图 7-6 设置参照模型类型

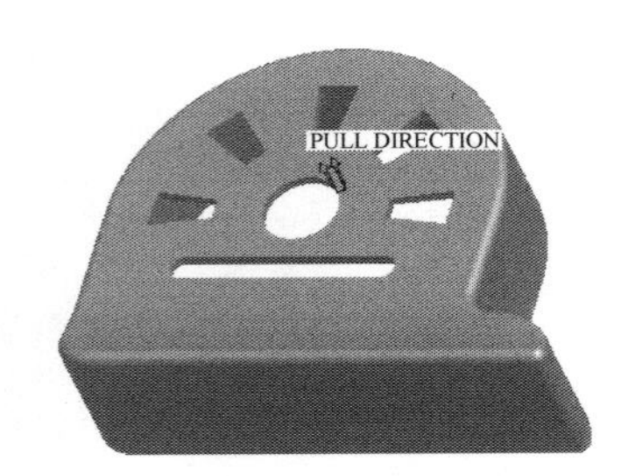

图 7-7 加载参照模型

7.1.3 成型零件设计

风扇罩的成型零件包括一个成型塑件内形的大型芯，一个成型塑件外形的型腔和一个成型出线孔的小型芯。设计过程是：先制作一个能够完全包容塑件制品的工件，再根据制品的结构设计出分割型芯、型腔的主分型面，分割大型芯和型腔，最后设计分割小型芯的第二分型面，在型腔体积块上分割出小型芯。

1. 设置模型收缩率

塑件制品经过模具成型后，由于热胀冷缩的原因，各方向的尺寸会产生收缩，所以要将模具型腔各方向的尺寸进行相应放大，来保证成型之后的制品达到设计的尺寸要求，不同材料的制品收缩率有所不同。

依次单击“模具”菜单管理器中的“收缩”→“按尺寸”项，或者单击工具栏中的“按尺寸指定零件收缩”按钮，程序弹出“按尺寸收缩”对话框，如图 7-8 所示。在“比率”输入数值框中设置收缩比率为“0.005”，完成后单击按钮。

2. 创建毛坯工件

毛坯工件的尺寸大小由参照模型决定，太大会造成材料的浪费，太小会导致型芯或型腔的刚度和强度削弱，同时还应考虑到毛坯工件的尺寸大小尽可能与后期选用的模架匹配。

创建工件分自动和手动两种方法。这里介绍自动方法。依次单击菜单管理器中的“模具”→“模具模型”→“创建”→“工件”→“自动”项，如图 7-9 所示，或者单击工具栏中的“创建工件”按钮，弹出“自动工件”对话框。

然后在程序弹出的“自动工件”对话框中，输入工件名，选取模具坐标系 MOLD_DEF_CSYS 作为工件的定位参照坐标，输入统一的偏距值“10”，如图 7-10 所示。按 Enter 键确定，观察图形窗口中的变化情况，单击“确定”按钮，完成毛坯工件的创建。完成后的毛坯工件如图 7-11 所示。

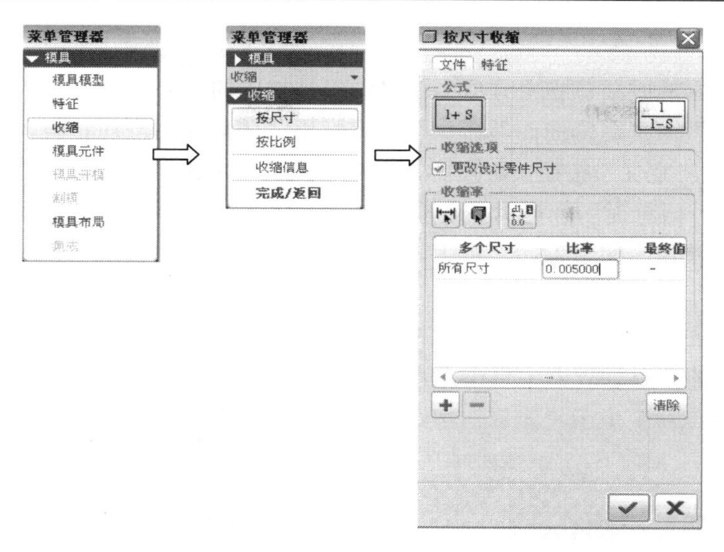

图 7-8　设置收缩率

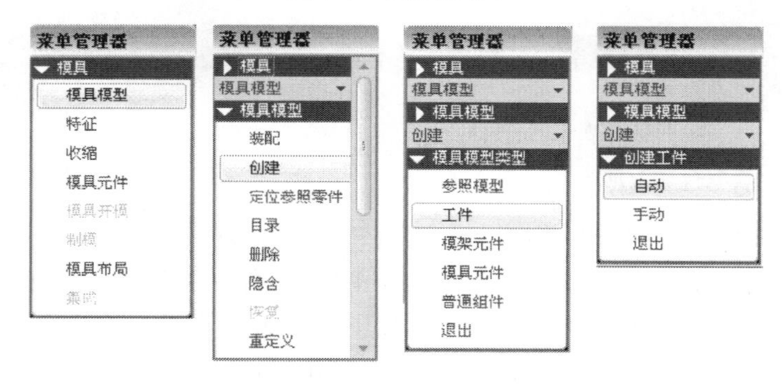

图 7-9　创建毛坯工件命令

图 7-10　设置毛坯工件尺寸

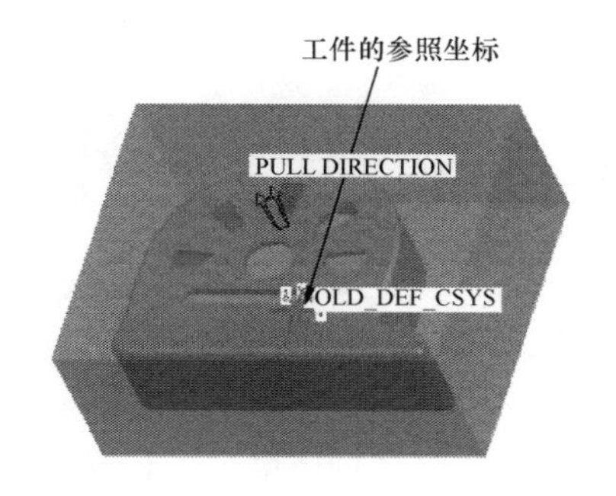

图 7-11　创建的毛坯工件

3. 设计分型面

（1）用阴影曲面的方法建立主分型面。单击工具栏中的“分型面工具”按钮，在菜单栏依次单击“编辑”→“阴影曲面”命令，系统弹出“阴影曲面”对话框，选取对话框中的“方向”选项，单击“定义”按钮，对投影方向进行定义。单击菜单管理器中的“一般选取方向”→“平面”项，信息提示区提示“选取将垂直于此方向的平面”时，选取如图 7-12 所示毛坯工件下表面，在弹出的“方向”项中，默认为正向，单击“确定”命令，完成投影方向定义。

选取“阴影曲面”对话框，选取对话框中的“环闭合”选项，单击“定义”按钮，进行破孔修补。在弹出的菜单管理器中单击“完成”项，选取如图 7-13 所示参考模型含有破孔的外表面，在菜单管理器中单击“完成”项，完成对破孔修补面的修改。

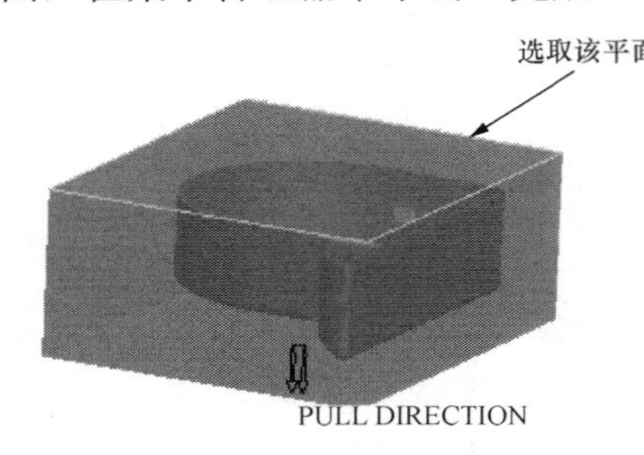

图 7-12　选取投影方向平面

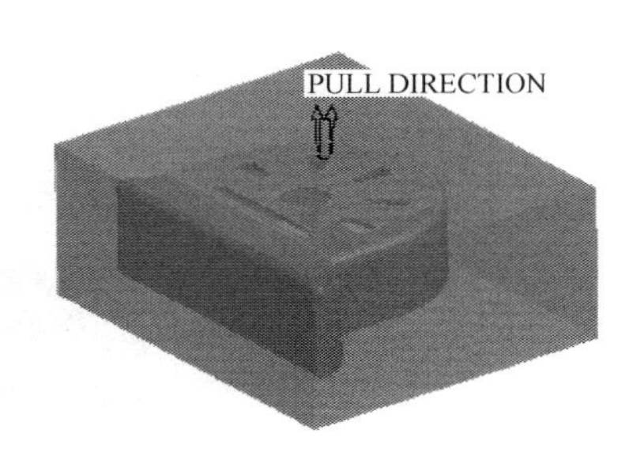

图 7-13　选取封闭环平面

最后在“阴影曲面”对话框中单击“确定”按钮，完成对主分型面的创建，单击“完成”按钮，退出“分型曲面工具”模式。单击工具栏上的“遮蔽/取消遮蔽”按钮，弹出“遮蔽/取消遮蔽”对话框，按住 Ctrl 键，选择对话框中的参照模型和毛坯工件，单击“遮蔽”按钮，可观察到完成的主分型面，如图 7-14 所示。单击“遮蔽/取消遮蔽”对话框中的“取消遮蔽”按钮，选择对话框中的参照模型和毛坯工件，单击“去除遮蔽”→“关闭”按钮，恢复对模型及毛坯的显示。

（2）用拉伸方法建立侧面小滑块分型面。单击工具栏中的“分型面工具”按钮，对毛坯工件和主分型面进行遮蔽，单击工具栏中的“拉伸工具”按钮，单击操控面板中的“放置”→“定义”按钮，在弹出“草绘”对话框后，选择参照模型如图 7-15 所示的内侧面为草绘平面，选择基准面 MOLD_FRONT 为参考平面，方向为右，单击“草绘”按钮。

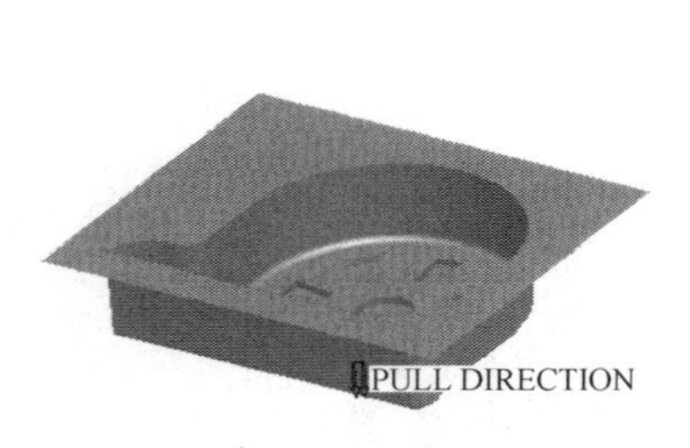

图 7-14　主分型面

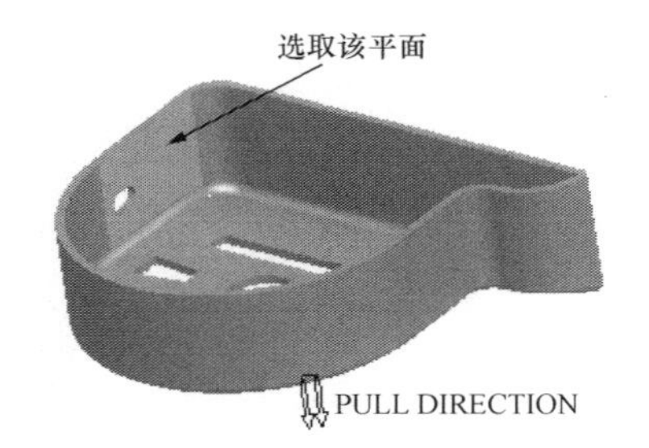

图 7-15　选择草绘平面

在弹出“参照”对话框后，在绘图区选取模具坐标系“MOLD_DEF_CSYS”作为草绘的定位参照坐标，然后单击“关闭”按钮。单击“草绘”工具栏上的“创建圆”按钮，按照如图 7-16 所示草绘一个直径为 12mm 的圆。

然后在“草绘”工具栏上单击“完成”按钮，在操控面板中单击“选项”按钮，选取“封闭端”选项，在操控面板中单击“拉伸至选定”按钮，取消对毛坯工件的遮蔽，选择毛坯靠近出线孔方向的表面作为拉伸终止面，在操控面板上单击“完成”按钮，在工具栏上单击“完成”按钮，退出“分型面工具”模式。产生的第二分型面为一个封闭的圆柱形曲面，如图 7-17 所示。

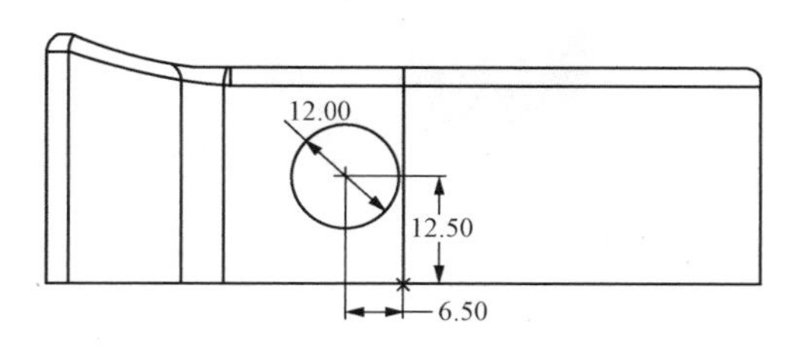

图 7-16　第二分型面草绘

图 7-17　第二分型面

4. 创建模具体积块

（1）单击“模具/铸件制造”工具栏中的“体积块分割”按钮，在弹出的菜单管理器上单击“两个体积块”→“所有工件”→“完成”命令，程序弹出“分割”对话框，如图 7-18 所示。

图 7-18　分割体积块命令

在程序提示选取分割曲面时，选取前面创建好的第二分型面，然后单击“选取”对话框中的“确定”按钮。接着单击“分割”对话框中的“确定”按钮，程序弹出第一个体积块的“属性”对话框。此体积块是成型产品模型上出线孔的侧滑块体积块，在文本框内输入修改体积块名称为“pin1”，先单击“着色”按钮，绘图区将显示着色后的体积块，如图 7-19 所示，单击“属性”对话框下方的“确定”按钮。

图 7-19　着色侧滑块

接着程序会弹出第二个体积块的“属性”对话框，修改文本框内输入体积块的名称为“body1”，然后单击“着色”按钮，绘图区显示着色后的第二个体积块模型，如图 7-20 所示。最后单击“属性”对话框下方的“确定”按钮，完成两个体积块的分割。

图 7-20 着色分割体积块

（2）单击“模具/铸件制造”工具栏中的“分割为新的模具体积块”按钮，在弹出的菜单管理器上单击“两个体积块”→“模具体积块”→“完成”项，在弹出的“搜索工具”对话框下方，选择左边“项目”列表框中的“面组：F10（BODY1）”选项，然后单击“选定”按钮 >>，在右边的“项目”列表框中显示出该选项，单击对话框上的“关闭”按钮完成项目搜索，如图 7-21 所示。

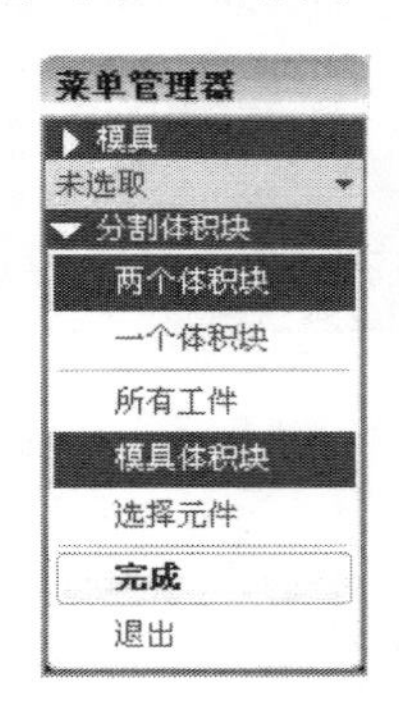

图 7-21 搜索需要分割的体积块

在绘图区选择分割侧滑块的主分型面，然后单击“选取”对话框中的“确定”按钮。接着单击“分割”对话框中的“确定”按钮，程序弹出第三个体积块的“属性”对话框，在文本框内输入体积块的名称“core”，先单击“着色”按钮，绘图区将显示着色后的体积块，如图 7-22 所示，单击“属性”对话框下方的“确定”按钮。

图 7-22 着色型腔体积块

程序弹出第四个体积块的“属性”对话框，在文本框内输入体积块的名称“cavity”，单击“着色”按钮，绘图区着色显示出该体积块模型，然后单击“确定”按钮，如图7-23所示。

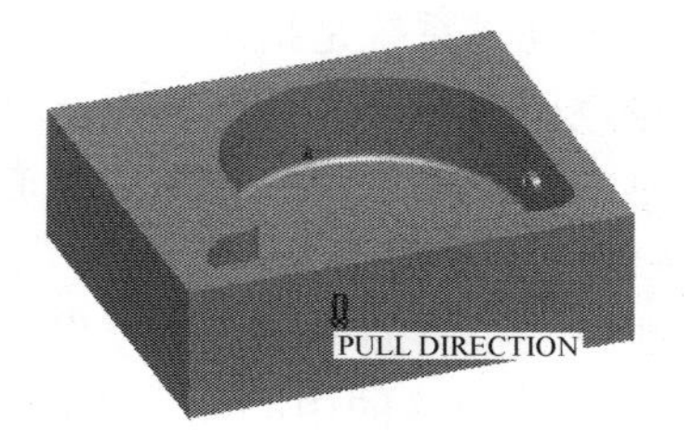

图7-23 着色型芯体积块

5. 创建模具元件

单击“模具/铸件制造”工具栏上的“型腔插入”按钮，在弹出的“创建模具元件”对话框中单击“选取所有体积块”按钮，选择全部对象，然后单击“确定”按钮，完成模具元件的创建，如图7-24所示。

要全部显示所创建的分型面、模具体积块、模具元件，可在模具树上方单击“设置”按钮，在下拉菜单中单击“树过滤器”命令，弹出“模具树项目”对话框。在对话框中勾选“特征”复选框，然后单击“确定”按钮退出设置，此时在模型树中就可以查看所创建的特征了，如图7-25所示。

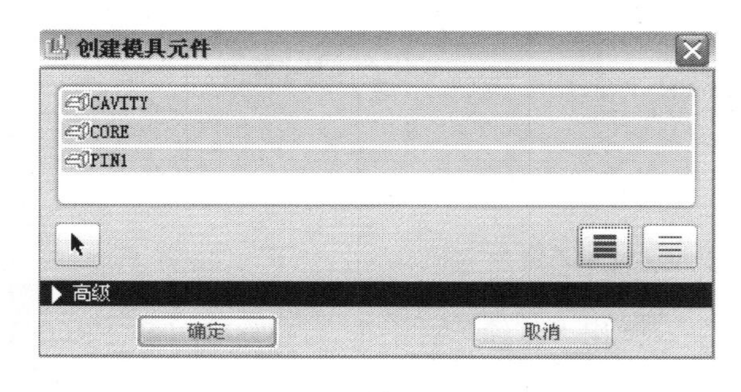

图7-24 创建模具元件对话框

图7-25 模型树中的各特征

在模型树中右键单击刚刚创建的模具元件“pin1.prt”，在弹出的快捷菜单中选择“打开”命令，程序弹出侧滑块型芯模型窗口，观察模具元件。同样方法可以打开其他两个模具元件模型，如图7-26所示。

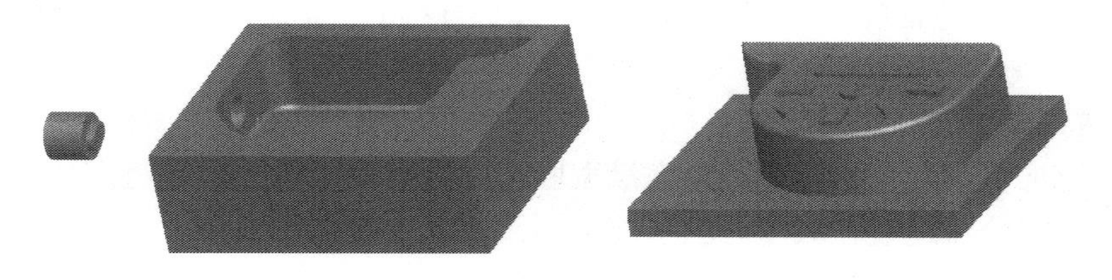

图7-26 创建的模具元件

7.1.4 浇注系统设计

塑料注射模的浇注系统是指熔体从注射机的喷嘴开始到型腔为止的流动通道，其主要作用是将熔体平稳地引入型腔，使之按照要求填充型腔的各个角落，并使型腔内的气体顺利排出。在注塑模具中，浇注系统一般由主流道、分流道、浇口和冷料穴组成。

1. 主流道设计

主流道一般位于模具的中心线上，也有一些模具由于制品的结构特殊，或便于控制浇注过程，使主流道偏离模具的中心线。主流道的大小和结构直接影响熔体的流动速度和充模时间。

单击工具栏上的"遮蔽/取消遮蔽"按钮，弹出"遮蔽/取消遮蔽"对话框，选择对话框中的参照模型和毛坯工件，单击"遮蔽"按钮，然后单击"分型面"按钮，在对话框中选取所有分型面，单击"遮蔽"按钮，然后单击"关闭"按钮。

在菜单管理器上依次执行"模具"→"特征"→"型腔组件"→"实体"→"切减材料"→"旋转"→"实体"→"完成"项，如图7-27所示。

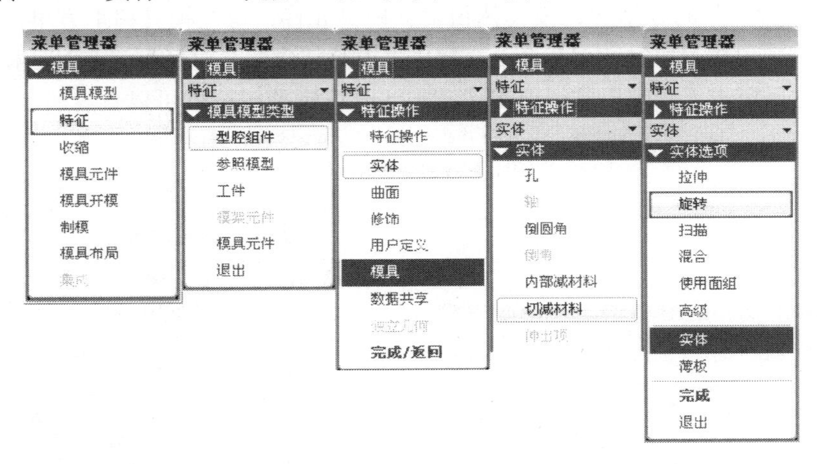

图7-27 创建型腔组建菜单命令

在操控面板上单击"放置"→"定义"按钮，弹出"草绘"对话框，选取MOLD_FRONT基准面作为草绘平面，MAIN_PARTING_PLN作为右参照面，单击"草绘"按钮，程序弹出"参照"对话框，选取绘图区中的坐标系"MOLD_DEF_CSYS"作为草绘参照，单击"关闭"按钮，进入草绘模式，在绘图区中绘制如图7-28所示的旋转剖面，单击工具栏上"完成"按钮，完成草绘。

选取轴A2，在操控面板上保留程序默认的旋转角度为360°，单击鼠标中键完成主流道的设计，最后单击"特征操作"子菜单上的"完成/返回"命令，创建的主流道如图7-29所示。

2. 分流道设计

设计分流道应考虑到使熔体顺利地充满型腔，并且流动阻力小，能将熔体均匀地分配到型腔各处。本例将分流道设在大型芯的上端面，采用半圆形截面设计。

在菜单管理器上依次单击"模具"→"特征"→"型腔组件"→"流道"→"半倒圆角"项，如图7-30所示。

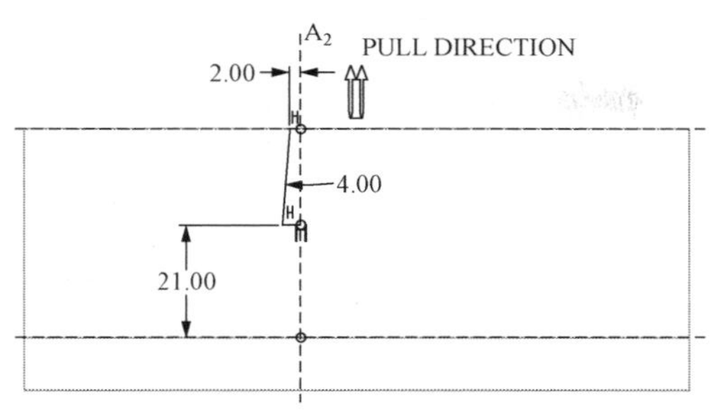

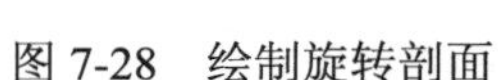
图 7-28　绘制旋转剖面

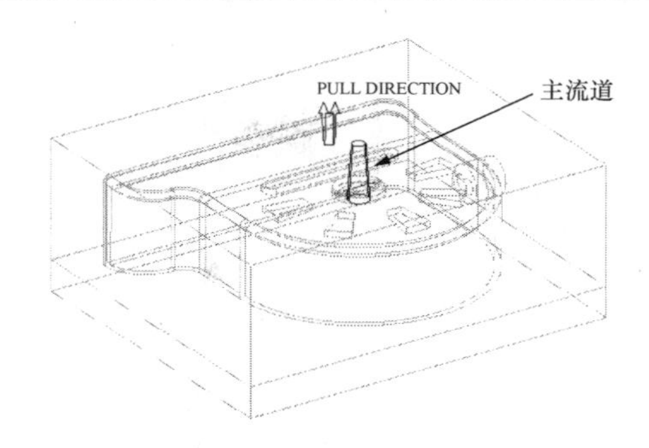

图 7-29　创建的主流道

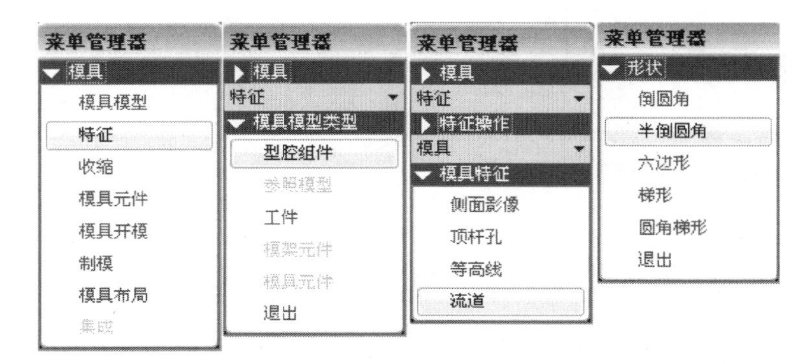

图 7-30　创建分流道命令

在绘图区下方消息窗口提示“输入流道的直径”时，在文本框内输入“4”，单击 “完成”按钮。选取大型芯的上端面作为草绘平面，如图 7-31 所示，单击“确定”按钮完成选取。

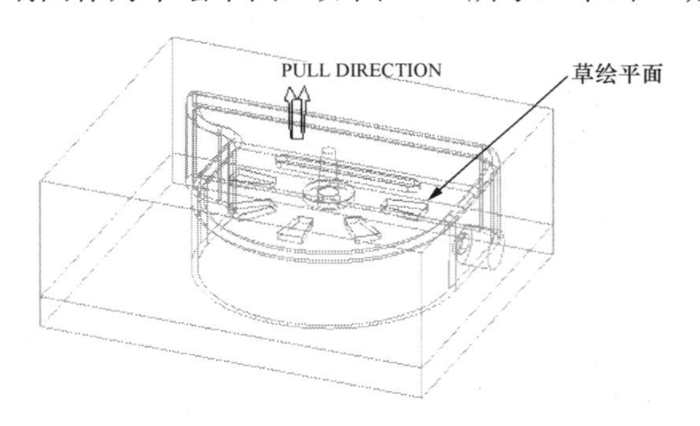

图 7-31　选取草绘平面

在“流道”菜单管理器中单击“正向”→“默认”项，程序弹出“参照”对话框，选取绘图区中的坐标系“MOLD_DEF_CSYS”作为草绘参照，单击“关闭”按钮进入草绘模式。

在草绘模式中绘制如图 7-32 所示的一条直线，单击工具栏上“完成”按钮，完成草绘。

这时程序弹出“相交元件”对话框，打开“等级”下拉表，选取“零件级”选项，再单击 “CORE”元件，如图 7-33 所示，最后单击“确定”按钮，退出相交元件的选取。

在“流道”对话框中单击“确定”按钮，完成分流道的设计，最后单击“特征操作”子菜单上的“完成/返回”命令，右键单击模型树中的模具元件“CORE”，在弹出的快捷菜单中单击“打开”命令，程序弹出型芯的模型窗口，可观察到创建的分流道，如图 7-34 所示。

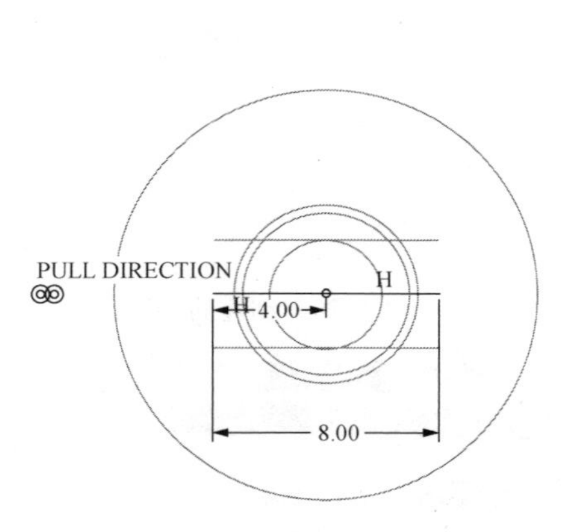

图 7-32 草绘分流道

图 7-33 选择相交元件

3. 浇口设计

浇口的设计方法与分流道类似，浇口设置在分流道的端部，主要提高熔体的流速，提高熔体的充模质量。

在菜单管理器上依次单击“模具”→“特征”→“型腔组件”→“流道”→“梯形”项，在绘图区下方消息窗口提示“输入流道的宽度”时，在文本框内输入“2”，单击“完成”按钮。提示“输入流道的深度”时，在文本框内输入“0.8”，单击“完成”按钮。提示“输入流道拐角半径”时，在文本框内输入“12”，单击“完成”按钮。提示“输入流道的宽度”时，在文本框内输入“0.3”，单击“完成”按钮。

在菜单管理器上依次单击“设置草绘方向”→“使用先前的”→“正向”项，同样选取大型芯上端面作为草绘平面，程序弹出“参照”对话框，选取绘图区中的坐标系“MOLD_DEF_CSYS”作为草绘参照，单击“关闭”按钮进入草绘模式。在草绘模式中绘制如图 7-35 所示的一条直线，单击工具栏上”完成”按钮，完成草绘。

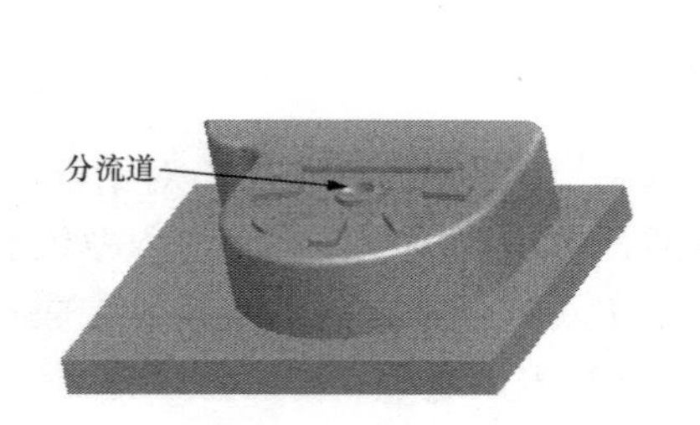

图 7-34 创建的分流道

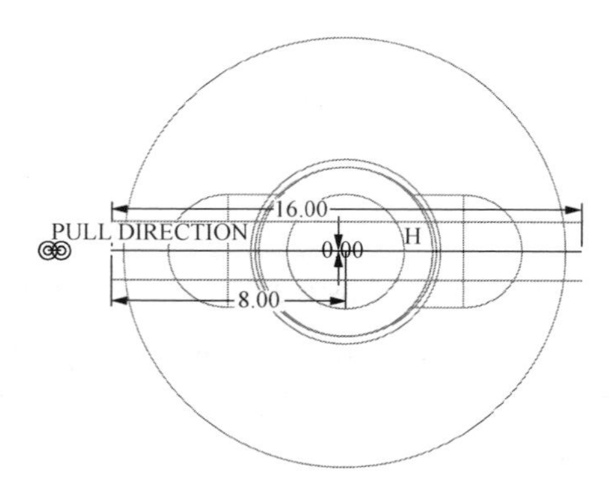

图 7-35 草绘浇口

程序弹出“相交元件”对话框，打开“等级”下拉表，选取“零件级”选项，单击“CORE”元件作为相交元件，最后单击“确定”按钮，退出相交元件的选取。

在“流道”对话框中单击“确定”按钮，完成浇口的设计，最后单击“特征操作”子菜单上的“完成/返回”命令，右键单击模型树中的模具元件“CORE”，在弹出的快捷菜单中单击“打开”命令，程序弹出型芯的模型窗口，可观察到创建的浇口。

4. 创建铸模

在菜单管理器上依次单击“模具”→“制模”→“创建”项，在绘图区上方信息提示区弹出消息输入框，输入铸模成型零件的新名称“cover_mold”，单击“完成”按钮，铸模零件创建完成。右键单击模型树中的铸模零件“cover_mold.prt”，在弹出的快捷菜单中单击“打开”命令，程序铸模零件的模型窗口，创建的铸模零件如图7-36所示。

5. 组件开模

在菜单管理器上依次单击“模具”→“模具开模”→“定义间距”→“定义移动”项，在绘图区中选取型腔模块，然后单击“选取”对话框中的“确定”按钮，接着选择与开模方向平行的边线或者选择与开模方向垂直的平面，作为移动的方向，在绘图区上面的文本框内输入移动距离为“80”，单击“完成”按钮。再单击“完成/返回”→“完成”命令，型腔模块的开模移动定义完成。用同样的方法，将型芯模块向下移动“80”，将侧滑块向外侧移动“50”，最终的开模定义完成效果如图7-37所示。

图7-36　铸模零件

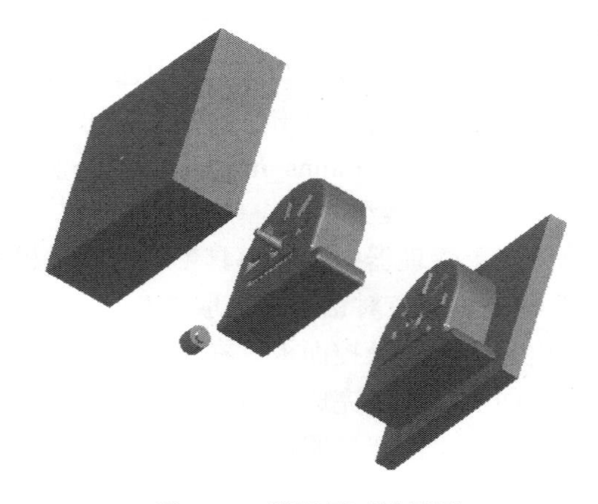

图7-37　模具展开效果图

7.2　喷头芯子模具设计

本节将通过一个简单的实例，在组件模式下进行模具设计。这种设计方法是Pro/ENGINEER早期版本的模具设计基本方法，也是最传统的一种方法。后期的分型面法，就是PTC公司在此基础上开发出来的。有时候当遇到的制品造型不符合标准，使用分型面的方法不能顺利拆模时，可以尝试在组件模式下进行拆模，这种方法几乎可以应对所有造型。

7.2.1　零件分析

如图7-38所示为喷头芯子模型，虽然模型的侧面有一圈分水孔，但是因为孔的下方靠近外缘部分已经开通，所以可以直接成型，不需要侧抽芯。制品中心的圆柱深孔，对应凸模上的圆柱体，此圆柱体陷入凸模内部，难以用常规方法加工。为简化模具结构，提高模具的可加工性能，在此处设置一个镶块。

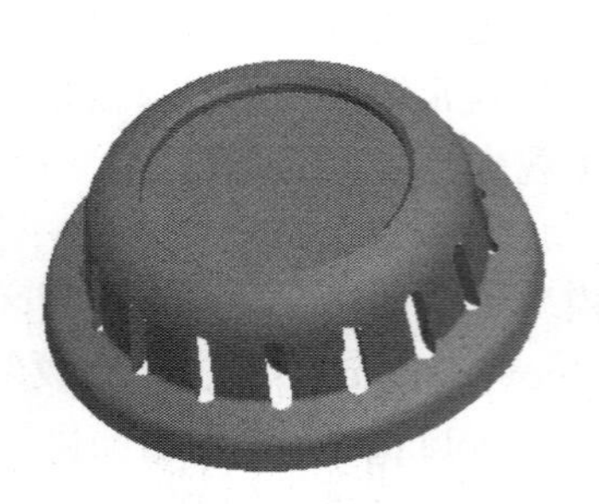

图 7-38　喷头芯子模型

7.2.2　加载参照模型

文件路径：chap7-2\原始文件\disc_.prt。

1. 设置工作目录

启动 Pro/ENGINEER Wildfire 5.0，首先执行菜单栏上“文件”→“设置工作目录”命令，设置工作目录，然后将原始文件复制到工作目录中去。

2. 新建文件

执行菜单栏上“文件”→“新建”命令，在“新建”对话窗框的“类型”选项区内选择“组件”单选按钮，在“子类型”选项区中选择“设计”按钮，在“名称”文本框内输入“disc_mold”，取消默认模板的使用，单击“确定”按钮，如图 7-39 所示。在“新文件选项”对话框的“模板”选项区内选择“mmns_mfg_mold”公制模板，单击“确定”按钮，进入组件设计界面。

3. 加载参照模型

单击菜单管理器中的“模具”→“模具模型”→“装配”→“参照模型”项，程序弹出“打开”对话框，在对话框中选取“disc_.prt”文件作为模具的参照零件，单击“打开”按钮。系统弹出元件放置操控面板，在“放置约束类型”下拉列表框中选择“默认”选项，然后再单击操控面板中的“完成”按钮。

程序弹出“创建参照模型”对话框，保留程序默认设置，单击“确定”按钮，如图 7-40 所示。

图 7-39　“新建”对话框

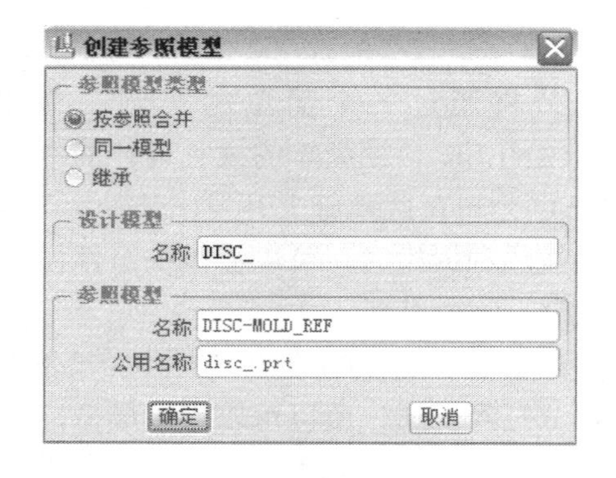

图 7-40　“创建参照模型”对话框

4. 设置模型收缩率

依次单击菜单管理器中的“模具”→“收缩”→“按尺寸”项，或者单击工具栏中的“按尺寸指定零件收缩”按钮，程序弹出“按尺寸收缩”对话框。在“比率”输入数值框中设置收缩比率为“0.005”，完成后单击“完成”按钮，完成对模型收缩率的设置。

5. 创建毛坯工件

毛坯工件的尺寸大小由参照模型决定，太大会造成材料的浪费，太小会导致型芯或型腔的刚度和强度削弱，同时还应考虑到毛坯工件的尺寸大小尽可能与后期选用的模架匹配。

创建工件又分自动和手动两种方法。这里介绍手动方法。依次单击菜单管理器中的“模具”→“模具模型”→“创建”→“工件”→“手动”项，如图7-41所示。

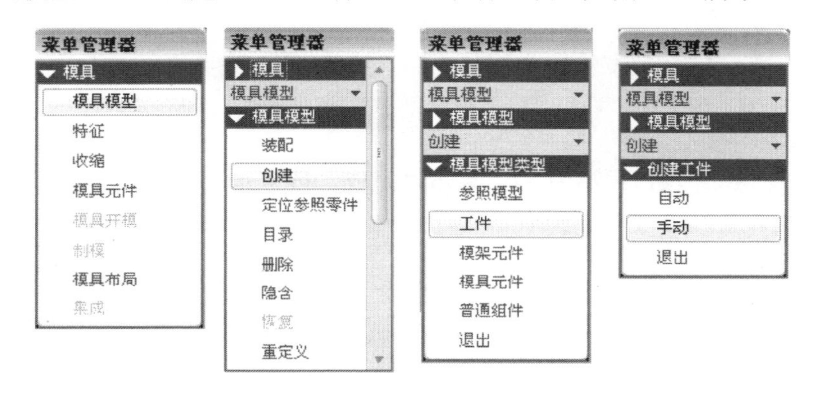

图7-41 创建工件

在弹出的“元件创建”对话框内，保留程序默认设置，输入名称“prtGJ”，单击“确定”按钮，如图7-42所示。

在弹出的“创建选项”对话框内，选择“创建特征”选项，单击“确定”按钮，如图7-43所示。

图7-42 “元件创建”对话框

图7-43 创建选项对话框

再依次单击菜单管理器中的“特征操作”中的“实体”→“伸出项”项，单击“拉伸”→“实体”→“完成”项。之后在操纵板中单击“放置”→ “定义”按钮，如图7-44所示。

弹出“草绘”对话框，选取MOLD_RIGHT基准面作为草绘平面，MAIN_PARTING_PLN作为右参照面，单击“草绘”按钮，程序弹出“参照”对话框。选取绘图区中的坐标系

"MOLD_DEF_CSYS"作为草绘参照，单击"关闭"按钮，进入草绘模式。在绘图区中绘制如图 7-45（a）所示的剖面，单击工具栏上的"完成"按钮，完成草绘。

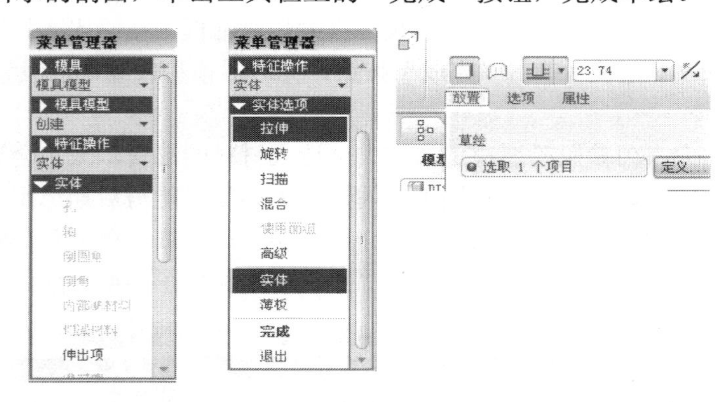

图 7-44 定义草绘

选择双向拉伸 项，距离为 82，单击"完成"按钮完成毛坯工件的创建，如图 7-45（b）所示。

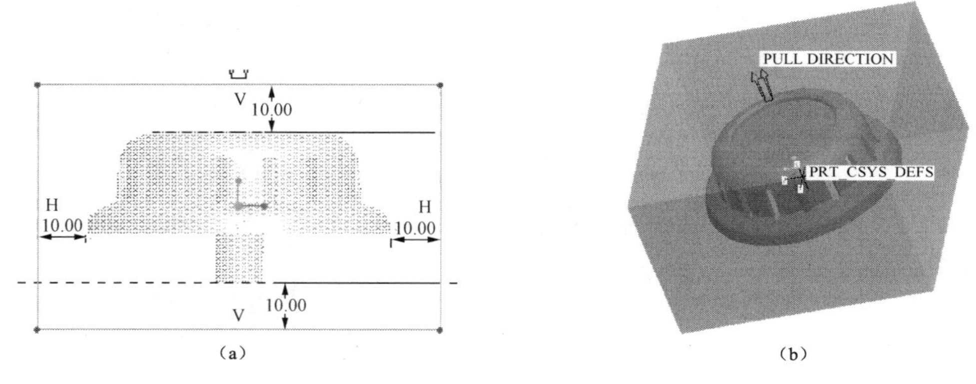

（a）（b）

图 7-45 毛坯工件草绘与毛坯工件

（a）毛坯工件草绘；（b）毛坯工件

7.2.3 成型零件设计

1. 创建主分型面

依次单击工具栏中的"分型面工具"按钮和"旋转工具"按钮，在操控面板中单击"放置"→"定义"按钮。在随后弹出的"草绘"对话框中，选择"MOLD_RIGHT"基准面作为草绘平面，选择基准面"MAIN_PARTING_PLN"为草绘方向参照，方向选"右"，单击"草绘"按钮。

在草绘模式下，单击"通过边创建图元"按钮，选择如图 7-46 所示的边界线。然后单击按钮，通过 MOLD_RIGHT 基准面绘制一条中心线，单击工具栏上"完成"按钮。

选取轴 Z，在操控面板上保留程序默认的旋转角度为 360°，单击鼠标中键完成操作。

单击工具栏上"拉伸工具"按钮，在操控面板中单击"放置"→"定义"按钮。在随后弹出的"草绘"对话框中，选择工件侧面作为草绘平面，选择基准面"MAIN_PARTING_PLN"为草绘方向参照，方向选"右"，单击"草绘"按钮。单击"草绘"→"参照"项，选择工件两侧边为参照，在绘图区中绘制如图7-47所示的直线，单击工具栏上“完成”按钮，完成草绘。

图7-46　创建分型面草绘

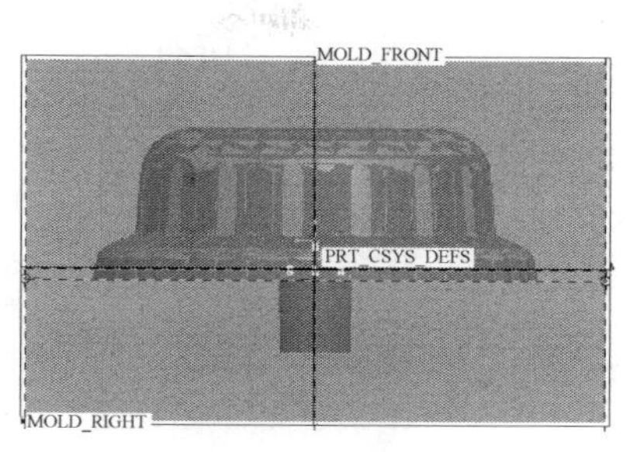

图7-47　草绘分型面

选择拉伸到反面，单击“完成”按钮。依次选择旋转和拉伸的两个分型面。单击“编辑”→“合并”项，方向向外，单击“完成”按钮。最后单击“完成”按钮，完成主分型面的创建。创建后的主分型面如图7-48所示。

2. 创建镶块分型面

单击工具栏中的“分型面工具”按钮，在工具栏中单击“拉伸”按钮，在操控面板中单击“放置”→“定义”项，在弹出“草绘”对话框后，选择如图7-49所示的模型上表面为草绘平面，选择工件侧面为顶部参考平面，单击“草绘”按钮。

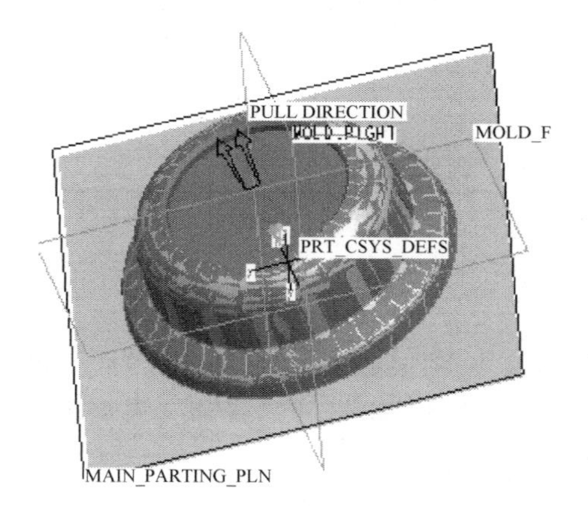

图7-48　创建的主分型面

图7-49　选取草绘平面

弹出“参照”对话框后，在绘图区选取坐标系PRT_CSYS_DEF作为草绘的定位参照坐标，单击“关闭”按钮。单击“草绘”工具栏上的“创建圆”按钮，按照如图7-50所示草绘一个直径为8mm的圆。

在“草绘”工具栏上单击“完成”按钮，在操控面板中先选取“拉伸为曲面”按钮，再选取“拉伸至选定”按钮，选择型芯元件的底平面作为拉伸终止面，在“选项”中勾上“封闭端”选项，在操控面板上单击“完成”按钮，完成镶块元件分型面的创建。

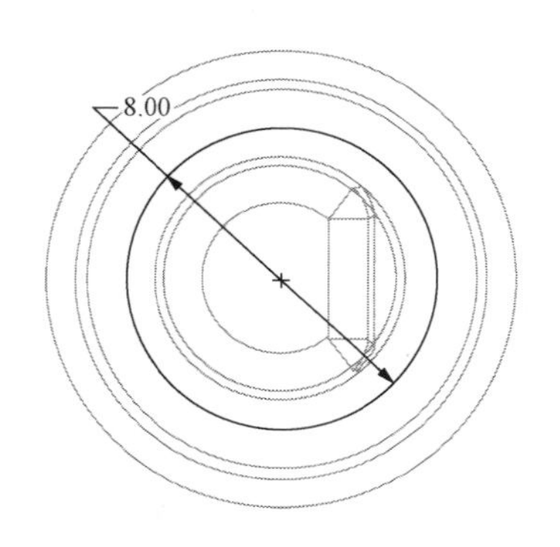

图7-50　草绘镶块分型面

3. 创建模具体积块

（1）单击“模具/铸件制造”工具栏中的“体积块分割”按钮，在弹出的菜单管理器上单击“两个体积块”→“所有工件”→“完成”项，程序弹出“分割”对话框，如图 7-51 所示。

图 7-51　分割体积块命令

在程序提示“选取分割曲面”时，选取前面创建好的第二分型面，单击“选取”对话框中的“确定”按钮。接着单击“分割”对话框中的“确定”按钮，程序弹出第一个体积块的“属性”对话框，此体积块是镶块体积块，在文本框内输入体积块名称为“pin1”，先单击“着色”按钮，绘图区将显示着色后的体积块，如图 7-52 所示，单击“属性”对话框下方的“确定”按钮。

图 7-52　着色镶块

程序弹出第二个体积块的“属性”对话框，修改文本框内输入体积块的名称为“body1”，单击“着色”按钮，绘图区显示着色后的第二个体积块模型，如图 7-53 所示，最后单击“属性”对话框下方的“确定”按钮，完成两个体积块的分割。

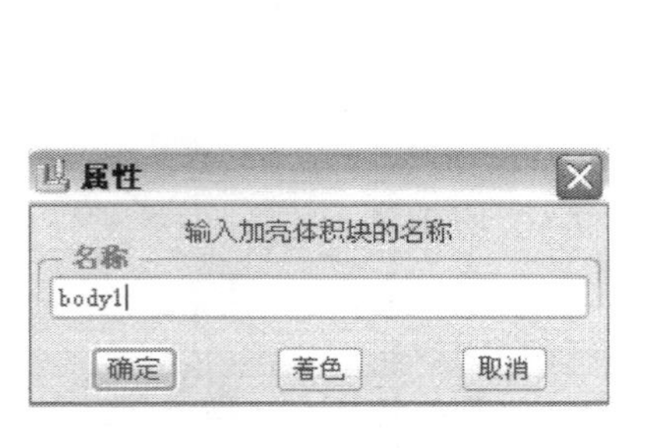

图 7-53　着色分割体积块

（2）单击“模具/铸件制造”工具栏中的“分割为新的模具体积块”按钮，在弹出的菜单管理器上单击“两个体积块”→“模具体积块”→“完成”项，在弹出的“搜索工具”

对话框下方，选择左边“项目”列表框中的“面组：F12（BODY1）”选项，单击“选定”按钮 >> ，在右边的“项目”列表框中显示出该选项，单击对话框上的“关闭”按钮完成项目搜索，如图 7-54 所示。

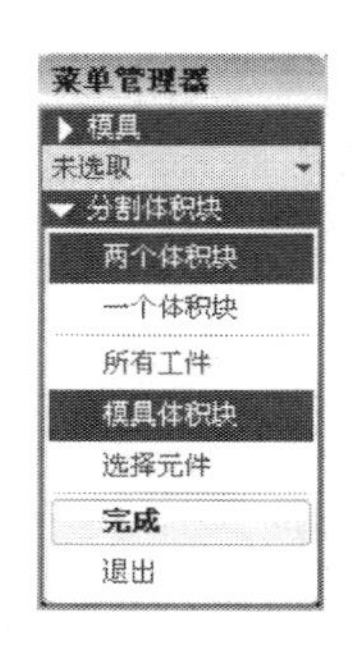

图 7-54　搜索需要分割的体积块

在绘图区选择分割侧滑块的主分型面，单击“选取”对话框中的“确定”按钮。接着单击“分割”对话框中的“确定”按钮，程序弹出第三个体积块的“属性”对话框。在文本框内输入体积块的名称“core”，先单击“着色”按钮，绘图区显示着色后的体积块，如图 7-55 所示，单击“属性”对话框下方的“确定”按钮。

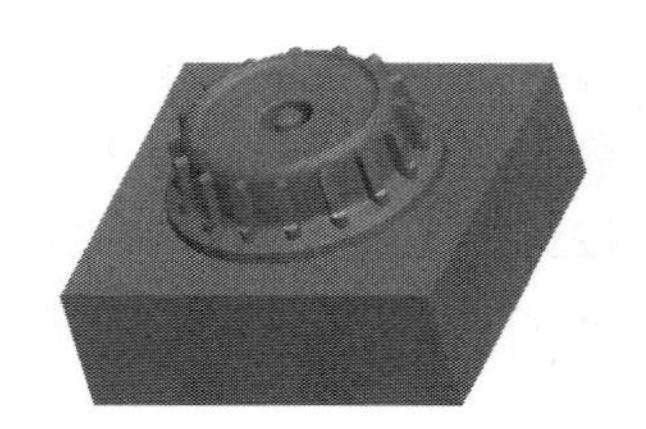

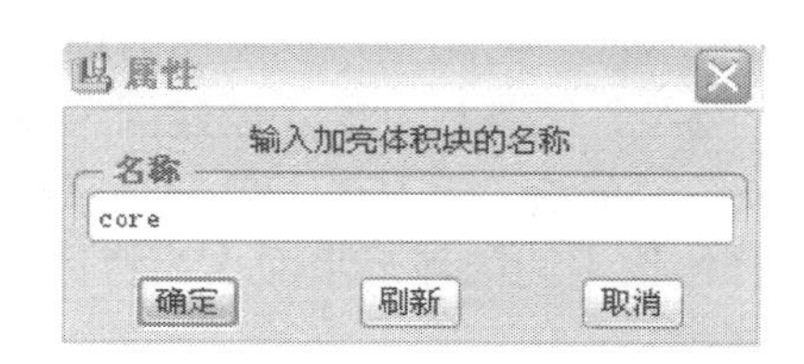

图 7-55　着色型腔体积块

程序弹出第四个体积块的“属性”对话框，在文本框内输入体积块的名称“cavity”，单击“着色”按钮，绘图区着色显示出该体积块模型，然后单击“确定”按钮，如图 7-56 所示。

图 7-56　着色型芯体积块

4. 创建模具元件

单击“模具/铸件制造”工具栏上的“型腔插入”按钮，在弹出的“创建模具元件”对话框中单击“选取所有体积块”按钮，选择全部对象，然后单击“确定”按钮，完成模具元件的创建，如图 7-57 所示。

5. 修改镶块元件

为了能让镶块更好地固定在型芯上，并且能够保证制品的质量，要对镶块的结构作一些修改。首先要加大尾部圆柱体的直径，这样在成型制品的时候，就不会因为中间参与成型的环形平面太小而产生熔接痕。其次将镶块的尾部做成阶梯状，这样可以使镶块能在型芯中实现轴向定位，并有利于固定。最后由于镶块头部不是回转体，成型制品时有方向要求，所以要设置防转结构。

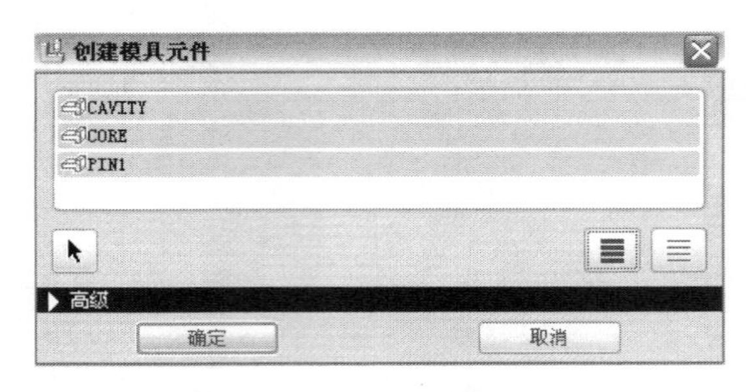

图 7-57　创建模具元件对话框

右键单击模型树中的 pin1.prt 项，在弹出的快捷菜单中单击“打开”命令，程序打开型芯元件的模型窗口。先选择如图 7-58 所示的镶块尾部端面，然后在工具栏中单击“拉伸工具”按钮，在操控面板中单击“放置”→“定义”项，程序自动将此端面作为为草绘平面。在弹出“草绘”对话框后，直接单击“草绘”按钮，进入草绘模式。

随后程序弹出“参照”对话框，在绘图区选取外圆端面作为草绘的定位参照，单击“关闭”按钮。单击“草绘”工具栏上的“创建圆”按钮，按照如图 7-59 所示草绘一个直径为 13.5mm 的圆。在“草绘”工具栏上单击“完成”按钮，在操控面板中先选取“拉伸至选定”按钮，选择镶块中间的环形平面作为拉伸终止面，在操控面板上单击“完成”按钮。

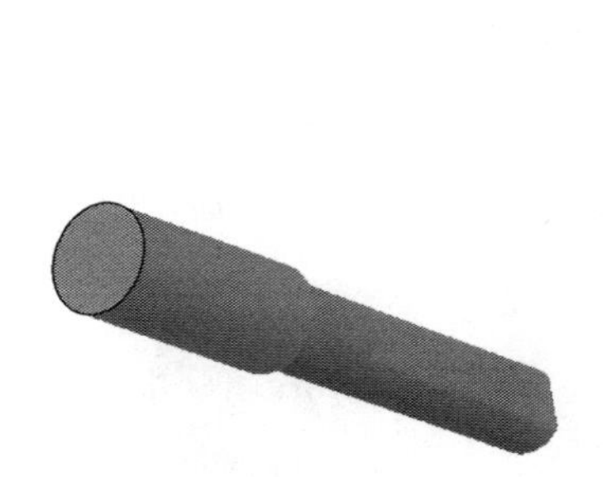

图 7-58　选取草绘平面

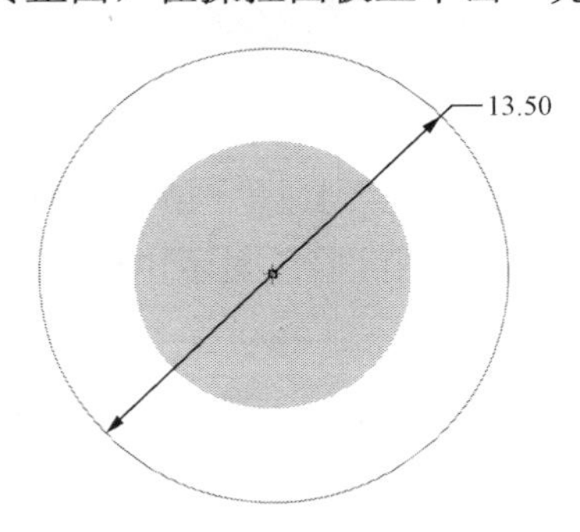

图 7-59　创建圆形草绘

再次在工具栏中单击“拉伸工具”按钮，在操控面板中单击“放置”→“定义”项，在弹出“草绘”对话框后，单击“使用先前的”按钮，程序自动将上一次使用过的草绘平面作为草绘平面，并自动进入草绘模式。随后程序弹出“参照”对话框，在绘图区选取外圆端面作为草绘的定位参照，单击“关闭”按钮，在绘图区绘制如图 7-60 所示图形。

在“草绘”工具栏上单击“完成”按钮，在操控面板中的文本框内输入拉伸长度“5”，单击“改变拉伸方向”按钮，确保拉伸方向指向内部，单击“完成”按钮，完成对镶块结构的修改。

修改后的镶块如图 7-61 所示。之后单击“保存”按钮，并关闭零件窗口，回到组件窗口。

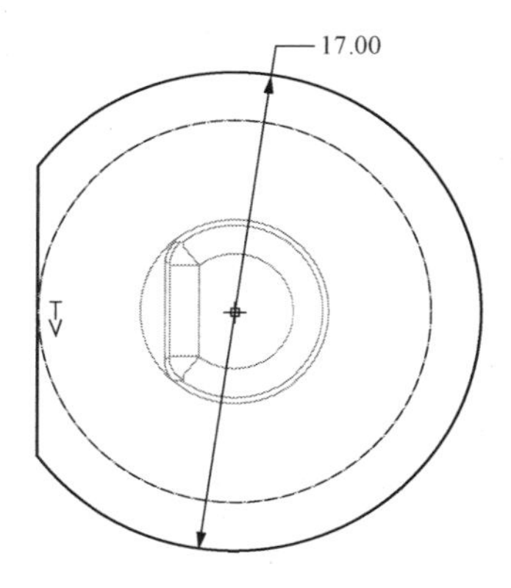

图 7-60　定位结构草绘

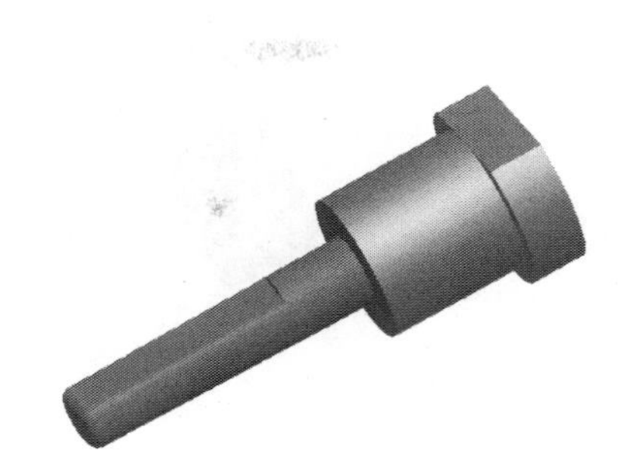

图 7-61　修改后的镶块元件

6. 参考切除型芯元件

选择菜单栏上“编辑”→“元件操作”命令，在弹出的“菜单管理器”面板中选择“元件”→“切除”项，选取元件 core.prt 作为执行切除处理的零件。单击“确定”按钮，接着选取元件 Pin1.prt 作为切除处理的参照零件，单击“确定”按钮，弹出“菜单管理器”面板，选择“参考”→“完成”项，当系统提示“是否支持特征相关放置”时，单击“是”按钮，完成对型芯元件的修改。

7.2.4　组件开模

如图 7-62 所示，执行模具管理器中“模具开模”→“定义间距”→“定义移动”项。

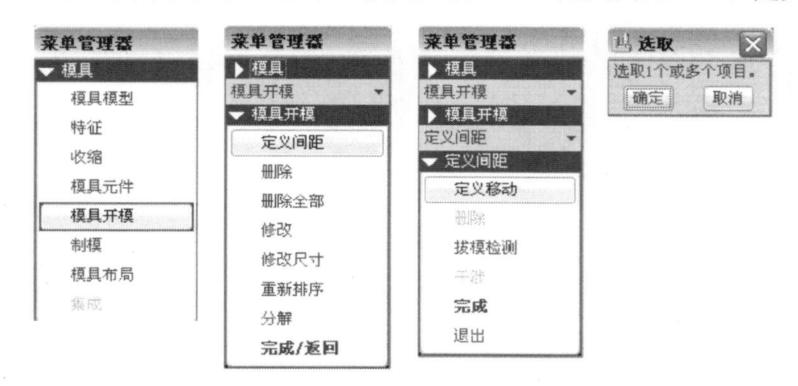

图 7-62　组件分解操作

选取元件，单击“确定”按钮，选择侧边为移动方向，输入沿指定方向的位移 50 或−50。如图 7-63 所示，单击按钮✓确认，单击“确定”按钮。再次单击“定义间距”→“定义移动”命令，选择另一元件，重复上述操作。

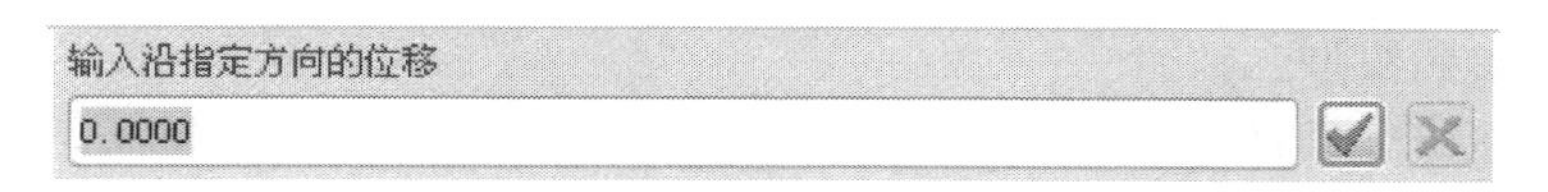

图 7-63　方向数值的输入

完成所有元件的移动后，单击“完成/返回”项，完成开模设置，之后单击“模具开模”项，可观察效果，如图 7-64 所示。

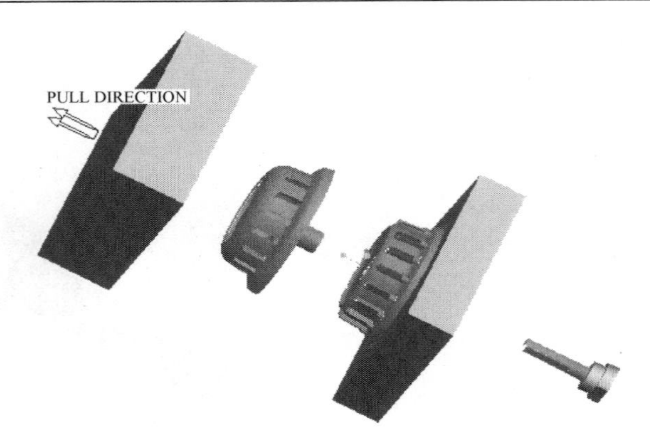

图 7-64 组件的开模

7.3 风扇叶片模具设计

分型面的创建可以充分利用 Pro/ENGINEER 的建模工具，除了前面介绍的拉伸、平整等常用曲面创建方式外，还可以通过“插入”菜单中的工程特征（如螺旋扫描、边界混合等），在模具上创建高级分型面。

高级分型面包括如下类型：

- 可变剖面扫描
- 扫描混合
- 螺旋扫描
- 边界
- 剖面至曲面
- 曲面至曲面
- 从文件
- 相切曲面
- 自由形状

下面通过一个风扇叶片模具设计实例介绍高级分型面的设计方法。

7.3.1 零件分析

如图 7-65 所示为风扇叶片的模型，该零件为多自由度空间曲面造型，并且各叶片之间相互独立，用常规曲面创建方法来建立分型面比较复杂。根据零件特点，可通过可变界面扫描沿叶片边缘创建投影曲面，然后通过分割合并来创建一个叶片的分型面，再通过阵列的功能来生成整个分割曲面，操作方法简单易行。此套模具采用一模一件的布局。

7.3.2 加载参照模型

文件路径：chap7-3\原始文件\ fan_mold.mfg。

1. 设置工作目录

首先新建一个文件夹，将模型文件复制到此文件夹中，启动 Pro/ENGINEER Wildfire 5.0，执行菜单栏上“文件”→“设置工作目录”命令，程序弹出“选取工作目录”对话框，选取新建的文件夹作为工作目录，单击“确定”按钮。

2. 打开文件

单击“文件”→“打开”命令，打开名称为 fan_mold..mfg 的文档，将已经定位好的风扇模型和工件模型加载到绘图区中，如图 7-66 所示。

图 7-65 风扇叶片模型

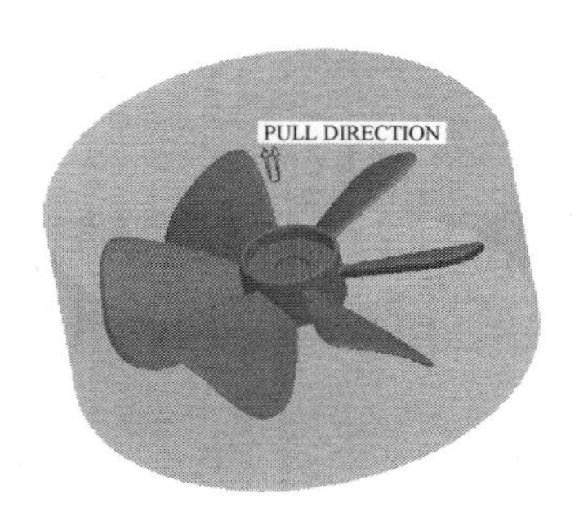

图 7-66 “模具型腔”设计环境下风扇的定位

7.3.3 创建分型面

（1）单击工具栏上的按钮，进入分型面的创建模式。单击“插入”→“可变剖面扫描”命令，打开“可变剖面扫描”操控面板。单击“参照”按钮，如图 7-67 所示。在模型上选取如图 7-68 所示的曲线。单击“参照”上滑面板上“细节”中的“参照”→“基于规则”→“相切”项，单击“确定”按钮，如图 7-69 所示。

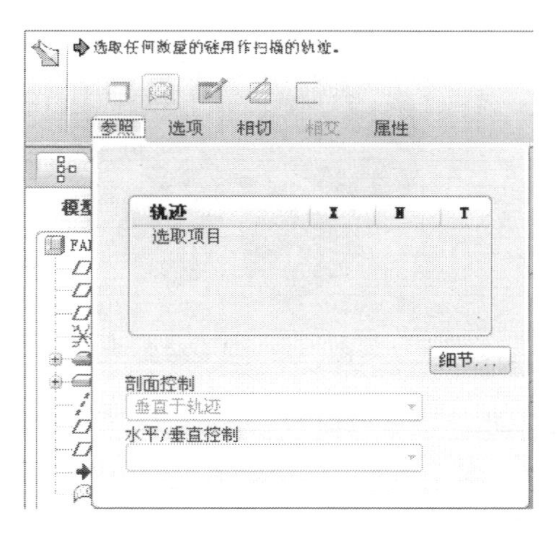

图 7-67 “可变剖面扫描”操控面板

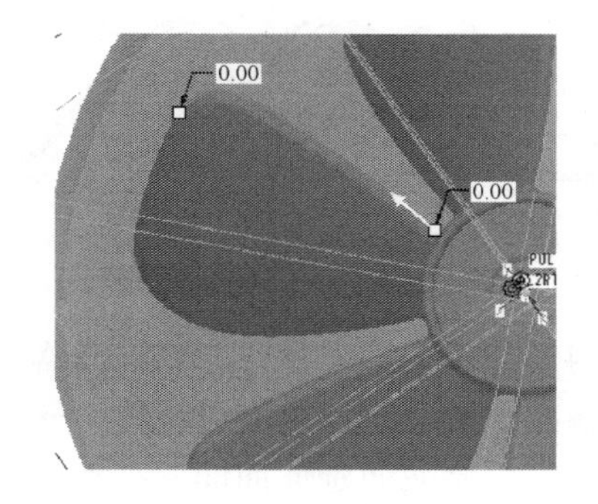

图 7-68 选取轨迹线

（2）之后我们会发现在叶片的根部有几段小圆弧也被选择了，需要排除。单击“链”对话框中的“选项”选项卡，在“排除”收集器中选择根部的几段圆弧，把它们排除出轨迹，确保扫描曲面不发生自交。扫描起始位置可通过单击“反向”按钮进行转换，如图 7-70 所示。

（3）单击“可变剖面扫描”操控面板上的按钮，进入截面绘制模式，单击命令画一条长度为 30 的水平线，如图 7-71 所示，单击按钮退出截面绘制模式，再单击“可变剖面扫描”操控面板上的命令，完成可变截面扫描曲面的创建，如图 7-72 所示。

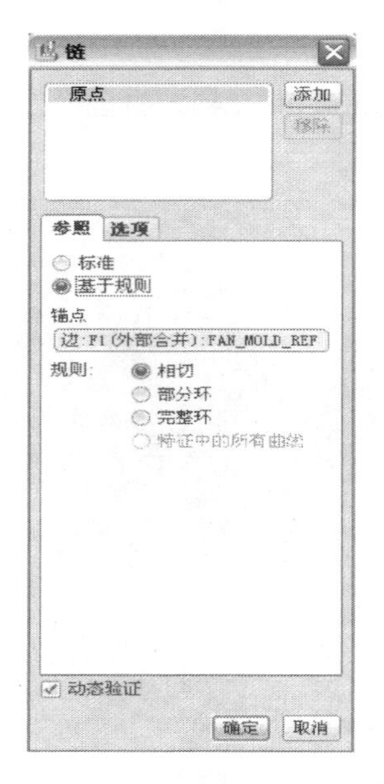

图 7-69 轨迹线选取

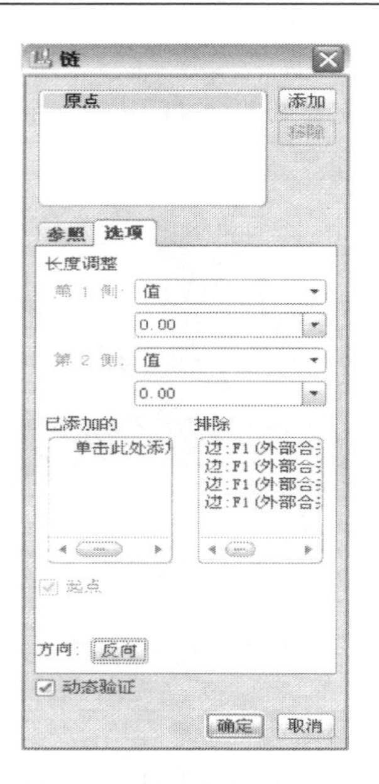

图 7-70 排除根部小圆弧

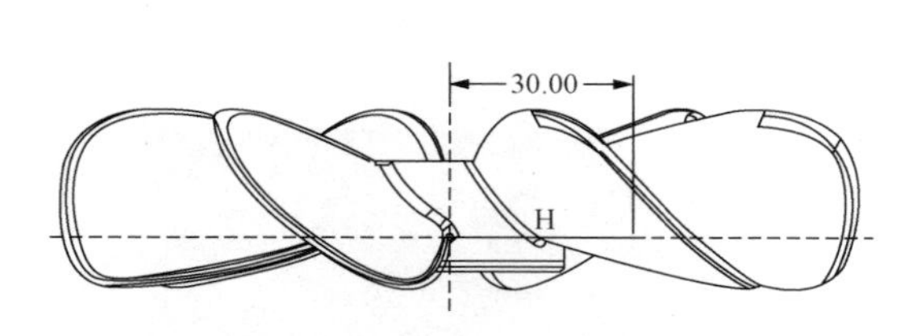

图 7-71 草绘分型面截面

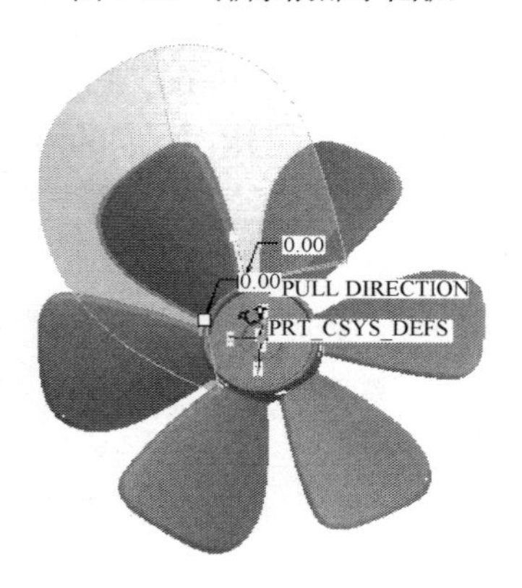

图 7-72 可变截面

（4）选择下方工具栏的“过滤器”下拉列表框的“几何”选项，如图 7-73 所示，选择分型面端部一条边链，单击“编辑”→“延伸”命令，在“延伸”操控面板中单击如图 7-74 所示的“沿原始曲面延伸曲面”按钮。在“延伸距离”文本框中输入 5，分型面延伸如图 7-75 所示。

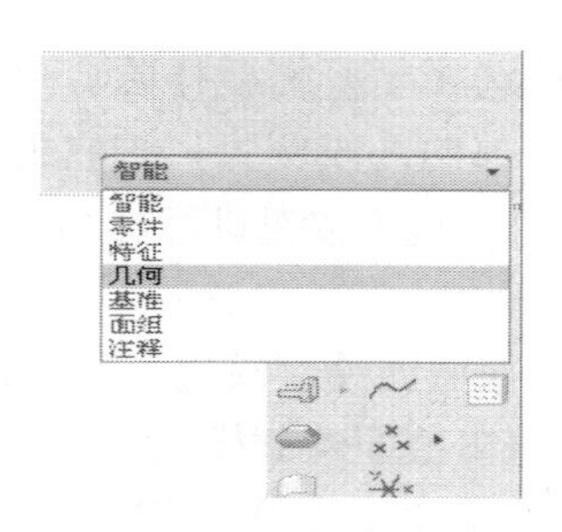

图 7-73 选取“几何”

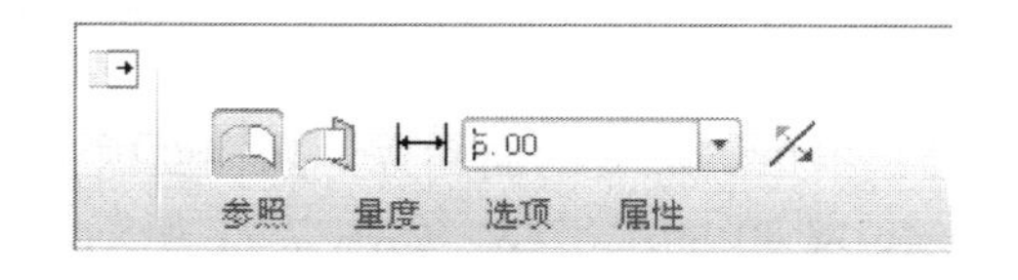

图 7-74 “延伸”操控面板

（5）用同样的方法，继续对分型面的另一侧进行延伸，延伸结果如图 7-76 所示。

图 7-75　分型面延伸

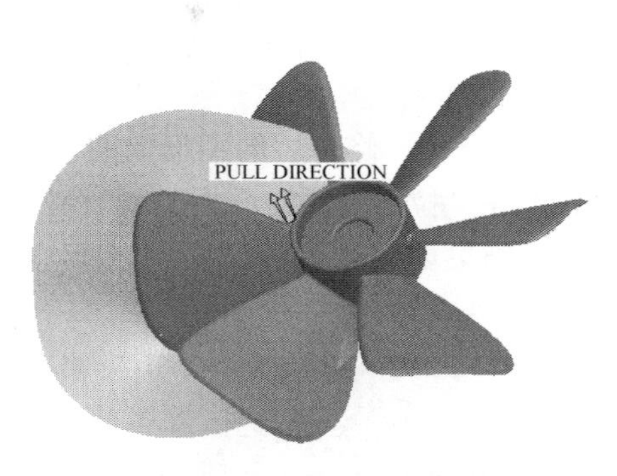

图 7-76　分型面向另一侧延伸

（6）单击工具栏中拉伸按钮，弹出如图 7-77 所示的“拉伸”操控面板。以 ADTM2 作为绘制平面，MAIN_PARTING_PLN 为参考平面，其参考方向为“顶”，来绘制草绘截面。进入草绘环境后单击命令画一条与水平线夹角为 87° 的斜线，如图 7-78 所示，单击命令退出截面绘制模式。

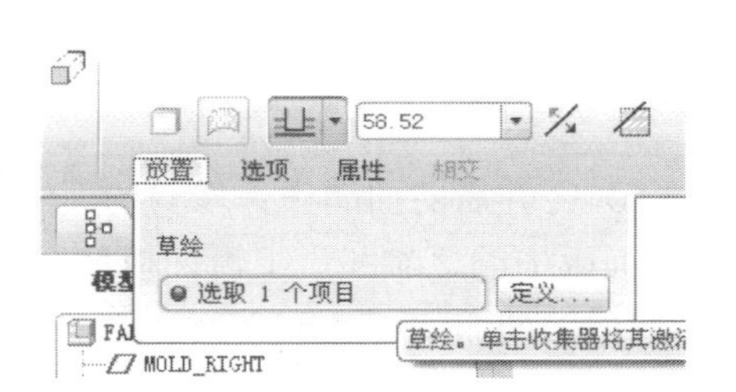

图 7-77　分型面延伸

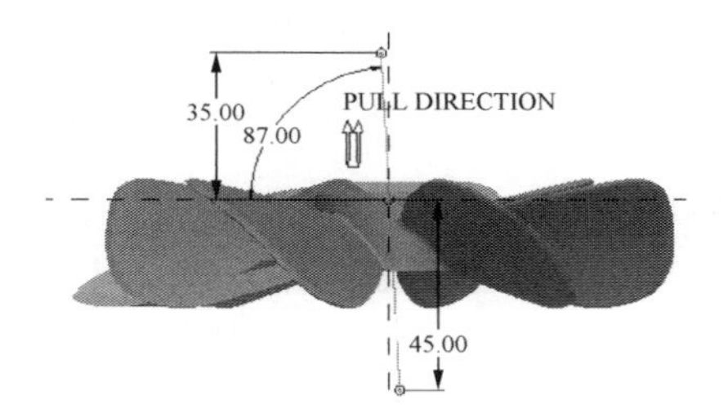

图 7-78　分型面向另一侧延伸

（7）在“拉伸”操控面板上的“拉伸长度”文本框输入 100，再单击命令，结果如图 7-79 所示。

（8）选择刚创建的两个曲面，单击主菜单“编辑”→“合并”命令，或单击工具栏按钮，打开“合并”操控面板，直接对两个曲面进行合并，结果如图 7-80 所示。

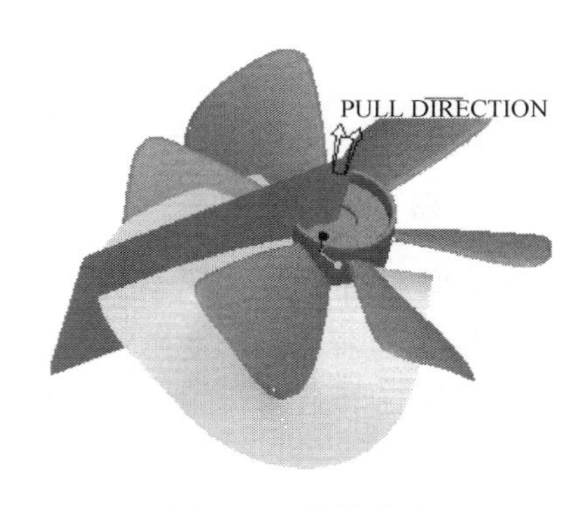

图 7-79　拉伸曲面

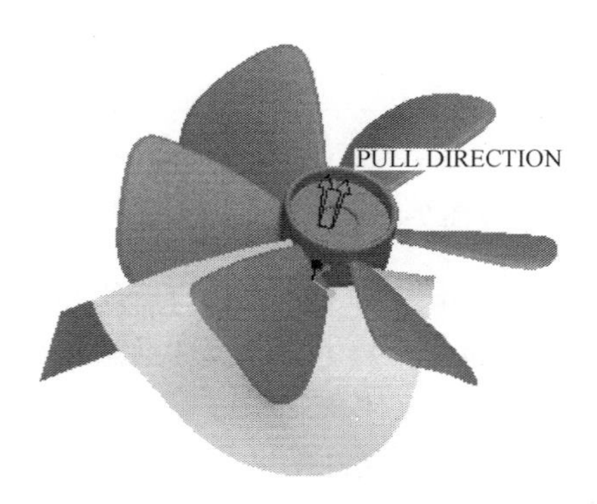

图 7-80　合并曲面

（9）单击工具栏中拉伸按钮，弹出“拉伸”操控面板。以 MAIN_PARTING_PLN 作为绘制平面，ADTM2 为参考平面，其参考方向为“右”，来绘制草绘截面。进入草绘环境后单击“画圆”按钮，画两个直径径为 32、160 的圆，再单击“直线”按钮，画一条与水平线夹角为 40° 的斜线，一条与竖直线夹角为 25°的斜线。然后单击“快速修剪”按钮，对线条进行修剪，修剪后的图形如图 7-81 所示，单击按钮退出截面绘制模式。

（10）在“拉伸”操控面板上设置拉伸方式为，“拉伸长度”文本框输入 100，再单击命令，结果如图 7-82 所示。

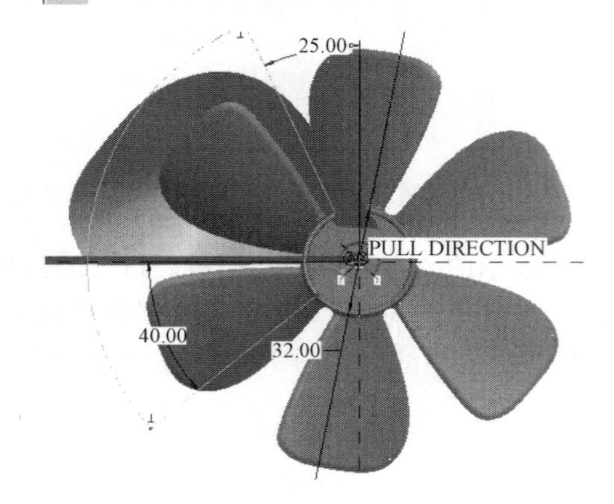

图 7-81　草绘修剪截面

图 7-82　拉伸曲面结果

（11）单击“编辑”→“修剪”命令，选择步骤（8）合并后的曲面作为修剪的面组，选择步骤（10）创建的曲面作为修剪对象，“修剪”操控面板中的“参照”上滑面板如图 7-83 所示，在“选项”中去掉“保留修剪曲面”的选项修剪后的曲面如图 7-84 所示。

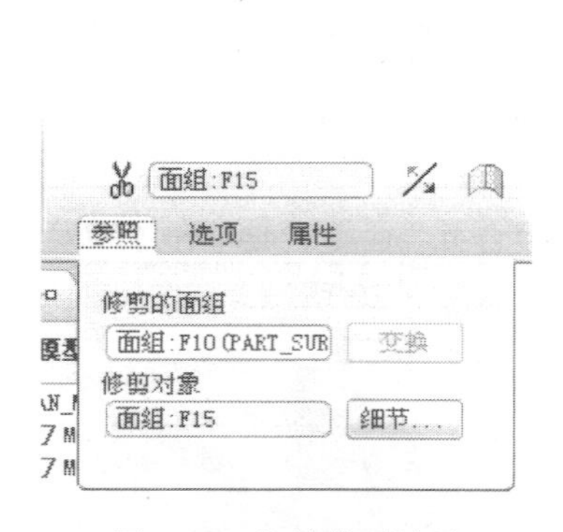

图 7-83　拉伸曲面结果

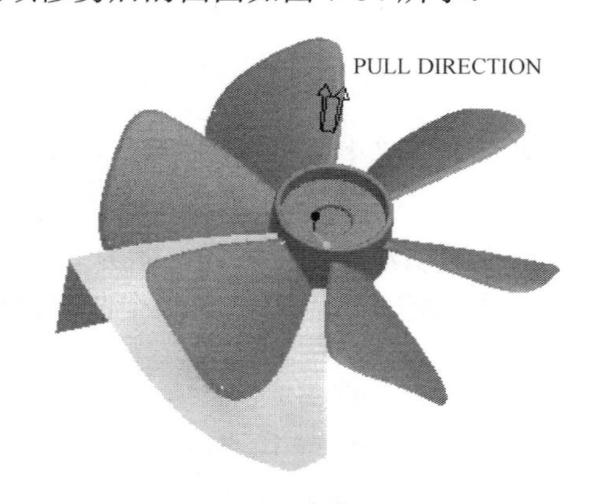

图 7-84　修剪曲面

（12）选择步骤（11）修剪后的曲面，按住 Ctrl+C 键复制曲面。再单击“编辑”→“选择性粘贴”命令，弹出“选择性粘贴”对话框，如图 7-85 所示，选择“旋转变换”选框，选取 Z 轴为旋转轴。在“旋转角度”文本框中输入 60，单击按钮，旋转后的曲面如图 7-86 所示。

（13）重复选择性粘贴步骤 5 次，完成后如图 7-87 所示。

（14）按住 Ctrl+C 键选择相邻的两个任意曲面，执行主菜单“编辑”→“合并”命令，或单击工具栏按钮进行曲面合并操作，单击按钮，合并后的曲面如图 7-88 所示。

图 7-85 选择性粘贴界面

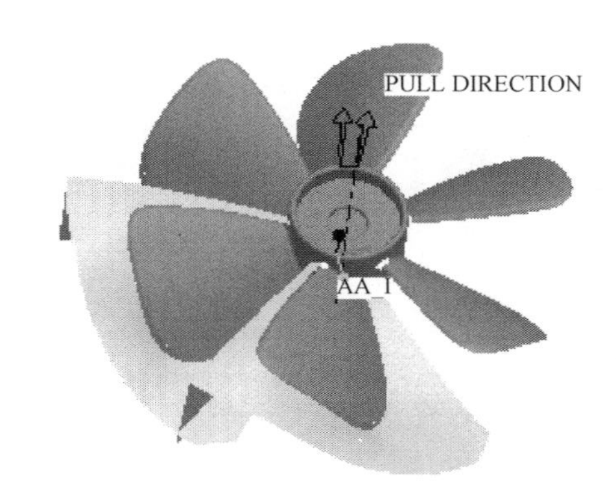

图 7-86 旋转曲面结果

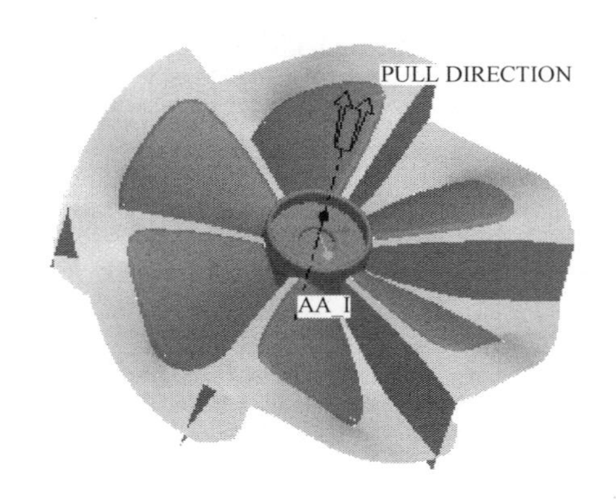

图 7-87 选择性粘贴结果

（15）用相同的方法完成其他面组的合并操作，结果如图 7-89 所示。

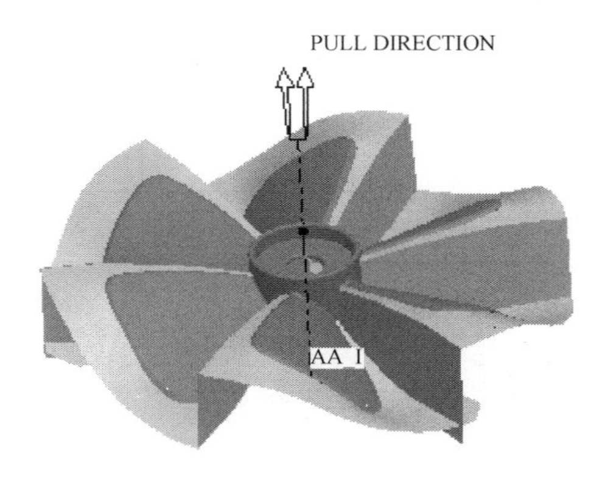

图 7-88 合并曲面

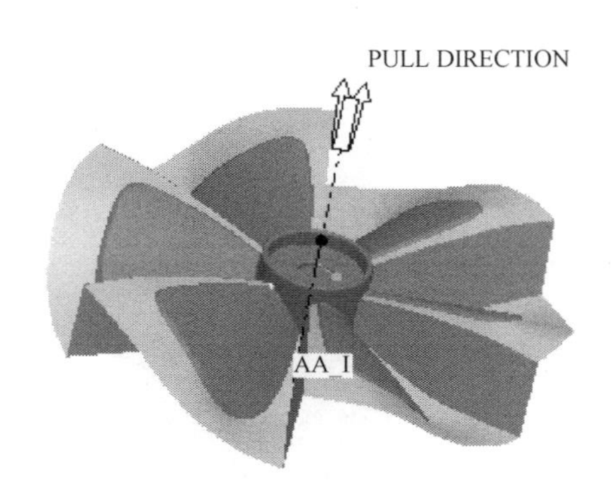

图 7-89 合并所有的曲面

7.3.4 成型零件设计

（1）在右侧的“模型树”上确保参考模型和工作模型都处于显示状态，然后单击工具栏的“分割工件”按钮，在“分割体积块”菜单管理器中单击“两个体积块”→“所有工件”→“完成”项，如图 7-90 所示。选择分型面作为分割的曲面组，单击“分割”对话框中的“确定”按钮，如图 7-91 所示。分别输入体积块的名称 cavity 和 core，完成体积块的创建。

（2）单击“模具元件”按钮，在弹出的“创建模具元件”对话框中单击“选取所有体积块”按钮，选择全部对象，单击“确定”按钮，如图 7-92 所示。

（3）在模型树中右键单击刚刚创建的模具元件 cavity.prt，在弹出的快捷菜单中单击“打开”命令，程序弹出型腔模型窗口，观察模具元件如图 7-93 所示。同样方法可以打开 core.prt 模具元件模型，如图 7-94 所示。

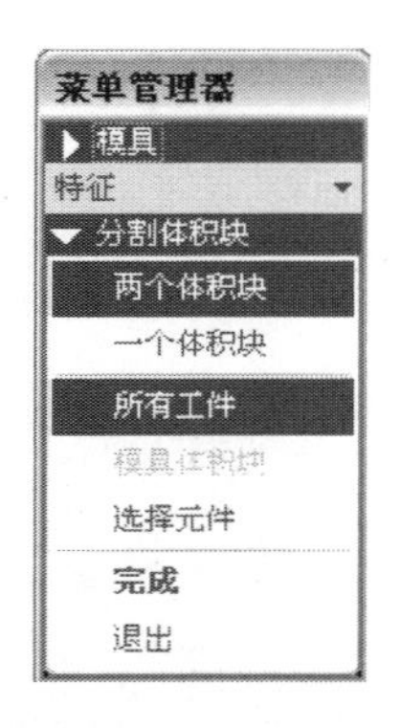

图 7-90 “分割体积块”菜单管理器

图 7-91 “分割”对话框

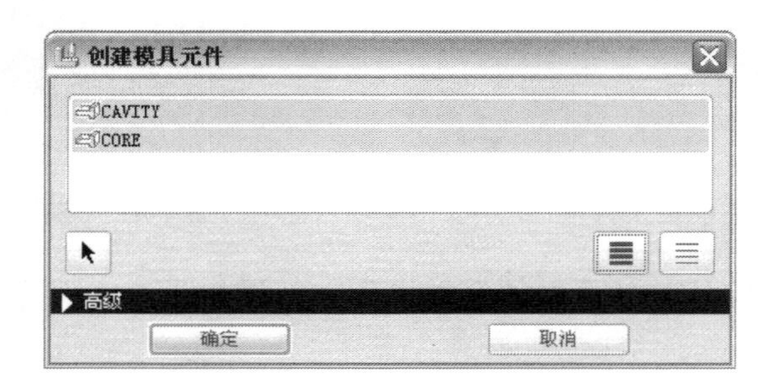

图 7-92 “创建模具元件”对话框

图 7-93 型腔元件

图 7-94 型芯元件

（4）要全部显示所创建的分型面、模具体积块、模具元件，在模具树上方单击“设置”按钮，在下拉菜单中单击“树过滤器”命令，弹出“模具树项目”对话框。在对话框中勾选“特性”复选框，然后单击“确定”按钮退出设置，此时在模型树中就可以查看所创建的特征，如图 7-95 所示。

7.3.5 浇注系统设计

（1）在菜单管理器上依次单击“模具”→“特征”→“型腔组件”→“实体”→“切减材料”→“旋转”→“实体”→“完成”项，如图 7-96 所示。

（2）弹出“旋转”操控面板，如图 7-97 所示。在“位置”上滑面板上定义草绘，选取 MOLD_FRONT 为草绘平面，如图 7-98 所示。绘制如图 7-99 所示的截面。

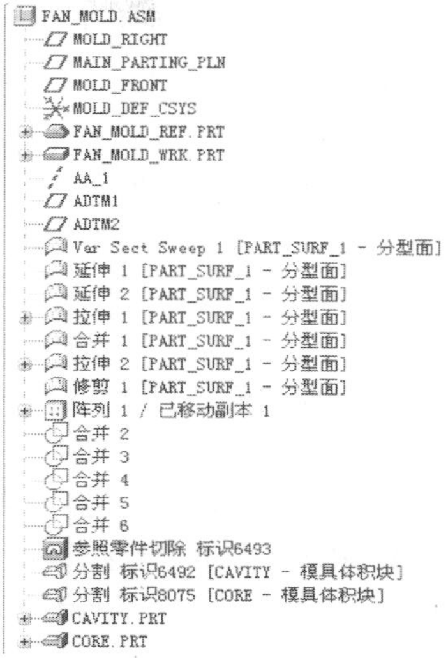

FAN_MOLD.ASM
MOLD_RIGHT
MAIN_PARTING_PLN
MOLD_FRONT
MOLD_DEF_CSYS
FAN_MOLD_REF.PRT
FAN_MOLD_WRK.PRT
AA_1
ADTM1
ADTM2
Var Sect Sweep 1 [PART_SURF_1 - 分型面]
延伸 1 [PART_SURF_1 - 分型面]
延伸 2 [PART_SURF_1 - 分型面]
拉伸 1 [PART_SURF_1 - 分型面]
合并 1 [PART_SURF_1 - 分型面]
拉伸 2 [PART_SURF_1 - 分型面]
修剪 1 [PART_SURF_1 - 分型面]
阵列 1 / 已移动副本 1
合并 2
合并 3
合并 4
合并 5
合并 6
参照零件切除 标识6493
分割 标识6492 [CAVITY - 模具体积块]
分割 标识8075 [CORE - 模具体积块]
CAVITY.PRT
CORE.PRT

图 7-95　模型树

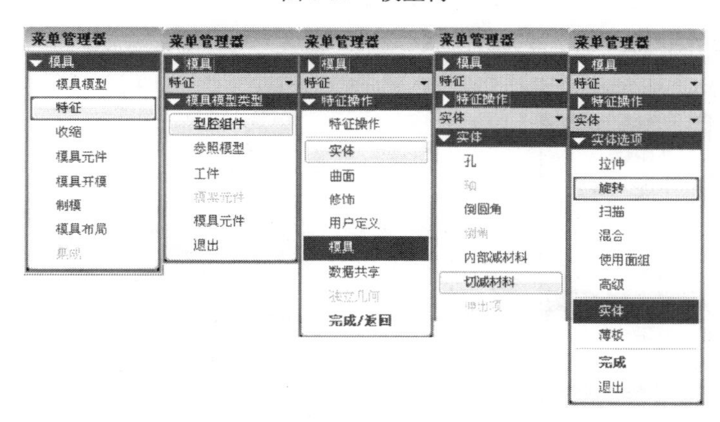

菜单管理器
模具
模具模型
特征
收缩
模具元件
模具开模
制模
模具布局
菜单管理器
模具
特征
模具模型类型
型腔组件
参照模型
工件
模具元件
退出
菜单管理器
模具
特征
特征操作
特征操作
实体
曲面
修饰
用户定义
模具
数据共享
完成/返回
菜单管理器
模具
特征
特征操作
实体
实体
孔
倒圆角
内部减材料
切减材料
菜单管理器
模具
特征
特征操作
实体
实体选项
拉伸
旋转
扫描
混合
使用面组
高级
实体
薄板
完成
退出

图 7-96　创建浇注系统菜单命令

选取一个草绘。(如果首选内部草绘，可在 放置 面板中找到"定义"选项。)
360.00
放置
选项
属性
相交

图 7-97　"旋转"操控面板

草绘
放置
草绘平面
平面
MOLD_FRO
使用先前的
草绘方向
草绘视图方向
反向
参照
MOLD_RIGHT:F1
方向
底部
草绘
取消

图 7-98　草绘选择

2.00
4.00

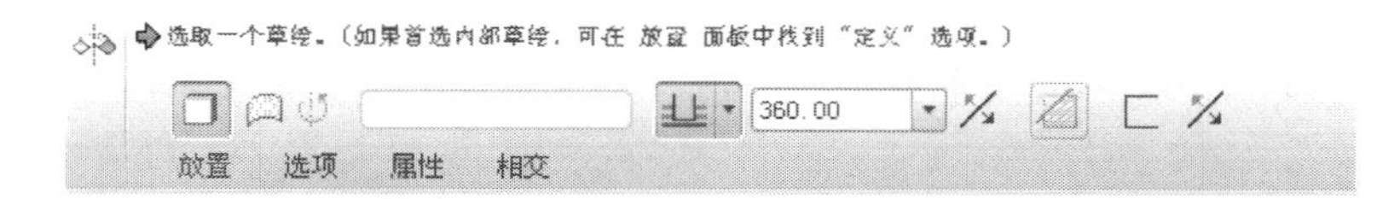

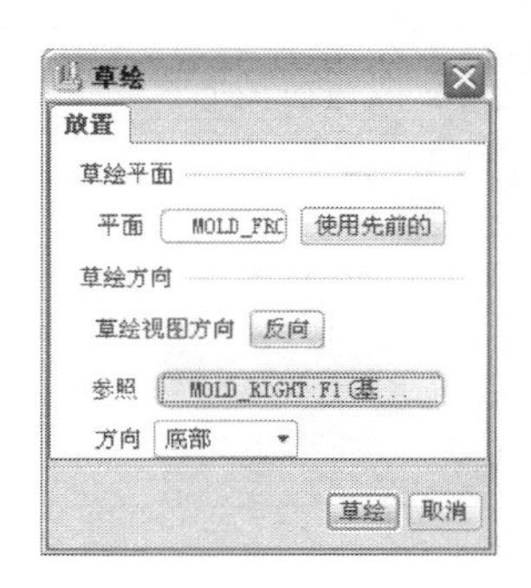

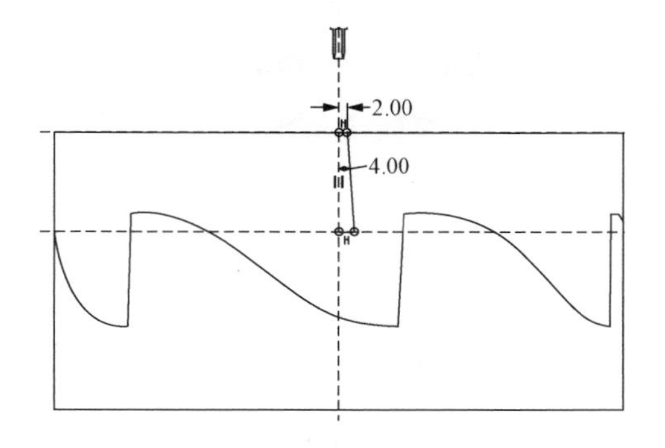

图 7-99　草绘浇注口截面

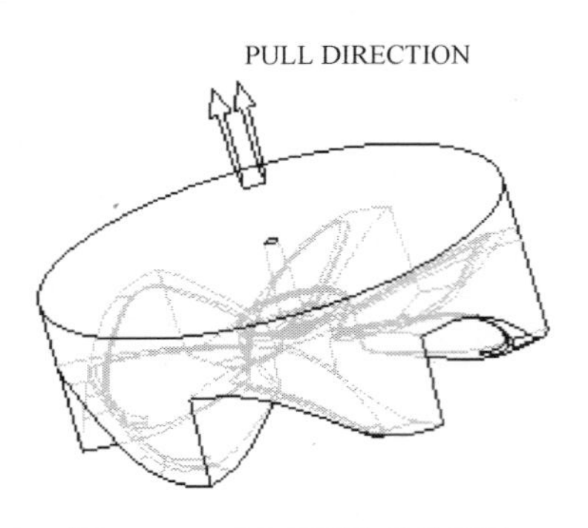

图 7-100 创建流道后的型腔

（3）单击操控面板上的按钮☑，完成特征的创建，如图 7-100 所示。

（4）在菜单管理器上依次单击“模具”→“铸模”→“创建”项，如图 7-101 所示。在绘图区下方信息提示区弹出消息输入框，输入铸模成型零件的新名称 mold_fan，单击“完成”按钮，铸模零件创建完成。右键单击模型树中的铸模零件 mold_fan.prt，在弹出的快捷菜单中单击“打开”命令，打开铸模零件的模型窗口，创建的铸模零件如图 7-102 所示。

（5）在菜单管理器上依次单击“模具”→“模具开模”→“定义间距”→“定义移动”项，如图 7-103 所示。在程序提示“为迁移号码 1 选取构件”时，在绘图区中选取型腔模块，然后单击“选取”对话框中的“确定”按钮，接着选择与开模方向平行的边线或者选择与开模方向垂直的平面，作为移动的方向，在绘图区下面的文本框内输入移动距离为“80”，单击“完成”按钮。单击“完成/返回”→“完成”项，型腔模块的开模移动定义完成。用同样的方法，将型芯模块向下移动“80”，最终的开模定义完成效果如图 7-104 所示。

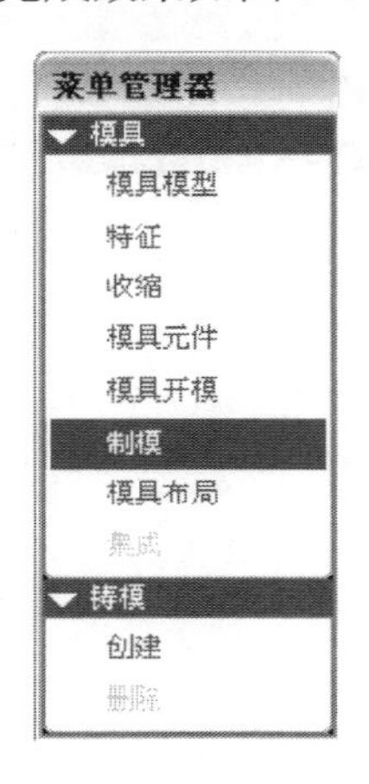

图 7-101 “铸模”菜单管理器

图 7-102 铸模零件

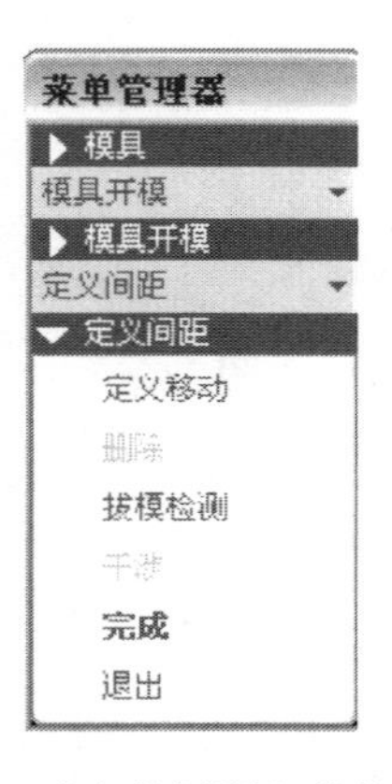

图 7-103 “定义间距”菜单管理器

图 7-104 铸模零件

（6）单击“文件”→“保存”命令保存文件。

7.4 电机壳体模具设计

本节是模具综合实例的最后一个实例，也是最难的一个。在进行拆模时需要的不仅是扎实的基础和丰富的经验，更需要有足够的耐心，细心观察和用心琢磨，从失败中总结经验。

7.4.1 零件分析

如图 7-105 所示为电机壳体制品模型。该制品结构复杂，成型制品的动模型芯、定模型腔及滑块的分型面复杂。这类制品特点不仅模具插穿面及碰穿面很多，而且分型很复杂。如果按照传统思路，先把主分型面做出来，拆出大镶件（如定模型腔或者大滑块），再根据成型制品的需要，做抽芯滑块的拆模动作，这样势必造成主分型面非常复杂，难以创建成功。所以本例准备采用一种逆向拆模的手法。所谓逆向拆模，就是先把具有插穿面、碰穿面的型芯或者滑块进行单独拆模，最后再做主分型面，分割成定模型腔、动模型芯及大滑块。这样做的好处是：抽取出的体积块跟制品可以假设为一个整体，可以理解为制品在此区域是没有靠破孔的，没有倒钩的，这样主分型面就不用随着靠破孔的存在而变化，可以省去很多中间环节。如果顺序选得好，甚至复杂制品的主分型面是平面的。此套模具采用一模一件的布局，侧面进胶。

图 7-105 电机壳体零件模型

7.4.2 加载模型文件

文件路径：chap7-5\原始文件\ motor_mold.mfg。

执行菜单栏上“文件”→“打开”命令，程序弹出“打开”对话框，在对话框中选取 motor_mold.mfg 文件，单击“打开”按钮，完成加载的参照模型如图 7-106 所示。

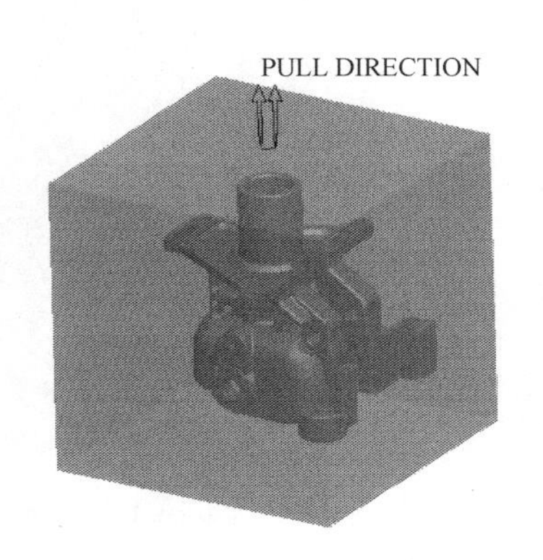

图 7-106 加载参照模型

7.4.3 成型零件设计

电机壳体的成型零件包括一个成型制品内形的大型芯、一个成型制品外形的型腔及侧面几个滑块。设计过程是：根据制品的结构设计出填补破孔的靠破面，抽取小型芯及小滑块，接着做主分型面用来分割型芯和型腔，最后分割成大滑块。

1. 设计定模小型芯

（1）设计分型面。

1）用拉伸方法建立第 1 分型面。单击工具栏中的按钮对毛坯工件进行遮蔽，依次单击工具栏中的“分型曲面工具”按钮，和“拉伸工具”按钮，单击操控面板中的“放置”→“定义”按钮，在弹出“草绘”对话框后，选择参照模型如图 7-107 所示的内侧面为草绘平面，选择基准面 MOLD_FRONT 为参考平面，方向为顶，单击“草绘”按钮。

随后弹出“参照”对话框，在绘图区选取模具基准平面 MOLD_RIGHT 及 MOLD_FRONT 作为参照平面，单击“关闭”按钮。单击“草绘”工具栏上的“创建圆”按钮，按照如图 7-108 所示草绘一个直径为 32mm 的圆。

图 7-107 选取草绘平面

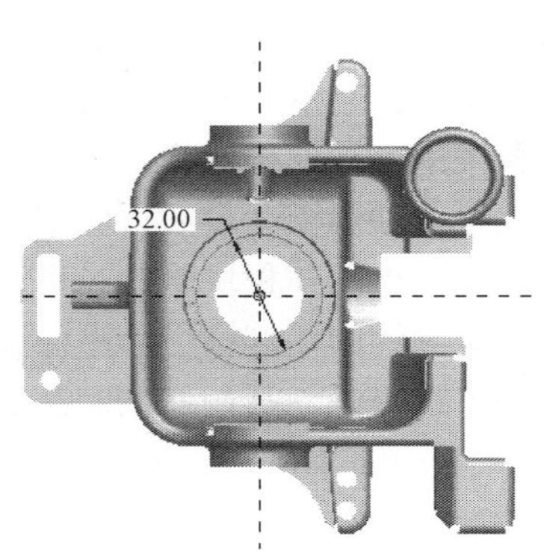

图 7-108 第 1 分型面草绘

在“草绘”工具栏上单击“完成”按钮，在操控面板中单击“选项”按钮，选取“封闭端”选项，在操控面板中选取“拉伸至选定”按钮，单击工具栏中的按钮取消对毛坯工件的遮蔽，选择毛坯顶面作为拉伸终止面，如图 7-109 所示。在“选项”中勾上封闭端，在操控面板上单击“完成”按钮，在工具栏上单击“完成”按钮，退出“分型曲面工具”模式。单击工具栏中的按钮对毛坯工件进行遮蔽，产生的第 1 分型面为一个封闭的圆柱形曲面，如图 7-110 所示。

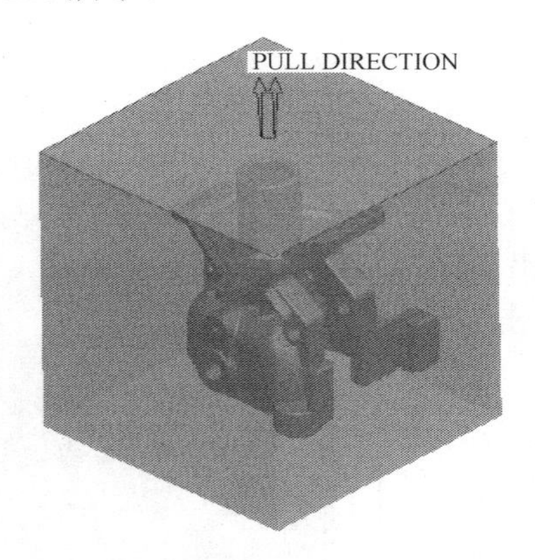

图 7-109 选取第 1 分型面拉伸终止面

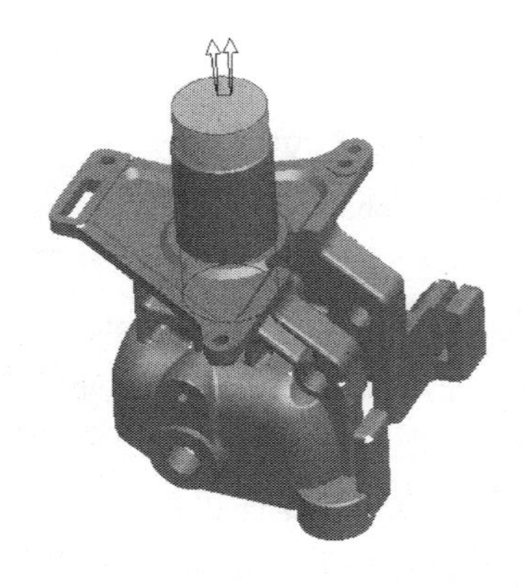

图 7-110 第 1 分型面

2）用拉伸方法建立第 2 分型面。单击工具栏中的按钮，对第 1 分型面进行遮蔽，去除对毛坯工件的遮蔽。单击工具栏中的“分型曲面工具”按钮，单击工具栏中的“拉伸工具”按钮，单击操控面板中的“放置”→“定义”按钮，在弹出“草绘”对话框后，选择毛坯顶面作为草绘平面，选择基准面 MOLD_FRONT 为参考平面，方向为顶，单击“草绘”按钮。

随后弹出“参照”对话框后，在绘图区选取模具基准轴 A_9 作为参照，然后单击“关闭”按钮。单击“草绘”工具栏上的“创建圆”按钮，按照如图 7-111 所示草绘一个直径为 5.5mm 的圆。

在“草绘”工具栏上单击“完成”按钮，在操控面板中单击“选项”按钮，选取“封闭端”选项，在操控面板中选取“拉伸至选定”按钮，单击工具栏中的按钮对毛坯工件进行遮蔽。选择参照模型如图 7-112 所示的点作为拉伸终止面，在操控面板上单击“完成”按钮，在工具栏上单击“完成”按钮，退出“分型曲面工具”模式。产生的第 2 分型面为一个封闭的圆柱形曲面，如图 7-113 所示。

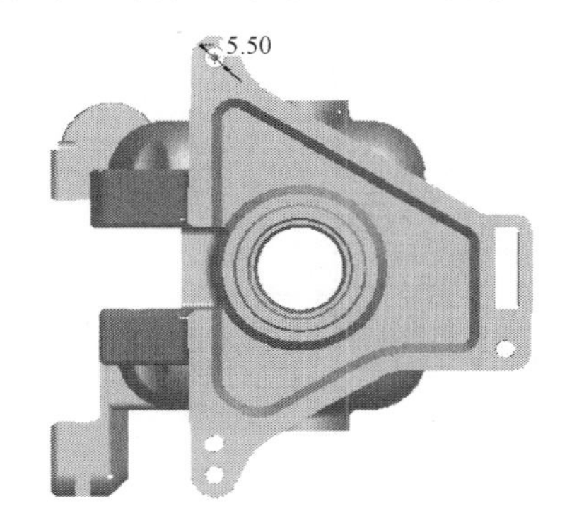

图 7-111　第 2 分型面草绘

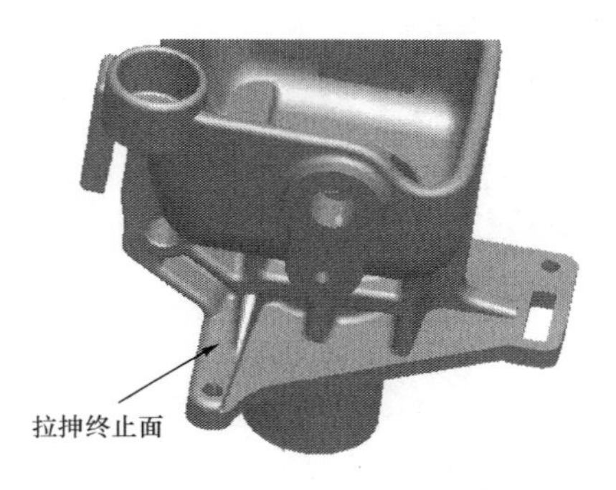

图 7-112　选取第 2 分型面拉伸终止面

3）用拉伸方法建立第 3 分型面。单击工具栏中的按钮，对第 2 分型面进行遮蔽，去除对毛坯工件的遮蔽。单击工具栏中的“分型曲面工具”按钮，单击工具栏中的“拉伸工具”按钮，单击操控面板中的“放置”→“定义”按钮，在弹出“草绘”对话框后，选择毛坯顶面作为草绘平面，选择基准面 MOLD_FRONT 为参考平面，方向为顶，单击“草绘”按钮。

弹出“参照”对话框后，在绘图区选取模具坐标系 MOLD_DEF_CSYS 作为草绘的定位参照坐标，单击“关闭”按钮。单击“草绘”工具栏上的“创建矩形”按钮，按照如图 7-114 所示草绘一个宽为 10，长为 38 的矩形。

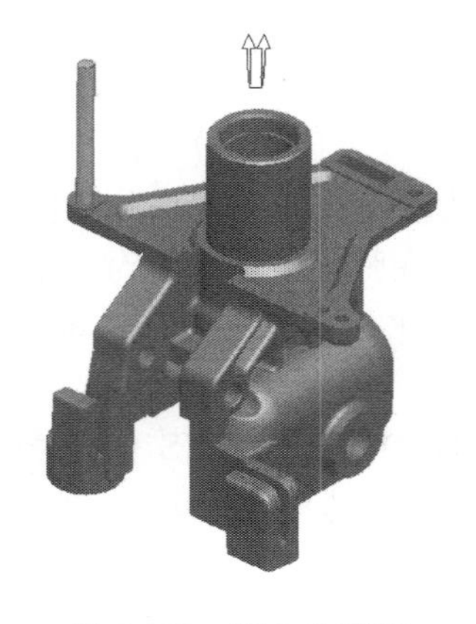

图 7-113　第 2 分型面

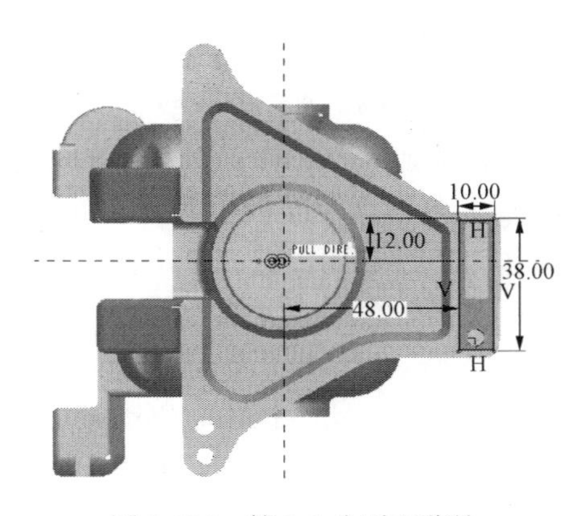

图 7-114　第 3.1 分型面草绘

然后在“草绘”工具栏上单击“完成”按钮，在操控面板中单击“选项”按钮，选取“封闭端”选项，在操控面板中选取“盲孔”按钮，输入深度值 70，在操控面板上单击“完成”按钮。产生的分型面为一个封闭的方形曲面，如图 7-115 所示。

单击工具栏中的“拉伸工具”按钮，单击操控面板中的“放置”→“定义”按钮，在弹出“草绘”对话框后，选择 MOLD_RIGHT 为草绘平面，单击草图视图方向按钮反向，选择基准面 MAIN_PARINT_PLN 为参考平面，方向为底部，单击“草绘”按钮。

在随后弹出“参照”对话框后，在绘图区选取模具基准平面 MOLD_FRONT 及如图 7-116 所示的平面作为草绘的定位参照平面，单击“关闭”按钮。单击“草绘”工具栏上的“通过边创建图元”按钮，如图 7-116 所示，绘制 50mm 线段。

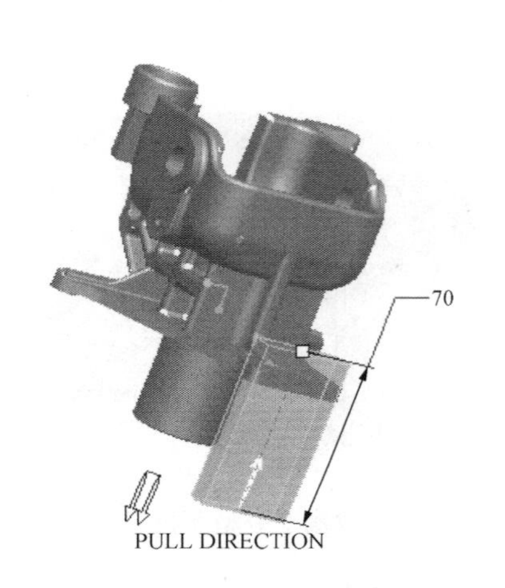

图 7-115 第 3.1 分型面拉伸终点

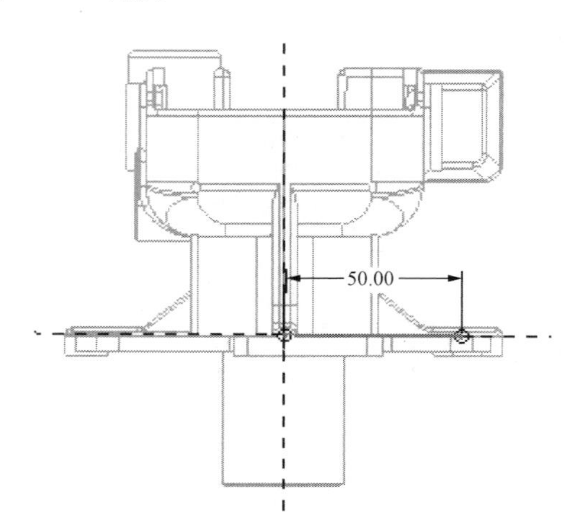

图 7-116 第 3.2 分型面草绘

在“草绘”工具栏上单击“完成”按钮，在操控面板中单击“选项”按钮，在操控面板中选取“盲孔”按钮，输入深度值 100，在操控面板上单击“完成”按钮。产生的分型面如图 7-117 所示。

在消息区过滤器中选择“面组”项，按住 Ctrl 键，依次选择第 3.1 分型面及第 3.2 分型面，在菜单栏中依次单击“编辑”→“合并”命令，在操控面板上依次单击“改变要保留的第一面组的侧”按钮，接着在操控面板上单击“完成”按钮，在工具栏上单击“完成”按钮，退出“分型曲面工具”模式。产生的合并曲面如图 7-118 所示。

4）用拉伸方法建立第 4 分型面。单击工具栏中的按钮，对第 3 分型面进行遮蔽，去除对毛坯工件的遮蔽。单击工具栏中的“分型曲面工具”按钮，单击工具栏中的“拉伸工具”按钮，单击操控面板中的“放置”→“定义”按钮，在弹出“草绘”对话框后，选择毛坯顶面作为草绘平面，选择基准面 MOLD_FRONT 为参考平面，方向为顶，单击“草绘”按钮。

弹出“参照”对话框后，在绘图区选取模具坐标系 MOLD_DEF_CSYS 作为草绘的定位参照坐标，单击“关闭”按钮。单击“草绘”工具栏上的“通过边创建图元”按钮，复制参照模型的 4 条边界链，如图 7-119 所示。

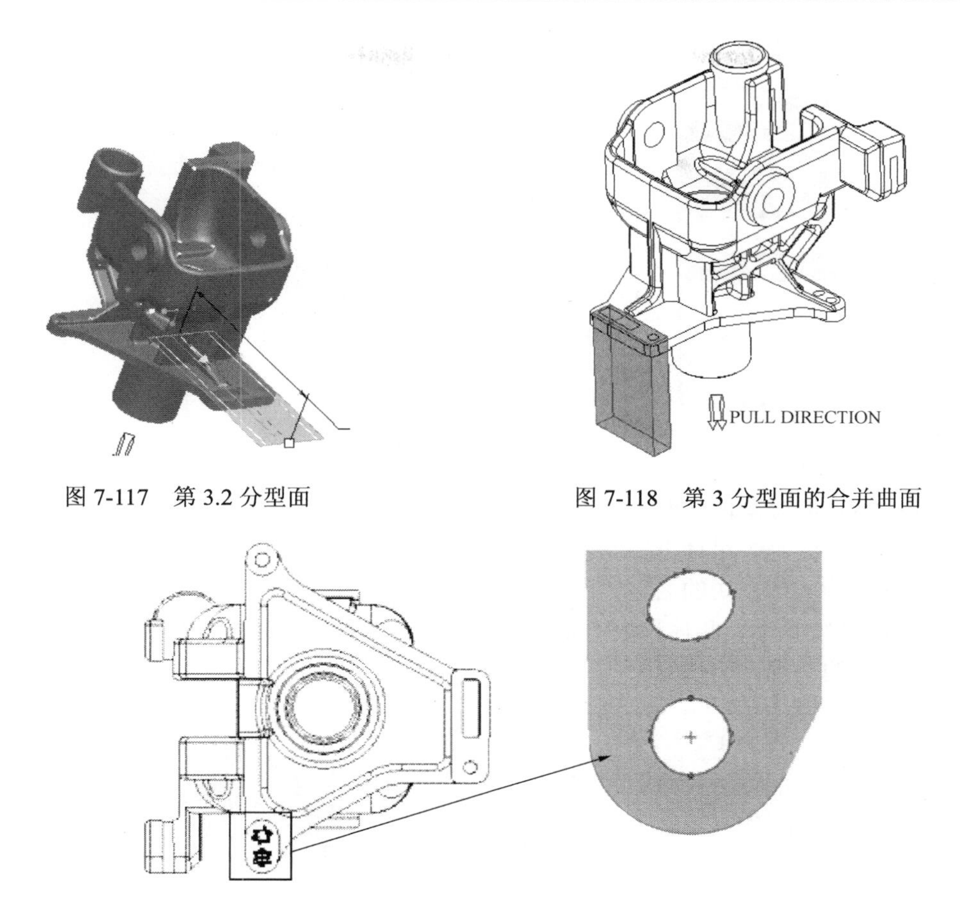

图 7-117 第 3.2 分型面

图 7-118 第 3 分型面的合并曲面

图 7-119 第 4 分型面草绘

在“草绘”工具栏上单击“完成”按钮，在操控面板中单击“选项”按钮，选取“封闭端”选项，在操控面板中选取“拉伸至选定”按钮，选择参照模型如图 7-120 所示的点作为拉伸终止面，在操控面板上单击“完成”按钮，在工具栏上单击“完成”按钮，退出“分型曲面工具”模式。单击工具栏中的按钮对毛坯工件进行遮蔽，产生的第 4 分型面如图 7-120 所示。

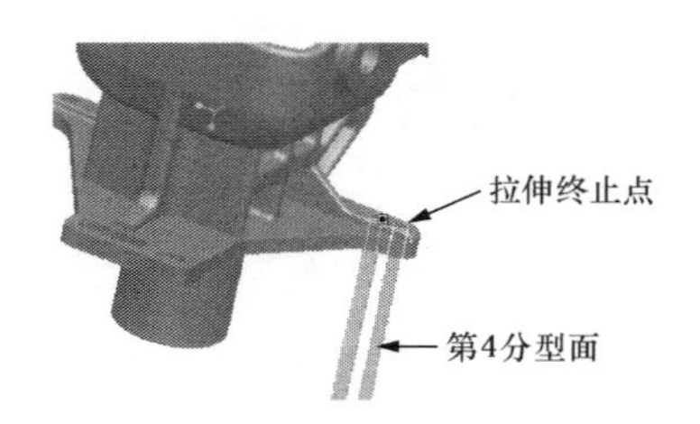

图 7-120 第 4 分型面

（2）创建定模小型芯的体积块。

1）单击工具栏中的按钮取消对毛坯工件及分型面的遮蔽。单击“模具/铸件制造”工具栏中的“体积块分割”按钮，在弹出的菜单管理器上单击“两个体积块”→“所有工件”→“完成”项，程序弹出“分割”对话框，如图 7-121 所示。

图 7-121　分割体积块命令

在程序提示选取分割曲面时，选取第 1 分型面，然后单击“选取”对话框中的“确定”按钮。接着单击“分割”对话框中的“确定”按钮，程序弹出第 1 个体积块的“属性”对话框，在文本框内输入体积块的名称“body1”。先单击“着色”按钮，绘图区将显示着色后的体积块，如图 7-122 所示。此体积块不是最终体积块，需要后续进行分割生成零件，单击“属性”对话框下方的“确定”按钮。

图 7-122　着色滑块体积块

接着程序会弹出第 2 个体积块的“属性”对话框。此体积块是成型制品模型上定模镶针的体积块，修改文本框内的体积块名称为 pin1，然后单击“着色”按钮，绘图区显示着色后的第 2 个体积块模型，如图 7-123 所示。最后单击“属性”对话框下方的“确定”按钮，完成两个体积块的分割。

图 7-123　着色定模型芯体积块

2）单击“模具/铸件制造”工具栏中的“体积块分割”按钮，在弹出的菜单管理器上单击“一个体积块”→“模具体积块”→“完成”项，在弹出的“搜索工具”对话框下方，选择左边“项目”列表框中的“面组：F12（BODY1）”选项，然后单击“选定”按钮 >> ，在右边的“项目”列表框中显示出该选项，单击对话框上的“关闭”按钮完成项目搜索，如图 7-124 所示。

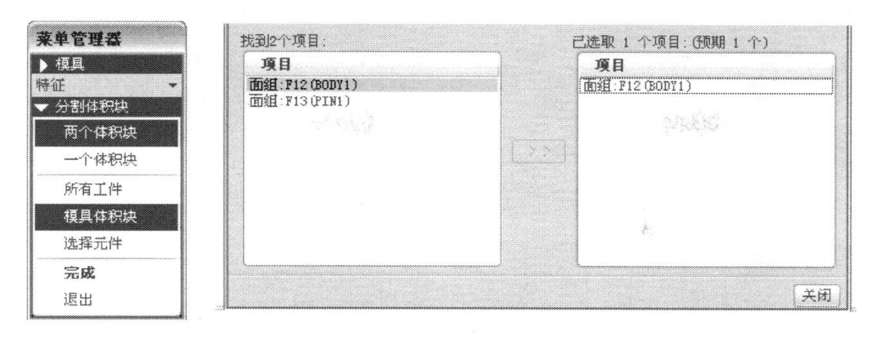

图 7-124 搜索需要分割的体积块

在程序提示选取分割曲面时，选取第 2 分型面，单击“选取”对话框中的“确定”按钮。接着单击“分割”对话框中的“确定”按钮，程序弹出第 1 个体积块的“属性”对话框，在文本框内输入体积块的名称 body2，先单击“着色”按钮，绘图区将显示着色后的体积块，如图 7-125 所示。

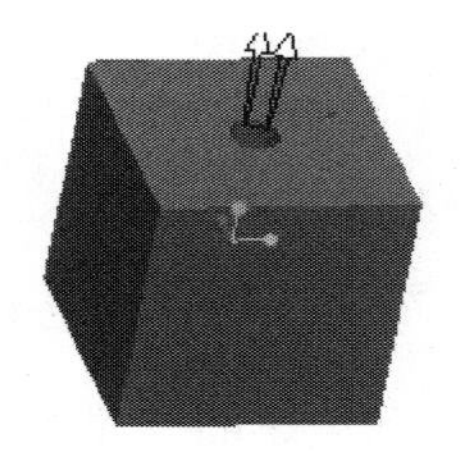

图 7-125 选取分型面

程序弹出第 4 个体积块的“属性”对话框。此体积块是成型制品模型上定模镶针的体积块，修改体积块名称为 pin2，单击“着色”按钮，绘图区着色显示出该体积块模型，然后单击“确定”按钮，如图 7-126 所示。

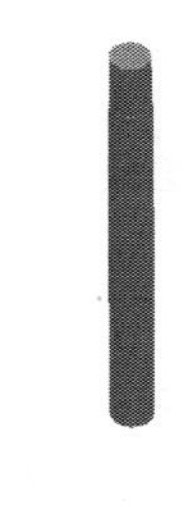

图 7-126 着色定模型芯体积块

3）按照步骤 2)，创建第 3 分型面的体积块。单击“模具/铸件制造”工具栏中的“体积块分割”按钮，在弹出的菜单管理器上单击“一个体积块”→“模具体积块”→“完成”项，在弹出的“搜索工具”对话框下方，选择左边“项目”列表框中的 “面组：F14（BODY2）”选项，然后单击“选定”按钮 >> ，在右边的“项目”列表框中显示出该选项，单击 “关闭”按钮完成项目搜索，如图 7-127 所示。

在程序提示选取分割曲面时，选取第 3 分型面，程序弹出第 5 个体积块的“属性”对话框，此体积块是成型制品模型上定模型芯的体积块，修改体积块名称为 body3，单击“着色”按钮，绘图区着色显示出该体积块模型，单击“确定”按钮，如图 7-128 所示。

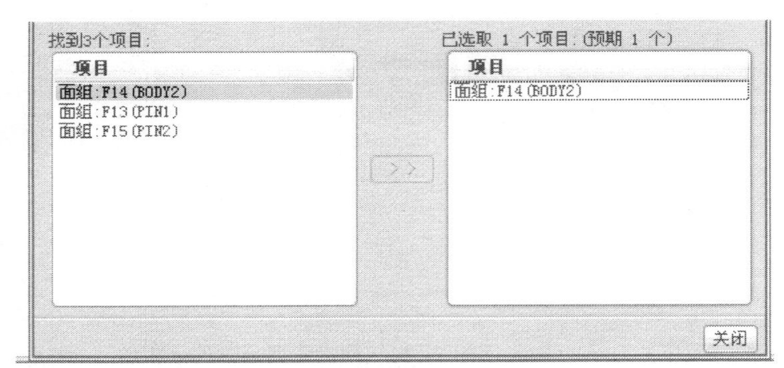

图 7-127　选取分型面

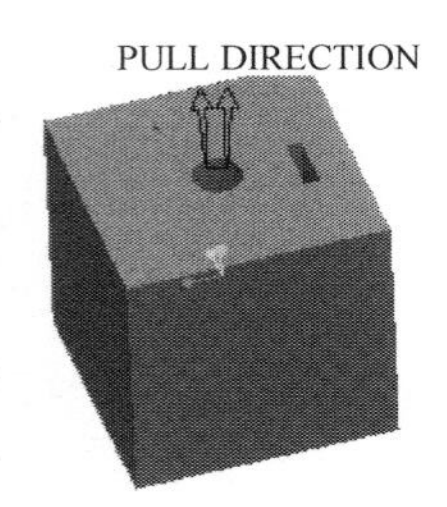

图 7-128　着色定模型芯体积块

程序弹出第 6 个体积块的“属性”对话框。此体积块是成型制品模型上定模镶针的体积块，修改体积块名称为 pin3，单击“着色”按钮，绘图区着色显示出该体积块模型，然后单击“确定”按钮，如图 7-129 所示。

图 7-129　选取分型面

单击“模具/铸件制造”工具栏中的“体积块分割”按钮，在弹出的菜单管理器上单击“一个体积块”→“模具体积块”→“完成”项，在弹出的“搜索工具”对话框下方，选择左边“项目”列表框中的 “面组：F18（BODY3）”选项，然后单击“选定”按钮 >> ，在右边的“项目”列表框中显示出该选项，单击“关闭”按钮完成项目搜索，如图 7-130 所示。

在程序提示选取分割曲面时，选取第 4 分型面，在弹出的菜单管理器上单击“岛 2”，“岛 3”→“完成选取”项，然后单击“分割”对话框中的“确定”按钮，如图 7-131 所示。

程序弹出第 8 个体积块的“属性”对话框。此体积块是成型制品模型上出线孔的侧滑块体积块，修改体积块名称为 pin4，单击“着色”按钮，绘图区着色显示出该体积块模型，然后单击“确定”按钮，如图 7-132 所示。

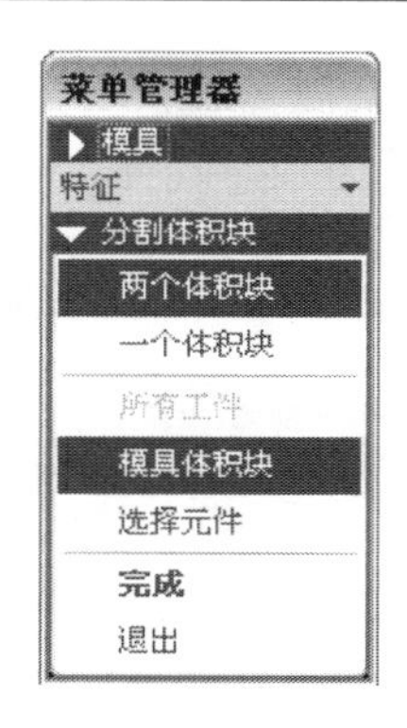

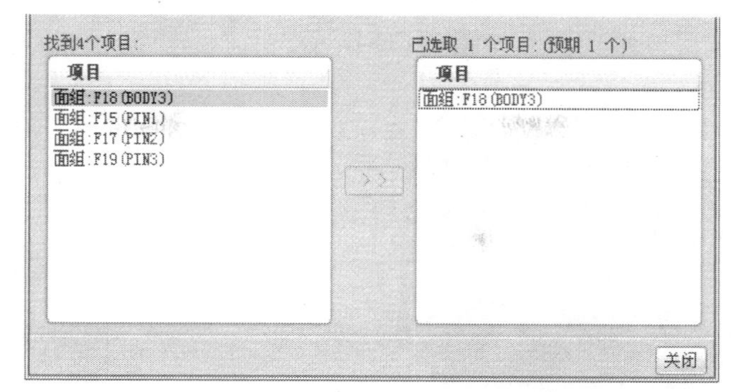

图 7-130　着色定模型芯体积块

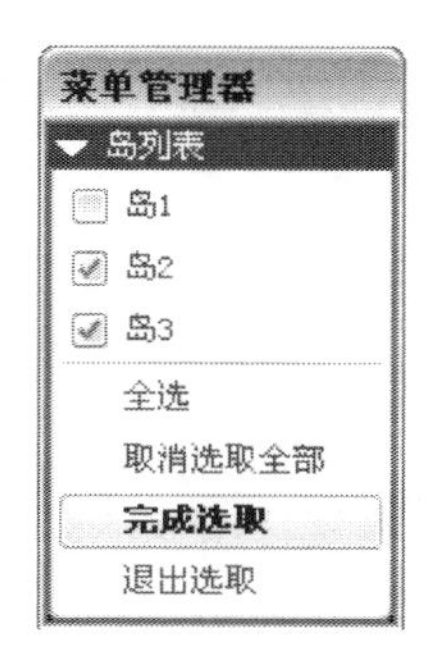

图 7-131　选取分型面

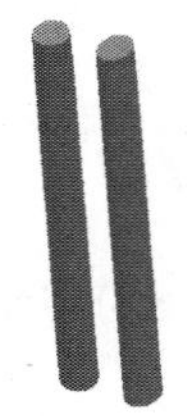

图 7-132　着色定模型芯体积块

2. 设计动模型芯

(1) 设计分型面。单击工具栏中的按钮对分型面及体积块进行遮蔽，同时取消对工件的遮蔽。单击工具栏中的“分型曲面工具”按钮，单击工具栏中的“拉伸工具”按钮，单击操控面板中的“放置”→“定义”按钮，在弹出“草绘”对话框后，选择参照模型如图 7-133 所示的坯料底面为草绘平面，选择基准面 MOLD_FRONT 为参考平面，方向为顶，单击“草绘”按钮。

弹出“参照”对话框后，在绘图区选取模具基准轴 A_13 作为参照，然后单击“关闭”按钮。单击“草绘”工具栏上的“创建圆”按钮，按照如图 7-134 所示草绘一个直径为 23mm 的圆。

在“草绘”工具栏上单击“完成”按钮，在操控面板中单击“选项”按钮，选取“封闭端”选项，在操控面板中选取“拉伸至选定”按钮，选择参照模型的内侧面作为拉伸终止面，如图 7-135 所示。在操控面板上单击“完成”按钮，在工具栏上单击“完成”按钮，退出“分型曲面工具”模式。单击工具栏中的按钮对毛坯工件进行遮蔽，产生的第 5 分型面为一个封闭的圆柱形曲面，如图 7-136 所示。

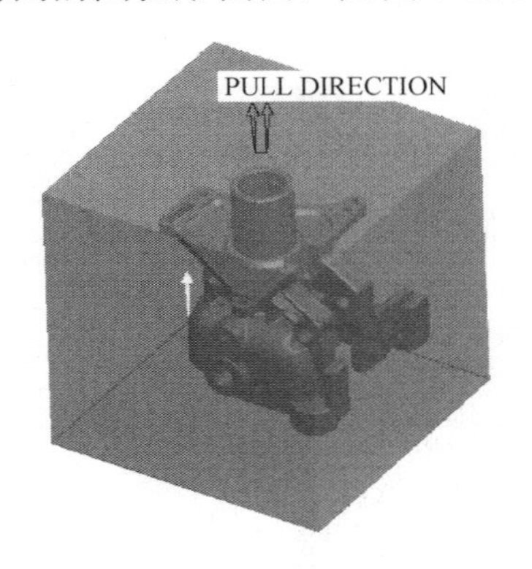

图 7-133 选取草绘平面

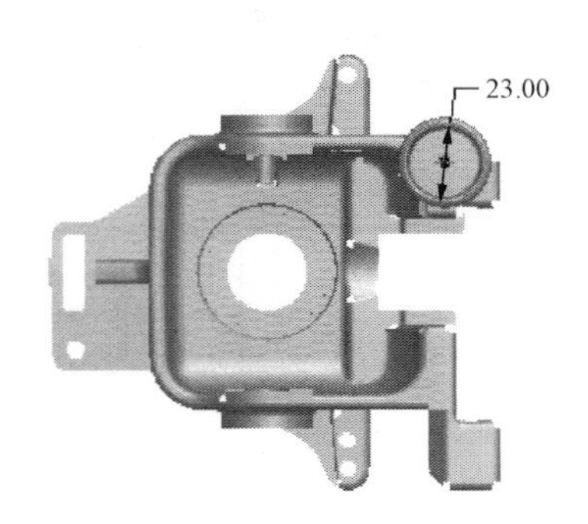

图 7-134 第 5 分型面草绘

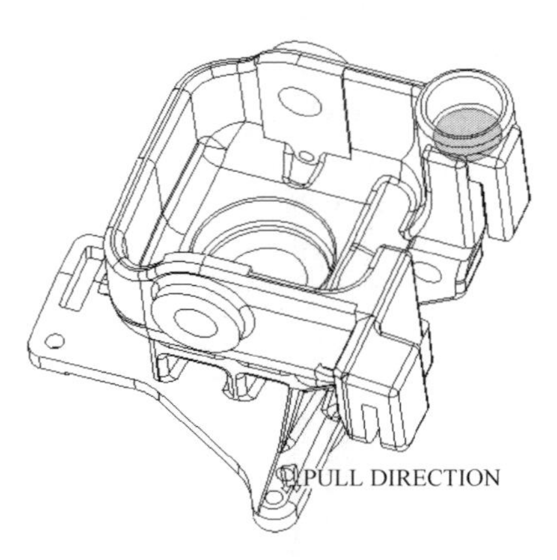

图 7-135 选取第 5 分型面拉伸终止面

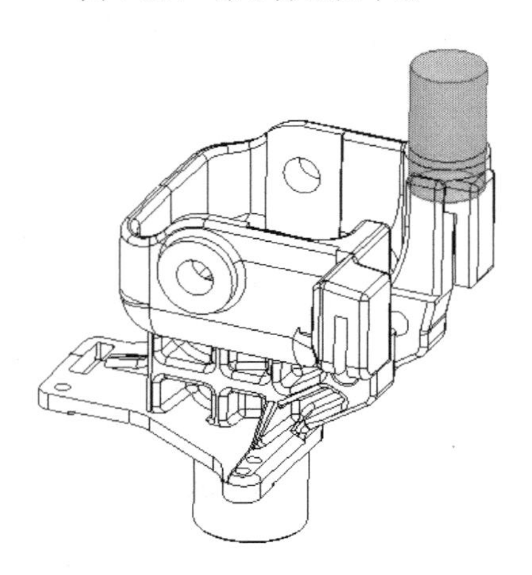

图 7-136 第 5 分型面

（2）创建动模体积块。单击工具栏中的按钮取消对 body4 体积块的遮蔽。单击“模具/铸件制造”工具栏中的“分割为新的模具体积块”按钮，在弹出的菜单管理器上单击“一个体积块”→“模具体积块”→“完成”项，在弹出的“搜索工具”对话框下方，选择左边“项目”列表框中的“面组：slider_ins1”选项，然后单击“选定”按钮 >> ，在右边的“项目”列表框中显示出该选项，单击“关闭”按钮完成项目搜索，如图 7-137 所示。

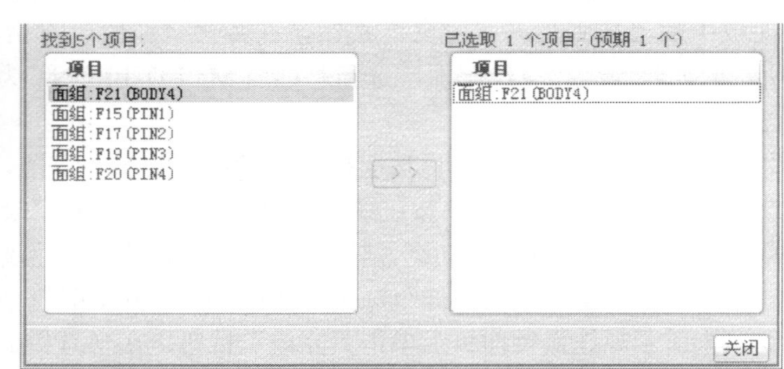

图 7-137 搜索需要分割的体积块

在绘图区选择第 5 分型面，程序弹出第 9 个体积块的“属性”对话框。此体积块是成型制品模型上定模型芯的体积块，修改体积块名称为 body5，单击“着色”按钮，绘图区着色显示出该体积块模型，单击“确定”按钮，如图 7-138 所示。

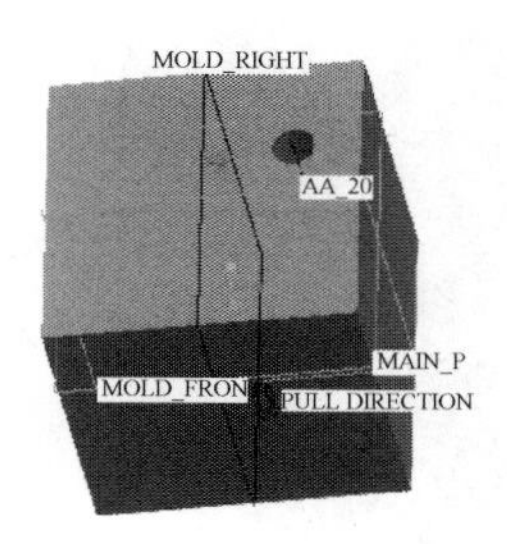

图 7-138　选取分型面

程序弹出第 10 个体积块的“属性”对话框。此体积块是成型制品模型上出线孔的侧滑块体积块，修改体积块名称为 pin5，单击“着色”按钮，绘图区着色显示出该体积块模型，单击“确定”按钮，如图 7-139 所示。

图 7-139　着色定模型芯体积块

3. 设计小滑块

（1）设计分型面。

1）用拉伸方法建立第 6 分型面。单击工具栏中的按钮对分型面及体积块进行遮蔽，同时去除对工件的遮蔽。单击工具栏中的“分型曲面工具”按钮，单击工具栏中的“拉伸工具”按钮，单击操控面板中的“放置”→“定义”按钮，在弹出“草绘”对话框后，选择参照模型如图 7-140 所示的坯料侧面为草绘平面，选择基准面 MAIN_PARTING_PLN 为参考平面，方向为顶，单击“草绘”按钮。

弹出“参照”对话框后，在绘图区选取模具基准平面 MOLD_RIGHT 及 MOLD_FRONT 作为参照平面，单击“关闭”按钮。单击“草绘”工具栏上的“创建圆”按钮，按照如图 7-141 所示草绘一个直径为 13mm 的圆。

在“草绘”工具栏上单击“完成”按钮，在操控面板中单击“选项”按钮，选取“封闭端”选项，在操控面板中选取“拉伸至选定”按钮，选择参照模型的内侧面作为拉伸终止面，如图 7-142 所示。在操控面板上单击“完成”按钮。单击工具栏中的按钮对毛坯工件进行遮蔽，产生的第 6 分型面为一个封闭的圆柱形曲面，如图 7-143 所示。

在消息区过滤器中选择“面组”，选择第 6 分型面作为被镜像的对象，在菜单栏中依次单击“编辑”→“镜像”命令，镜像平面选择 MOLD_FRONT，在操控面板上单击“完成”按钮，产生的镜像曲面如图 7-144 所示。在工具栏上单击“完成”按钮，退出“分型曲面工具”模式。

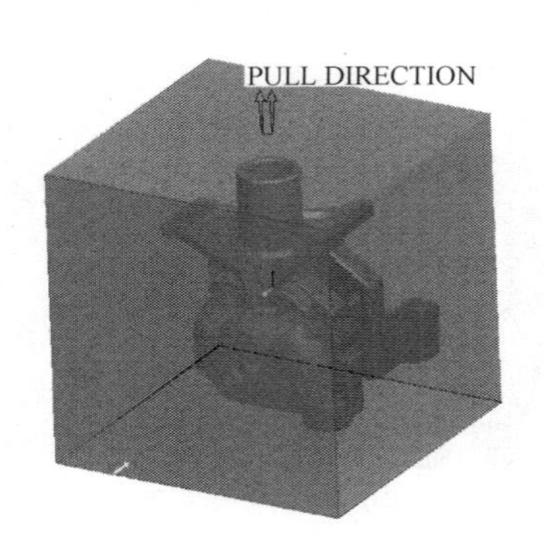

图 7-140　选取草绘平面

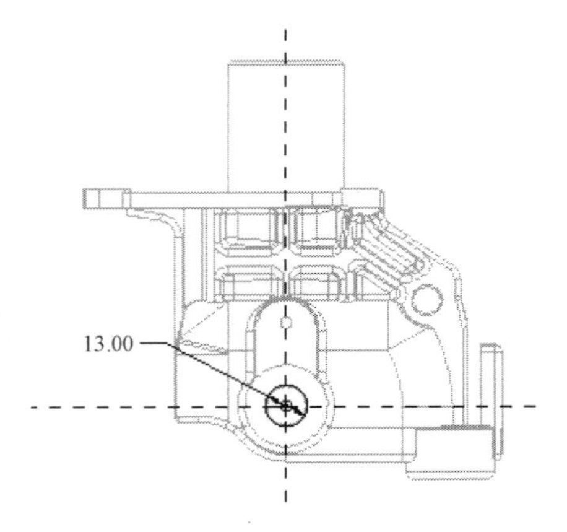

图 7-141　第 6 分型面草绘

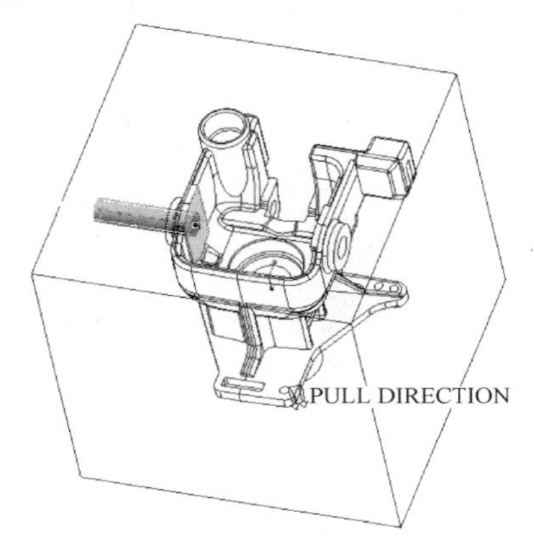

图 7-142　选取第 6 分型面拉伸终止面

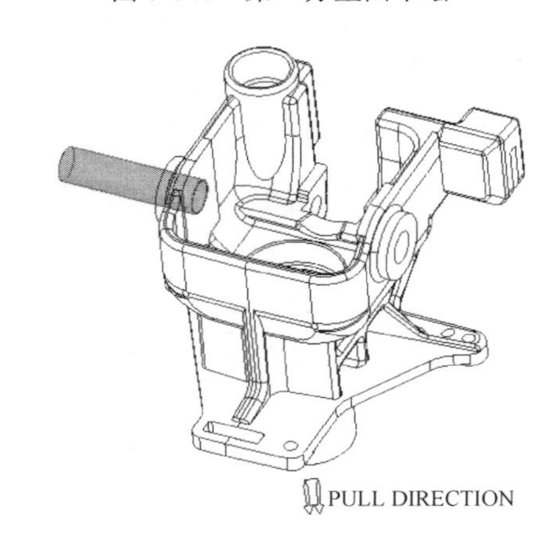

图 7-143　第 6 分型面

2）用拉伸方法建立第 7 分型面。单击工具栏中的按钮对第 6 分型面进行遮蔽，去除对工件的遮蔽。单击工具栏中的“分型曲面工具”按钮，单击工具栏中的“拉伸工具”按钮，单击操控面板中的“放置”→“定义”按钮，在弹出“草绘”对话框后，选择参照模型如图 7-140 所示的坯料侧面为草绘平面，选择基准面 MAIN_PARTING_PLN 为参考平面，方向为顶，单击“草绘”按钮。

弹出“参照”对话框后，在绘图区选取模具基准轴 A_21 作为参照，单击“关闭”按钮。单击“草绘”工具栏上的“创建圆”按钮，按照如图 7-145 所示草绘一个直径为 10mm 的圆。

在“草绘”工具栏上单击“完成”按钮，在操控面板中单击“选项”按钮，选取“封闭端”选项，在操控面板中选取“拉伸至选定”按钮，选择参照模型的内侧面作为拉伸终止面，如图 7-146 所示。在操控面板上单击“完成”按钮。单击工具栏中的按钮对毛坯工件进行遮蔽，产生的第 7 分型面为一个封闭的圆柱形曲面，如图 7-147 所示。

在消息区过滤器中选择“面组”，选择第 7 分型面作为被镜像的对象，在菜单栏中依次单击“编辑”→“镜像”命令，镜像平面选择 MOLD_FRONT，在操控面板上单击“完成”按钮，产生的镜像曲面如图 7-148 所示。在工具栏上单击“完成”按钮，退出“分型曲面工具”模式。

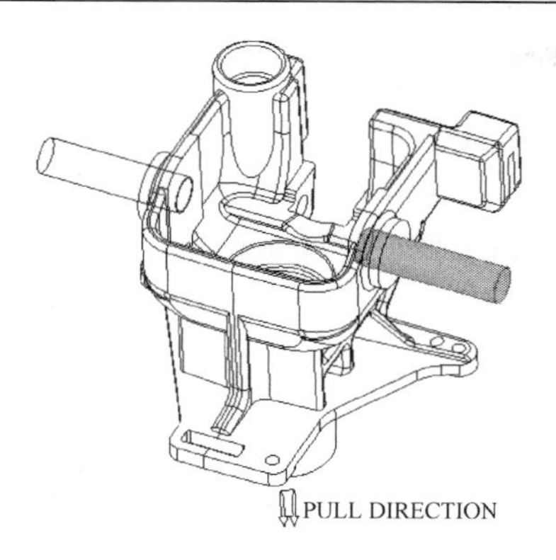

图 7-144　第 6 分型面镜像曲面

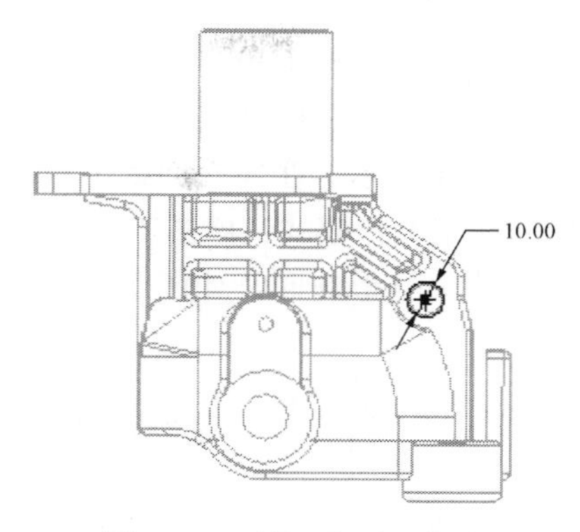

图 7-145　第 7 分型面草绘

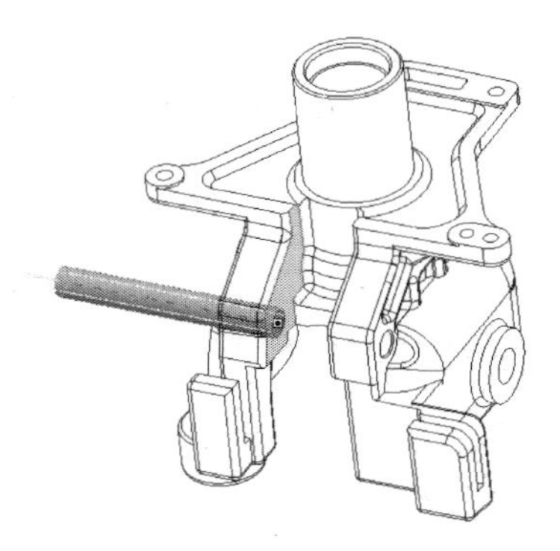

图 7-146　选取第 6 分型面拉伸终止面

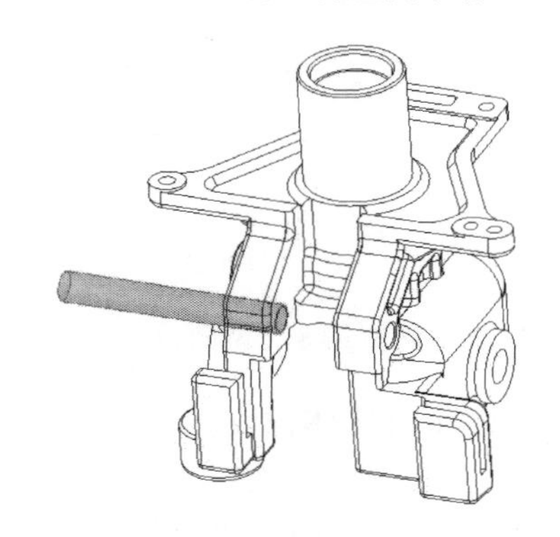

图 7-147　第 6 分型面

3）用拉伸方法建立第 8 分型面。单击工具栏中的按钮对第 7 分型面进行遮蔽，去除对工件的遮蔽。单击工具栏中的“分型曲面工具”按钮，单击工具栏中的“拉伸工具”按钮，单击操控面板中的“放置”→“定义”按钮，在弹出“草绘”对话框后，选择参照模型如图 7-140 所示的坯料侧面为草绘平面，选择基准面 MAIN_PARTING_PLN 为参考平面，方向为顶，单击“草绘”按钮。

在随后弹出“参照”对话框后，在绘图区选取模具基准轴 A_15 作为参照，然后单击“关闭”按钮。单击“草绘”工具栏上的“创建圆”按钮，按照如图 7-149 所示草绘一个直径为 5mm 的圆。

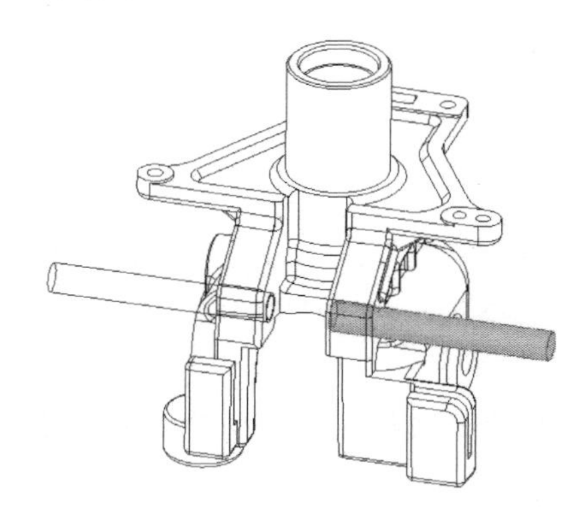

图 7-148　第 7 分型面镜像曲面

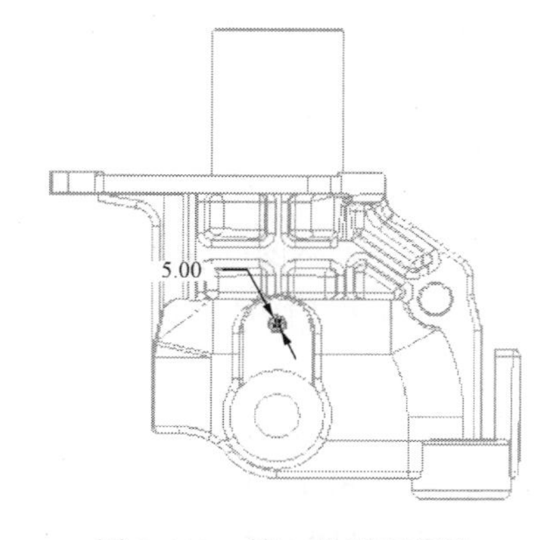

图 7-149　第 8 分型面草绘

在“草绘”工具栏上单击“完成”按钮，在操控面板中单击“选项”按钮，选取“封闭端”选项，在操控面板中选取“拉伸至选定”按钮，选择参照模型的内侧面作为拉伸终止面，如图 7-150 所示。在操控面板上单击“完成”按钮，在工具栏上单击“完成”按钮，退出“分型曲面工具”模式。单击工具栏中的按钮对毛坯工件进行遮蔽，产生的第 8 分型面为一个封闭的圆柱形曲面，如图 7-151 所示。

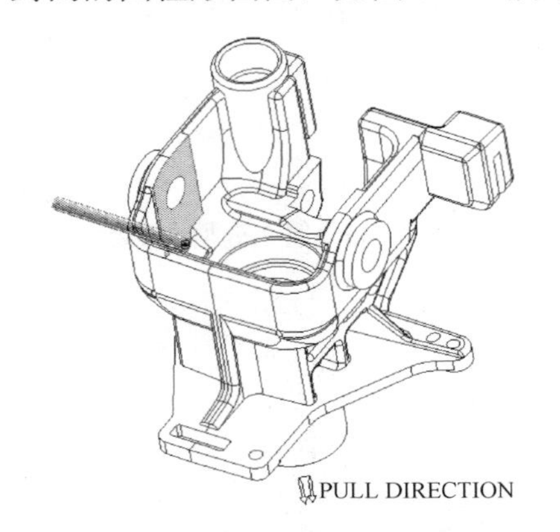

图 7-150　选取第 8 分型面拉伸终止面

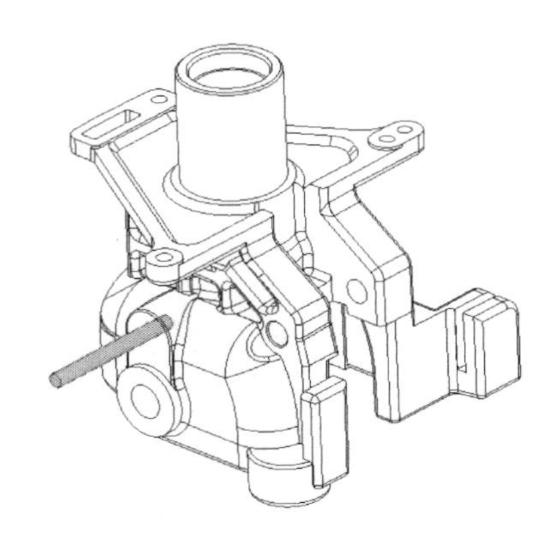

图 7-151　第 8 分型面

（2）创建小滑块体积块。

1）单击工具栏中的按钮取消对 body5 体积块及第 6 及第 7 分型面的遮蔽。单击“模具/铸件制造”工具栏中的“分割为新的模具体积块”按钮，在弹出的菜单管理器上单击“一个体积块”→“模具体积块”→“完成”项，在弹出的“搜索工具”对话框下方，选择左边“项目”列表框中的 “面组：F23（BODY5）”选项，然后单击“选定”按钮 >> ，在右边的“项目”列表框中显示出该选项，单击“关闭”按钮完成项目搜索，如图 7-152 所示。

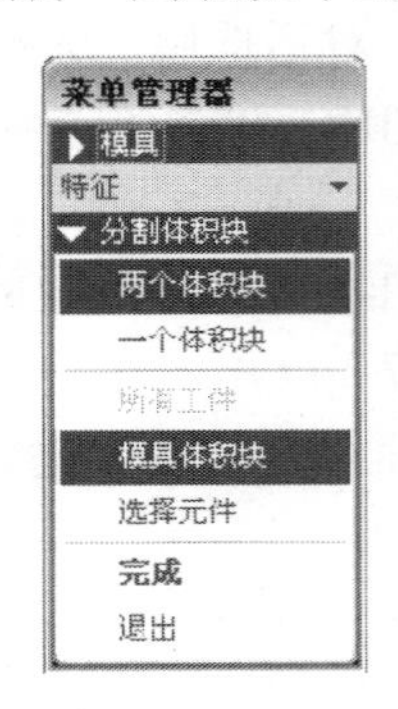

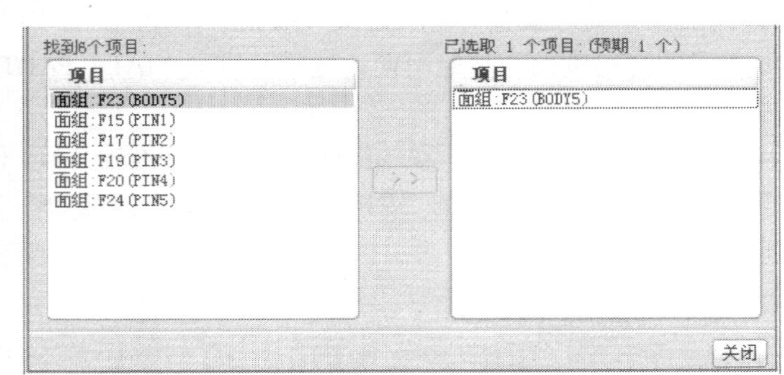

图 7-152　搜索需要分割的体积块

按住 Ctrl 键，在绘图区依次选择第 6 分型面及其镜像曲面，在弹出的菜单管理器上选择“岛 2”、“岛 3”→“完成选取”项，然后单击“分割”对话框中的“确定”按钮，如图 7-153 所示。

程序弹出第 11 个体积块的“属性”对话框。此体积块是成型制品模型的侧滑块体积块，修改体积块名称为 pin6，单击“着色”按钮，绘图区着色显示出该体积块模型，然后单击“确定”按钮，如图 7-154 所示。

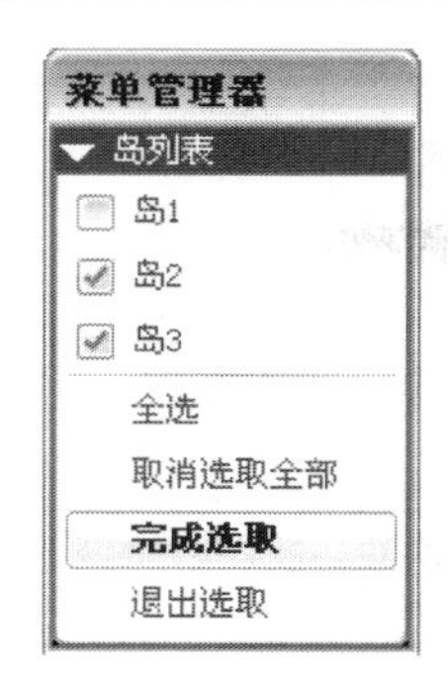

图 7-153　选取分型面

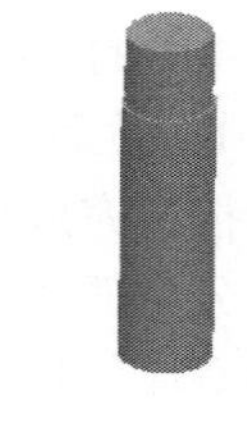

图 7-154　着色滑块型芯体积块

程序弹出第 12 个体积块的“属性”对话框。此体积块是成型制品模型上出线孔的侧滑块体积块，修改体积块名称为 body6，单击“着色”按钮，绘图区着色显示出该体积块模型，然后单击“确定”按钮。

2）按照步骤 1)，创建第 7 分型面的体积块。单击“模具/铸件制造”工具栏中的“分割为新的模具体积块”按钮，在弹出的菜单管理器上单击“一个体积块”→“模具体积块”→“完成”项，在弹出的“搜索工具”对话框下方，选择左边“项目”列表框中的 “面组：F31（body6)”选项，然后单击“选定”按钮>>，在右边的“项目”列表框中显示出该选项，单击“关闭”按钮完成项目搜索。

按住 Ctrl 键，在绘图区选择第 7 分型面及其镜像曲面，在弹出的菜单管理器上选择“岛 2”、“岛 3”→“完成选取”项，然后单击“分割”对话框中的“确定”按钮，如图 7-155 所示。

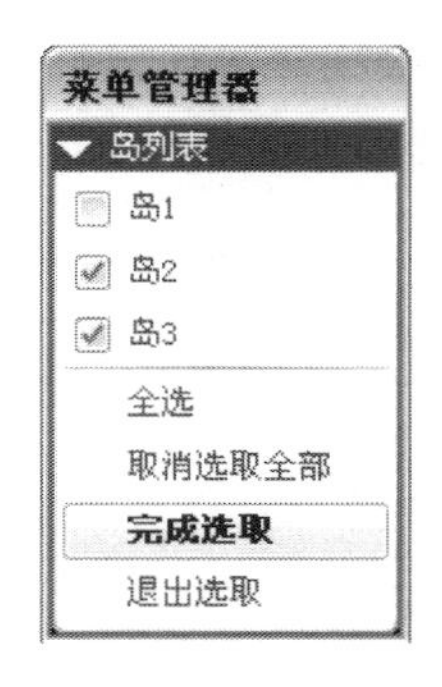

图 7-155　选取分型面

程序弹出第 13 个体积块的“属性”对话框。此体积块是成型制品模型上出线孔的侧滑块体积块，修改体积块名称为 pin7，单击“着色”按钮，绘图区着色显示出该体积块模型，单击“确定”按钮，如图 7-156 所示。

图 7-156　着色滑块型芯体积块

3）按照步骤 1)，创建第 8 分型面的体积块。单击“模具/铸件制造”工具栏中的“分割为新的模具体积块”按钮，在弹出的菜单管理器上单击“一个体积块”→“模具体积块”→“完成”项，在弹出的“搜索工具”对话框下方，选择左边“项目”列表框中的 “面组：F33（body7）”选项，然后单击“选定”按钮 >> ，在右边的“项目”列表框中显示出该选项，单击“关闭”按钮完成项目搜索。

在绘图区选择第 8 分型面，程序弹出第 15 个体积块的“属性”对话框。此体积块是成型制品模型上出线孔的侧滑块体积块，修改体积块名称为 body8，单击“着色”按钮，绘图区着色显示出该体积块模型，然后单击“确定”按钮，如图 7-157 所示。

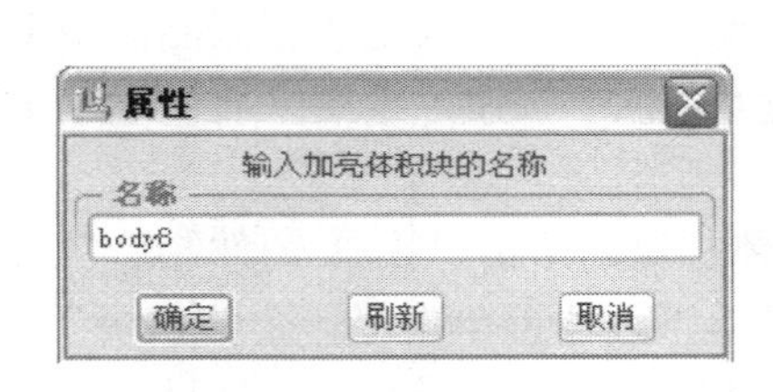

图 7-157　选取分型面

程序弹出第 16 个体积块的“属性”对话框。此体积块是成型制品模型上出线孔的侧滑块体积块，修改体积块名称为 pin8，单击“着色”按钮，绘图区着色显示出该体积块模型，然后单击“确定”按钮，如图 7-158 所示。

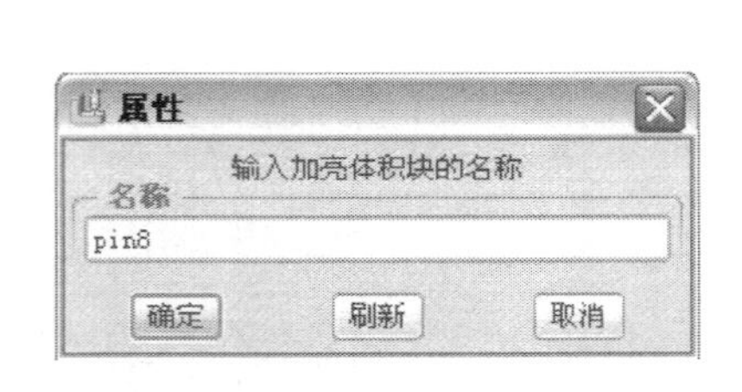

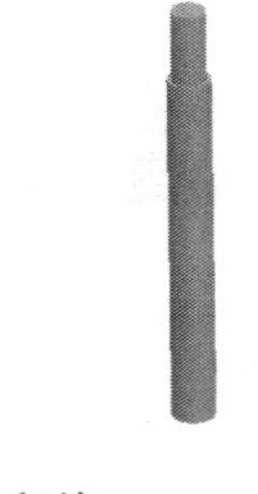

图 7-158　着色滑块型芯体积块

4. 创建定模型腔

（1）创建主分型面。

1）单击工具栏中的按钮对分型面及体积块进行遮蔽。单击工具栏中的“分型曲面工具”按钮，单击工具栏中的“拉伸工具”按钮，单击操控面板中的“放置”→“定义”按钮，在弹出“草绘”对话框后，选择基准面 MOLD_FRONT 为草绘平面，选择基准面

MAIN_PARTING_PLN 为参考平面，方向为顶，单击“草绘”按钮。

弹出“参照”对话框后，在绘图区选取模具基准平面 MOLD_RIGHT 及如图 7-159 所示的参照模型平面作为参照平面，单击“关闭”按钮。单击“草绘”工具栏上的“创建 2 点线”按钮，按照如图 7-160 所示草绘一条水平线。

图 7-159　第 9 分型面参照

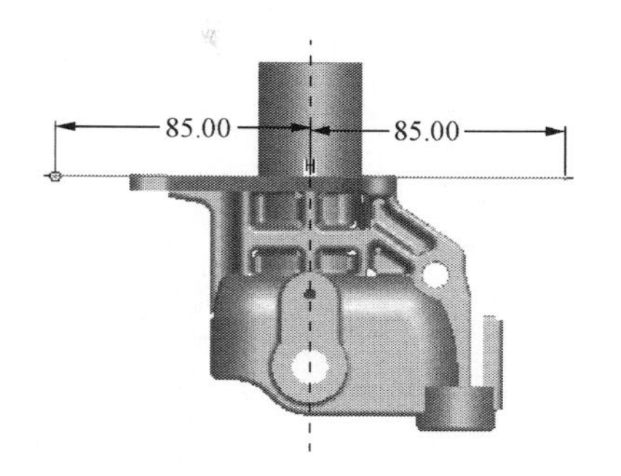

图 7-160　第 9 分型面草绘

在“草绘”工具栏上单击“完成”按钮，在操控面板中单击“选项”按钮，在操控面板中选取“对称”按钮，输入深度值 200。在操控面板上单击“完成”按钮。产生的第 9 分型面如图 7-161 所示。

2）单击工具栏中的“拉伸工具”按钮，单击操控面板中的“放置”→“定义”按钮，在弹出“草绘”对话框后，选择第 9 分型面为草绘平面，选择基准面 MOLD_RIGHT 为参考平面，方向为顶，单击“草绘”按钮。

弹出“参照”对话框后，在绘图区选取模具基准平面 MOLD_RIGHT 及 MOLD_FRONT 作为参照平面，单击“关闭”按钮。单击“草绘”工具栏上的“创建 2 点线”按钮，按照如图 7-162 所示草绘一条水平线及两条竖直线。

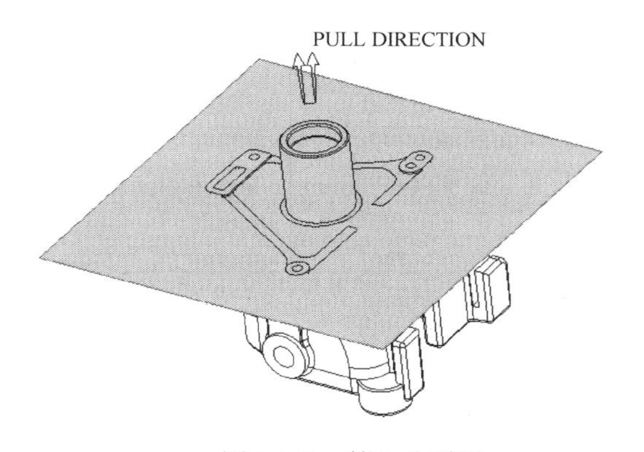

图 7-161　第 9 分型面

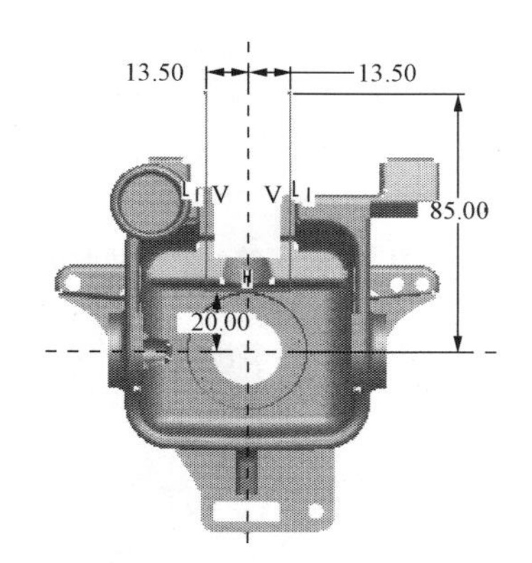

图 7-162　第 9.2 分型面草绘

在“草绘”工具栏上单击“完成”按钮，在操控面板中单击“选项”按钮，在操控面板中选取“拉伸至选定”按钮，选择如图 7-163 所示面作为拉伸终止面。在操控面板上单击“完成”按钮。产生的分型面如图 7-163 所示。

3）在消息区过滤器中选择“面组”，按住 Ctrl 键，依次选择第 9 分型面及第 9.2 分型面，在菜单栏中依次单击“编辑”→“合并”命令，在操控面板上单击“改变要保留的第一面组的侧”按钮，接着在操控面板上单击“完成”按钮。产生的合并曲面如图 7-164 所示。

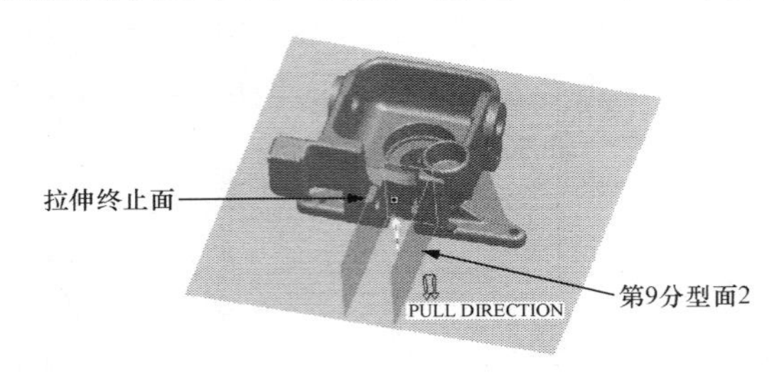

图 7-163　第 9.2 分型面

4）单击工具栏中的“拉伸工具”按钮，单击操控面板中的“放置”→“定义”按钮，在弹出“草绘”对话框后，选择 MOLD_FRONT 为草绘平面，选择基准面 MAIN_PARTING_PLN 为参考平面，方向为顶，单击“草绘”按钮。

弹出“参照”对话框后，在绘图区选取模具基准平面 MOLD_RIGHT 及 MAIN_PARTING_PLN 作为参照平面，单击“关闭”按钮。单击“草绘”工具栏上的“通过边创建图元”按钮，复制参照模型内侧面的 6 条边界链，如图 7-165 所示。按照如图 7-166 所示的草绘对边界链进行延伸。

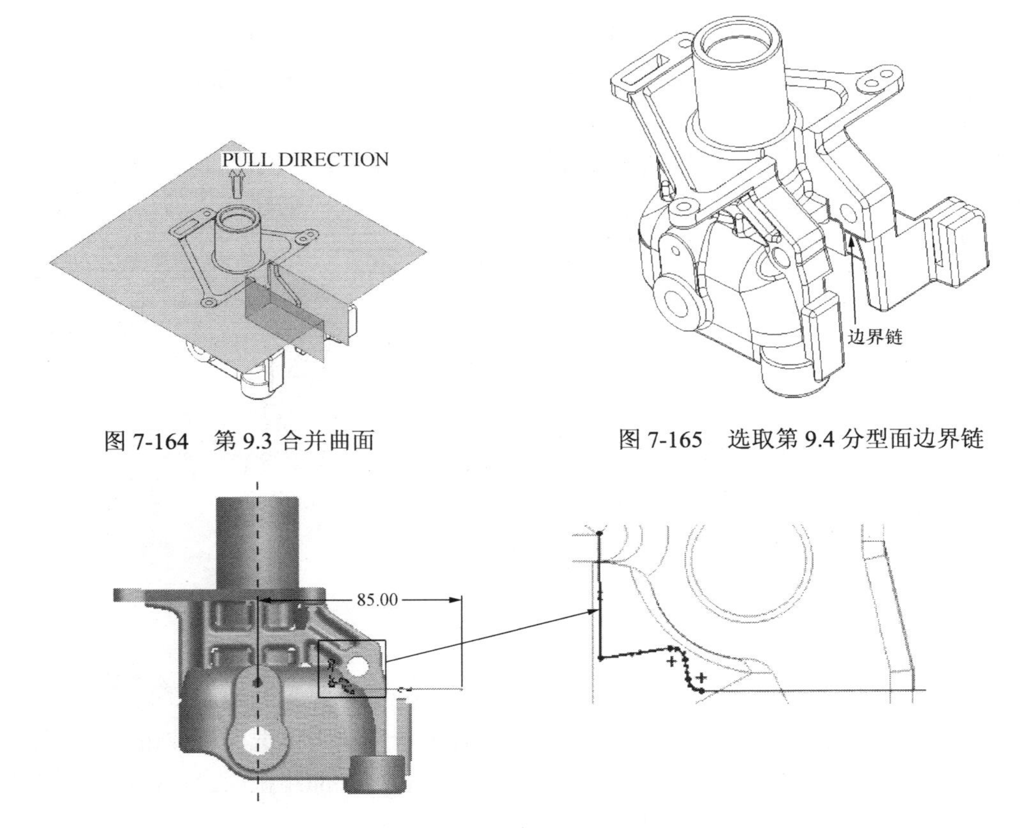

图 7-164　第 9.3 合并曲面　　图 7-165　选取第 9.4 分型面边界链

图 7-166　第 9.4 分型面草绘

在“草绘”工具栏上单击“完成”按钮，在操控面板中单击“选项”按钮，在操控面板中选取“对称”按钮，输入深度值 80。在操控面板上单击“完成”按钮。产生的分型面如图 7-167 所示。

5）在消息区过滤器中选择“面组”项，按住 Ctrl 键，依次选取第 9.3 合并曲面及第 9.4 分型面，在菜单栏中依次单击“编辑”→“合并”命令，接着在操控面板上单击“完成”按钮，在工具栏上单击“完成”按钮，退出“分型曲面工具”模式。产生的合并曲面如图 7-168 所示。

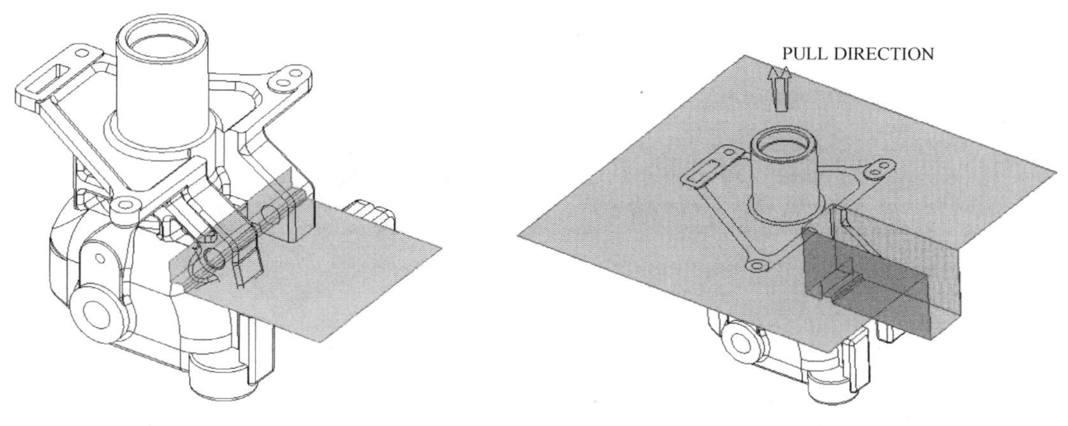

图 7-167　第 9.4 分型面　　　图 7-168　第 9.5 合并曲面

（2）创建型腔体积块。单击工具栏中的按钮取消对 body8 体积块的遮蔽。单击“模具/铸件制造”工具栏中的“分割为新的模具体积块”按钮，在弹出的菜单管理器上单击“一个体积块”→“模具体积块”→“完成”项，在弹出的“搜索工具”对话框下方，选择左边“项目”列表框中的“面组：F34（BODY8）”选项，然后单击“选定”按钮 >>，在右边的“项目”列表框中显示出该选项，单击“关闭”按钮完成项目搜索，如图 7-169 所示。

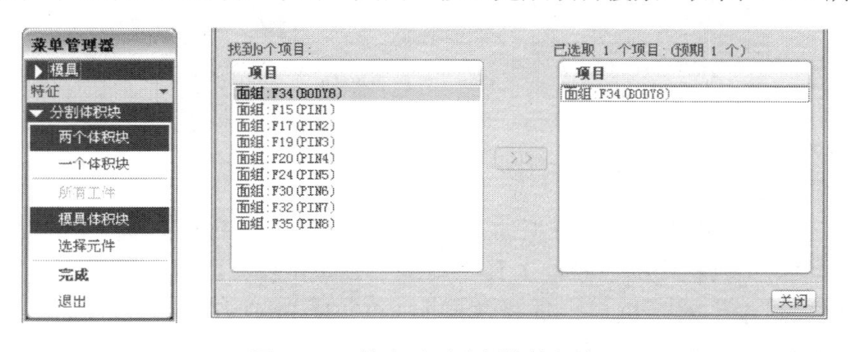

图 7-169　搜索需要分割的体积块

在绘图区选择第 9.5 合并曲面，在弹出的菜单管理器上选择“岛 2”、“岛 3”→“完成选取”项，然后单击“分割”对话框中的“确定”按钮，如图 7-170 所示。

程序弹出第 17 个体积块的“属性”对话框。此体积块是成型制品模型动模型芯的体积块，修改体积块名称为 cavity，单击“着色”按钮，绘图区着色显示出该体积块模型，然后单击“确定”按钮，如图 7-171 所示。

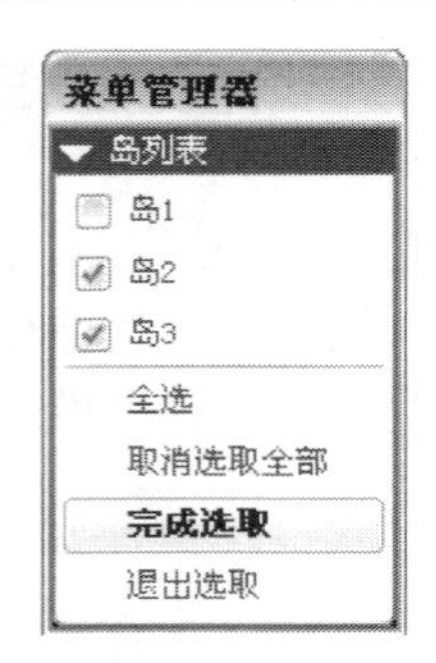

图 7-170 选取分型面

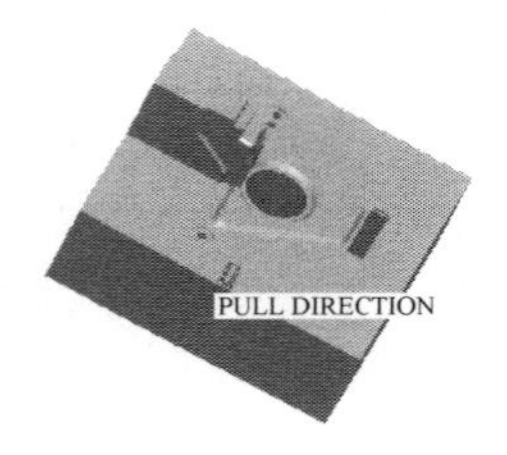

图 7-171 着色定模型腔体积块

程序弹出第 18 个体积块的“属性”对话框。修改体积块名称为 body9，单击“着色”按钮，绘图区着色显示出该体积块模型，然后单击“确定”按钮，如图 7-172 所示。

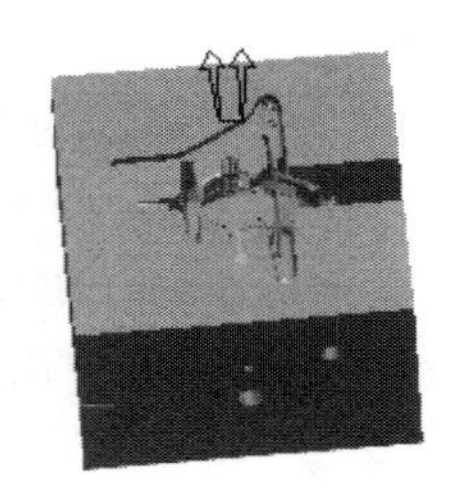

图 7-172 着色体积块

5. 创建动模型腔

（1）创建型芯分型面。

1）单击工具栏中的按钮对分型面及体积块进行遮蔽。单击工具栏中的“分型曲面工具”按钮，单击工具栏中的“拉伸工具”按钮，单击操控面板中的“放置”→“定义”按钮，在弹出“草绘”对话框后，选择基准面 MOLD_FRONT 为草绘平面，选择基准面 MAIN_PARTING_PLN 为参考平面，方向为顶，单击“草绘”按钮。

弹出“参照”对话框后，在绘图区选取模具基准平面 MOLD_RIGHT 及 MAIN_PARTING_PLN 作为参照平面，单击“关闭”按钮。单击“草绘”工具栏上的“创建 2 点线”按钮，按照如图 7-173 所示草绘 3 条线。

在“草绘”工具栏上单击“完成”按钮，在操控面板中单击“选项”按钮，在操控面板中选取“对称”按钮，输入深度值 170。在操控面板上单击“完成”按钮。产生的分型面如图 7-174 所示。

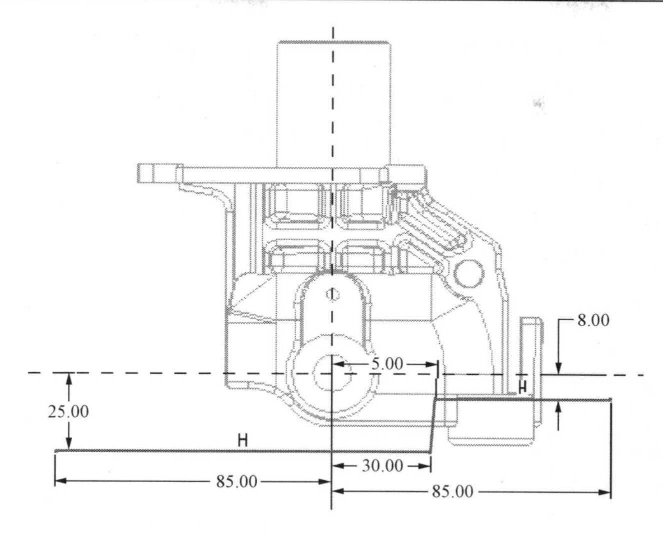

图 7-173　第 10.1 分型面草绘

2）单击工具栏中的按钮对第 10.1 分型面进行遮蔽，去除对工件的遮蔽。单击工具栏中的“拉伸工具”按钮，单击操控面板中的“放置”→“定义”按钮，在弹出“草绘”对话框后，选择坯料底面为草绘平面，选择基准面 MOLD_FRONT 为参考平面，方向为底部，单击“草绘”按钮。

图 7-174　第 10.1 分型面

弹出“参照”对话框后，在绘图区选取模具基准平面 MOLD_RIGHT 及 MOLD_FRONT 作为参照平面，单击“关闭”按钮。单击“草绘”工具栏上的“通过边创建图元”按钮，复制参照模型底面的 4 条边界链。单击“草绘”工具栏上的“创建 2 点线”按钮，草绘一条距离中心线 45 的竖直线，单击“草绘”工具栏上的“在两元间创建一个圆角”按钮，创建 4 个 R15 的圆角，如图 7-175 所示。

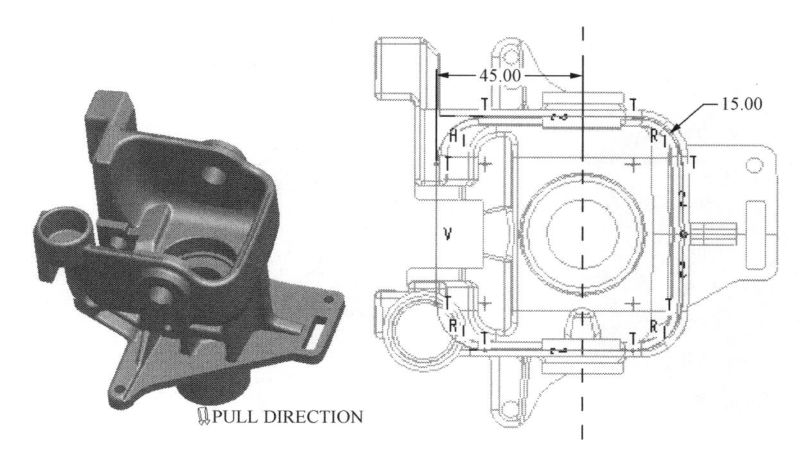

图 7-175　第 10.2 分型面草绘

在“草绘”工具栏上单击“完成”按钮✔，在操控面板中单击“选项”按钮，在操控面板中选取“盲孔”按钮，输入深度值 60，单击“将拉伸的深度方向更改为草绘的另一侧”按钮。在操控面板上单击“完成”按钮。单击工具栏中的按钮对毛坯工件进行遮蔽，产生的第 10.2 分型面如图 7-176 所示。

3）在消息区过滤器中选择“面组”项，按住 Ctrl 键，依次选择第 10.1 分型面及第 10.2 分型面，在菜单栏中依次单击“编辑”→“合并”命令，在操控面板上单击“改变要保留的第一面组的侧”按钮，接着在操控面板上单击“完成”按钮。产生的合并曲面如图 7-177 所示。

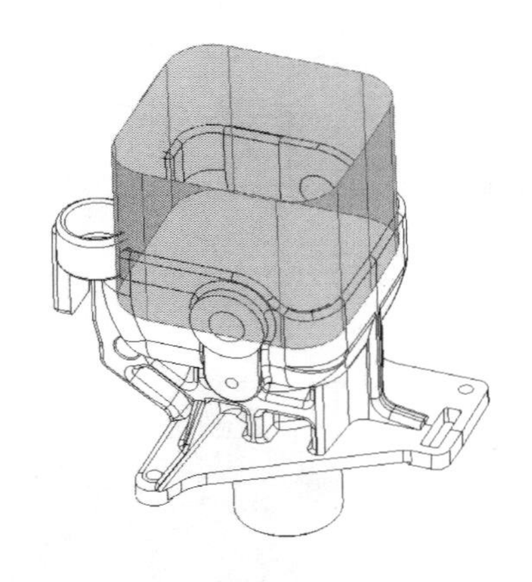

图 7-176　第 10.2 分型面

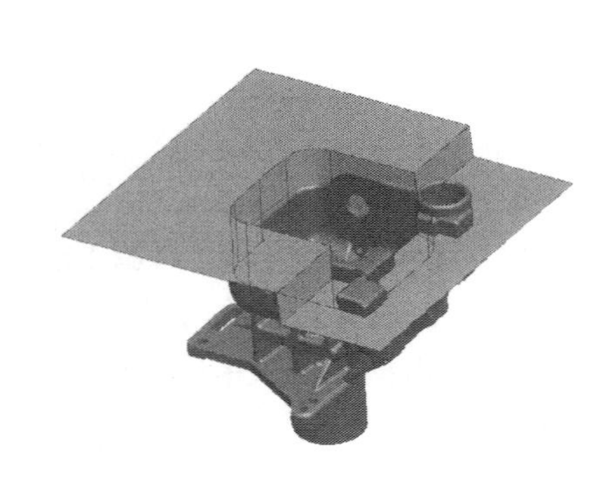

图 7-177　第 10.3 合并曲面

4）单击工具栏中的按钮去除对工件的遮蔽。单击工具栏中的“拉伸工具”按钮，单击操控面板中的“放置”→“定义”按钮，在弹出“草绘”对话框后，选择坯料前面为草绘平面，如图 7-178 所示。选择基准面 MAIN_PARTING_PLN 为参考平面，方向为顶，单击“草绘”按钮。

弹出“参照”对话框后，在绘图区选取模具基准平面 MOLD_FRONT 及 MAIN_PARTING_PLN 作为参照平面，单击“关闭”按钮。单击“草绘”工具栏上的“通过边创建图元”按钮，复制参照模型的 5 条边界链，单击“草绘”工具栏上的“将图元修剪到其他图形或几何”按钮，修剪后的草绘如图 7-179 所示。

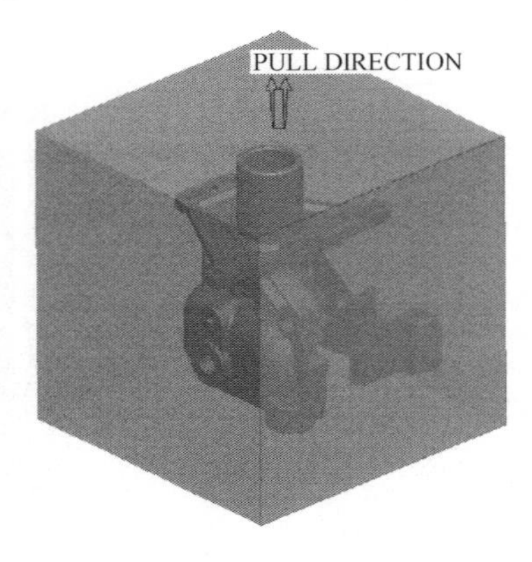

图 7-178　选取第 10.4 分型面草绘平面

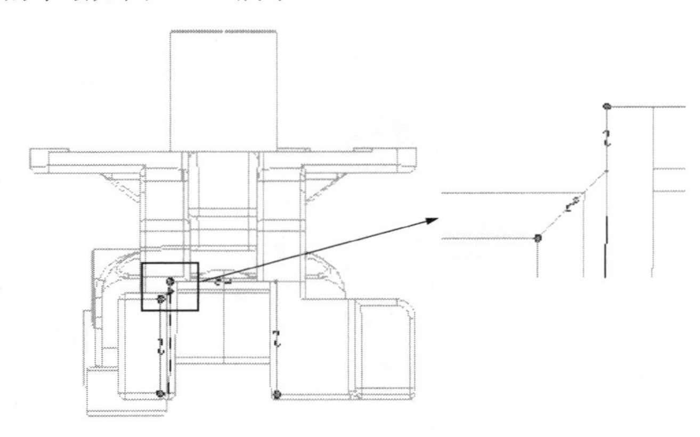

图 7-179　选取第 10.4 分型面边界链

在“草绘”工具栏上单击“完成”按钮✔，在操控面板中单击“选项”按钮，在操控面板中选取“盲孔”按钮，输入深度值42，单击“将拉伸的深度方向更改为草绘的另一侧”按钮。在操控面板上单击“完成”按钮。单击工具栏中的按钮对毛坯工件进行遮蔽，产生的第10.4分型面如图7-180所示。

5）在消息区过滤器中选择“面组”项，按住Ctrl键，依次选择第10.3合并曲面及第10.4分型面，在菜单栏中依次单击“编辑”→“合并”命令，在操控面板上依次单击“改变要保留的第一面组的侧”按钮，在操控面板上单击“完成”按钮。产生的合并曲面如图7-181所示。

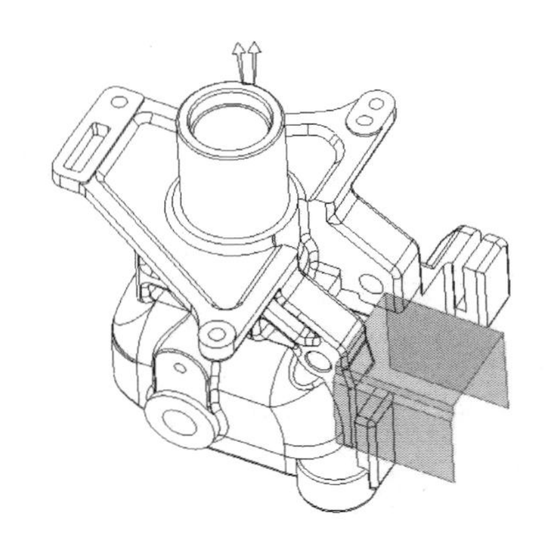

图7-180　第10.4分型面

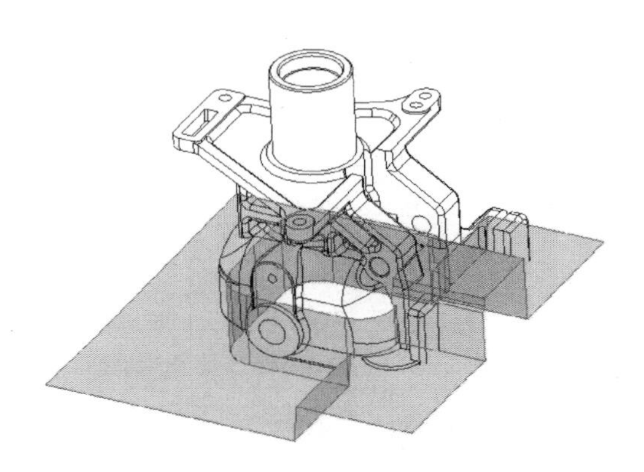

图7-181　第10.5合并曲面

6）单击工具栏中的按钮去除对工件的遮蔽。单击工具栏中的“拉伸工具”按钮，单击操控面板中的“放置”→“定义”按钮，在弹出“草绘”对话框后，选择坯料前面为草绘平面，如图7-178所示。选择基准面MAIN_PARTING_PLN为参考平面，方向为顶，单击“草绘”按钮。

单击“草绘”工具栏上的“通过边创建图元”按钮，复制参照模型的3条边界链，单击“草绘”工具栏上的“将图元修剪到其他图形或几何”按钮，修剪后的草绘如图7-182所示。

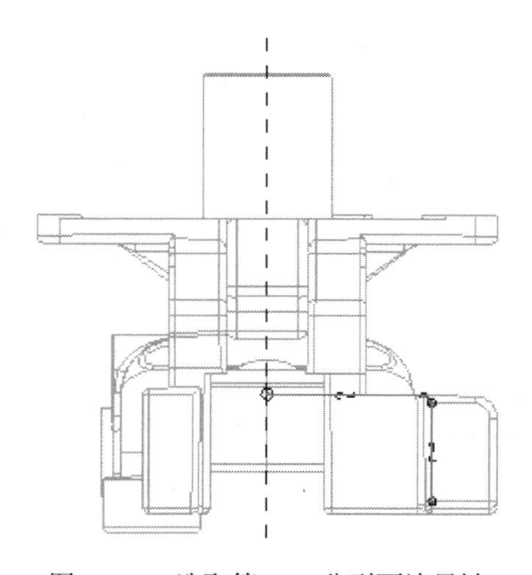

图7-182　选取第10.6分型面边界链

在“草绘”工具栏上单击“完成”按钮，在操控面板中单击“选项”按钮，在操控面板中选取“盲孔”按钮，输入深度值 50，单击“将拉伸的深度方向更改为草绘的另一侧”按钮。在操控面板上单击“完成”按钮。单击工具栏中的按钮对毛坯工件进行遮蔽，产生的分型面如图 7-183 所示。

7）单击工具栏中的“拉伸工具”按钮，单击操控面板中的“放置”→“定义”按钮，在弹出“草绘”对话框后，选择基准平面 MAIN_PARTING_PLN 为草绘平面，选择基准面 MOLD_RIGHT 为参考平面，方向为底部，单击“草绘”按钮。

弹出“参照”对话框后，在绘图区选取模具基准平面 MOLD_FRONT 及 MOLD_RIGHT 作为参照平面，单击“关闭”按钮。单击“草绘”工具栏上的“创建 2 点线”按钮，按照如图 7-184 所示草绘一条长为 60 的水平线。

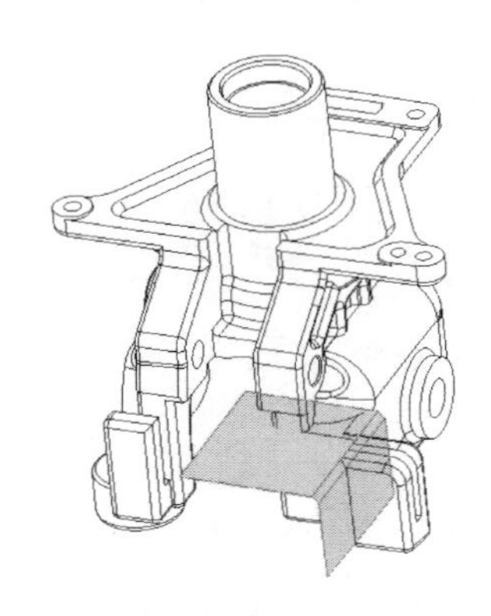

图 7-183 第 10.6 分型面

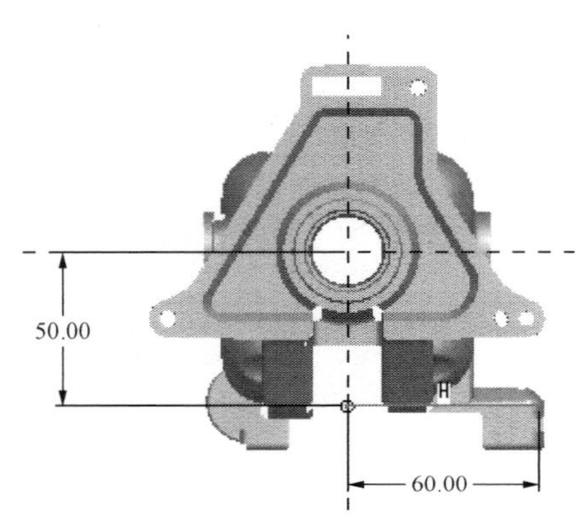

图 7-184 第 10.7 分型面草绘

在“草绘”工具栏上单击“完成”按钮，在操控面板中单击“选项”按钮，在操控面板中选取“对称”按钮，输入深度值 95。在操控面板上单击“完成”按钮。产生的分型面如图 7-185 所示。

8）在消息区过滤器中选择“面组”项，按住 Ctrl 键，依次选择第 10.6 分型面及第 10.7 分型面，在菜单栏中依次单击“编辑”→“合并”命令，在操控面板上单击“改变要保留的第一面组的侧”按钮，接着在操控面板上单击“完成”按钮。产生的合并曲面如图 7-186 所示。

图 7-185 第 10.7 分型面

图 7-186 第 10.8 合并曲面

9）在消息区过滤器中选择“面组”项，按住 Ctrl 键，依次选择第 10.5 合并曲面及第 10.8 合并曲面，在菜单栏中依次单击“编辑”→“合并”命令，在操控面板上单击“改变要保留的第一面组的侧”按钮，接着在操控面板上单击“完成”按钮。产生的合并曲面如图 7-187 所示。

10）单击工具栏中的按钮去除对工件的遮蔽。单击工具栏中的“拉伸工具”按钮，单击操控面板中的“放置”→“定义”按钮，在弹出“草绘”对话框后，选择坯料侧面为草绘平面，如图 7-188 所示。选择基准面 MAIN_PARTING_PLN 为参考平面，方向为顶，单击“草绘”按钮。

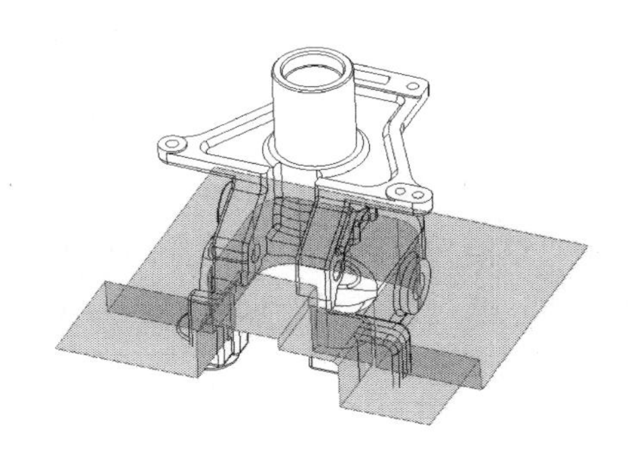

图 7-187 第 10.9 合并曲面

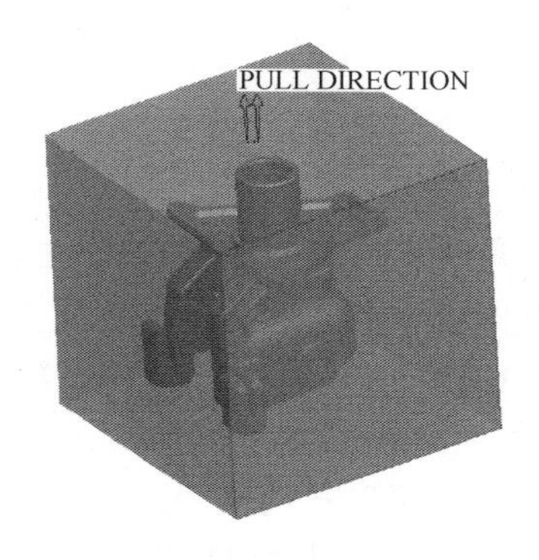

图 7-188 选取第 10.10 分型面草绘平面

单击“草绘”工具栏上的“创建矩形”按钮，按照如图 7-189 所示草绘一个宽为 7，长为 24 的矩形。

在“草绘”工具栏上单击“完成”按钮，在操控面板中单击“选项”按钮，选取“封闭端”选项，在操控面板中选取“拉伸至选定”按钮，选择如图 7-190 所示的制品内侧面作为拉伸终止面，在操控面板上单击“完成”按钮。单击工具栏中的按钮对毛坯工件进行遮蔽，产生的分型面如图 7-191 所示。

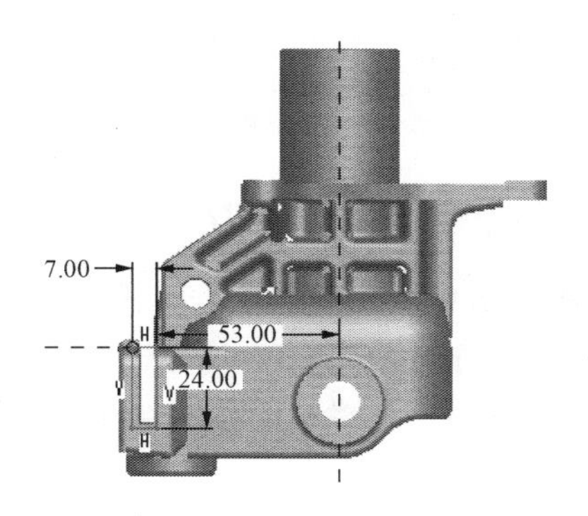

图 7-189 第 10.10 分型面草绘

图 7-190 选取第 10.10 分型面终止面

11）在消息区过滤器中选择“面组”项，按住 Ctrl 键，依次选择第 10.9 合并曲面及第 10.10 分型面，在菜单栏中依次单击“编辑”→“合并”命令，在操控面板上单击“改变要保留的第一面组的侧”按钮及“改变要保留的第二面组的侧”按钮，接着在操控面板上单击“完成”按钮。产生的合并曲面如图 7-192 所示。

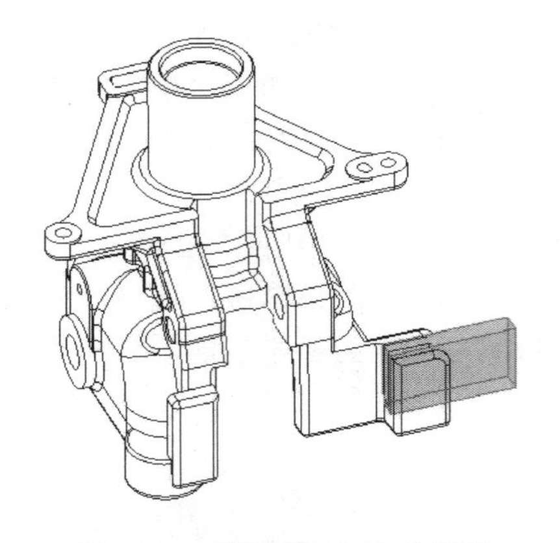

图 7-191 选取第 10.10 分型面

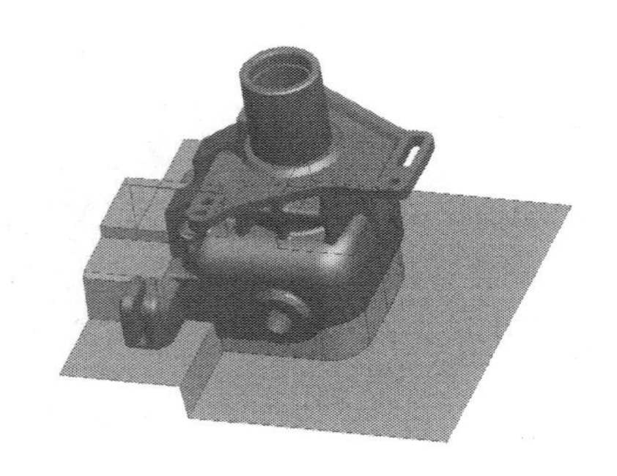

图 7-192 第 10.11 合并曲面

12）单击工具栏中的按钮去除对工件的遮蔽。单击工具栏中的“拉伸工具”按钮，单击操控面板中的“放置”→“定义”按钮，在弹出“草绘”对话框后，选择坯料侧面为草绘平面，如图 7-193 所示。选择基准面 MAIN_PARTING_PLN 为参考平面，方向为顶，单击“草绘”按钮。

弹出“参照”对话框后，在绘图区选取模具基准平面 MOLD_RIGHT 作为参照平面及如图 7-194 所示的分型面边界作为参考边界，单击“关闭”按钮。单击“草绘”工具栏上的“创建矩形”按钮，按照如图 7-195 所示草绘一个矩形。

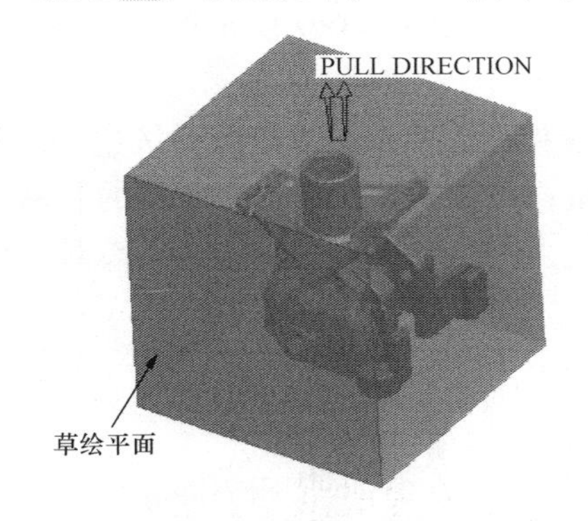

图 7-193 选取第 10.12 分型面草绘平面

图 7-194 选取第 10.12 分型面边界

在“草绘”工具栏上单击“完成”按钮，在操控面板中单击“选项”按钮，选取“封闭端”选项，在操控面板中选取“拉伸至选定”按钮，选择如图 7-196 所示的制品内侧面作为拉伸终止面，在操控面板上单击“完成”按钮。单击工具栏中的按钮对毛坯工件进行遮蔽，产生的分型面如图 7-197 所示。

13）在消息区过滤器中选择“面组”项，按住 Ctrl 键，依次选择第 10.11 合并曲面及第 10.12 分型面，在菜单栏中依次单击“编辑”→“合并”命令，在操控面板上依次单击“改变要保留的第一面组的侧”按钮及“改变要保留的第二面组的侧”按钮，接着在操控面板上单击“完成”按钮，在工具栏上单击“完成”按钮，退出“分型曲面工具”模式。产生的合并曲面如图 7-198 所示。

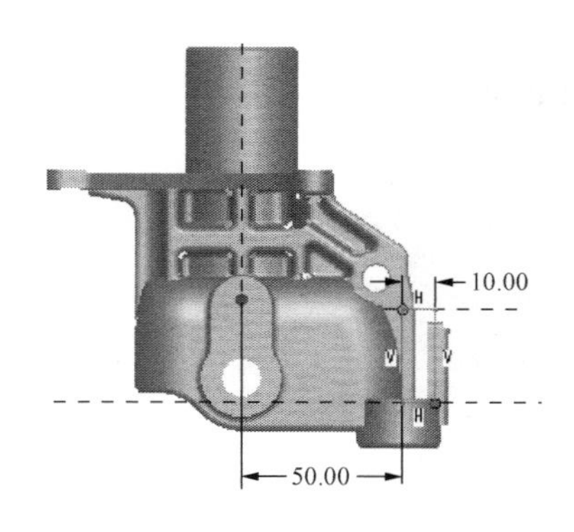

图 7-195　第 10.12 分型面草绘

图 7-196　选取第 10.12 分型面终止面

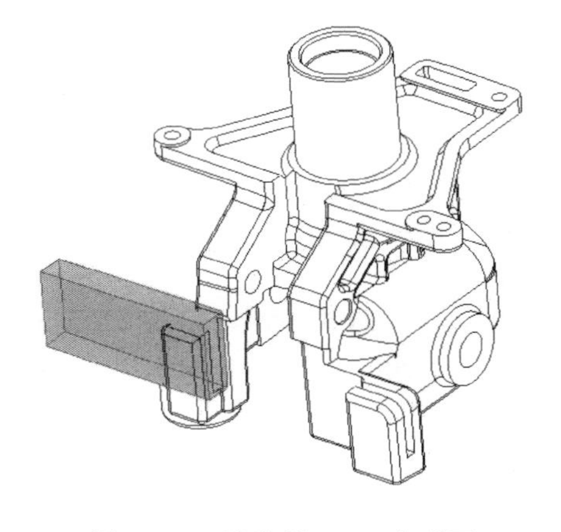

图 7-197　选取第 10.12 分型面

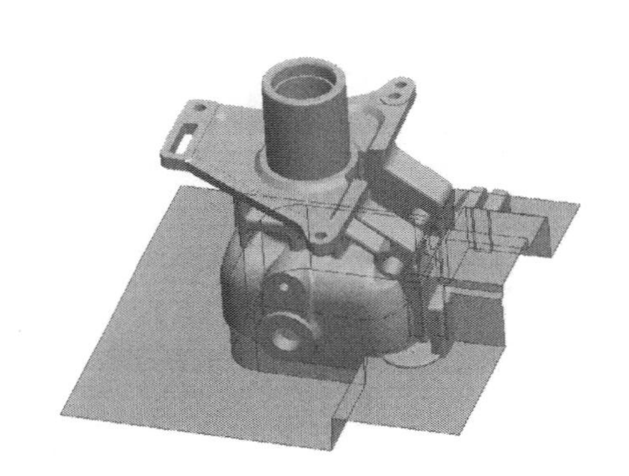

图 7-198　第 10.13 合并曲面

（2）创建型芯体积块。单击工具栏中的按钮，取消对“slider_ins1”体积块的遮蔽。单击“模具/铸件制造”工具栏中的“分割为新的模具体积块”按钮，在弹出的菜单管理器上单击“一个体积块”→“模具体积块”→“完成”项，在弹出的“搜索工具”对话框下方，选择左边“项目”列表框中的“面组：F42（BODY9）”选项，然后单击“选定”按钮 >>，在右边的“项目”列表框中显示出该选项，单击“关闭”按钮完成项目搜索，如图 7-199 所示。

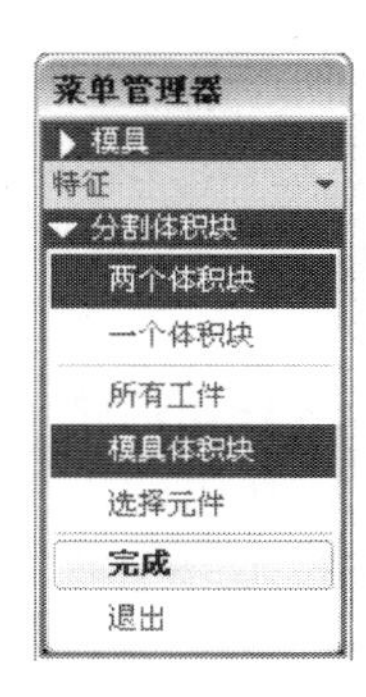

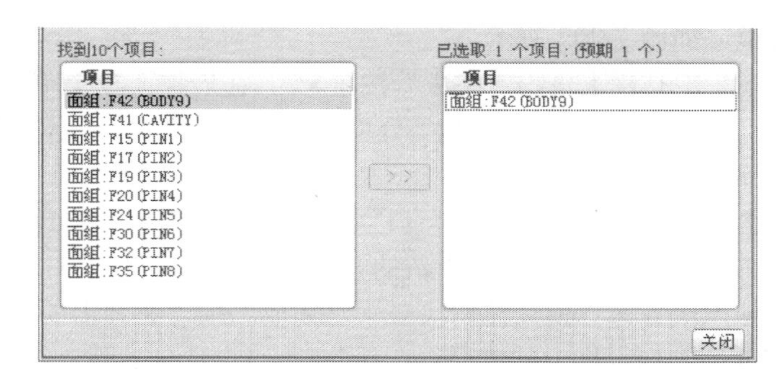

图 7-199　搜索需要分割的体积块

在绘图区依次选择第 10 分型面，程序弹出第 19 个体积块的“属性”对话框。此体积块是成型制品模型动模型芯的体积块，修改体积块名称为 core，单击“着色”按钮，绘图区着色显示出该体积块模型，然后单击“确定”按钮，如图 7-200 所示。

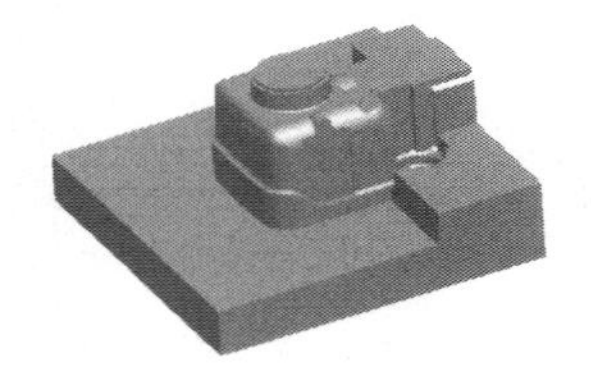

图 7-200 着色动模型芯体积块

程序弹出第 20 个体积块的“属性”对话框。此体积块是成型制品模型动模型芯的体积块，修改体积块名称为 body10，单击“着色”按钮，绘图区着色显示出该体积块模型，然后单击“确定”按钮，如图 7-201 所示。

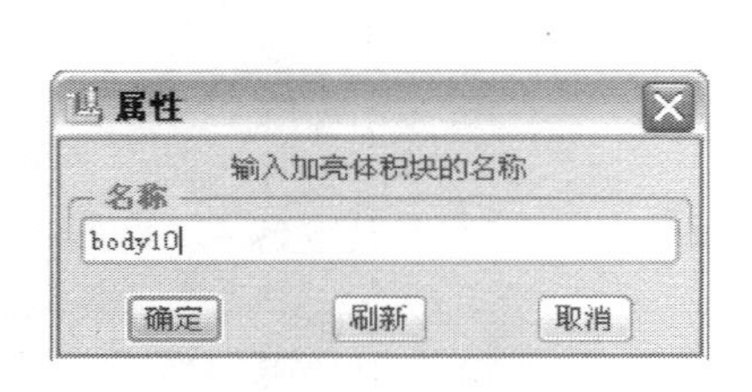

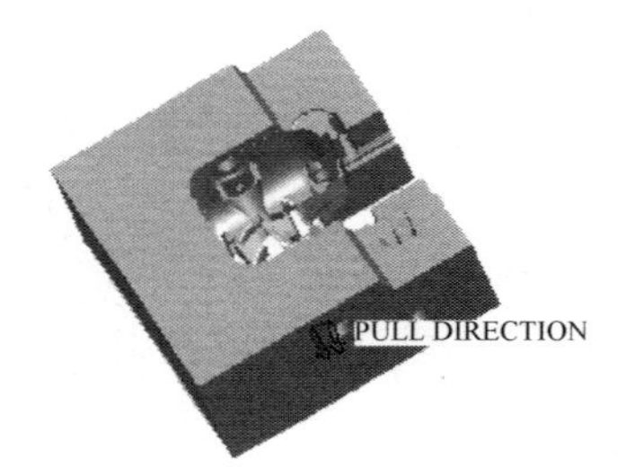

图 7-201 着色体积块

6. 创建大滑块

（1）创建大滑块分型面。单击工具栏中的按钮对体积块及分型面进行遮蔽，去除对毛坯工件的遮蔽，单击工具栏中的“分型曲面工具”按钮，在菜单栏中依次单击“编辑”→“填充”命令，单击操控面板中的“参照”→“定义”按钮，在弹出“草绘”对话框后，选择基准平面 MOLD_FRONT 为草绘平面，选择基准面 MAIN_PARTING_PLN 为参考平面，方向为顶，单击“草绘”按钮。

弹出“参照”对话框后，在绘图区选取模具坐标系 MOLD_DEF_CSYS 作为草绘的定位参照，单击“关闭”按钮。单击“草绘”工具栏上的“通过边创建图元”按钮，复制坯料的 4 条边界链，如图 7-202 所示。

在“草绘”工具栏上单击“完成”按钮，在操控面板上单击“完成”按钮，在工具栏上单击“完成”按钮，退出“分型曲面工具”模式。产生的第 11 分型面为一个平面，如图 7-203 所示。

（2）创建大滑块体积块。单击工具栏中的按钮取消对 body10 体积块的遮蔽。单击“模具/铸件制造”工具栏中的“分割为新的模具体积块”按钮，然后在弹出的菜单管理器上单击“一个体积块”→“模具体积块”→“完成”项，在弹出的“搜索工具”对话框下方，选择左边“项目”列表框中的“面组：slider_ins1”选项，然后单击“选定”按钮 >> ，在右边的“项目”列表框中显示出该选项，单击 “关闭”按钮完成项目搜索，如图 7-204 所示。

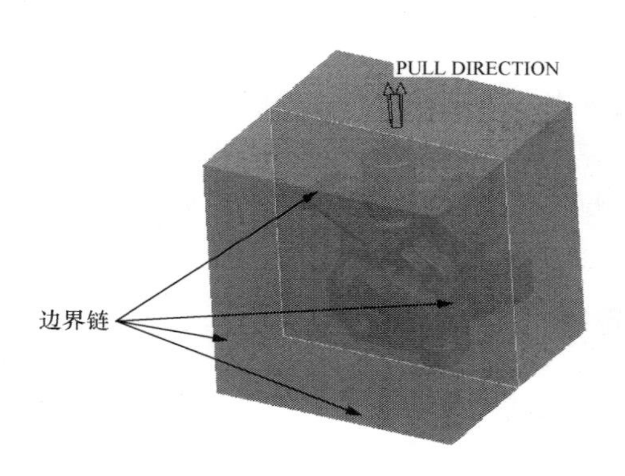

图 7-202　选取坯料的边界

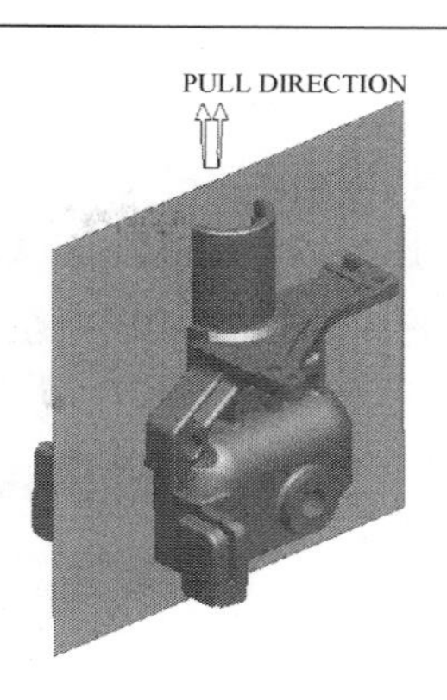

图 7-203　第 11 分型面

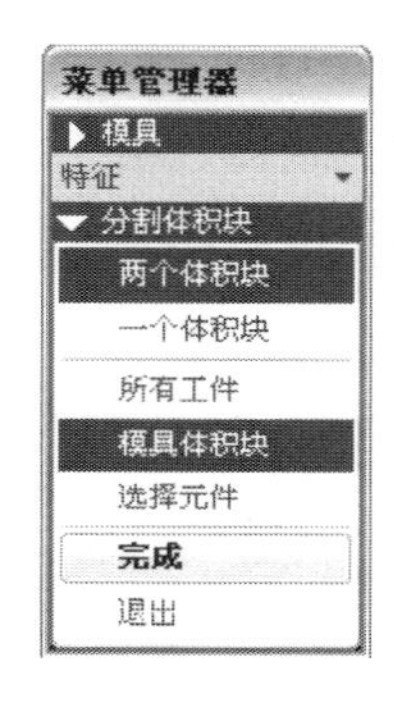

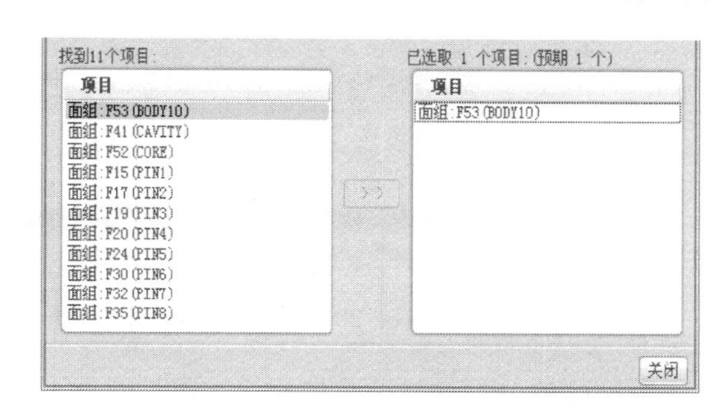

图 7-204　搜索需要分割的体积块

在绘图区选择第 11 分型面，程序弹出第 20 个体积块的“属性”对话框。此体积块是成型制品模型动模型芯的体积块，修改体积块名称为 slider1，单击“着色”按钮，绘图区着色显示出该体积块模型，然后单击“确定”按钮，如图 7-205 所示。

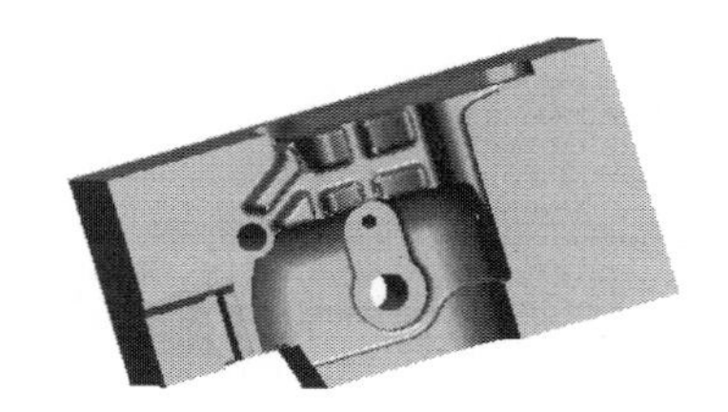

图 7-205　选取分型面

程序弹出第 12 个体积块的“属性”对话框。此体积块是成型制品模型动模型芯的体积块，修改体积块名称为 slider2，单击“着色”按钮，绘图区着色显示出该体积块模型，然后单击“确定”按钮，如图 7-206 所示。

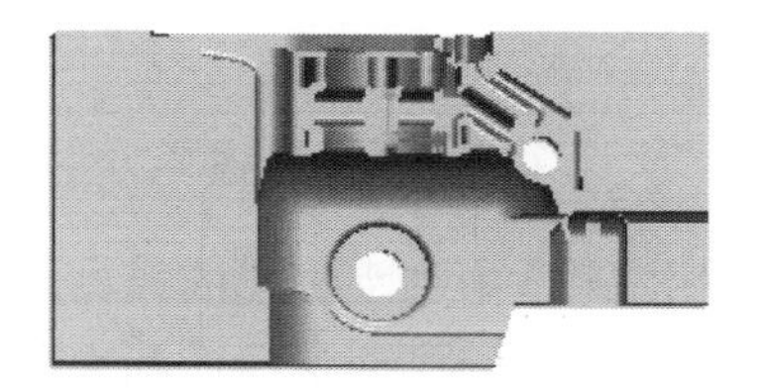

图 7-206　着色动模滑块体积块

7. 创建模具元件

单击工具栏中的按钮对工件及分型面进行遮蔽。单击“模具/铸件制造”工具栏上的“从模具体积块创建型腔嵌入件零件”按钮，在弹出的“创建模具元件”对话框中单击“选取所有体积块”按钮，选择全部对象，然后单击“确定”按钮，完成模具元件的创建，如图 7-207 所示。

图 7-207　创建模具元件对话框

要全部显示所创建的分型面、模具体积块、模具元件，在模具树上方单击“设置”按钮，在下拉菜单中单击“树过滤器”命令，弹出“模具树项目”对话框。在对话框中勾选“特征”复选框，然后单击“确定”按钮退出设置，此时在模型树中就可以查看所创建的特征了，如图 7-208 所示。

MOTOR_MOLD.ASM
MOLD_RIGHT
MAIN_PARTING_PLN
MOLD_FRONT
MOLD_DEF_CSYS
MOTOR_MOLD_REF.PRT
MOTOR_MOLD_WRK.PRT
拉伸 1 [PART_SURF_1 - 分型面]
拉伸 2 [PART_SURF_2 - 分型面]
拉伸3 [PART_SURF_3 - 分型面]
拉伸 7 [PART_SURF_3 - 分型面]
合并 1 [PART_SURF_3 - 分型面]
拉伸 4 [PART_SURF_4 - 分型面]
参照零件切除 标识11548
分割 标识11547 [BODY1 - 模具体积块]
分割 标识14305 [PIN1 - 模具体积块]
分割 标识14389 [BODY2 - 模具体积块]
分割 标识14468 [PIN2 - 模具体积块]
分割 标识17859 [BODY3 - 模具体积块]
分割 标识17981 [PIN3 - 模具体积块]
分割 标识18138 [PIN4 - 模具体积块]
分割 标识18225 [BODY4 - 模具体积块]
拉伸 8 [PART_SURF_5 - 分型面]
分割 标识18255 [BODY5 - 模具体积块]
分割 标识18301 [PIN5 - 模具体积块]
拉伸 9 [PART_SURF_6 - 分型面]
镜像 1 [PART_SURF_6 - 分型面]
拉伸 10 [PART_SURF_7 - 分型面]
镜像 2 [PART_SURF_7 - 分型面]
拉伸 11 [PART_SURF_8 - 分型面]
分割 标识18425 [PIN6 - 模具体积块]
分割 标识18566 [BODY6 - 模具体积块]
分割 标识18570 [PIN7 - 模具体积块]
分割 标识18675 [BODY7 - 模具体积块]
分割 标识18840 [BODY8 - 模具体积块]
分割 标识18890 [PIN8 - 模具体积块]
拉伸 12 [PART_SURF_9 - 分型面]
拉伸 13 [PART_SURF_9 - 分型面]
合并 2 [PART_SURF_9 - 分型面]
拉伸 14 [PART_SURF_9 - 分型面]
合并 3 [PART_SURF_9 - 分型面]
分割 标识19121 [CAVITY - 模具体积块]
分割 标识19726 [BODY9 - 模具体积块]
拉伸 15 [PART_SURF_10 - 分型面]
拉伸 16 [PART_SURF_10 - 分型面]
合并 4 [PART_SURF_10 - 分型面]
拉伸 17 [PART_SURF_10 - 分型面]
合并 5 [PART_SURF_10 - 分型面]
拉伸 18 [PART_SURF_10 - 分型面]
拉伸 19 [PART_SURF_10 - 分型面]
合并 6 [PART_SURF_10 - 分型面]
合并 7 [PART_SURF_10 - 分型面]
分割 标识23846 [CORE - 模具体积块]
分割 标识24504 [BODY10 - 模具体积块]
填充 1 [PART_SURF_11 - 分型面]
分割 标识24542 [SLIDER1 - 模具体积块]
分割 标识24646 [SLIDER2 - 模具体积块]
PIN1.PRT
PIN2.PRT
PIN3.PRT
PIN4.PRT
PIN5.PRT
PIN6.PRT
PIN7.PRT
PIN8.PRT
CAVITY.PRT
CORE.PRT
SLIDER1.PRT
SLIDER2.PRT

图 7-208　模型树中的各特征

在模型数中右键单击刚刚创建的模具元件 core.prt，在弹出的快捷菜单中单击“打开”命令，程序弹出动模型芯的模型窗口，观察模具元件。同样方法可以打开 cavity.prt、slide1.prt 及 slider2.prt 的模具元件模型，如图 7-209 所示。

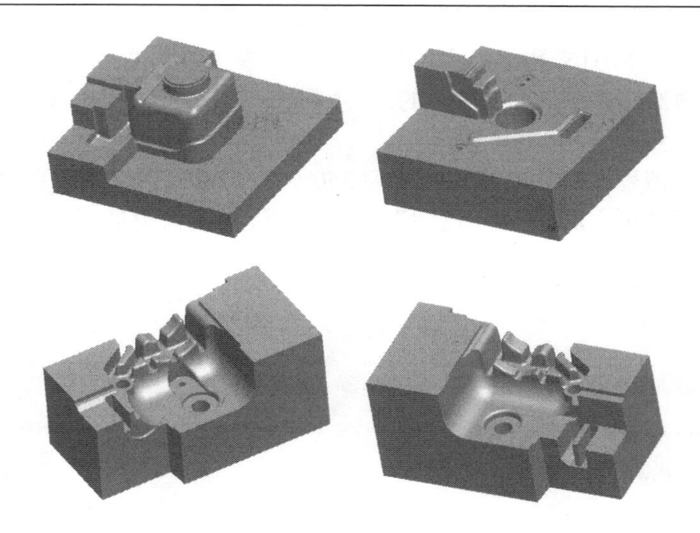

图 7-209 创建的模具元件

7.4.4 浇注系统设计

塑料注射模的浇注系统是指熔体从注射机的喷嘴开始到型腔为止的流动通道，其主要作用是将熔体平稳地引入型腔，使之按照要求填充型腔的各个角落，并使型腔内的气体顺利排出。

1. 主流道设计

电机壳体的零件，外形尺寸比较大，排气孔比较多，如果从制品单边进胶，容易使制品填充不平衡，同时会使主流道偏离模具的中心线，使注塑机加大，所以主流道适合从制品的正面进胶。

单击工具栏上的“遮蔽/取消遮蔽”按钮，弹出“遮蔽/取消遮蔽”对话框，选择对话框中的参照模型和毛坯工件，单击“遮蔽”按钮，然后单击“分型面”按钮，在对话框中选取所有分型面，单击“遮蔽”按钮，然后单击“关闭”按钮。在菜单管理器上依次单击“模具”→“特征”→“型腔组件”→“实体”→“切减材料”→“旋转”→“实体”→“完成”项，如图 7-210 所示。

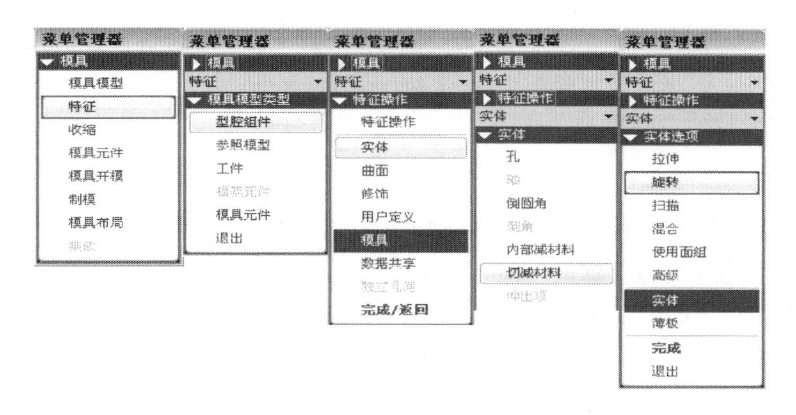

图 7-210 创建型腔组件菜单命令

在操控面板上单击“放置”→“定义”按钮，弹出“草绘”对话框，选取 MOLD_FRONT

基准面作为草绘平面，MAIN_PARTING_PLN 作为顶参照面，单击“草绘”按钮，进入草绘模式，在绘图区中绘制如图 7-211 所示的旋转剖面，单击工具栏上“完成”按钮✔，完成草绘。

在操控面板上保留程序默认的旋转角度为 360°，单击鼠标中键完成主流道的设计，最后单击“特征操作”子菜单上的“完成/返回”命令，创建的主流道如图 7-212 所示。

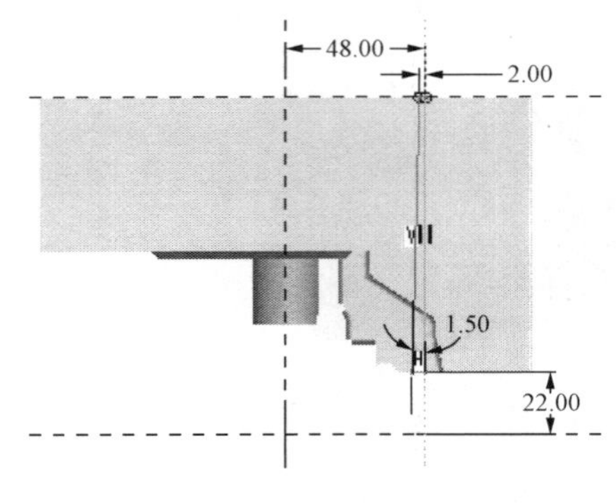

图 7-211　绘制旋转剖面

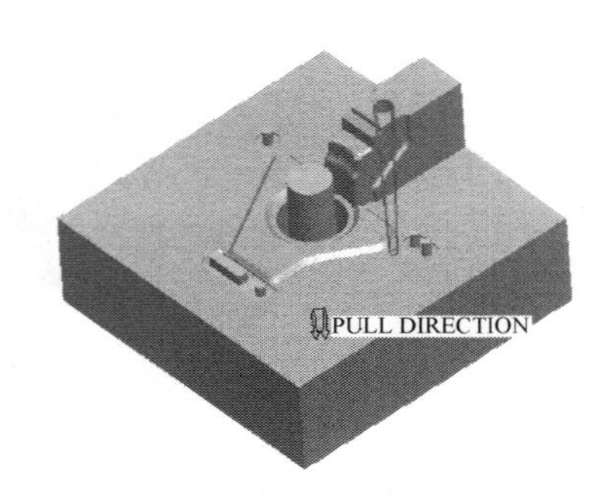

图 7-212　创建的主流道

2. 分流道设计

设计分流道应考虑到使熔体顺利地充满型腔，并且流动阻力小，能将熔体均匀地分配到型腔各处。本例将分流道设在制品的两侧面，采用梯形截面设计。

在菜单管理器上依次单击“模具”→“特征”→“型腔组件”→“流道”→“梯形”项，如图 7-213 所示。

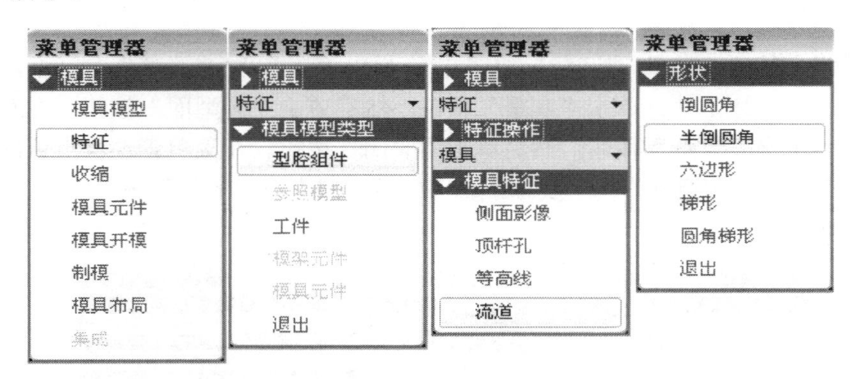

图 7-213　创建分流道命令

在绘图区下方消息窗口提示“输入流道的宽度”时，在文本框内输入“8”，单击“完成”按钮☑。提示“输入流道的深度”时，在文本框内输入“6”，单击“完成”按钮☑。提示“输入流道侧角度”时，在文本框内输入“10”，单击“完成”按钮☑。提示“输入流道拐角半径”时，在文本框内输入“2”，单击“完成”按钮☑。然后选取定模型腔的上端面作为草绘平面，如图 7-214 所示，单击“确定”按钮完成选取。

然后在“流道”菜单中单击“正向”→“默认”命令，程序弹出“参照”对话框，选取绘图区中的坐标系作为草绘参照，单击“关闭”按钮进入草绘模式。

在草绘模式中绘制如图 7-215 所示的一条直线，单击工具栏上“完成”按钮✓，完成草绘。

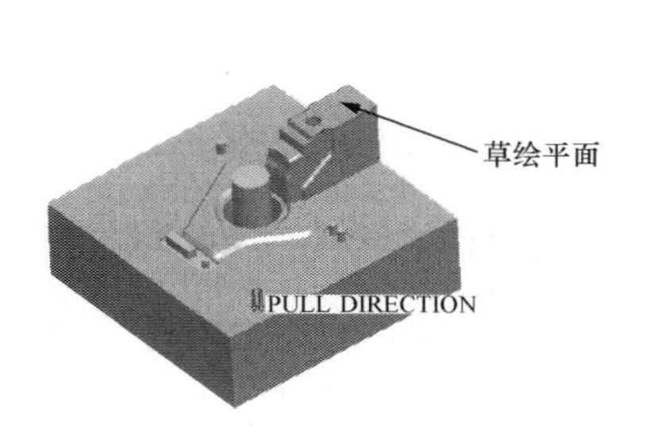

图 7-214　选取草绘平面

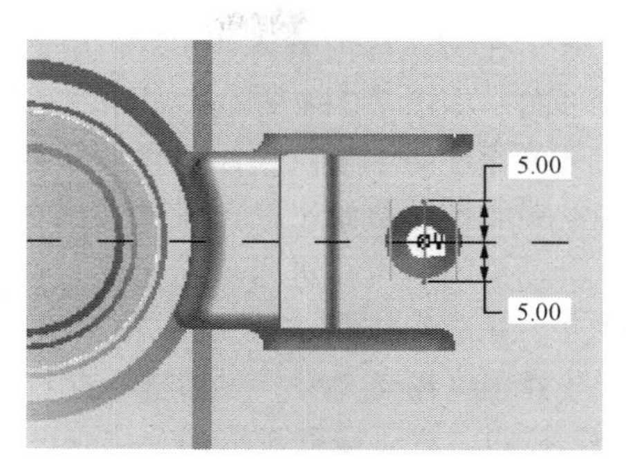

图 7-215　草绘分流道

这时程序弹出“相交元件”对话框，打开“等级”下拉表，选取“零件级”选项，再单击“自动添加”按钮。在列表框内会出现一个元件，选择 CAVITY 选项，如图 7-216 所示。最后单击“确定”按钮，退出相交元件的选取。

在“流道”对话框中单击“确定”按钮，完成分流道的设计，最后单击“特征操作”子菜单上的“完成/返回”命令，右键单击模型树中的模具元件 CAVITY_MAIN_INS，在弹出的快捷菜单中单击“打开”命令，程序弹出型芯的模型窗口，可观察到创建的分流道，如图 7-217 所示。

图 7-216　选择相交元件

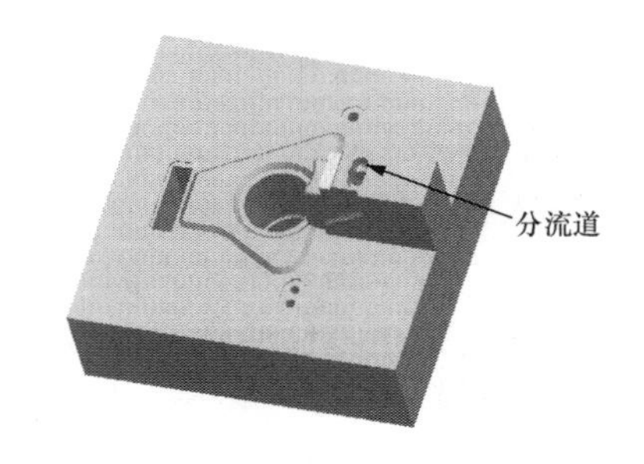

图 7-217　创建的分流道

3. 浇口设计

浇口的设计方法与分流道类似，浇口设置在分流道的端部，主要提高熔体的流速，提高熔体的充模质量。

在菜单管理器上依次执行“模具”→“特征”→“型腔组件”→“流道”→“梯形”项。在绘图区下方消息窗口提示“输入流道的宽度”时，在文本框内输入“6”，单击“完成”按钮☑。提示“输入流道的深度”时，在文本框内输入“2”，单击“完成”按钮☑。提示“输入流道侧角度”时，在文本框内输入“5，单击“完成”按钮☑。提示“输入流道拐角半径”时，在文本框内输入“0.5”，单击“完成”按钮☑。然后选取定模型腔的上端面作为草绘平面，如图 7-214 所示，单击“确定”按钮完成选取。

在菜单管理器上依次单击“设置草绘方向”→“使用先前的”→“正向”项，同样选取大型芯上端面作为草绘平面，程序弹出“参照”对话框，选取绘图区中的坐标系作为草绘参照，单击“关闭”按钮进入草绘模式。在草绘模式中绘制如图 7-218 所示的一条直线，单击工具栏上“完成”按钮✔，完成草绘。

程序弹出“相交元件”对话框，打开“等级”下拉表，选取“零件级”选项，再单击“自动添加”按钮。然后在列表框内会出现两个元件，选择其中的 CAVITY_MAIN_INS 选项，单击“移出”按钮，只保留 CAVITY_MAIN_INS 作为相交元件，最后单击“确定”按钮，退出相交元件的选取。

在“流道”对话框中单击“确定”按钮，完成浇口的设计。最后单击“特征操作”子菜单上的“完成/返回”命令，右键单击模型树中的模具元件 CAVITY_MAIN_INS，在弹出的快捷菜单中单击“打开”命令，程序弹出型芯的模型窗口，可观察到创建的浇口，如图 7-219 所示。

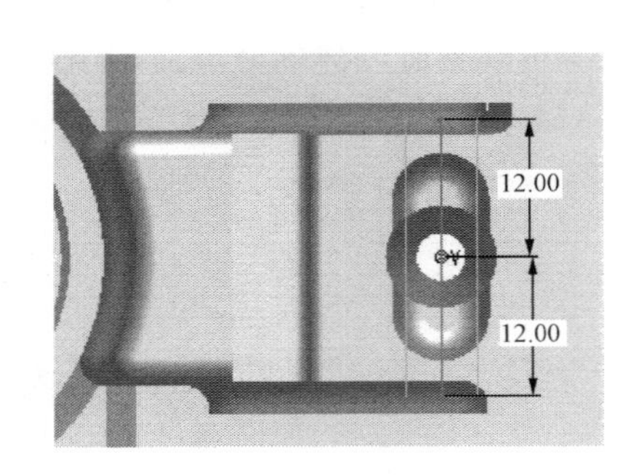

图 7-218　草绘浇口

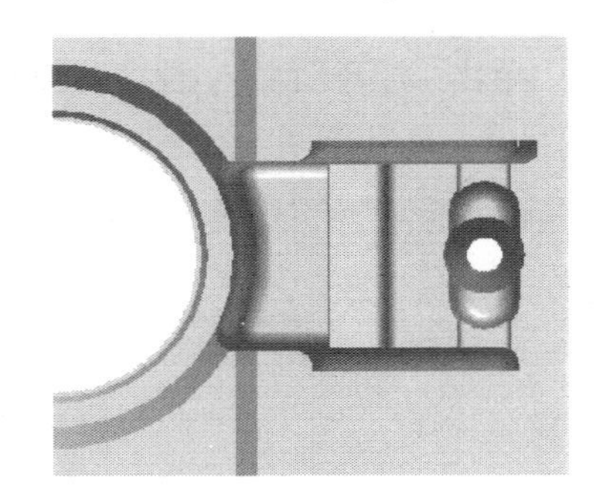

图 7-219　创建的浇口

4. 创建铸模

在菜单管理器上依次单击“模具”→“铸模”→“创建”项，在绘图区下方信息提示区弹出消息输入框，输入铸模成型零件的新名称 motor_mold，单击“完成”按钮☑，铸模零件创建完成。右键单击模型树中的铸模零件 motor_mold.prt，在弹出的快捷菜单中单击“打开”命令，程序铸模零件的模型窗口，创建的铸模零件如图 7-220 所示。

5. 组件开模

在菜单管理器上依次单击“模具”→“模具开模”→“定义间距”→“定义移动”项，在程序提示“为迁移号码 1 选取构件”时，在绘图区中选取型腔模块 cavity，然后单击“选取”对话框中的“确定”按钮，接着选择与开模方向平行的边线或者选择与开模方向垂直的平面，作为移动的方向，在绘图区下面的文本框内输入移动距离为“100”，单击“完成”按钮☑。然后单击“完成/返回”→“完成”命令，型腔模块的开模移动定义完成。用同样的方法，将型芯模块向下移动“100”，滑块各自向抽芯方向移动“100”，最终的开模定义完成效果如图 7-221 所示。

图 7-220　铸模零件

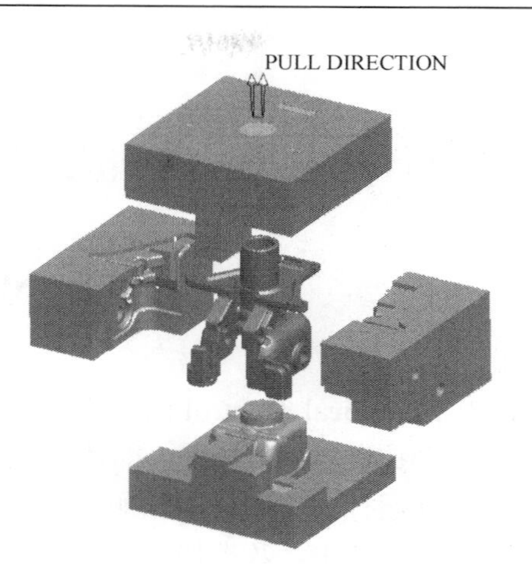

图 7-221　模具展开效果图

第8章　Pro/ENGINEER NC加工基础

8.1　NC 加 工 简 介

NC为Numerical Control的简称，即数字控制，是指用数字化信息对机床运动及其加工过程进行自动控制。NC加工，即数控加工，是指采用数字信息对零件加工过程进行定义并控制机床自动运行的一种自动化加工方法。

在现代制造业中，数控加工制造已经占有十分重要的地位。目前，数控加工主要应用于以下两个方面：

一方面是对常规零件的加工，如二维车削、箱体类镗铣等。其目的在于提高加工效率，避免人为误差，保证产品质量；以柔性加工方式取代高成本的工装设备，缩短产品制造周期，适应市场需求。

另一方面是对复杂形状零件的加工，如模具型腔、蜗轮、叶片等。这类零件型面复杂，用常规加工方法难以实现。对这类零件的加工，不但要求数控机床具有较强的运动控制能力（如多轴联动），而且更重要的是如何有效地获得高效优质的数控加工程序，才能保证从加工过程整体上提高生产效率。

数控加工程序是指被加工零件的工艺过程、工艺参数、刀具位移量和方向及其他辅助动作（冷却液开关，换刀等），按运动顺序，以数控系统指定的指令代码和格式编写的程序代码。用户将数控程序代码输给数控装置便可以控制数控机床的加工过程。

数控程序编制的方法，一般分为手工编程和自动编程两种。对于几何形状简单、数值计算较方便的零件，采用手工编程显得经济、高效、便捷。然而对于形状复杂的零件，由于编程数值计算工作量太大，采用手工编程不仅耗费时间长，而且很容易出错，甚至不可能实现复杂繁冗的数值计算。随着计算机技术和CAD/CAM技术的迅速发展，编程人员利用计算机借助CAD/CAM软件可比较方便准确地对复杂零件实现自动编程。使用此种编程方法，只要在计算机中建立了零件模型，然后调用数控编程模块，采用人机交互的方式在计算机屏幕上指定被加工的部位，再输入相应的加工工艺参数，计算机便可自动进行必要的数学处理，并得出数控加工程序，同时还可进行加工仿真。

目前，可进行数控编程的CAM软件很多，常用的主要有Pro/ENGINEER、MaterCAM、UG、CAXAME、CATIA、PowerMill、Cimatron等。

8.2　Pro/ENGINEER NC简介

Pro/ENGINEER NC是Pro/ENGINEER中的CAM模块，它衔接零件设计模块和模具设计模块，直接利用零件模块和模具模块的设计结果作为制造文件的参考模型，再设置加工制造中的机床、夹具、刀具、加工方式和加工参数来进行产品的制造规划。在设计人员制订好规划后由计算机生成刀具的加工轨迹数据CL（Cutter Location），设计人员在检查加工轨迹符合要求后，经过 Pro/ENGINEER NC 的后处理程序生成机床能识别的 NC 代码。利用 Pro/ENGINEER NC 的加工仿真功能，可以进行干涉和过切检查。

Pro/ENGINEER NC 加工不仅可以满足 3～5 轴的数控铣床和加工中心的编程要求，而且能满足车床和线切割机床的编程要求。由于篇幅所限，本书后面章节着重介绍在模具加工中应用较广泛的铣削加工方式及切削加工中常用的车削加工方式。

8.3　Pro/ENGINEER NC 安装注意事项

在安装 Pro/ENGINEER Wildfire 5.0 时，应当注意的是，当出现如图 8-1 所示的安装界面时，展开“选项”项，单击 VERICUT（R）for Pro/ENGINEER，选择“安装此功能”项，然后继续安装。VERICUT 是一个仿真模拟软件，它与 Pro/ENGINEER 实现了无缝集成，但它并不是 Pro/ENGINEER 的默认安装选项。因此，在安装 Pro/ENGINEER 时，若使用默认安装选项，则在 Pro/ENGINEER NC 中运行“轨迹演示”→“NC 检查”时，将不能运行 VERICUT 进行加工仿真。

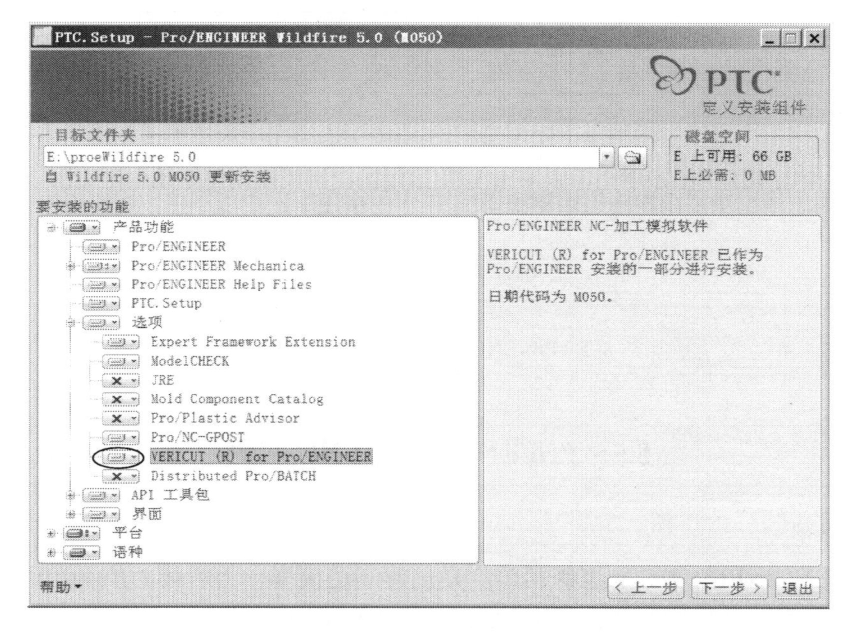

图 8-1　选择安装 VERICUT 界面

8.4　Pro/ENGINEER NC 基本流程

Pro/ENGINEER NC 对于任何零件的加工设计，都遵循着一种基本流程，流程图如图 8-2 所示。

NC 序列的创建是 Pro/ENGINEER NC 加工设计的核心内容，它主要包括以下几方面。

（1）NC 序列类型的选择，如选择体积块铣削方式、曲面铣削方式、轮廓铣削方式等。

（2）加工刀具的确定，如确定刀具类型、刀具几何参数等。

（3）制造参数的设置，如进给率、跨度、切削深度、主轴转速、加工余量等。

（4）加工范围的设定，如创建或选取铣削体积块、铣削窗口、铣削曲面及在模型或工件上选取加工几何。

（5）刀具路径的屏幕演示、NC 检查及过切检查。

（6）对加工刀具、制造参数及加工范围的修改。

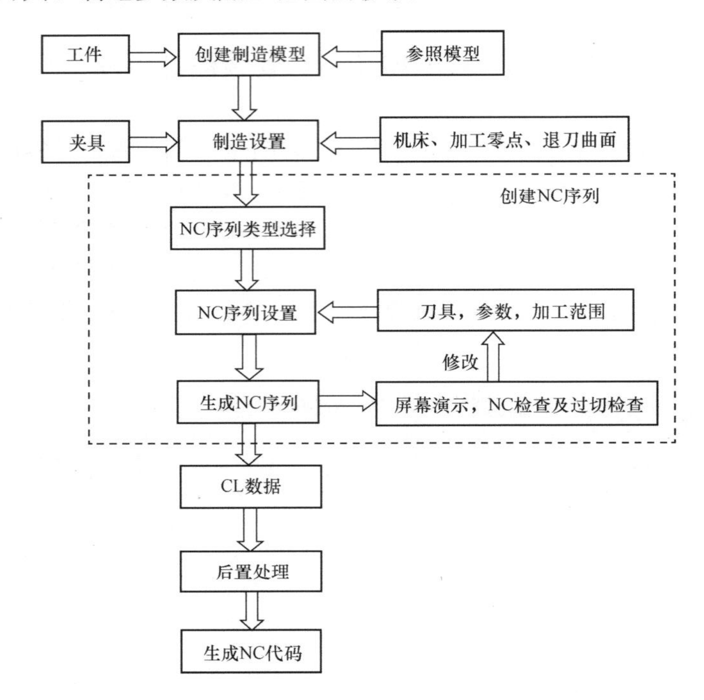

图 8-2 Pro/ENGINEER NC 的基本流程

8.5 Pro/ENGINEER NC 术语

1. 制造模型

进行 Pro/ENGINEER NC 加工的第一步是创建制造模型，为后续的加工制造设计准备必要的几何模型数据。常规的制造模型由参照模型（Reference Model）和工件（Workpiece）组成，除此之外，也可以在制造模型中添加夹具、工作面板等其他附件，以便定义更加完整的加工环境。随着加工过程的进行，可以对工件执行刀具轨迹屏幕演示、NC 检查和过切检测。在加工过程结束时，工件几何应与设计模型的几何一致。

Pro/ENGINEER Wildfire 5.0 版本中，制造模型一般由以下 3 个文件组成。

（1）参照模型文件，一般为零件类型文件，后缀为．prt（也可由组件组成，后缀为.asm）。

（2）工件文件，般为零件类型文件，后缀为．prt（也可由组件组成，后缀为.asm）。

（3）制造模型文件，后缀为．asm。

注意： 为管理文件方便起见，每创建一个制造模型则新建一个目录，以便存放该模型的各组成文件。

2．参照模型

参照模型在 Pro/ENGINEER NC 中代表所设计制造的最终产品，它是所有制造操作的基础。在参照模型上选取特征、曲面或边作为每一刀具轨迹的参照，由此建立参照模型与工件间的关联性。当参照模型改变时，所有相关的加工操作都会被更新。

Pro/ENGINEER 基本模块产生的零件（.prt）、组件（.asm）和钣金件（.prt）可以用作参照模型。

3．工件

工件在 Pro/ENGINEER NC 中代表加工所需的毛坯，它的使用在 Pro/ENGINEER NC 中是可选的。使用工件的优点在于以下几个方面。

（1）在创建数控加工轨迹时，限定刀具轨迹范围。

（2）可以动态的仿真加工过程，并进行干涉检查。

（3）可以计算加工过程中材料的去除量。

工件可以代表任何形式的毛坯，如棒料或铸件，通过复制参照模型、修改尺寸或删除 / 隐含特征可以很容易地创建工件，也可以参考参照模型的几何尺寸，直接在制造模式中创建工件。

制造模式中的工件作为 Pro/ENGINEER 的零件（.prt），可以与其他任何零件一样对其进行修改和重定义。

8.6　Pro/ENGINEER NC 加工环境

8.6.1　新建制造文件

运行 Pro/ENGINEER Wildfire 5.0 应用程序，进入 Pro/ENGINEER 的主界面，单击“文件”→“设置工作目录”命令，以便将文件保存在指定的目录中。单击“文件”→“新建”命令，打开“新建”对话框，如图 8-3 所示。

在左侧“类型”选项栏内选择“制造”单选按钮，在右侧“子类型”栏内选择“NC 组件”按钮，修改文件名称或使用默认的名称。

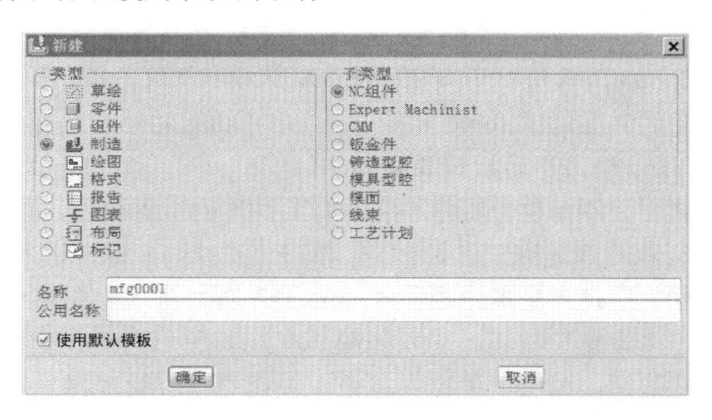

图 8-3 “新建”对话框

8.6.2　设置单位模板

制造模型的尺寸单位应与参考模型、工件的尺寸单位保持一致。我国制图的标准单位采用公制单位，书中所引用的参照模型均采用公制单位。而 Pro/ENGINEER NC 中默认的单位为英制单位，因此，在创建制造文件时，应进行公制单位模板设置。设置公制模板有以下几种途径。

1. 新建文件时设置公制单位模板

在图 8-3 中，默认选择“使用默认模板”复选框，表示使用 Pro/ENGINEER 的默认模板即英制单位模板。单击该复选框，以取消“使用默认模板”，然后单击“确定”按钮，出现如图 8-4 所示的“新文件选项”对话框，其中的 5 个选项含义如下。

（1）“空”：暂时不使用系统提供的单位制，在进入数控加工设计的主界面以后，再设置单位。

（2）“inlbs_mfg_emo”：英制单位模板，英寸/磅/秒。

（3）“inlbs_mfg_nc”：英制单位模板，英寸/磅/秒，它是 Pro/ENGINEER NC 的默认单位。

（4）“mmns_mfg_emo”：公制单位模板，毫米/牛顿/秒。

（5）“mmns_mfg_nc”：公制单位模板，毫米/牛顿/秒。

其中，后面 4 个模板是系统自带的模板，保存在 Pro/ENGINEER 安装目录下的 templates 文件夹中。

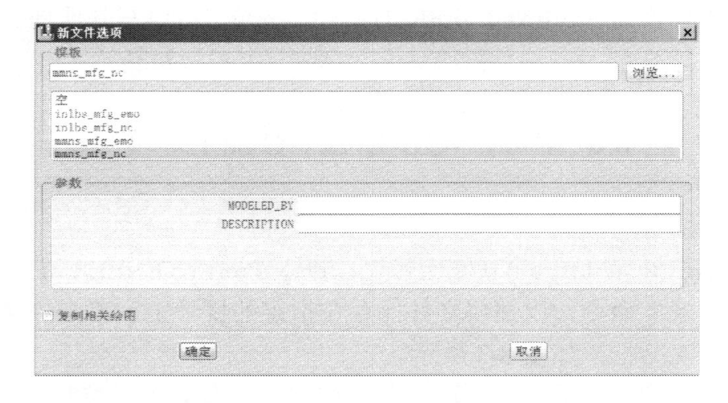

图 8-4 “新文件选项”对话框

选择 mmns_mfg_nc 模板，单击“确定”按钮，进入 Pro/ENGINEER NC 设计的主界面。

注意： 如果每次进入加工模块时不希望“使用默认模板”被选择，那么可以将主菜单“工具”→“选项”命令里的配置选项 force_new_options_dialog 的值设置为 Yes。

2. 进入数控加工设计的主界面后设置公制单位

若新建文件时未选用公制单位，则进入数控加工设计的主界面后，首先应设置公制单位。

在如图 8-5（a）所示的“文件”主菜单中，单击“属性”命令，进入如图 8-5（b）所示的“模型属性”对话框，选择“毫米牛顿秒（mmNs）”项，进入如图 8-5（c）所示的“单位管理器”对话框，单击“设置”按钮，进入如图 8-5（d）所示的“改变模型单位”对话框，选择“解译尺寸”单选按钮，单击“确定”按钮，关闭“单位管理器”对话框。

3. 使用配置文件将 Pro/ENGINEER NC 的默认模板设置为公制单位模板

上述两种设置方法，在每次创建制造文件时，都需要进行设置。若使用配置文件将 Pro/ENGINEER NC 的默认模板设置为公制单位模板，那么，今后创建制造文件就不必再进行模板设置了。具体步骤如下。

(a)

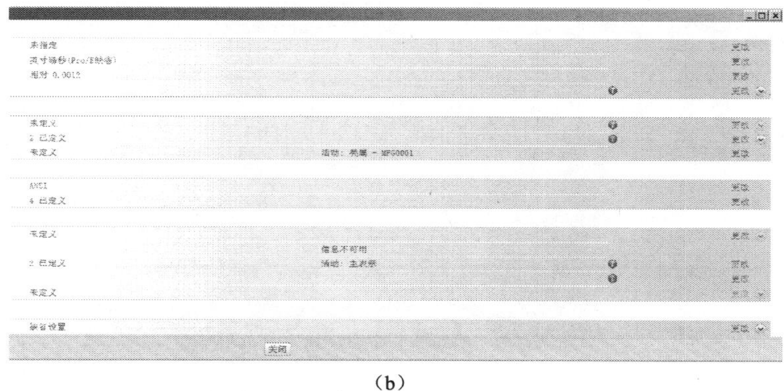

(b)

(c)

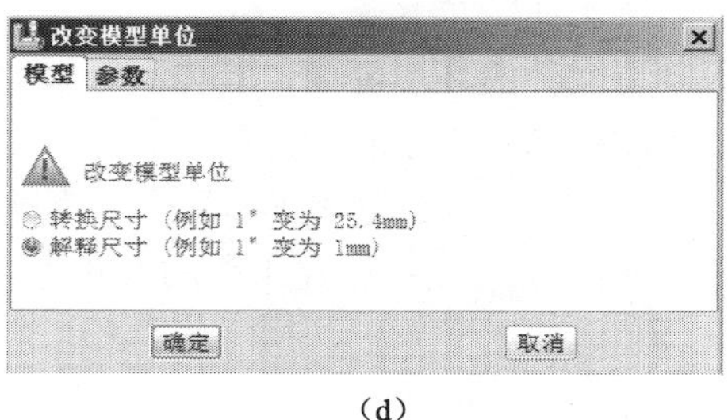

(d)

图 8-5　设置公制单位

(a)“文件”主菜单；(b)“模型属性”对话框；(c)“单位管理器”对话框；(d)“改变模型单位”对话框

单击主菜单“工具”→“选项”命令，在选项文本框内输入 template，单击“查找”按钮，打开“查找选项”对话框，选择 template_mfgnc.mfg 选项，单击“浏览”按钮，查找 Pro/ENGINEER 安装目录下的 templates 子目录下 mmns_mfg_nc.mfg 文件。单击“打开”→

“添加/更改”→“关闭”命令，返回“选项”对话框。单击“应用”按钮之后，切记要单击按钮，将文件保存在启动目录下，文件名为 config.pro，单击“关闭”按钮。这样，每次启动 Pro/ENGINEER 进入加工模块时，在“使用默认模板”被选择的情况下，系统自动选择公制模板。

注意： 使用配置文件的方法，同样可以将零件模块、组件模块的默认模板设置为公制模板。

8.6.3 Pro/ENGINEER NC 的主界面

Pro/ENGINEER NC 的主界面如图 8-6 所示。其中，制造模块的工具有上工具箱中增加了“制造”工具条、右工具箱中的“制造元件”工具条及“MFG 几何特征”工具条。在如图 8-6 所示的主界面中，有些工具条及菜单项为灰色不可用，只有在进行了相应的操作设置才变亮显示即可用状态。Pro/ENGINEER Wildfire 5.0 的制造模块界面与以前版本不同的是，取消了浮动的菜单管理器，增加了“步骤”、“资源”两个主菜单。

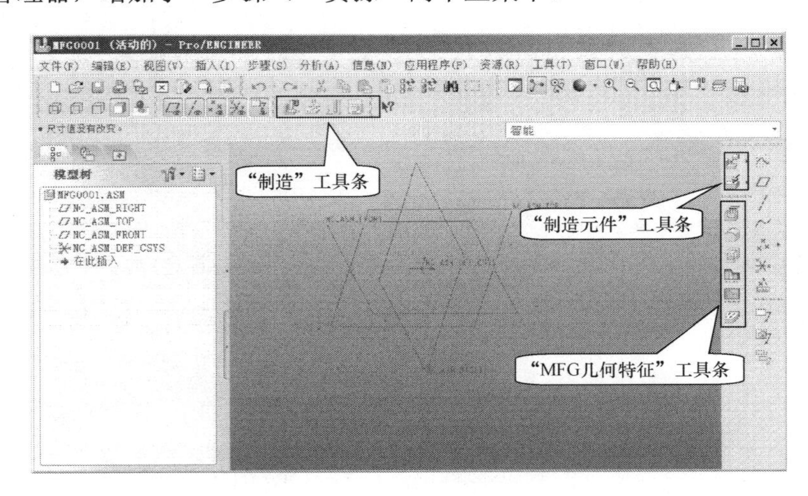

图 8-6 Pro/ENGINEER NC 的主界面

1. “制造元件”工具条

进入制造文件的环境界面，首先要通过“制造元件”工具条创建参照模型和工件。该工具条包括了创建参照模型和工件的各种工具，具体功能如下。

（1）：创建参照模型的 3 种方式，依次为装配、继承、合并。

（2）：创建工件的 5 种方式，依次为自动工件、装配、继承、合并、手工工件。

2. “制造”工具条

（1）：调出“制造信息”对话框，如图 8-7 所示。在该对话框中，还可单击相应的按钮，进入详细的信息窗口，以查看机床信息、刀具信息、序列信息等。

（2）：打开某一序列的“编辑序列参数”对话框。在新建 NC 序列或编辑 NC 序列时，该按钮才被激活。

（3）：打开“刀具设定”对话框。

（4）：打开“制造工艺表”对话框，相当于“菜单管理器”→“处理管理器”的功能。

图 8-7 “制造信息”对话框

3. “MFG 几何特征”工具条

该工具条是下拉菜单中“插入”→“制造几何”命令的快捷工具，用来设定某一 NC 序列的加工范围。

（1）：创建铣削“窗口”。

（2）：创建铣削“曲面”。

（3）：创建铣削“体积块”。

（4）：创建车削“轮廓”。

（5）：创建坯件坯件边界

（6）：单击该按钮，创建“钻孔组”。

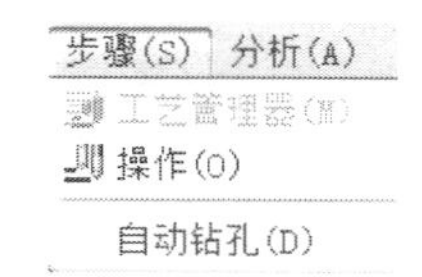

图 8-8 “步骤”主菜单

4. “步骤”主菜单

在制造文件中，创建参照模型和工件之后，其步骤菜单如图 8-8 所示。通过“步骤”→“操作”菜单，打开如图 8-9 所示的“操作设置”对话框，其中标示出红色箭头的“NC 机床”和“加工零点”选项是必须要设置的。

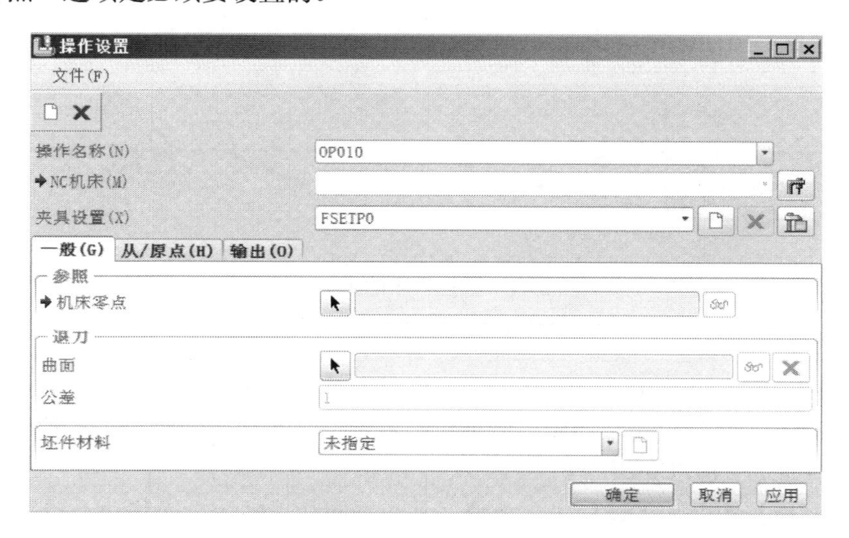

图 8-9 “操作设置”对话框

（1）“操作名称”：默认为 OP010，一般使用默认值即可。

（2）“NC 机床”：单击图 8-9 中的按钮或单击“工作机床”菜单项进入如图 8-10 所示的“机床设置”对话框，可对机床名称、机床类型、机床轴数、后处理器及加工所用刀具等进行设置。

（3）“夹具设置”：如果夹具的空间位置会直接影响到刀具路径，那么必须进行夹具设置。如果夹具不影响实际加工，为简便起见，可不必进行夹具设置。

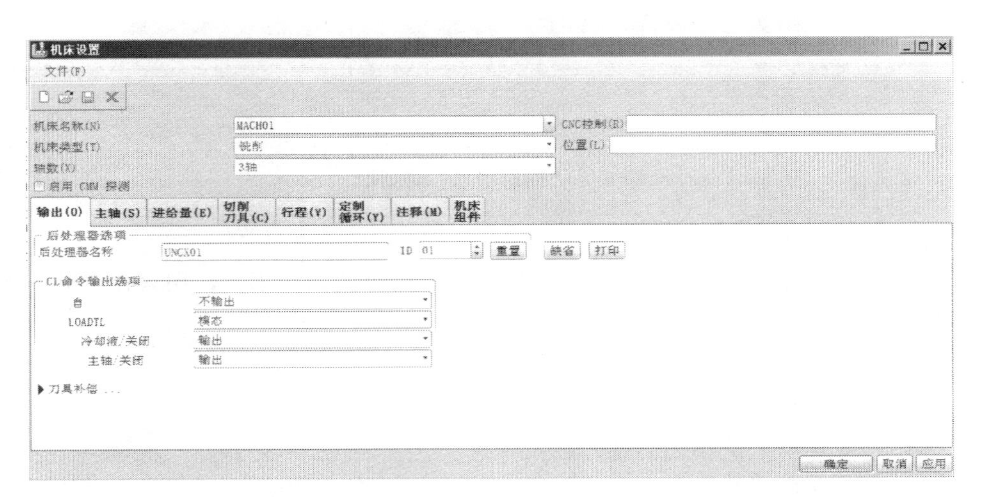

图 8-10 “机床设置”对话框

（4）“加工零点”：在数控加工中，往往需要对几个方向上的运动进行数字控制。ISO 和我国的数控机床坐标系均采用右手笛卡尔直角坐标系，Z 坐标轴及其正方向统一规定为：消耗切削动力的主轴为 Z 轴，并且假定工件不动，刀具远离工件的方向定义为 Z 轴的正方向。加工坐标系与机床坐标系的坐标方向要保持一致，只是与机床坐标系的原点存在一偏移量。数控机床的坐标系如图 8-11 所示。在多数情况下，制造文件中原有的坐标系与数控机床加工坐标系不一致，需要用户重新创建一个加工坐标系。

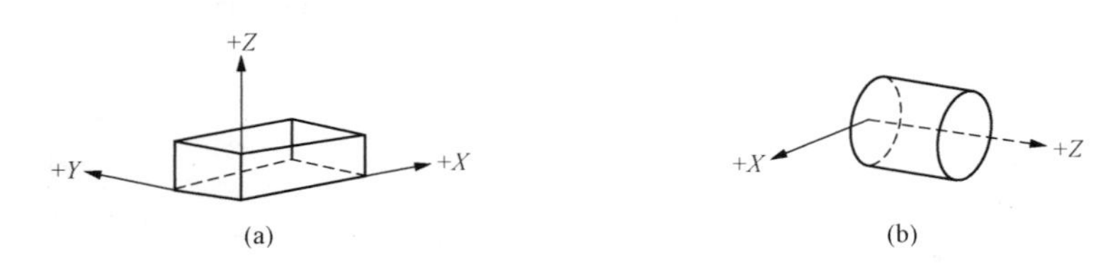

图 8-11 数控机床的坐标系

（a）三坐标数控铣床的加工坐标系；（b）数控车床的坐标系

（5）“刀具”：单击图 8-10 中的标签切削刀具(C)，可对刀具进行设定。或单击“制造”工具条中按钮，也可对刀具进行设定。当然，此处也可不设定，在后续创建 NC 序列时设定。刀具的设定方法将在 8.7 节加以介绍。

（6）“退刀”：在实际加工过程中，为使刀具在不同加工区域之间移动不与工件、夹具或机床等设备发生碰撞，需要设置退刀平面或退刀曲面，刀具的起始位置处于该面上，在加工完成后，刀具退刀至该面。单击图 8-9 中“退刀”栏内的按钮，可进行退刀平面或退刀曲面的设置。后续 NC 序列创建时如果不再进行退刀面的设置，即系统默认使用此处创建的退刀面。如果后续 NC 序列的退刀面需要更改，则需在“NC 序列”菜单中单击“序列设置” → “退刀曲面”命令，单独设置该序列的退刀面。

（7）“公差”：退刀时实际刀具路径与退刀曲面之间允许的偏差最大值。当退刀面为平面时，该参数对退刀面不产生影响，可不设置。

如图 8-9 所示的“操作设置”对话框中的各选项设置完成后，“步骤”主菜单中同时增加了对应于机床类型的 NC 序列类型的下拉菜单，机床中的“铣削”、“车床”类型对应的“步骤”菜单分别如图 8-12 和图 8-13 所示，同时增加了相应的上工具条，分别如图 8-14 和图 8-15 所示。

图 8-12 “铣削”机床的“步骤”菜单

图 8-13 “车床”机床的“步骤”菜单

图 8-14 “铣削”工具条

图 8-15 “车削”工具条

（8）“工艺管理器”：打开“制造工艺表”对话框，该表列出制造文件中生成的所有 NC 序列的相关信息，以方便用户查询、修改及进行 NC 检查等操作。该表可直接输出 Excel 表格，还可以直接打印。

5. “铣削”机床的“步骤”菜单

在图 8-12 中，“步骤”菜单中常用的“铣削”NC 序列类型意义如下。

（1）端面：对平行于退刀面的平面进行铣削加工。

（2）体积块粗加工：分层去除“体积块”内的材料，主要用于粗加工。改变制造参数，也可以用于半精加工和精加工。

（3）粗加工：与体积块加工方式有些类似，主要用于模具的粗加工。在加工中，可对参照零件的所有曲面自动执行避免过切；加工多型腔时，先分层加工完一个型腔后，再加工下一个型腔；支持多种高速粗加工。

（4）钻削式粗加工：沿 Z 轴方向切削加工，可用于深而窄的型腔的粗加工。

（5）重新粗加工：与局部铣削加工方式有些类似，即使用较小的刀具去除在“粗加工”方式中的剩余材料。

（6）局部铣削：主要用于对先前的 NC 序列中尚未加工完全的材料进行清除。

（7）曲面铣削：对曲面进行铣削加工，用于半精加工和精加工。

（8）轮廓：主要用于加工垂直或斜度较陡的曲面，用于半精加工和精加工。

（9）精加工：适用于零件粗加工后进行的精加工。

（10）拐角精加工：3 轴铣削，自动加工先前的球头铣刀不能到达的拐角或凹处。

（11）腔槽加工：主要用于加工水平、垂直或倾斜的面，用于半精加工和精加工。该加工方式在默认的工具条里没有快捷工具，为使用方便，可通过“定制”将其显示在工具条里。

（12）轨迹：沿着用户自定义轨迹进行加工。

（13）定制轨迹：通过“定制”对话框创建刀具轨迹。

（14）雕刻：主要用于雕刻文字或图像。

（15）螺纹铣削：使用螺纹铣刀铣削螺纹。

6. “车床”的“步骤”菜单

在图 8-13 中，“步骤”菜单中车削的 NC 序列类型意义如下。

（1）区域车削：在模型上定义车削轮廓，系统根据车削轮廓自动识别粗车加工的区域，生成步进加工路径，主要用于粗加工。

（2）凹槽车削：使用车削坡口刀具加工回转体模型表面的凹槽或用于切断零件。

（3）轮廓车削：可以控制加工的轨迹，设定车削轮廓进行自动切削，主要用于半精加工和精加工。

（4）螺纹车削：用于在回转体模型内外表面加工内外螺纹。

（5）孔加工：用于在数控车床上加工中心孔。

7. “资源”菜单

“资源”菜单如图 8-16 所示，通过该菜单可设置机床、刀具、位置、参数、打印、表格、进给速度的颜色、NC 序列的名字等。

8. “工具”→“CL 数据”菜单

“CL 数据”菜单如图 8-17 所示。CL（Cutter Location），即通过 NC 序列产生刀具路径数据，每个 NC 序列（或操作）可生成一个 CL 文件（*.ncl 文件）。在“播放路径”对话框中，单击“文件”→“保存”命令，则刀具路径（*.ncl 文件）便保存在工作目录中。该文件经过后处理，生成数控系统能够识别的 NC 代码文件（即*.tap 文件），直接驱动 NC 机床。

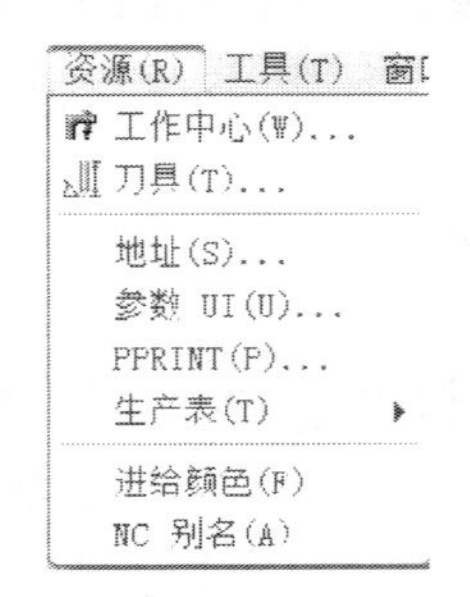

图 8-16 “资源”主菜单

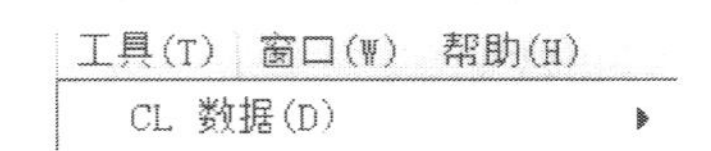

图 8-17 “CL 数据”菜单

8.7 刀 具 设 定

刀具是加工工艺中重要的一环，直接影响零件的加工质量。为了完成任务，往往要根据加工的需要准备多种不同的刀具。

刀具设定有两种方式：一种是在“刀具设定”对话框中直接选用刀具类型，然后进行参数设定；另一种是在零件模块中创建刀具模型，然后导入制造模块中。

8.7.1 直接选用刀具

在 Pro/ENGINEER NC 模块的主界面中，单击按钮调出“刀具设定”对话框，如图 8-18 所示。单击按钮可新建一把刀具，可更改名称、选择刀具类型、选择刀具材料、设定几何参数等。然后单击“应用”项，刀具便显示在左侧的刀具列表中。需要多把刀具时，可多次使用按钮，重复上述步骤。

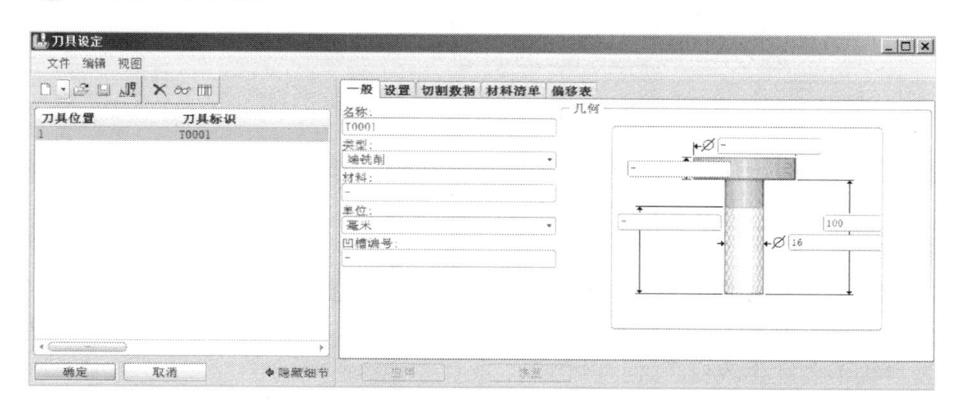

图 8-18 “刀具设定”对话框

也可单击按钮，可以直接选择所要建立刀具的类型，Pro/ENGINEER NC 模块提供了 24 种铣床所用刀具、16 种车床刀具，分别如图 8-19 和图 8-20 所示。

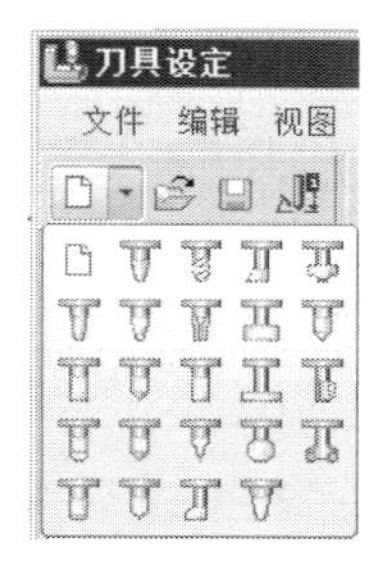

图 8-19 “铣削”刀具类型

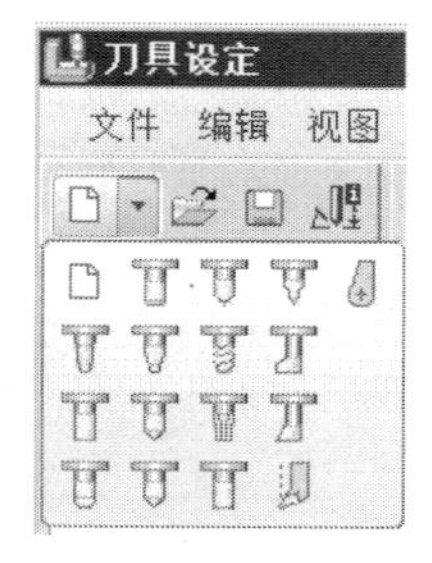

图 8-20 “车床”刀具类型

8.7.2 导入刀具整体模型

Pro/ENGINEER NC 同时也允许用户将已经存在的刀具实体模型或组件导入，以满足用户的特殊加工要求。导入刀具整体模型的基本步骤如下。

（1）建立一个零件文件（*. prt），进行刀具二维草绘及尺寸标注，并添加一坐标系作为刀具轨迹计算的参考系，单击按钮✔完成草绘。

（2）在主菜单中单击“工具”→“关系”命令，打开“关系”对话框，添加控制刀具形状的参数。参数个数及名字随所要建立的刀具的不同而不同，并设定参数之间的关系。

（3）进入 Pro/ENGINEER NC 设计环境，打开“刀具设定”对话框，选择对话框菜单中“文件”→“打开刀具库”→“按参照”命令，如图 8-21 所示。

“打开刀具库”命令中的各选项意义如下。

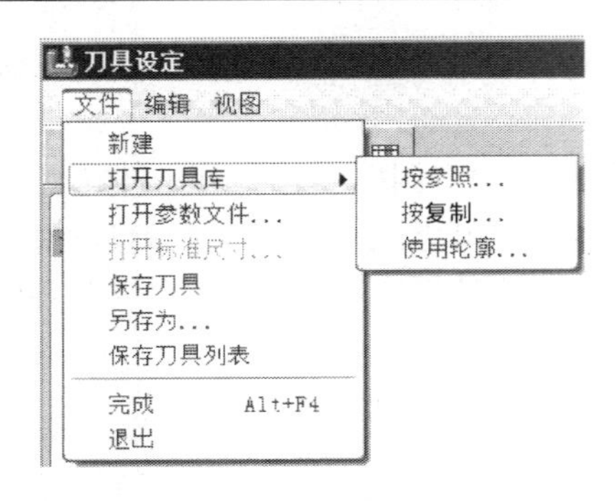

图 8-21 “打开刀具库”菜单

1）“按参照”：导入刀具的各个几何外形参数与原实体模型直接相关，在“刀具设定”对话框中无法改变导入的刀具模型的各个参数。若该刀具参数需要修改，只能打开刀具原实体模型进行参数修改。

2）“按复制”：只能把刀具原实体模型或组件的参数信息复制到制造模型中，在“刀具设定”对话框中可以改变导入刀具模型的各个参数。当刀具原实体模型和组件的参数改变时，导入的刀具参数不会发生改变。

3）“使用轮廓”：系统弹出“打开”对话框，从中选择合适的刀具模型文件，将其导入到制造模型中。

第9章　铣　削　加　工

本章将结合具体实例分别介绍模具加工中常用的 8 种铣削加工方式的设置过程。

- 体积块加工方式
- 曲面加工方式
- 腔槽加工方式
- 轨迹加工方式
- 表面加工方式
- 轮廓加工方式
- 局部加工方式
- 孔加工

9.1　体积块加工方式

在模具加工中，体积块加工方式是最为常用的一种加工方式，可以选用不同的加工参数组合形成不同的刀具路径，多数情况下用于零件的粗加工，也可用于零件的精加工。

体积块铣削是两轴半的加工方式，也称为“分层铣削”，即用 3 轴铣床加工时，*X*、*Y* 两坐标轴联动加工，而 *Z* 坐标轴分层进给。

下面结合实例介绍体积块加工方式的设置及应用。

【实例 9-1】 编制如图 9-1 所示凸模零件的数控加工程序。

首先对零件进行分析，该凸模零件比较简单，其凸出部位的侧壁为直壁，上表面和分型面均为平面，零件材料为 45 钢，毛坯为长方体，要求对凸模凸出部分的侧壁和分型面进行粗加工和精加工。

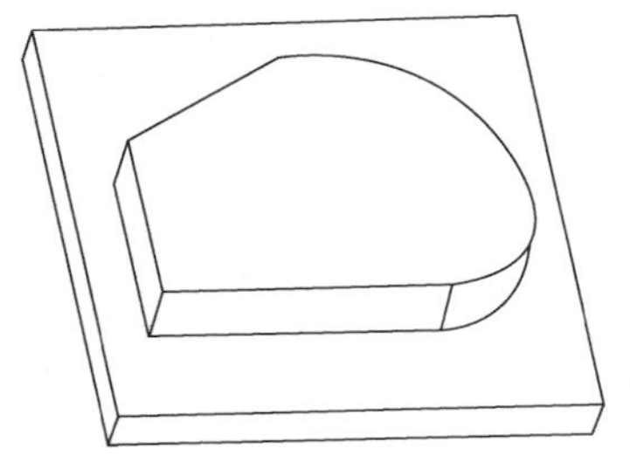

图 9-1　零件模型

9.1.1　体积块粗加工方式的设置

1. 制造模型

启动 Pro/ENGINEER，进入界面后，首先设置工作目录。单击“文件”→“新建”→“制造”命令，在“名称”文本框中输入 TIJIKUAI。若已使用配置文件将默认模板设置为公制模板，则直接单击“确定”按钮，进入 Pro/ENGINEER NC 主界面。若未对配置文件进行设置，则输入文件名称后，将“使用默认模板”前面的☑去掉，即不使用默认模板，单击“确定”按钮后，在“新文件选项”对话框中选择 mmns_mfg_nc，即公制模板。单击“确定”按钮，进入 NC 主界面。

注意：参照模型、工件与制造模型均应保存在同一目录中，否则，再次启动 Pro/ENGINEER 时，制造模型将无法打开。

（1）参照模型。单击“制造元件”工具条中的按钮，选择 TIJIKUAI_REF.prt 文件，默认放置，单击按钮☑，如图 9-2 所示。

图 9-2 装配参照模型的上滑面板

（2）工件。工件即为要加工的毛坯，其尺寸要包容整个参照模型，加工完毕后与参照模型一致。

由于此例中工件的模型简单，使用自动创建工件的方法非常方便。单击“制造元件”工具条中的按钮，进入创建自动工件的上滑面板，如图 9-3 所示。使用默认的选项，单击按钮，创建完成的制造模型如图 9-4 所示。

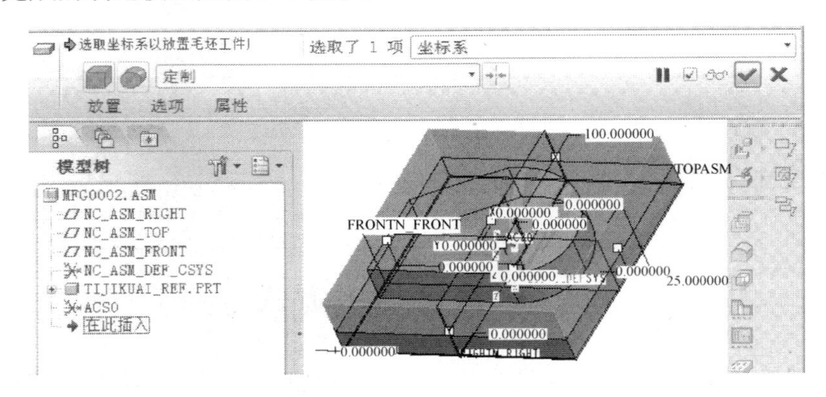

图 9-3 创建自动工件的上滑面板

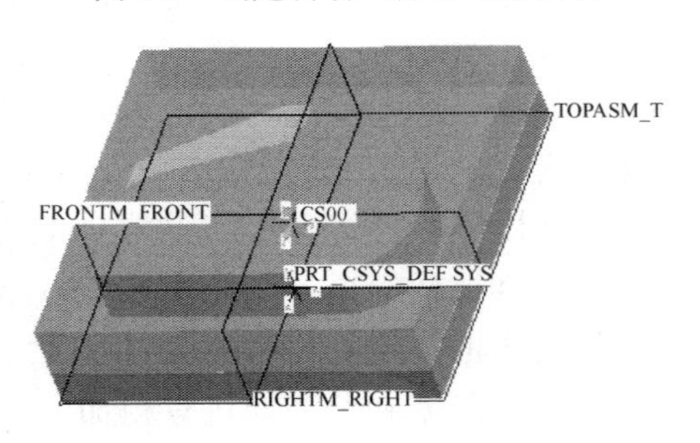

图 9-4 创建完成的制造模型

单击按钮，以保存当前的制造模型文件。接下来，进行操作设置。

2. 操作设置

操作设置是 NC 加工设计的重要部分，包括操作名称、NC 机床、夹具设置、刀具、加工零点和退刀曲面等。

单击主菜单“步骤”→“操作”命令，打开“操作设置”对话框，如图 9-5 所示。

（1）“操作名称”。使用默认的操作名称 OP010。

（2）“NC 机床”。单击图 9-5 中的按钮，弹出“机床设置”对话框，使用默认的机床名称、机床类型和轴数，其他选项暂不设定，单击“确定”按钮以返回“操作设置”对话框。

（3）“夹具设置”。在实际加工中，为使工件能够正确地定位在机床工作台上，并保证在加工过程中工件固定不动，而需使用夹具。使用默认的夹具选项。

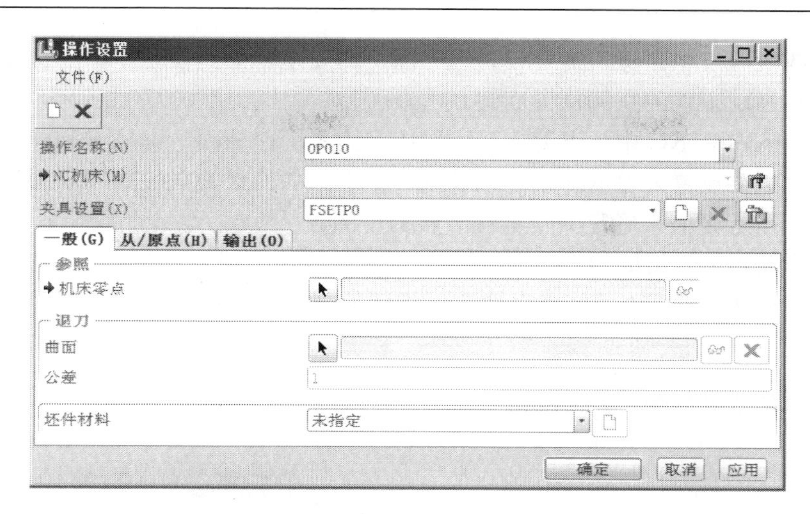

图 9-5 “操作设置”对话框

（4）“加工零点”。加工零点即是刀位数据（即 CL 数据）的原点，也是后处理时生成数控程序的加工原点，还是数控加工时的对刀点。因此，加工原点的选择要考虑模型的设计基准或定位基准，同时还要考虑对刀是否方便。一般情况下，铣削的加工零点创建在模型顶面的某一位置处，如角点处或回转中心等。

此例中，选择模型上表面的一个角点处作为加工坐标系的原点，具体步骤如下。

单击工具条上的坐标系按钮，按住 Ctrl 键依次选择模型上表面一角点处相交的工件上的 3 个表面（3 个平面两两正交），这 3 个面便顺序显示在“坐标系”对话框中，依次选择的 3 个面的法向分别为 *X*、*Y*、*Z* 轴。旋转模型以查看坐标轴的方向，如图 9-6 所示。单击“坐标系”对话框中的“方向”标签，进入如图 9-7 所示的界面。单击“*X*”后面的“反向”按钮、“*Y*”后面的“反向”按钮即可，加工零点便创建好了。单击图 9-5 中的“加工零点”后的按钮，选择刚创建好的坐标系 ACS1。如果 *Z* 轴正方向向下，则根据 *X*、*Y* 的方向，只需将一个坐标轴反向即可。

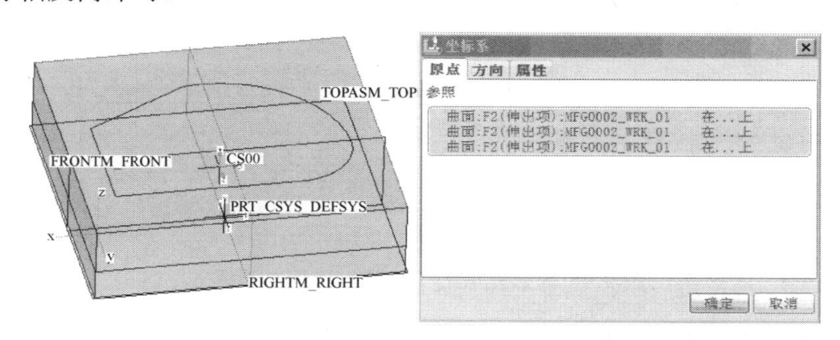

图 9-6 依次选取工件上表面一角点处相互垂直的 3 个表面确定的坐标系

注意： 若读者未按上述顺序依次选取 3 个平面确定坐标系时，可能出现 *Z* 轴平行于上表面的情况，这时必须要改变 *Z* 轴方向。需将图 9-7 中“使用”的平面及其“确定”的坐标轴配合使用，以使 *Z* 轴垂直于上表面且方向向上。

（5）退刀“曲面”设置。在实际加工过程中，为保证刀具在不同加工区域之间移动而不与工件、夹具或机床发生碰撞，需要设置退刀面，即安全平面。安全平面的位置要根据实际加工中机床、夹具、工件的空间位置而定。

在 Pro/ENGINEER NC 中，退刀曲面可以指定为平面、曲面、圆柱面和球面等。如果退刀面不是平面，则要设置公差值。在 3 轴铣削中，退刀面的设置一般为“平面”类型，并在选定的坐标系下指定 Z 值来确定一个垂直 Z 轴的平面。

单击“操作设置”对话框的“曲面”后按钮，弹出“退刀设置”对话框，如图 9-8 所示，在文本框中输入值为 20。单击“确定”按钮后，返回“操作设置”对话框，如图 9-9 所示。

图 9-7　“坐标系”对话框中的“方向”标签

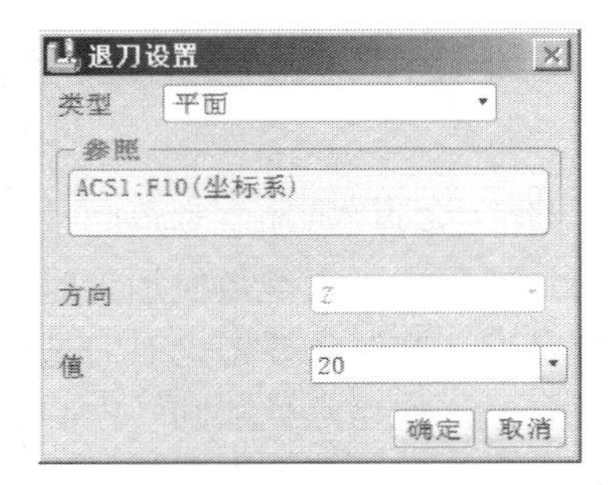

图 9-8　“退刀设置”对话框

图 9-9　设置完成的“操作设置”对话框

注意：“操作设置”对话框中设置的退刀面，将是后续所有 NC 序列默认的退刀面，当然在后续的 NC 序列中也可设置自己的退刀面。此处若不设置退刀面，则需在后续的所有 NC 序列中分别单独进行设置。

（6）“公差”。退刀面如果设置为“平面”类型，则在图 9-9 中的“公差”值可不考虑。

如果退刀面设置的不是“平面”类型时，则需要设置“公差”值，其默认值为 1mm。公差值可控制刀具退刀路径与设置的退刀曲面的最大偏差，如图 9-10 所示。

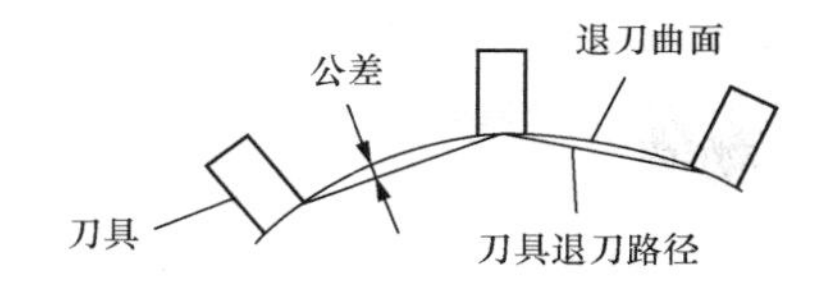

图 9-10　“公差”选项的意义

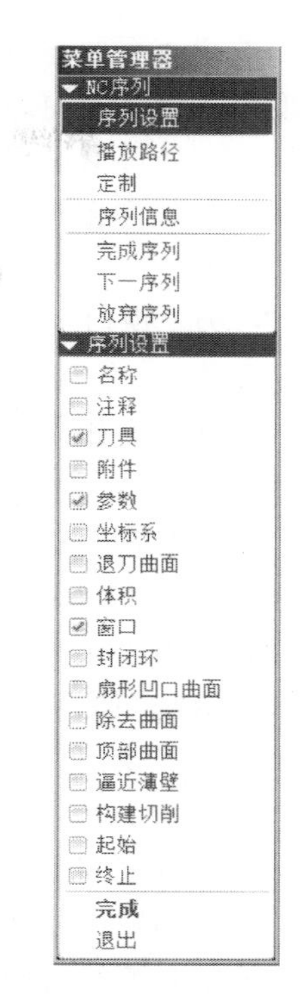

图 9-11　体积块粗加工的“序列设置”菜单管理器

单击“确定”按钮，完成操作设置。

3. NC序列设置

创建体积块粗加工NC序列的具体步骤如下。

单击按钮，弹出如图9-11所示的“序列设置”菜单管理器。

（1）“序列设置”菜单管理器中的选项包含 NC 序列设置的公共选项和特有选项，各选项意义如下。

1）公共选项。基本上每个NC序列都包含的选项称为公共选项。

“名称”：选择表示要为NC序列设置一个非中文名称。通常不选，系统自动以NC序列的类型命名。待NC序列创建完成后，在模型树中以中文重命名较为方便。

“注释”：选择表示要为NC序列输入或编辑注释。通常不选。

“刀具”：选择表示要为NC序列设置刀具。通常要选，只有在NC序列可以使用前一NC序列所用的刀具时可不选。

“附件”：选择表示要为NC序列设置附加刀头。通常不必选。

“参数”：选择表示要为NC序列设置参数。通常要选，因每个NC序列的参数都不尽相同。

“坐标系”：选择表示要为NC序列设置坐标系。通常不选，因大多数NC序列的坐标系都可使用“操作设置”对话框中设置的加工坐标系。

“退刀曲面”：用于“铣削”和“孔加工”的NC 序列，选择表示要为NC序列单独设置退刀面，根据加工需要确定是否重新设置对刀面。不选择，将使用“操作设置”对话框中设置的退刀面。

“起始”：选择表示要为NC序列设置起始点。通常不选，系统会自动使用前一NC 序列的“终止”点作为它的“起始”点。

“终止”：选择表示要为NC序列设置终止点。通常不选，系统会自动计算终止点。

2）特有选项。特有选项是每个NC序列特有的，不同的NC序列的特有选项也不同。体积块NC序列的特有选项意义如下。

“体积”：选择表示要通过创建或选取铣削体积块的方式指定加工区域，即通过拉伸、旋转等方式创建切除材料的那部分加工区域，刀具必须限定在体积块的边界内，必要时可将其与参照模型进行修剪。

“窗口”：选择表示要通过创建或选取铣削窗口的方式指定加工区域，即通过定义窗口边界及窗口深度来创建铣削窗口。在铣削窗口定义的边界内，刀具自动将工件相对于参照模型的多余材料切除。还可通过设置选取刀具在窗口围线内、窗口围线外和窗口围线上。“窗口”与“体积”两个选项不能同时选择。一般情况下，使用“窗口”选项设定加工范围比使用“体积”选项更为方便。

“封闭环”：为“窗口”指定封闭环，若窗口边界内出现内部环，则选择“封闭环”，系统会将窗口内部环除去。

“扇形凹口曲面”：如果在“体积块铣削参数”中设定“侧壁扇形高度”或“底部扇区高度”，则应选取此项，它用于选取从扇形计算排除的曲面。

“除去曲面”：指定要从轮廓加工中排除的体积块曲面，即不需要在加工区域内的某曲面上产生刀具路径。如果使用“窗口”，则从参照零件上选取要排除的曲面。

“顶部曲面”：指定“体积”选项确定的加工区域的“顶部”曲面，该曲面可在创建刀具路径时被刀具穿透铣削体积块。此选项仅在体积块的某些顶部曲面与退刀平面不平行时才必须使用。如果使用“窗口”，则此选项不可用，窗口放置平面将被用作顶部曲面。

“逼近薄壁”：指定“体积块”的侧面或“铣削窗口”的边界，让刀具在侧面外下刀，避免刀具直接下到工件表面上，减少刀具受力。

“构建切削”：指定构建切削元素，如进刀、退刀等。

此例中，使用系统默认的“刀具”、“参数”、“窗口”、“逼近薄壁”复选框，单击“完成”项后，弹出“刀具设定”对话框。

（2）“刀具设定”。刀具的选择要根据加工方式、切削参数、工件的几何尺寸和材料等来确定刀具的类型、尺寸、形状和材料。

在 Pro/ENGINEER NC 的体积块粗加工方式中，一般选择“铣削”、“端铣削”和“外圆角铣削”这 3 种类型刀具。根据参照模型的尺寸，新建直径为 $\phi16$ 的“端铣削”刀具，参数如图 9-12 所示。

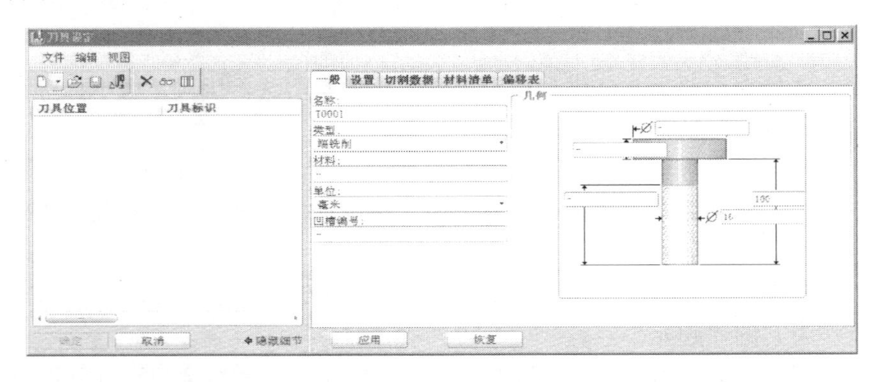

图 9-12 “端铣削”刀具的“刀具设定”对话框

（3）参数设置。单击图 9-12 中的“应用”→“确定”按钮后，弹出“编辑序列参数‘体积块铣削’”的对话框，如图 9-13 所示。

注意： 不同加工方式的“编辑序列参数”中列举的参数是不完全相同的。

图 9-13 中所示参数为“体积块铣削”的基本参数，部分参数已给出默认值，可不设或根

据需要进行更改。未给出值的加工参数是必须要设定的。可单击“全部”按钮显示“体积块铣削”的全部参数，对某个或某几个参数进行设计，以优化刀具路径。通常情况下，只要设置基本参数即可。

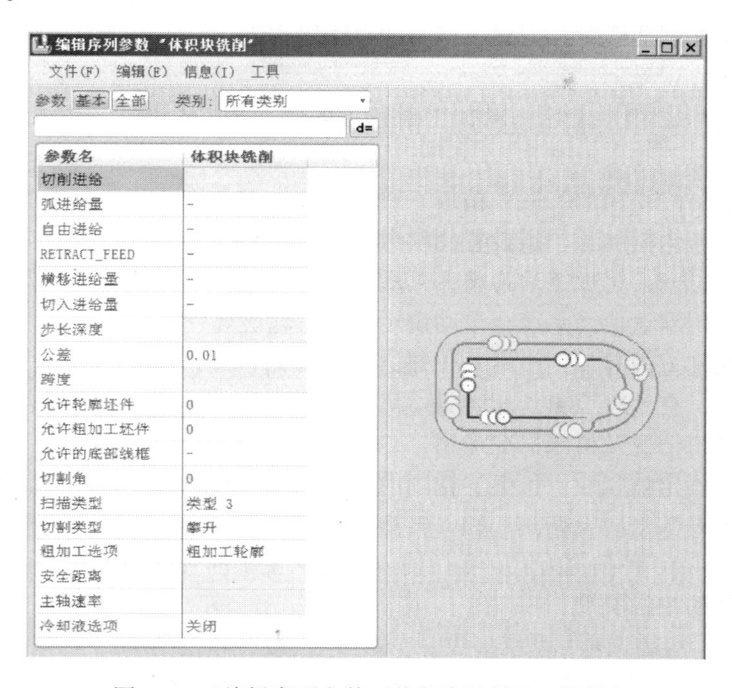

图 9-13 “编辑序列参数‘体积块铣削’”对话框

体积块铣削加工方式各主要参数意义如下。

“切削进给”：刀具与工件之间沿进给运动方向的相对位移，即进给速度，通常用 f 表示，它是切削加工中的重要参数。其单位由“全部”选项里的“切割单位”设置。默认单位为 mm/min。

“步长深度”：分层铣削时，每一层在 Z 方向的铣削深度，即切削深度，也称背吃刀量，通常用 a_p 表示，它是影响加工效率最主要的因素之一。

“跨度”：在每一层内，相邻两条刀具路径之间的距离。粗加工时，跨度值的选取要综合考虑加工效率和刀具、机床的承受能力。一般取刀具有效切削直径的 0.6～0.9 倍。

“主轴速率”：主轴转速，通常用 n 表示，单位为 r/min。$n=\dfrac{1000v_c}{\pi D}$，式中，v_c 为切削速度（m/min），D 为刀具直径（mm）。切削深度、进给量及切削速度统称为“切削用量三要素”，可查工艺手册或工艺相关资料确定。

“安全距离”：刀具从退刀面沿 Z 轴下降到加工位置的过程中，先以 G00 快速到达“安全距离”所指定的位置，之后以“切入进给量”所设定的速度切入工件。

“弧进给量”：控制圆弧的切削进给量。默认为“-”，将使用“切削进给量”的值。

“自由进给”：刀具在退刀面上快速移动的进给速度。

“RETRACT_FEED”：刀具从工件上移开的进给速度。

“横移进给量”：设定所有横向刀具运动的进给速度单位。

“切入进给量”：刀具从“安全距离”开始切入工件时所设定的进给速度。默认的为“-”，在此情况下，将使用“切削进给量”的值。若刀具直接下到工件上，为避免损伤刀具或工件，需设置此参数。

“公差”：加工非圆曲线时，刀具以微小的直线段去逼近它。逼近直线段与非圆曲线的最大偏差，即最大允许误差。

“允许轮廓坯件”：粗加工后为精加工所留下的侧面加工余量。若为粗加工，需设置此参数。

“允许未加工坯件”：粗加工后为精加工所留下的加工余量，其值必须大于或等于“允许轮廓坯件”的值。若为粗加工，需设置此参数。

“允许的底部线框”：粗加工后为精加工所留下的底面（平行于退刀面的平面）上的加工余量。此参数若使用默认值，系统会自动调用“允许轮廓坯件”的值。

“切割角”：切削方向与加工坐标系 X 轴之间的夹角，默认为 0。

“冷却液选项”：有“FLOOD”、“喷淋雾”、“关闭”、“开”、“攻丝”和“THRU”6 个选项，根据实际的加工情况及机床情况选用。

“切割类型”：确定体积块进行逐层铣削的铣削方式为顺铣或逆铣，最底层加工不受该参数影响。共有“攀升”、“向上切割”和“转弯_急转”3 个选项。

“扫描类型”：共 10 种扫描方式，各扫描方式将产生不同种的刀具路径，可根据体积块的加工对象选择最佳的扫描类型。

“粗加工选项”：粗糙选项，系统提供 7 个选项可供选择。根据加工对象的需要，结合“扫描类型”参数，选择最佳的选项，以生成各种粗加工或精加工的刀具路径，该选项默认为“粗加工轮廓”。

上述的加工参数中，“切割类型”、 “扫描类型”和“粗加工选项”3 个参数中又分别有多个选项，其意义如下。

1）“切割类型”参数各选项意义。

“攀升”即为逐层铣削中，刀具加工完一层后退刀并迅速横移到下一层切面的起始位置，始终保持顺铣的铣削方式。

“向上切割”即为逐层铣削中，刀具加工完一层后退刀并迅速横移到下一层切面的起始位置，始终保持逆铣的铣削方式。

“转弯_急转”即为铣削体积块过程中，刀具加工完一层不退刀，顺铣、逆铣逐层交替进行。

2）“扫描类型”参数的常用选项意义。

“类型 1”：刀具在铣削体积块或窗口内产生一组平行的刀具路径，遇到岛屿时刀具退到退刀平面，避开岛屿后再进行加工。

“类型 2”：刀具在铣削体积块或窗口内产生一组平行的刀具路径，遇到岛屿时刀具将不退刀，直接绕过岛屿轮廓进行加工。

“类型 3”：刀具在铣削体积块或窗口内产生一组平行的刀具路径，遇到岛屿时刀具将不退刀，直接沿岛屿轮廓，但不绕过岛屿进行加工。

“TYPE_SPIRAL”：刀具在铣削体积块或窗口内生成螺旋形刀具路径。

“类型 1 方向”：刀具在铣削体积块或窗口内产生一组单向、平行切削的刀具路径，在每段刀具路径的终止位置退刀并返回到下一段刀具路径的起点，以相同方向进行切削；遇到岛屿时，刀具将退到退刀平面，避开岛屿后再进行加工。

“类型1连接”：刀具在铣削体积块或窗口内产生一组单向、平行切削的刀具路径，在每段刀具路径的终止位置退刀并返回到当前段刀具路径的起点，再移动到下一段路径的起点位置以相同方向进行切削；遇到岛屿时，刀具将退到退刀平面，避开岛屿后再进行加工。

“跟随硬壁”：刀具沿铣削体积块壁的形状或铣削窗口边界的形状，以固定的间距进行偏移所形成的一系列刀具轨迹。

3）“粗加工选项”参数各选项意义。

“仅限粗加工”：生成不带轮廓加工的体积块粗加工刀具路径。

“粗加工轮廓”：生成带轮廓加工的体积块粗加工刀具路径，此时，刀具先在铣削体积块或窗口内分层铣削，再加工体积块轮廓。

“轮廓和粗加工”：生成带轮廓加工的体积块粗加工刀具路径，此时，刀具先粗铣体积块或窗口轮廓，然后在切削体积块或窗口内分层铣削。

“仅限轮廓”：生成精加工的刀具路径仅在铣削体积块或窗口的轮廓上。

“粗加工和清除”：生成不带轮廓加工的体积块粗加工刀具路径。如果扫描类型设置为“类型3”，那么每个层切面内的水平连接移动将沿体积块或窗口的轮廓进行。如果扫描类型设置为“类型1方向”，那么在切入和退刀时，刀具将沿着体积块或窗口的轮廓垂直移动。

“腔槽加工”：生成精加工的刀具路径，只在铣削体积块或窗口的内外轮廓上及底平面上。

“仅_表面”：生成精加工刀具路径，只在体积块或窗口内平行于退刀平面的底平面上。其中，“仅限粗加工”、“粗加工轮廓”、“轮廓和粗加工”和“粗加工和清除”4个选项适合于体积块铣削的粗加工，而“仅限轮廓”、“腔槽加工”和“仅_表面”3个选项则适合于半精加工和精加工。“扫描类型”和“粗加工选项”不同选项进行组合，可产生不同的粗加工和精加工刀具路径，如表9-1所示。

表9-1 体积块铣削“扫描类型”和“粗加工选项”的各选项组合应用

<table>
<tr><th>铣削方式</th><th>“扫描类型”</th><th>“粗加工选项”</th><th>应 用</th></tr>
<tr><td rowspan="4">体积块粗加工</td><td>“TYPE_SPIRAL”
“类型1”
“类型2”
“类型3”
“类型1方向”
“类型1连接”
“跟随硬壁”</td><td>“仅限粗加工”
“粗加工轮廓”
“轮廓和粗加工”</td><td>适用于粗加工</td></tr>
<tr><td rowspan="3"></td><td>“仅限轮廓”</td><td>设置“扫描类型”不影响轮廓上的刀具路径。此铣削方式可用于模型的侧面半精加工和精加工</td></tr>
<tr><td>“腔槽加工”</td><td>设置“扫描类型”不影响轮廓上的刀具路径。但不同的“扫描类型”会在平行于退刀平面的平面上产生不同形式的刀具路径</td></tr>
<tr><td>“仅_表面”</td><td>不在轮廓上产生刀具路径，但不同的“扫描类型”会在平行于退刀平面的平面上产生不同形式的刀具路径</td></tr>
</table>

在实际的生产过程中，编程人员需要具备有关刀具、夹具、机床、数控加工工艺等专业知识。数控加工工艺所涉及的内容有毛坯的确定、工艺路线的确定、刀具的选择、装夹方案

的确定、切削用量（即切削深度、进给量和切削速度）的选择与计算等。

而切削用量的确定，需根据加工图纸的尺寸精度、表面粗糙度、工件材料等加工要求，综合考虑机床的加工能力、刀具磨损、加工质量和加工成本等方面因素，查切削用量手册后才能合理确定，有时甚至还需要编程人员的经验与智慧。

由于本书 Pro/ENGINEER NC 部分的侧重点在于引领读者如何使用该模块进行合理的加工设置，得到优化的刀具路径，最后生成能驱动机床工作的 NC 代码。因此，书中所列举的实例模型没有给出尺寸精度和表面粗糙度具体数值，所设置的制造参数旨在完成 NC 序列，优化刀具路径。其中所设置的切削用量即切削进给、步长深度和主轴速率等仅为参考。

注意： 读者在设置加工参数时，如果题目已给出零件的工程图，则须根据工程图上的加工要求（尺寸精度、表面粗糙度等）查相关工艺手册或相关工艺资料确定工艺路线、加工参数等。

结合本实例的加工要求，设置完成的参数如图 9-14 所示。单击“确定”按钮。

图 9-14　体积块粗加工参数设置

（4）“窗口”的设定。系统弹出“定义窗口”菜单和“选取”菜单，如图 9-15 所示。此时，需要创建铣削窗口。

单击主界面右侧按钮，弹出如图 9-16 所示的窗口上滑面板。

图 9-15　定义窗口的菜单

图 9-16　窗口上滑面板

1）铣削窗口有以下 3 种类型。

：侧面影像窗口类型，将参照模型的轮廓投影到“窗口平面”上，从而创建铣削窗口。

：草绘窗口类型，通过草绘封闭轮廓线来定义铣削窗口的轮廓。

：链窗口类型，选择构成封闭轮廓线的边或曲线，然后将此轮廓线投影到“窗口平面”上，从而构成铣削窗口。

2）窗口定义界面中各选项意义如下。

“放置”：单击“放置”选项，弹出如图 9-17（a）所示的上滑面板，当选择不同的铣削窗口类型时显示的内容稍微有些不同。用于设置“窗口平面”，即窗口轮廓的投影平面，投影平面要求平行于退刀面。“保留内环”：若窗口边界内出现内部环，系统默认保留，若不想保留内部环，则需将“保留内环”前面的勾去除。

“深度”：单击“深度”选项，弹出如图 9-17（b）所示的上滑面板。选择“指定深度”复选框，用于设置铣削窗口的深度，即自窗口平面向下指定窗口的深度。如果不指定深度，系统将根据参照模型和工件自动确定窗口深度。

“选项”：单击“选项”选项，弹出如图 9-17（c）所示的上滑面板。用于设置窗口围线的类型。

“属性”：定义铣削窗口的名称，可不进行设置。

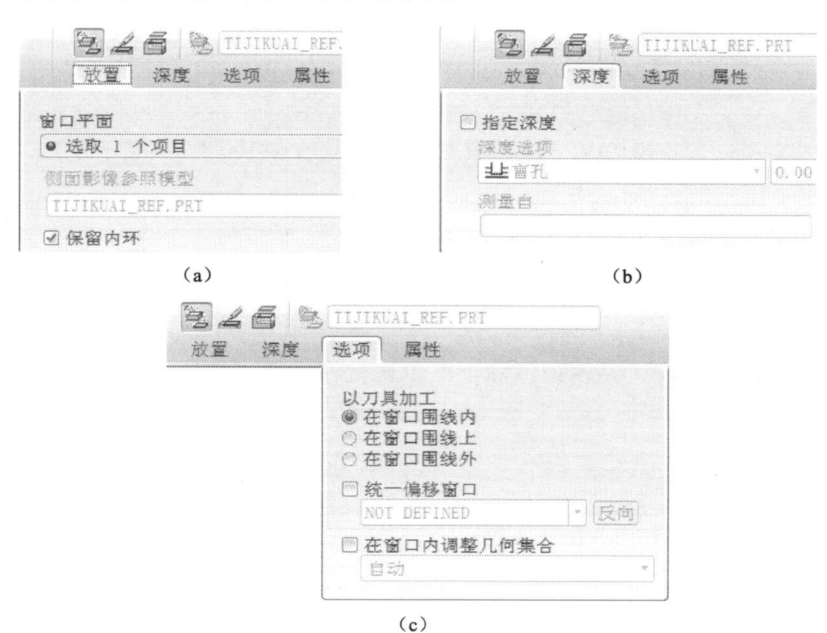

图 9-17 窗口设置的上滑面板

（a）“放置”选项；（b）“深度”选项；（c）“选项”

3）“选项”对话框的参数设置如下。

“在窗口围线内”：表示刀具必须限定在窗口的边界线内，如图 9-18（a）所示。应注意的是，若窗口边界与毛坯外轮廓重合时，在尖角的拐角处会出现残料；若窗口内狭窄区域的最小尺寸小于刀具的直径，则该部位加工不完全，如图 9-19 所示。

"在窗口围线上"：表示刀具路径可以落在铣削窗口的几何边界上，如图 9-18（b）所示。

"在窗口围线外"：表示刀具可以完全越过窗口的几何边界，如图 9-18（c）所示。

"统一偏移窗口"：指定偏移值和方向，可将窗口边界统一向外或向内偏移一个指定值。

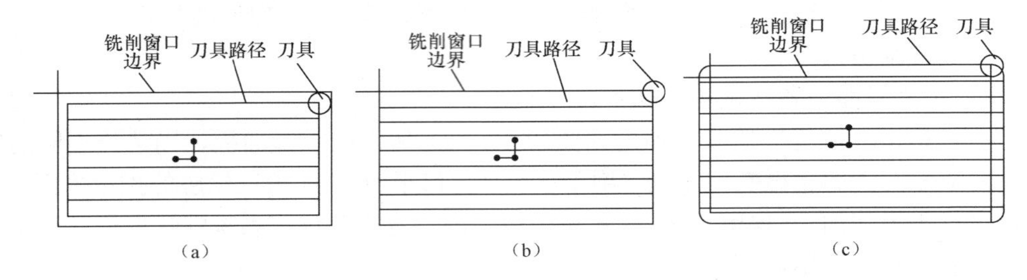

图 9-18　窗口围线类型

（a）"在窗口围线内"；（b）"在窗口围线上"；（c）"在窗口围线外"

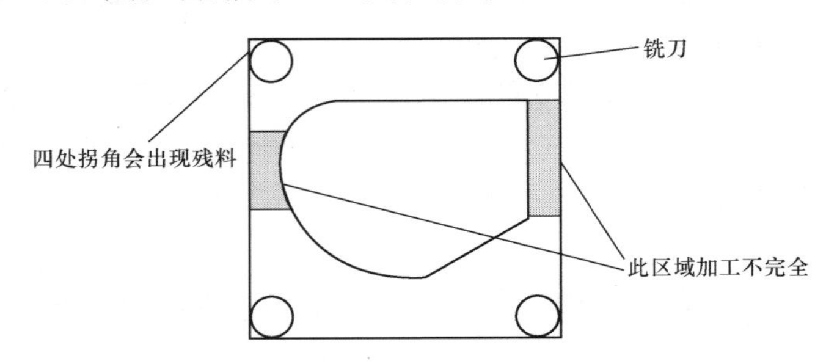

图 9-19　窗口设置不合理易出现的残料现象

在图 9-16 中，使用默认的侧面影像窗口类型，即选取参照模型的外轮廓作为窗口边界。单击"放置"选项，在模型上选取工件的上表面定义为窗口的放置平面。单击"深度"选项，选择"指定深度"复选框和到选定项，选取参照模型的分型面（中间平面）作为窗口的深度平面，如图 9-20 所示。

单击"选项"项，选择"在窗口围线上"单选按钮。单击按钮完成窗口的创建。

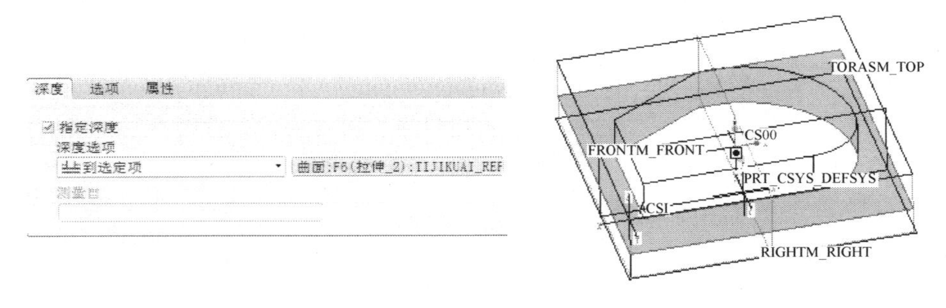

图 9-20　指定窗口深度平面

（5）逼近薄壁。窗口创建完成后，弹出"链"菜单管理器，如图 9-21 所示。同时，信息区提示：选取用作刀具进入的窗口侧，即需要设置"逼近薄壁"选项。

在窗口放置平面上按住 Ctrl 键依次选取窗口的 4 个边界，单击"完成"→"完成序列"项。单击按钮保存制造文件。

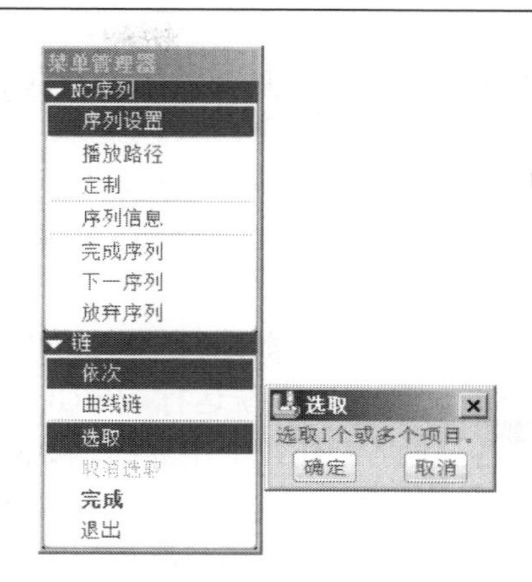

图 9-21 “链”菜单管理器

（6）体积块粗加工的屏幕演示。在模型树上右键单击 1. 体积块铣削 [OP010]，在弹出的菜单中选择“播放路径”命令，弹出“播放路径”对话框，如图 9-22 所示。调整播放速度，单击播放按钮 ▶ ，出现刀具演示路径，如图 9-23 所示。

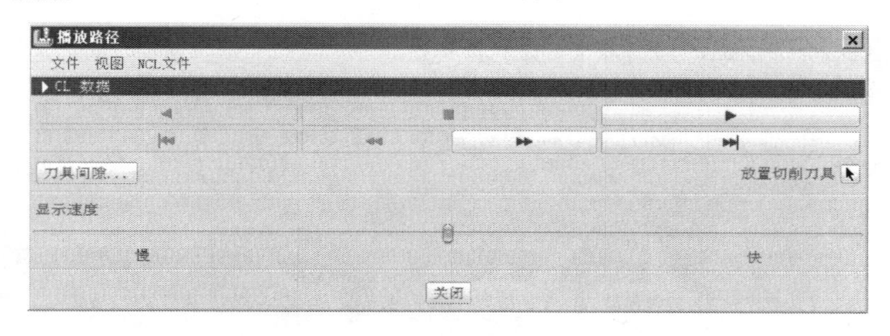

图 9-22 “播放路径”对话框

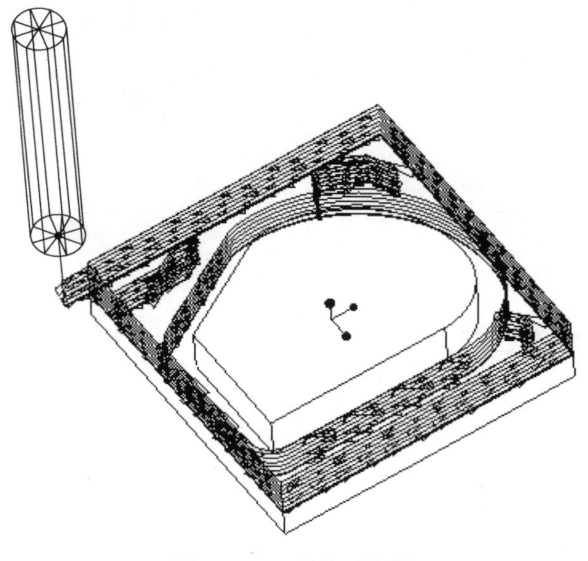

图 9-23 刀具演示路径

（7）NC 检查。屏幕演示能够观察刀具的加工路径轨迹，但是它没有加工的效果显示。

若要观察加工去除材料的过程和效果，则需要使用“NC 检查”命令。在“NC 检查”中，Pro/ENGINEER 中提供了 VERICUT 和 Pro/NC-CHECK 两种方式，系统默认方式为 VERICUT。VERICUT 是一个仿真模拟软件，它与 Pro/ENGINEER 实现了无缝集成。

1）在模型树上右键单击 1. 体积块铣削 [OP010]，在弹出的菜单中选择“编辑定义”命令，弹出“NC 序列”菜单管理器，如图 9-24 所示，单击“播放路径”→“NC 检查”项。

菜单管理器
▼ NC序列
序列设置
播放路径
定制
序列信息
完成序列
放弃序列

菜单管理器
▶ NC序列
播放路径
▼ 播放路径
计算CL
屏幕演示
NC 检查
过切检查

图 9-24　“NC 检查”菜单

2）系统运行 VERICUT 软件，进入如图 9-25 所示的 VERICUT 主界面。按 Shift 键＋鼠标中键移动可移动模型；按 Ctrl 键＋鼠标中键移动可缩放模型，拖动按钮可调整播放速度。

单击播放按钮，进行加工过程模拟，模拟加工结果如图 9-26 所示。单击按钮可恢复工件，改变视角后，再次单击播放按钮，可从不同视角观看加工模拟过程。

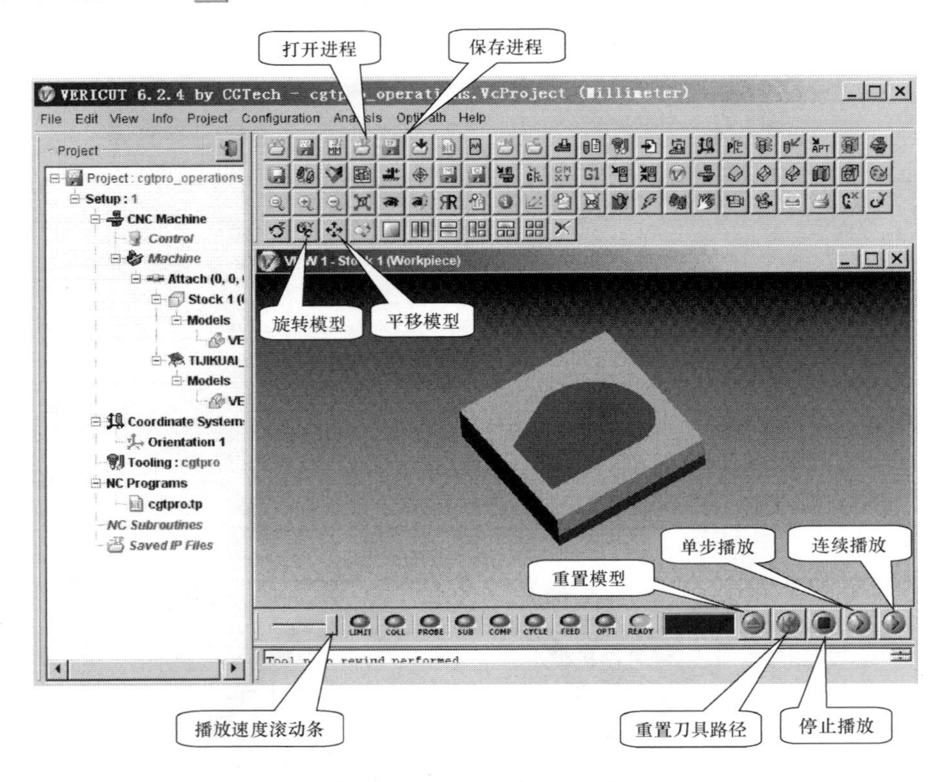

图 9-25　VERICUT 主界面

3）若检查确认无误，单击保存进程按钮，在弹出的“Save In-process File...”对话框中，输入文件名 tijikuai_1，单击 save 按钮，将仿真加工结果 tijikuai_1.ip 文件保存在工作目录中，为后续 NC 序列调用。

4）关闭 VERICUT 窗口，此时弹出如图 9-27 所示窗口，询问是否保存 Cgtpro_operation.vcproject 文件，单击按钮 Ignore All Changes 不保存。

图 9-26 VERICUT NC 检查结果

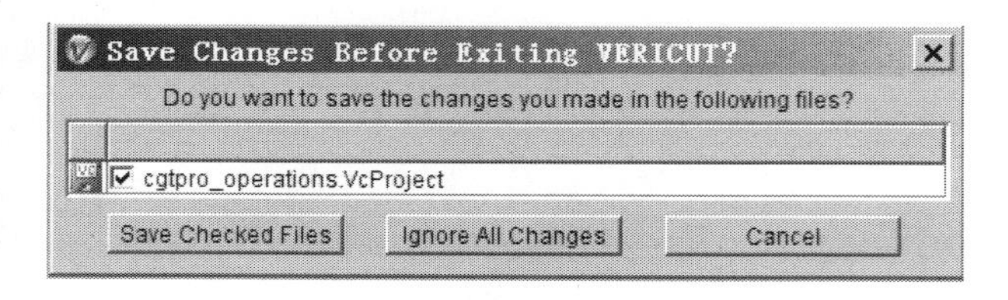

图 9-27 是否保存 VERICUT 文件

注意： 若进行“NC 检查”时，信息区出现提示“应用程序 VERICUT_DLL 不可用或此平台不支持”，则说明系统没有安装 VERICUT 软件。此时进行 NC 检查需使用 Pro/NC-CHECK 方式。这需对配置文件进行更改，单击主界面中“工具”→“选项”命令，在选项文本框中输入 nccheck_type，单击“值”文本框右侧的箭头，选择 nccheck 项，再单击“添加/更改”→“应用”命令，单击按钮，保存 config.pro（保存在起始位置文件夹中，在桌面上右键单击 Pro/ENGINEER 快捷方式，查看起始位置）。

4. NC 序列的修改和重定义

NC 序列进行屏幕演示及 NC 检查，退出序列设置后，如果读者对所设置的 NC 序列还不够满意，可再重新进行编辑或定义。在模型树中右键单击需要修改的 NC 序列，选择“编辑定义”→“参照”→“序列设置”命令，勾选要修改的选项，单击“完成”按钮，便可对所选的项进行修改。

练习： 请读者试着将图 9-14 中所设置的“扫描类型”的参数更改为“类型 3”，“粗加工选项”的参数更改为“粗加工轮廓”，其他参数不变，观察一下刀具轨迹和仿真加工的过程发生了怎样的变化？加工时间有何改变（可在“制造工艺表中”查看加工时间，有关“制造工艺表中”的使用方法请查看 9.1.3 节）？并分析比较哪种路径更优？

5. “CL 数据”的输出及 NC 代码的生成

在对 NC 序列进行编辑或定义之后，如果刀具轨迹及加工仿真结果合理，需要输出 NC 代码文件，以传送到 NC 机床上运行，从而自动加工出符合要求的零件。

在模型树上右键单击 NC 序列，在弹出的菜单中选择“播放路径”命令，在弹出“播放路径”对话框（见图 9-22）中，单击“CL 数据”项，可以查看刀位文件，如图 9-28 所示。

（1）CL 数据文件的输出。如果需要输出 CL 数据文件，需单击图 9-29 中的“文件”菜单，选择“保存”或“另存为”命令，即可保存或另存 CL 数据文件。

（2）NC 代码文件的输出。在图 9-29 中选择“另存为 MCD 文件”命令，MCD 文件规定了输出 G 代码文件的格式、地址寄存器的格式和信息等。在弹出的如图 9-30 所示的“后处理选项”的对话框中，常用选项意义如下。

“同时保存 CL 文件”：表示不仅要输出 MCD 文件，还要输出 CL 数据文件（*.ncl）。

“加工”：系统使用在“机床设置”中设定的后处理器文件用于生成 NC 代码。如果未选择此选项，则系统将提示从所有可用后处理器的名称列表菜单中选取一个后处理器。

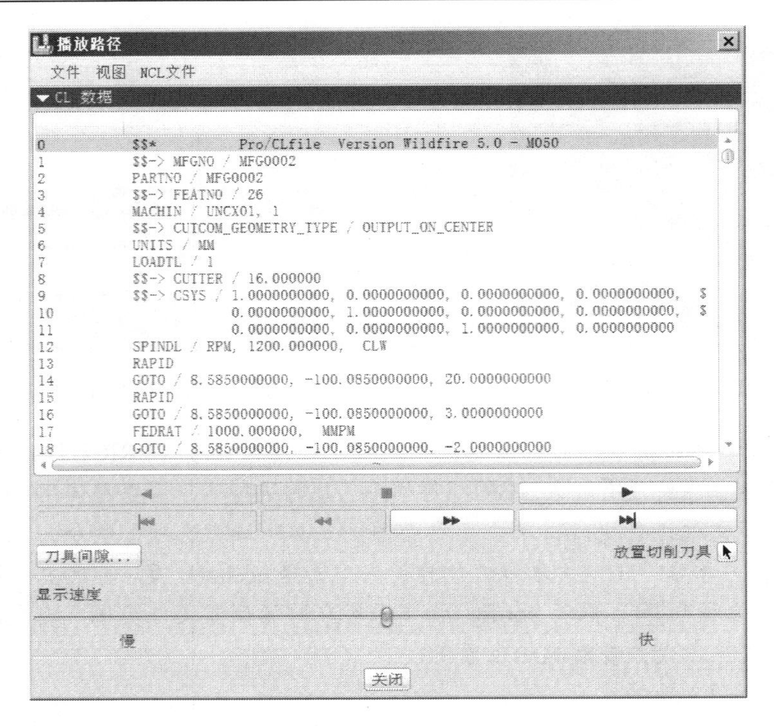

图 9-28 CL 数据文件

图 9-29 “播放路径”对话框中的文件菜单

图 9-30 “后处理器选项”的对话框

“详细”：启动后处理的详细显示。

“跟踪”：跟踪列表文件中的宏和 CL 记录。

在图 9-30 中，选择“详细”、“跟踪”项，然后单击“输出”按钮，弹出“保存副本”对话框，输入 CL 文件名称为 tijikuai，单击“确定”按钮，出现“后置处理列表”菜单管理器，如图 9-31 所示。该菜单管理器中列举了 17 种铣床的后处理器名称（UNCX01.P**），5 种车床的后处理器名称（UNCL01.P**）。

借助软件进行自动编程，分为两个阶段：一是生成刀具路径，即刀位文件（*.ncl）；二是后置处理，即生成 NC 代码文件。前者的主要内容包括：从图形文件中提取编程信息，根据 NC 序列设置进行分析计算，将节点数据转换为刀具位置数据，生成刀位文件。后置处理（Post Processing）是指将刀位文件转换成指定数控系统能执行的数控程序的过程。

由于各种数控机床使用的控制系统不同，其程序段格式及代码的意义也有所不同。因此，各种数控系统应有相对应的后置处理器。

Pro/ENGINEER 软件自身配置了当前世界上比较知名的数控厂家的后处理文件，如 HASS

的数控系统 VF8、FUNUC 11M、FUNUC 16MA 等。读者在选择后置处理器时，一定要明确工作机床配备的是何种数控系统。

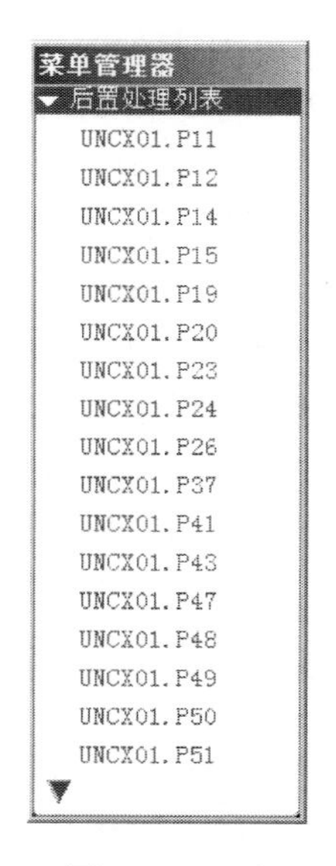

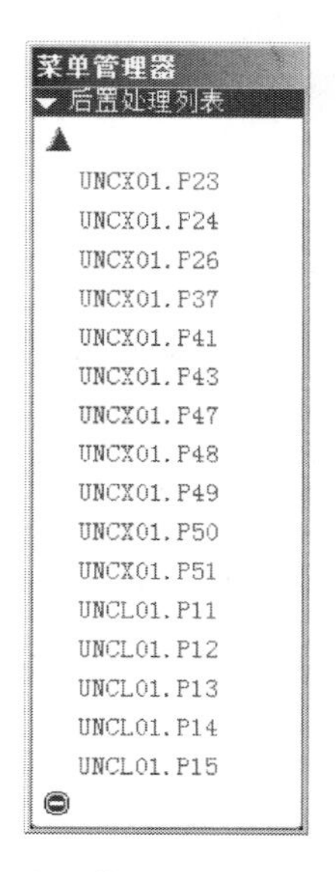

图 9-31　“后置处理列表”菜单管理器

如果已知工作机床配备 FANUC 16M 数控系统，选择后置处理器时，首先在如图 9-31 所示的后置处理器列表中查找是否存在该数控系统。查找方法：鼠标放置在任一后置处理器名称上，对应 NC 主界面的左上角便出现相应的数控系统的提示。如放置在“UNCX01.P20”上，相对应的提示：LEBLOND/MAKINO FANUC 16M，表示 UNCX01.P20 是 LEBLOND/MAKINO FANUC 16M 数控系统的后置处理器。

在图 9-31 中，单击 UNCX01.P20 项后，出现如图 9-32 所示的“信息窗口”。该窗口记录了所使用的后处理器的名称、输入的刀位文件、文件生成时间、加工所需时间等信息。生成的 tijikuai_1.tap 文件保存在工作目录 chap9_1 文件夹中。

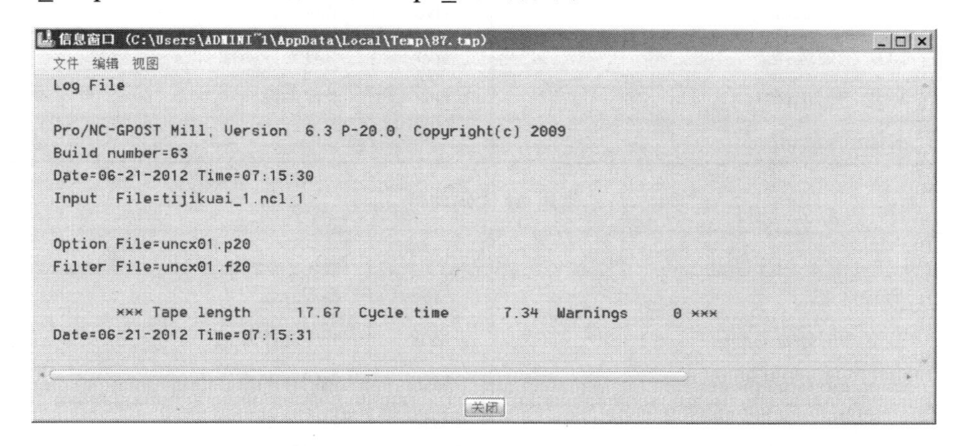

图 9-32　“信息窗口”

打开 chap9_1 文件夹，选择 tijikuai_1.tap 文件，用记事本打开，便看到生成的 NC 代码

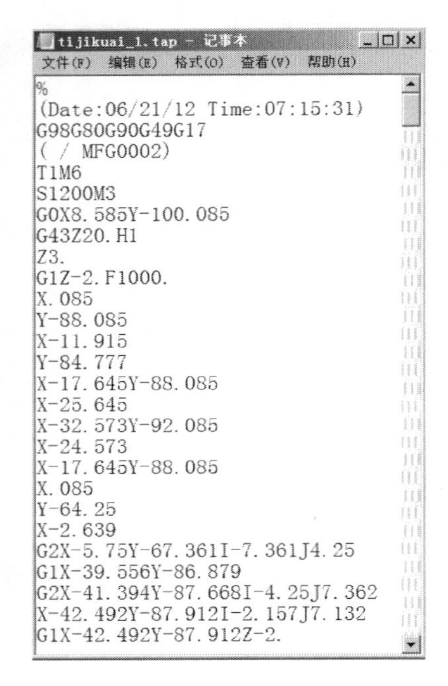

tijikuai_1.tap - 记事本

文件(F)　编辑(E)　格式(O)　查看(V)　帮助(H)

```
%
(Date:06/21/12 Time:07:15:31)
G98G80G90G49G17
( / MFG0002)
T1M6
S1200M3
G0X8.585Y-100.085
G43Z20.H1
Z3.
G1Z-2.F1000.
X.085
Y-88.085
X-11.915
Y-84.777
X-17.645Y-88.085
X-25.645
X-32.573Y-92.085
X-24.573
X-17.645Y-88.085
X.085
Y-64.25
X-2.639
G2X-5.75Y-67.361I-7.361J4.25
G1X-39.556Y-86.879
G2X-41.394Y-87.668I-4.25J7.362
X-42.492Y-87.912I-2.157J7.132
G1X-42.492Y-87.912Z-2.
```

图 9-33　NC 代码文件

文件，如图 9-33 所示。

有些数控系统的后置处理器需要 4 位数字设定 NC 程序的程序号。如美国 HASS VF8 数控系统的后置处理器 UNCX01.P11，单击“UNCX01.P11”后，系统提示：ENTER PROGRAM NUMBER，即需设定 NC 程序的程序号，输入 4 位数字作为程序号，按“回车”键，即可。

因各种机床的数控系统都有所差异，不能完全满足用户要求。因此，Pro/ENGINEER 允许用户重新创建后置处理器或修改已有的后置处理器，以满足不同系统的加工要求。创建或修改后置处理器前必须认真阅读机床附带的机床说明书、编程说明书等相关技术文件。进入创建和修改状态途径：在主菜单中单击“应用程序”→“NC 后处理器”命令，进入后置处理器界面，便可以创建或修改后置处理器。

不同的数控系统所规定的 G 代码和 M 代码功能不完全相同，但常用代码功能大致相同。常用 G 代码和 M 代码功能见表 9-2 和表 9-3。

表 9-2　　常用 G 代码功能

代码	功　　能	代码	功　　能
G00	快速进给	G40	取消刀具补偿
G01	直线插补	G41	刀具半径左补偿
G02	顺时针方向圆弧插补	G42	刀具半径右补偿
G03	逆时针方向圆弧插补	G80	取消孔加工固定循环
G04	暂停	G81～G89	用于镗孔、钻孔、攻螺纹等孔加工固定循环
G17	XOY 平面选择	G90	绝对坐标编程
G18	XOZ 平面选择	G91	相对坐标编程
G19	YOZ 平面选择	G92	坐标系设定
G33	等螺距螺纹切削		

表 9-3　　常用 M 代码功能

代码	功　　能	代码	功　　能
M02	程序结束	M06	换刀
M03	主轴顺时针方向旋转	M08	开 1 号冷却液
M04	主轴逆时针方向旋转	M09	关闭冷却液
M05	主轴停转	M30	程序结束，自动返回

9.1.2　体积块精加工的设置

完成体积块粗加工的 NC 序列后，在凸模凸出部位的侧面和分型面均留有加工余量，接着创建体积块精加工序列。

1. 序列设置分析

（1）刀具使用 ϕ16 的“端铣削”精加工刀具。

（2）窗口仍然选用粗加工的窗口，加工参数“粗糙选项”需要使用“腔槽加工”，该选项对窗口边界及底面进行加工。

（3）由于本例中窗口外轮廓侧壁不需要加工，因此需要在“序列设置”菜单中选择“除去曲面”选项，将窗口外部外轮廓从加工范围中除去。

2. 序列设置

单击按钮，弹出“序列设置”菜单，选择“刀具”、“参数”、“窗口”、“除去曲面”、“逼近薄壁”复选框，单击“完成”按钮，弹出“刀具设定”对话框。

（1）“刀具设定”。新建直径为 ϕ16 的“端铣削”刀具，单击“应用”→“确定”命令。

（2）参数设置。在“编辑序列参数‘体积块铣削’”的对话框中设置加工参数，如图 9-34 所示。

图 9-34 “编辑序列参数‘体积块铣削’”的对话框

（3）窗口及除去曲面。单击“确定”按钮，在模型上选取先前的窗口，同时文本区提示：从模型定义曲面以将其从轮廓排除。按住 Ctrl 键选取窗口的外轮廓的 4 个侧壁，如图 9-35 所示。单击菜单管理器中的“完成/返回”项。

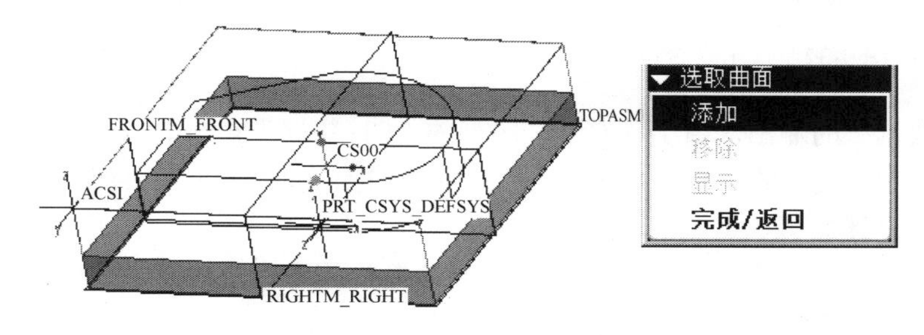

图 9-35 Ctrl 键选取窗口的外轮廓的 4 个侧壁

（4）逼近薄壁。弹出“链”菜单管理器，同时信息区提示：选取用作刀具进入的窗口侧。在窗口放置平面上按住 Ctrl 键依次选取窗口的 4 个边界，单击“完成”→“完成序列”项。

单击按钮保存制造文件。

（5）屏幕演示。在模型树上刚刚创建好的 NC 序列处右键单击，在弹出的菜单中选择“播放路径”命令，播放结果如图 9-36 所示。

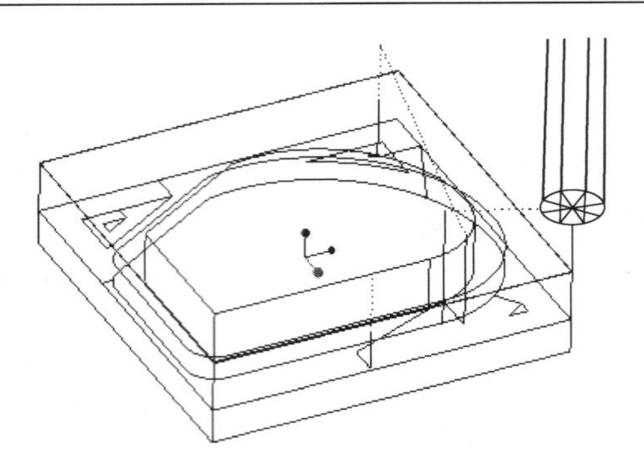

图 9-36 屏幕演示结果

（6）NC 检查。在模型树上刚刚创建好的 NC 序列处右键单击，在弹出的菜单中选择“编辑定义”命令，弹出“NC 序列”菜单管理器，单击“播放路径”→“NC 检查”项。

运行 VERICUT 软件后，单击按钮，弹出如图 9-37 所示对话框，单击按钮 Ignore All Changes，打开工作目录中前一 NC 序列保存结果 tijikuai_1.ip 文件，单击右下方工具条按钮重置刀具路径，拖动滚动条以调整播放速度，然后单击按钮，开始加工仿真，仿真结果如图 9-38 所示，然后关闭 VERICUT 窗口。

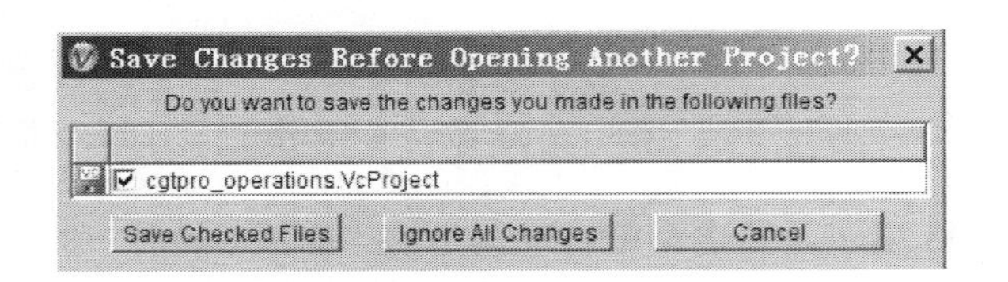

图 9-37 提示是否保存

图 9-38 NC 检查结果

（7）“CL 数据”的输出。由于所有 NC 序列的“CL 数据”输出的步骤均相同，故由精加工 NC 序列生成 NC 代码的步骤不再赘述。后面章节均侧重于 NC 序列的设置，而不再对“CL 数据”输出进行讲述。

注意： 如果需要将某个操作的多个 NC 序列的刀位轨迹连续播放，可通过制作工艺表选择需要播放的序列，连续播放，并将连续播放的刀位轨迹输出为 CL 文件。然后通过菜单“工具”→“CL 数据”→“播放路径”命令，经后置处理生成相应的 NC 代码文件。

（8）NC 序列的重命名。由于 NC 序列在创建时不能以中文命名，很不方便。通常，在创建 NC 序列时不设序列名称，系统以序列的类型及所属操作自动命名。当创建的多个 NC 序列类型相同时，其名称根据创建的先后前面冠以数字区分，如图 9-39（a）所示。因此创建多个 NC 序列时，为方便区分、查找、编辑、修改，通常在模型树中右键单击要修改的 NC 序列，选择“重命名”命令，然后直接输入有意义的中文名称，如图 9-39（b）所示。保存制造文件。

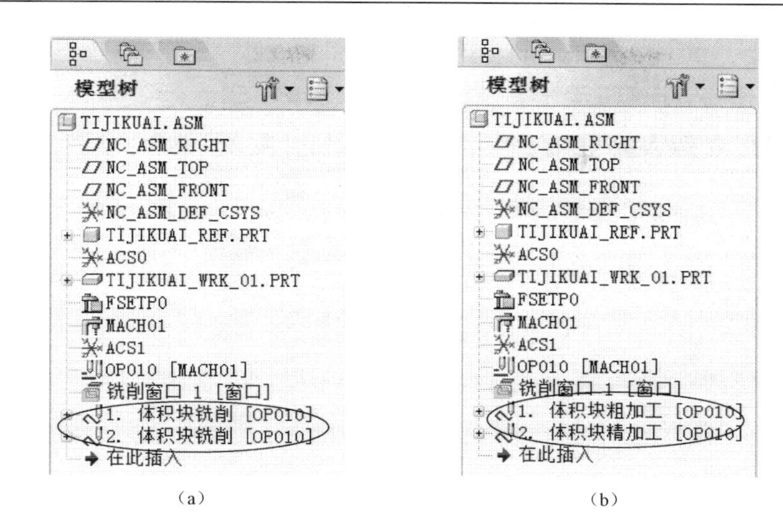

图 9-39 在模型树中重命名 NC 序列名称

（a）自动命名的 NC 序列；（b）以中文名称重命名的 NC 序列

注意： Pro/ENGINEER 系统在保存各种类型文件时，并不覆盖上一次所保存的文件，而是以同样的文件名保存，只是在文件末尾自动产生递增的版本序号。如果保存的次数过多，则文件夹中显得凌乱，且占有不少空间。删除旧版本的最简便快捷的方法：在主界面中单击“窗口”→“打开系统窗口”命令，键入 purge 命令后按“回车”键。在系统窗口中可使用 DOS 命令进入其他目录，还可删除其他目录下所有的旧版本文件。

9.1.3 “制造工艺表”的应用

制造工艺表列出所有制造过程的对象数据，如工作机床、操作、夹具、刀具和所有的 NC 序列。在创建完成所有 NC 序列后，使用该表可以方便地查询所有 NC 序列的相关信息，复制 NC 序列，显示加工时间，连续播放刀具路径及连续进行 NC 检查，将整个操作或操作下的几个 NC 序列的刀轨连续播放，从而将连续播放的刀位文件生成一个对应 NC 代码文件。还可直接打印或输出 Excel 表格。

1. 打开制造工艺表

单击“制造工具条”按钮，或单击菜单“制造”→“工艺管理器”命令，打开“制造工艺表”对话框，如图 9-40 所示。该表中列举了前面设置的两个 NC 序列的相关信息。在该表中，有些信息是不需要在表中列出的，而有些重要的加工信息表中又未列出。因此，需要调整表中所列的信息。

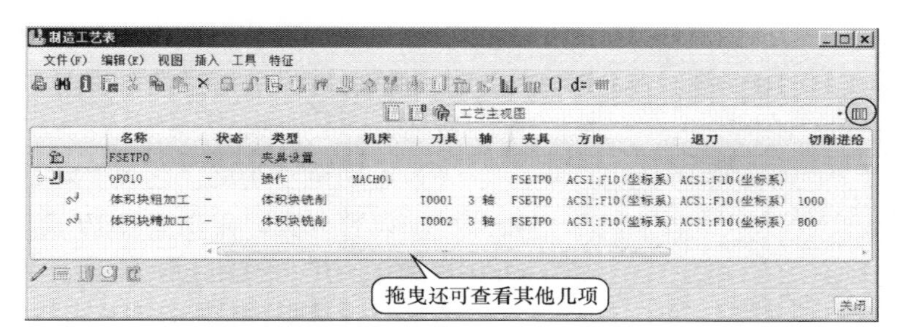

图 9-40 “制造工艺表”对话框

在图 9-40 中，单击按钮▦，可打开“处理视图生成器”对话框，如图 9-41 所示。利用该对话框，可使需要查询的重要信息显示在制造工艺表中。

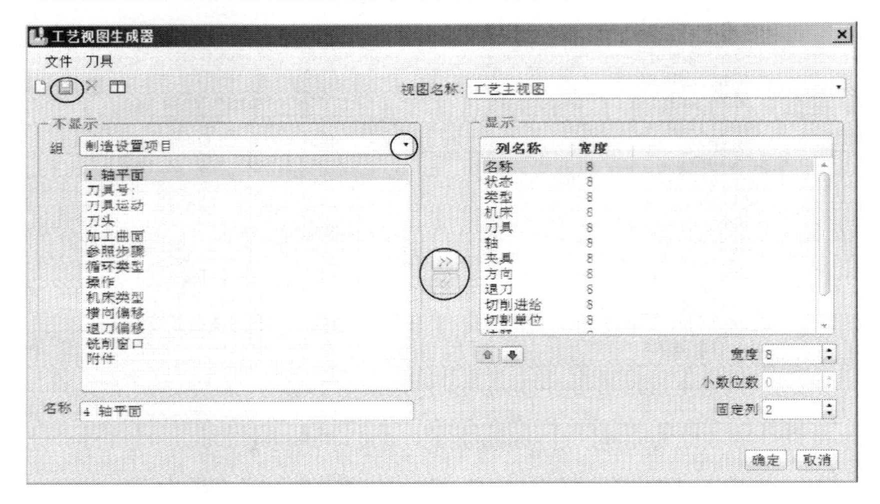

图 9-41　“工艺视图生成器”对话框

2. 设置制造工艺表中的显示信息

在图 9-41 中，右侧“显示”栏的内容为默认显示设置。单击左侧栏内的按钮▾，根据设置需要选择添加显示的参数。单击右侧“显示”栏的内容，可将不需要显示的项目移除。

（1）选择“制造信息参数”→“加工时间（分钟）”项，单击按钮>>，将其添加到右侧“显示”列表中。

（2）按同样方法，在“刀具参数”中，将“刀具类型”、“刀具直径”两个参数分别添加到右侧列表中。

（3）按同样方法，在“步骤参数”中，将“主轴速率”、“步长深度”、“跨度”3 个参数分别添加到右侧列表中。

图 9-42　调整后的“显示”列表

（4）将右侧栏内的“状态”、“机床”、“轴”、“夹具”、”方向”、“切割单位”、“注释”、“退刀”、“X 冲程”和“设置时间（分钟）”参数，使用按钮<<将其移出。

（5）在右侧“显示”列表中，选择某一参数，可按按钮⇧或按钮⇩，调整显示顺序，调整后如图 9-42 所示。在“工艺视图生成器”窗口中单击按钮▣，将调整后的显示信息选项保存，然后单击“确定”按钮。

（6）返回至“制造工艺表”对话框，根据实际需要手动调整列宽。单击 OP010 前的按钮，选择 OP010 操作，单击按钮，重新计算加工时间。

调整与计算后的“制造工艺表”如图 9-43 所示，在该表中可以方便地查询 NC 序列的相关信息。

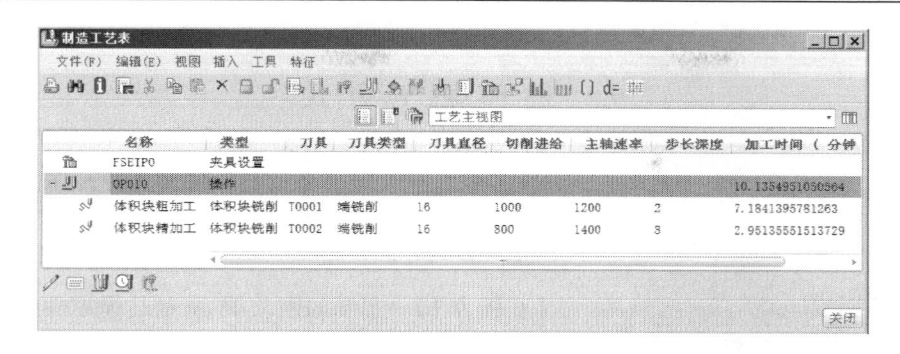

图 9-43　调整后的“制造工艺表”

3. 对多个 NC 序列连续操作

在“制造工艺表”中，单击 NC 序列前的位置，可选择单个 NC 序列，同时按住 Shift 键或 Ctrl 键还可选择多个 NC 序列，可对其进行复制、删除、修改、重定义、屏幕演示、NC 检查等操作。单击 NC 序列名称，还可方便地对名称进行修改。

（1）NC 序列的复制将在后续章节加以介绍。

（2）选择单个 NC 序列或多个 NC 序列，单击鼠标右键，在弹出的菜单中可进行删除、屏幕演示及 NC 检查的操作。

（3）选择单个 NC 序列，单击按钮，可对 NC 序列进行重定义。

（4）选择单个 NC 序列或多个 NC 序列，单击按钮，可进行单个序列或多个序列的连续播放的屏幕演示；单击按钮，重新计算加工时间。

4. 制造工艺表的输出

在“制造工艺表”中，单击“文件”→“输出表（CSV）”命令，可直接输出 Excel 表格。

5. 制造工艺表的打印

在“制造工艺表”中，单击“文件”→“创建打印版本”命令，或单击按钮，在 Pro/ENGINEER NC 主界面的浏览器中创建打印版本。如图 9-44 所示，单击浏览器中的按钮，可将打印版本的工艺表文件保存，文件类型*.html。单击按钮，可直接打印，方便编程人员查看。然后单击浏览器右侧箭头，回到图形显示区。

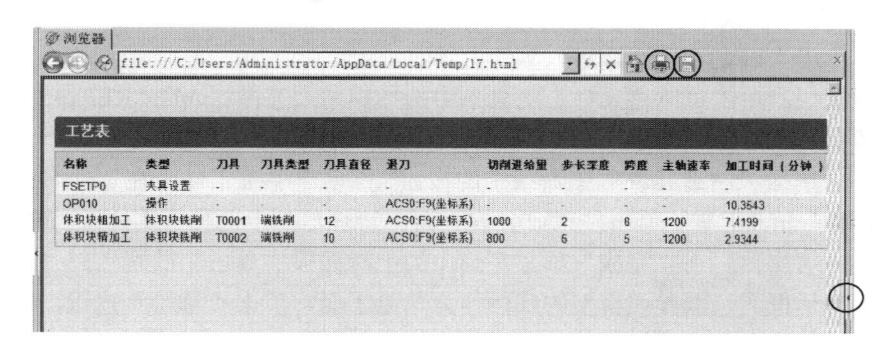

图 9-44　浏览器中创建的工艺表打印版本

至此，［实例 9-1］所要求的数控编程全部完成。保存制造文件。

9.2 曲面加工方式

图 9-45　零件模型

曲面加工可以根据零件的精度要求来加工表面、侧面和复杂曲面等，一般用于粗加工之后，大多属于半精加工及精加工的范畴。

【实例 9-2】 编制如图 9-45 所示凸模零件的数控加工程序。

首先对零件进行分析，该凸模零件凸出部位为空间曲面，上表面和分型面均为平面，凸出部位和分型面之间为尖角过渡。零件材料为 45 钢，毛坯为一圆盘，要求对凸模凸出部位和分型面进行粗加工和精加工。工序规划如表 9-4 所示。

表 9-4　　零件的 NC 序列规划

序号	加 工 内 容	加工方式	刀　具		进给速度 mm/min	步长深度 mm	跨度 mm	主轴转速 r/min
			类型	尺寸				
1	粗加工	体积块	外圆角铣削	ϕ18R2	1400	1	12	1200
2	侧面精加工	曲面	球铣削	ϕ10	1200	—	0.4	1600
3	清角及分型面精加工	体积块	端铣削	ϕ18	800	0.3	9	1600

9.2.1 采用“窗口”设置体积块粗加工

1. 制造模型

设置工作目录。单击“文件”→“新建”→“制造”命令，在“名称”文本框中输入 qumian，若已使用配置文件将默认模板设置为公制模板，则直接单击“确定”按钮，进入 Pro/ENGINEER NC 主界面。若未对配置文件进行设置，则输入文件名称后，将“使用默认模板”前面的☑去掉，即不使用默认模板单击“确定”按钮后，在“新文件选项”对话框中选择 mmns_mfg_nc，即公制模板。单击“确定”按钮，进入 NC 主界面。

（1）参照模型。单击“制造元件”工具条中的按钮，选择 qumian_REF.prt 文件，默认放置，单击按钮☑。

（2）工件。单击“制造元件”工具条中的按钮创建手工工件，在零件名称的消息框中输入工件名称 qumian_W。单击按钮☑，在“菜单管理器”中选择“实体”、“伸出项”项，单击“拉伸”→“实体”→“完成”项。在弹出的上滑面板中单击“放置”→“定义”项，弹出“草绘”对话框。选取参照模型的底面作为草绘平面，单击“草绘”按钮，进入草绘界面，选取坐标系作为参照，关闭“参照”对话框。单击工具条上按钮，单击“环”项，提取参照模型外轮廓的大圆，单击按钮✔退出草绘。按住鼠标中键移动以查看拉伸方向，然后选择项，将工件拉伸至模型的上表面。单击按钮☑，然后单击“完成/返回”项，工件创建完成，如图 9-46 所示，工件为绿色透明的。

2. 操作设置

单击主菜单“步骤”→“操作”命令，打开“操作设置”对话框。

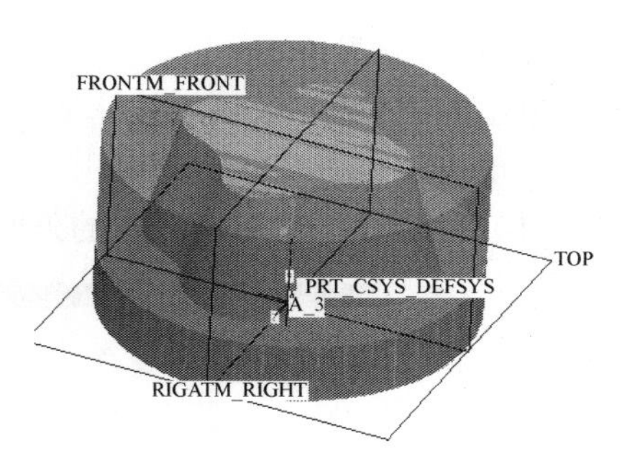

图 9-46　创建完成的制造模型

（1）操作名称。使用默认的操作名称 OP010。

（2）NC 机床。使用默认的机床名称、机床类型和轴数，其他选项暂不设定，单击“确定”按钮以返回“操作设置”对话框。

（3）加工零点。加工零点建立在工件上表面的回转轴线上。在“操作设置”对话框中，单击“加工零点”后的按钮，然后单击工具条上的坐标系按钮，按住 Ctrl 键依次选取 NC_ASM_RIGHT 面、NC_ASM_FRONT 面和工件上表面，这 3 个面便顺序显示在“坐标系”对话框中。旋转模型以查看坐标轴的方向，发现 *Z* 轴正向向下，如图 9-47 所示，需要改变 *Z* 轴的正方向。

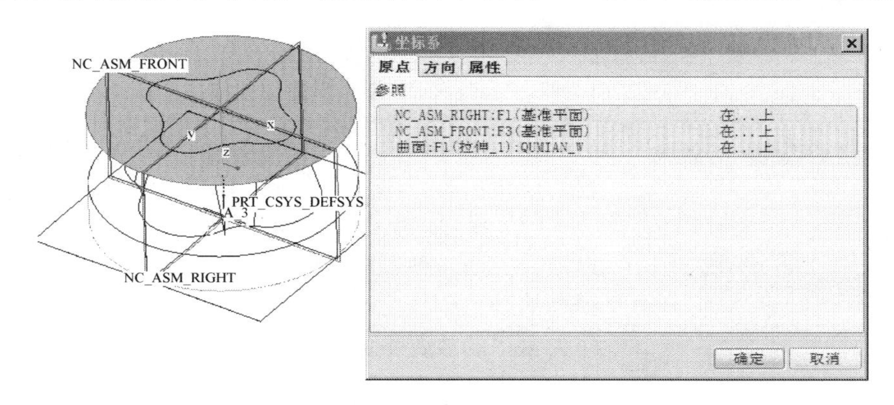

图 9-47　依次选取的 3 个相互垂直的平面确定的坐标系（*Z* 正向向下）

单击“坐标系”对话框中的”方向”标签，进入如图 9-48 所示的界面，单击“Y”后面的“反向”按钮即可，加工零点便创建好了。

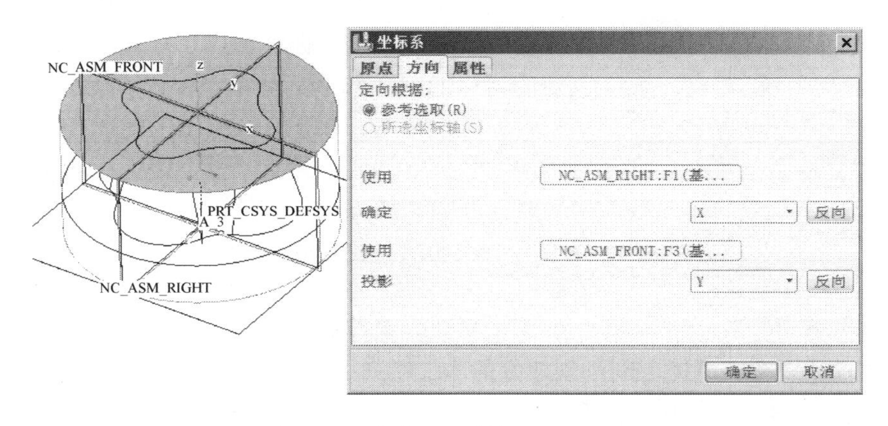

图 9-48　改变方向后的加工坐标系

（4）退刀“曲面”。退刀面为“平面”类型，*Z* 方向值为 20。

3. 序列设置

单击按钮，弹出“序列设置”界面，选择“刀具”、“参数”、“窗口”、“逼近薄壁”复选框，单击“完成”按钮，弹出“刀具设定”对话框。

（1）“刀具设定”：ϕ18R2 的外圆角铣刀，刀具参数设置如图 9-49 所示。

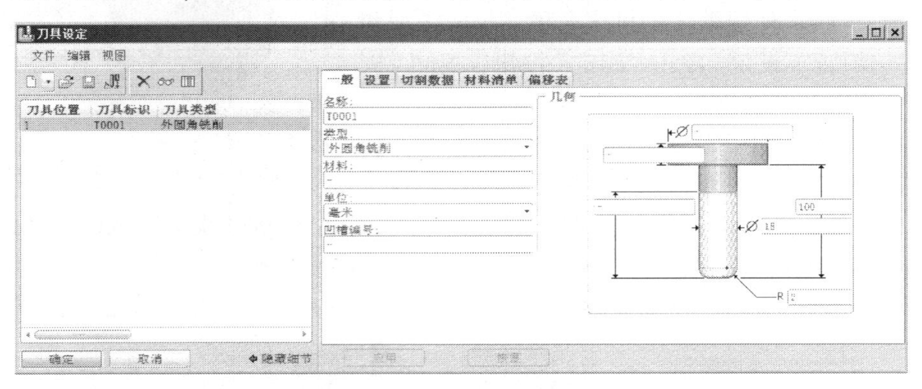

图 9-49 “刀具设定”对话框

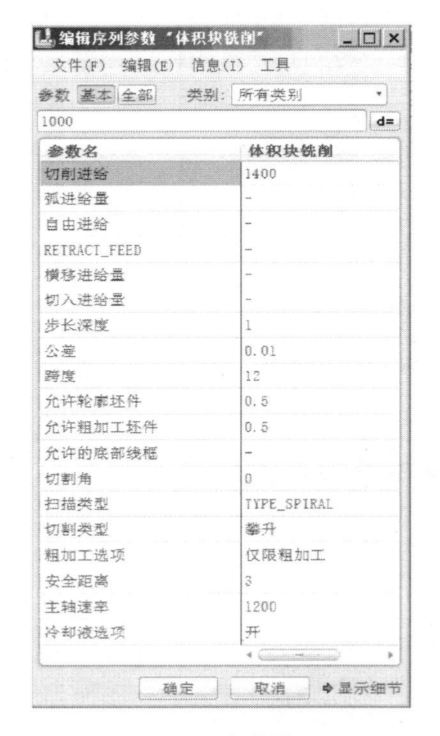

图 9-50 参数设置

（2）“参数”：基本参数设置如图 9-50 所示。单击“全部”按钮，将“退刀面选项”改为“智能”项。

（3）窗口。单击主界面右侧铣削窗口按钮，进入窗口定义界面。使用默认的侧面影像窗口类型，即选取参照模型的外轮廓作为窗口边界。在模型上选取工件的上表面作为窗口的放置平面。

单击“深度”选项，选择“指定深度”复选框和到选定项，选取参照模型的分型面（中间平面）作为窗口的深度平面，如图 9-51 所示。

单击“选项”项，选择“在窗口围线上”单选按钮。考虑刀具与工件的几何尺寸，为使刀具路径合理，需统一偏移窗口，选择“统一偏移窗口”复选框，向外偏距 1。创建的窗口如图 9-52 所示，单击按钮完成窗口的创建。

（4）逼近薄壁。接下来，提示区提示：选取用作刀具进入的窗口侧。同时，弹出“链”菜单管理器及“选取”对话框。在窗口边界的任一位置处单击，被选择的窗口边界的一小段曲线红色加亮，单击“完成”项。在菜单管理器中，单击“完成序列”项。

单击按钮保存制造文件。

（5）屏幕演示。在模型树上刚刚创建好的 NC 序列处右键单击，在弹出的菜单中选择“播放路径”命令，屏幕演示结果如图 9-53 所示。

（6）NC 检查。在模型树上刚刚创建好的 NC 序列处右键单击，在弹出的菜单中选择“编辑定义”命令，弹出“NC 序列”菜单，单击“播放路径”→“NC 检查”项。NC 检查结果如图 9-54 所示。

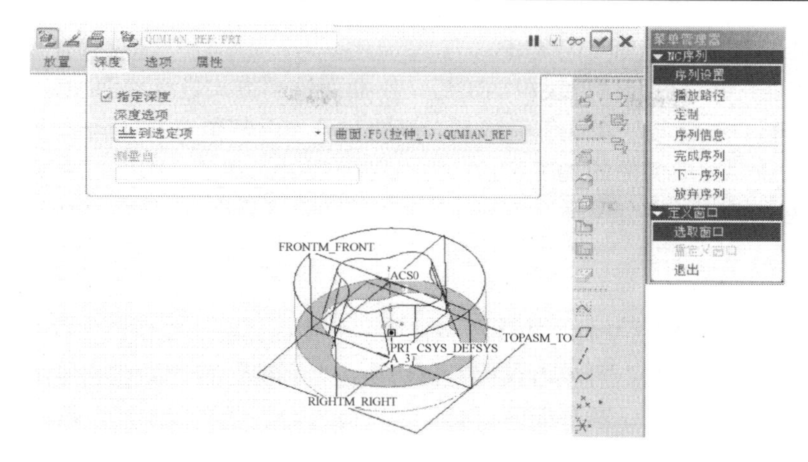

图 9-51 定义窗口深度

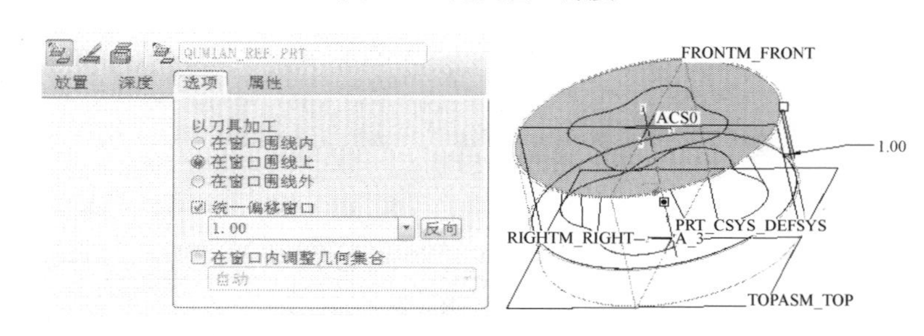

图 9-52 统一偏移窗口

图 9-53 屏幕演示结果

图 9-54 NC 检查结果

若检查确认无误，单击保存进程按钮，在弹出的“Save In-process File…”对话框中输入文件名 qumian，单击 save 按钮，将仿真加工结果 qumian.ip 文件保存在工作目录中，为后续 NC 序列调用。关闭 VERICUT 窗口，单击按钮 Ignore All Changes 不保存。

最后，将刀位文件经过后置处理输出 NC 代码文件。（步骤略）

练习： 请读者将“铣削窗口”的“选项”参数改为“在窗口围线外”，不选择“统一偏移窗口”复选框，其他参数不变。观察刀具轨迹和模拟加工过程有何改变？加工时间有何变化？

9.2.2 曲面铣削加工方式的设置

曲面加工可以根据零件的精度要求来加工表面、侧面和复杂曲面等，一般用于粗加工之后，大多属于半精加工及精加工的范畴。

在［实例 9-2］中，进行体积块粗加工后，用曲面铣削方式进行曲面加工。

序列设置分析：在体积块粗加工完成后，侧面和分型面都留有 0.5mm 的加工余量，在曲面加工序列中，需要完成侧面的加工余量，而分型面暂时不加工。因此，需要设置分型面为检测曲面以避免过切，考虑分型面上 0.5mm 的余量，即需要将分型面向上偏移 0.5mm 作为检测曲面。

1. 创建检测曲面

打开 9.2.1 节保存的制造文件，选择参照模型的分型面。由于工件的存在，使参照模型的分型面不便选取。解决方法：可单击鼠标右键切换，直到要选择的面加亮显示后，再单击鼠标左键选择该面；也可不显示基准曲面，将工件隐藏后，再选取分型面。选择的分型面呈红色加亮显示，单击工具条上复制按钮，然后单击粘贴按钮，如图 9-55 所示。再单击按钮，完成复制。

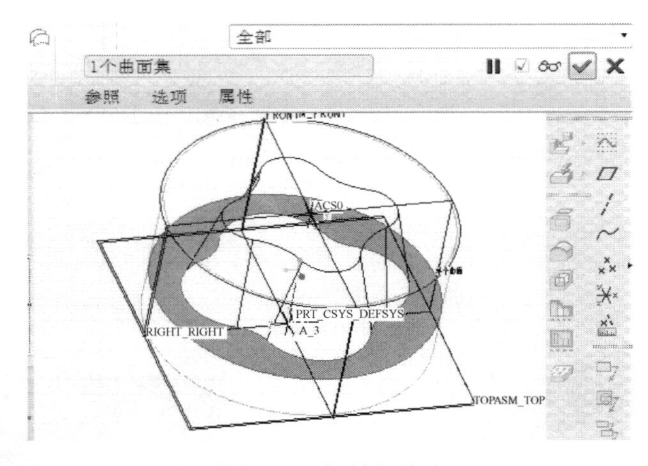

图 9-55 复制分型面

选择复制的曲面，单击主菜单“编辑”→“偏移”命令，输入偏移距离 0.5mm，如图 9-56 所示，单击按钮。

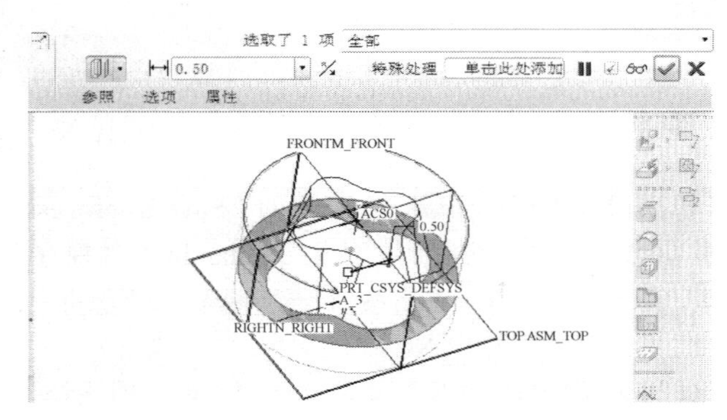

图 9-56 复制的分型面向上偏移 0.5mm

2. 序列设置

单击曲面铣削按钮，弹出“序列设置”菜单，如图 9-57 所示。

加工对象的选取有两种方式：一种是通过选取或创建曲面的方式；另一种是通过选取或创建窗口的方式。在图 9-51 中，“曲面”和“窗口”两个复选框不能同时选择。“窗口”可与“封闭环”配合使用。

“封闭环”：通过选取确定一个封闭环，将该环从窗口内排除。

“检查曲面”：设定避免过切的曲面。

在图 9-57 中，选择“刀具”、“参数”、“曲面”、“检查曲面”、“定义切割”复选框，单击“完成”项，进入刀具设定对话框。

图 9-57 曲面的序列设置菜单

（1）“刀具”：新建一直径 $\phi10$ 的球铣削刀具，刀具参数设置如图 9-58 所示，单击“应用”→“确定”按钮。

（2）“参数”：参数设置如图 9-59 所示，然后单击“完成”按钮。

（3）曲面。在“曲面拾取”菜单管理器中，选择“模型”→“完成”项，“选取曲面”→“添加”项，按住 Ctrl 键依次选取要加工的曲面，如图 9-60 所示，单击“确定”→“完成/返回”→“完成/返回”项。

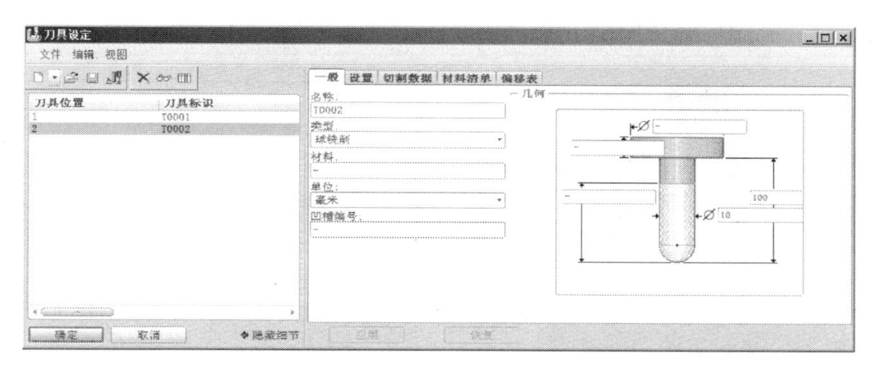

图 9-58 刀具参数设定

图 9-59 参数设置

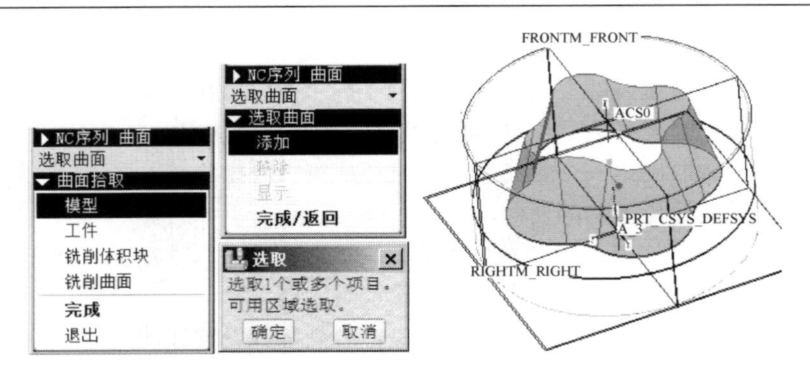

图 9-60 选取待加工的曲面

（4）定义切割。接着，弹出如图 9-61 所示的“切削定义”对话框。

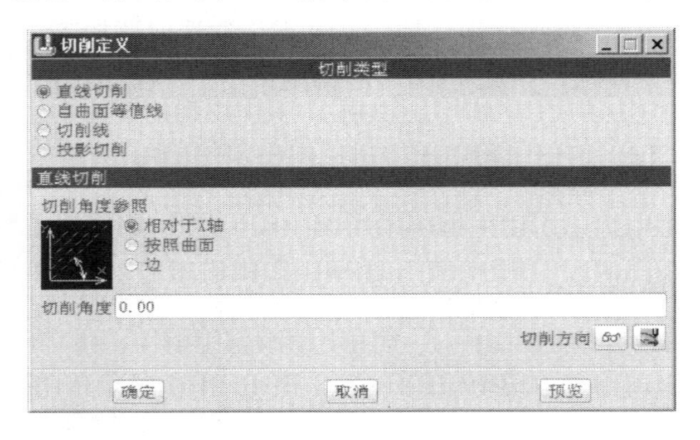

图 9-61 “切削定义”对话框

“切削定义”有以下 4 种切削类型。

“直线切削”：在曲面上生成一组与坐标轴成一定角度且相互平行的刀具路径，适合于坡度不大、曲面过渡比较平缓的零件加工，在实际应用中非常广泛。

“自曲面等直线”：按照铣削曲面的流线方向切削一个或一组连续曲面。在实际加工中，主要用于单个曲面或相毗连的几个曲面加工，可得到较为光顺的加工效果。但它受到很多限制，如对多个曲面切削时，经常会由于曲面不连续而产生抬刀，而且不同曲面之间产生的刀具路径也不连续，这对加工非常不利。

“切削线”：选取属于要加工曲面的边来定义切削线。通过设置“切削定义”对话框中的“切削线参照”选项，生成不同的刀具路径。

“投影切削”：将选取的封闭轮廓线投影到退刀面上，并在退刀面上的投影轮廓线内生成二维的刀具路径，然后再投影到曲面上形成三维刀具路径。通过设置“切削定义”对话框中的“边界条件”，可限制刀具路径在轮廓线内、延至轮廓线上、延伸至轮廓线外；设置“边界偏距值”，还可将轮廓线扩大和缩小。此边界条件与铣削窗口的边界条件类似。

在图 9-61 中，选择“自曲面等值线”类型，列表中将出现要加工的曲面列表，该列表中曲面的加工顺序由上一步骤中曲面的选择顺序确定，如图 9-62 所示。选择列表中的某一曲面，单击按钮还可查看切割方向，单击按钮和按钮可调整曲面的加工顺序，单击按钮通过在加工模型上选取来确定曲面加工顺序。本例中使用默认的切割方向和加工顺序，单击

"确定"按钮。

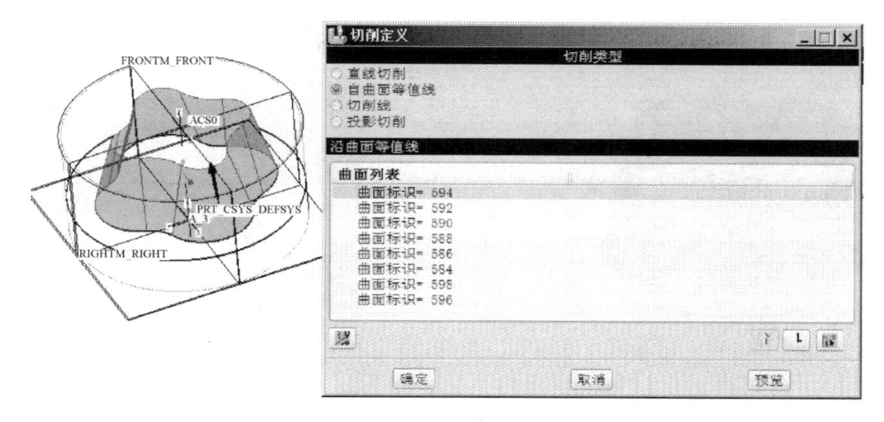

图 9-62 "自曲面等值线"选项

（5）检查曲面。接着进行检查曲面的设置，提示区提示：在参照零件上选取要对其检测过切的曲面。同时弹出"选取曲面"菜单管理器。在模型树上或在参照模型上选取已创建的偏移 0.5mm 的曲面，如图 9-63 所示。单击"确定"→"完成/返回"→"完成/返回"项。在菜单管理器中，单击"完成序列"项。

单击按钮保存制造文件。

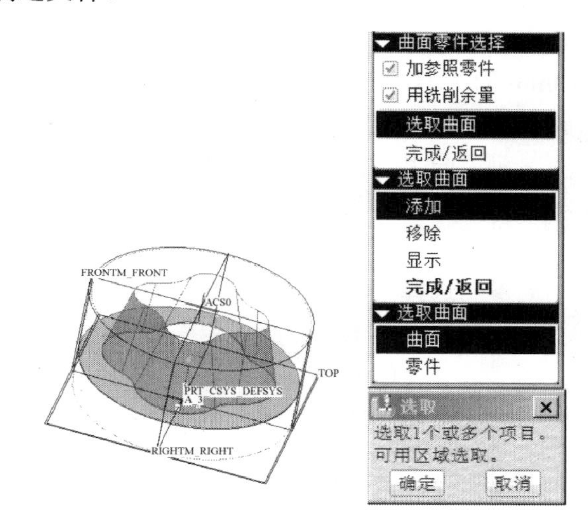

图 9-63 检查曲面

（6）屏幕演示。在模型树上刚刚创建好的 NC 序列处右键单击，在弹出的菜单中选择"播放路径"命令，屏幕演示结果如图 9-64 所示。

（7）NC 检查。在模型树上刚刚创建好的 NC 序列处右键单击，在弹出的菜单中选择"编辑定义"命令，弹出"NC 序列"菜单管理器，单击"播放路径"→"NC 检查"项。

在 VERICUT 界面单击按钮，选择 Ignore All Changes 项，打开工作目录中前一 NC 序列保存结果 qumian.ip 文件，单击右下方工具条按钮重置刀具路径，拖动滚动条以调整播放速度，然后单击按钮，开始加工仿真，仿真结果如图 9-65 所示。然后关闭 VERICUT 窗口，单击按钮 Ignore All Changes 不保存。

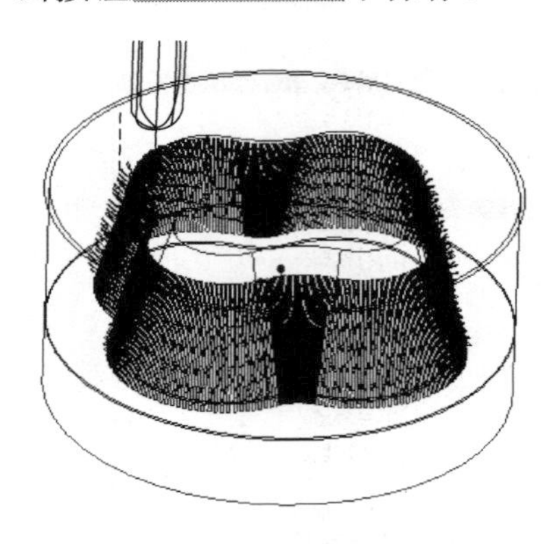

图 9-64　屏幕演示结果

图 9-65　NC 检查结果

最后，将刀位文件经过后置处理输出 NC 代码文件。

练习： 上述曲面铣削 NC 序列中，将“切削定义”的类型修改为“切削线”，其他参数不变，观察刀具轨迹有何变化？

9.2.3　设置体积块精加工

序列设置分析：在进行粗加工及侧面精加工之后，分型面需要进行精加工，侧面与分型面的连接部位有圆角残料，需要清角。因此，使用体积块 NC 序列进行残料清角及分型面精加工。

由于前一序列使用ϕ10mm 的球刀，在侧面与分型面的连接部位留下圆角半径为 5mm 残料，故窗口的放置平面设置在分型面向上偏移 5mm 的平面上，窗口深度延伸至分型面。

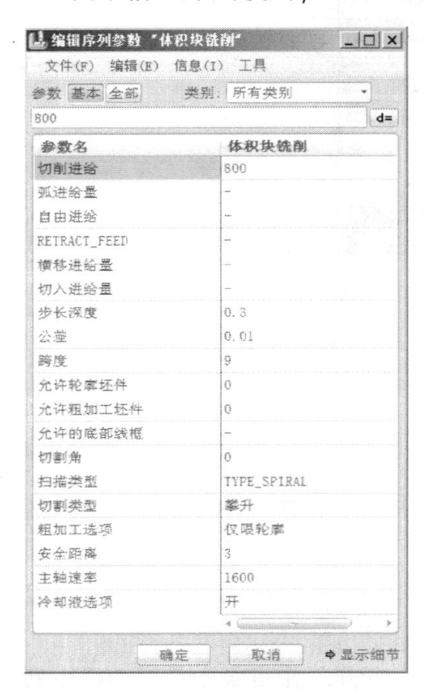

参数名	体积块铣削
切削进给	800
弧进给量	-
自由进给	-
RETRACT_FEED	-
横移进给量	-
切入进给量	-
步长深度	0.3
公差	0.01
跨度	9
允许轮廓坯件	0
允许粗加工坯件	0
允许的底部线框	-
切割角	0
扫描类型	TYPE_SPIRAL
切割类型	攀升
粗加工选项	仅限轮廓
安全距离	3
主轴速率	1600
冷却液选项	开

图 9-66　体积块精加工参数设置

体积块精加工 NC 序列的具体设置步骤如下。

单击体积块粗加工的按钮，弹出“序列设置”界面，选择“刀具”、“参数”、“窗口”复选框，单击“完成”按钮，弹出“刀具设定”对话框。

（1）刀具设定。新建直径为ϕ 18 的“端铣削”刀具，单击“应用”→“确定”按钮。

（2）参数设置。参数设置如图 9-66 所示。

（3）窗口。单击主界面铣削窗口按钮，进入窗口定义界面。首先创建窗口的放置平面，将偏距 0.3mm 曲面隐藏后，单击工具条创建平面按钮，弹出“基准”平面对话框，选择模型的分型面，如图 9-67 所示，输入偏距 5mm，单击“确定”按钮。

在窗口上滑面板右侧单击按钮激活窗口面板，选择刚创建的偏距 5mm 的基准平面作为窗口的放置平面；单击“深度”项，选择“指定深度”复选框，选择到选定项按钮，选择分型面即可；单击“选项”项，选择“在窗口围线外”项，单击按钮完成窗口的创建。在菜单管理器中，单击“完成序列”项。

单击按钮保存制造文件。

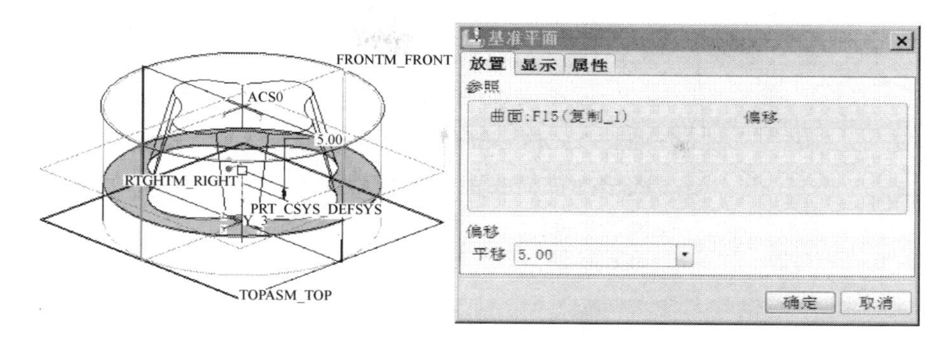

图 9-67 创建窗口放置平面

（4）屏幕演示。在模型树上刚刚创建好的 NC 序列处单击右键，在弹出的菜单中选择“播放路径”命令，屏幕演示结果如图 9-68 所示。

（5）NC 检查。在模型树上刚刚创建好的 NC 序列处单击右键，在弹出的菜单中选择“编辑定义”命令，弹出“NC 序列”菜单管理器，单击“播放路径”→“NC 检查”项。

在 VERICUT 界面单击按钮，选择 Ignore All Changes 项，打开工作目录中前一 NC 序列保存结果 qumian.ip 文件，单击右下方工具条按钮重置刀具路径，拖动滚动条以调整播放速度，然后单击按钮，开始加工仿真，仿真结果如图 9-69 所示。然后关闭 VERICUT 窗口，单击按钮 Ignore All Changes 不保存。

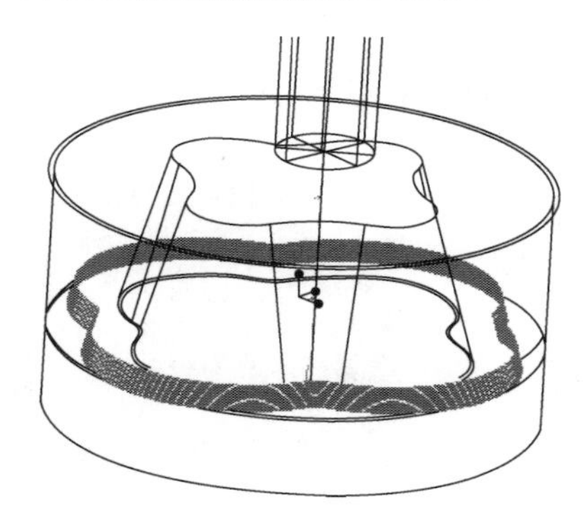

图 9-68 屏幕演示结果

图 9-69 NC 检查结果

最后，将刀位文件经过后置处理输出 NC 代码文件。

注意： 分析该模型的加工部位，还可采用轮廓加工方式，待读者学习了相关章节后可自行设置。

9.3 腔 槽 加 工 方 式

腔槽加工是一种精加工的方式，它可以在体积块方式粗加工之后进行精铣，也可以在毛坯余量不大的情况下直接进行精加工。腔槽加工可对水平面、垂直面或倾斜面进行加工。

轨迹加工在 2 轴的 NC 序列中，可用于倒角加工及根据定义的轨迹铣削水平槽。槽的形

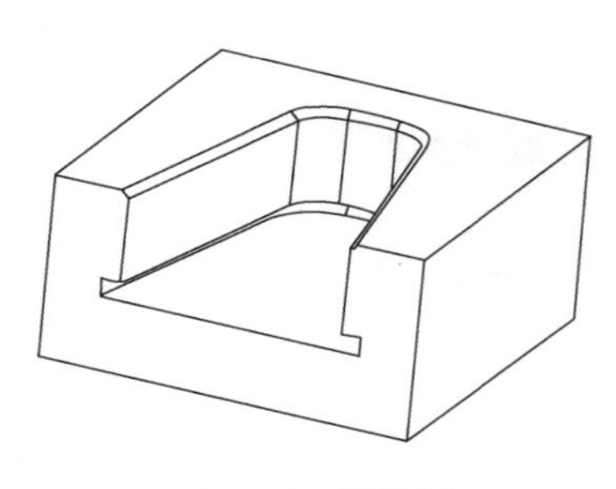

图 9-70　零件图

状决定了所使用刀具的形状。在 3～5 轴的轨迹加工 NC 序列中，可使用“定制”功能，加工三维空间槽形。

【实例 9-3】 编制如图 9-70 所示零件的数控加工程序。

首先对零件进行分析，该零件的腔槽侧壁是竖直的，顶部有 2×45° 倒角，腔槽底面为平面，槽底有 5×5 的凹槽。腔槽部位需要粗加工和精加工，腔槽顶部的倒角及底部的凹槽需要加工。零件材料为 45 钢，毛坯为长方体。工序规划如表 9-5 所示。

表 9-5　　零件的 NC 序列规划

序号	加工内容	加工方式	刀具		进给速度 mm/min	步长深度 mm	跨度 mm	主轴转速 r/min
			类型	尺寸				
1	粗加工	体积块	端铣削	$\phi16$	1000	2	12	1200
2	精加工	腔槽	端铣削	$\phi16$	1200	5	6	1800
3	凹槽	轨迹	关键刀具	刀柄 $\phi6$ 刀头 $\phi18\times5$	200			800
4	倒角	轨迹	倒角	$\phi16$、$\phi8$	300			1000

本节中将介绍体积块粗加工及腔槽精加工的序列的创建过程，轨迹加工凹槽和倒角将在 9.4 节介绍。

9.3.1　采用“窗口”进行体积块铣削

体积块粗加工的加工设置，在上文已有详细介绍，在此节中不再详述。

1. 创建制造模型

创建步骤略，创建完成的制造模型如图 9-71 所示。

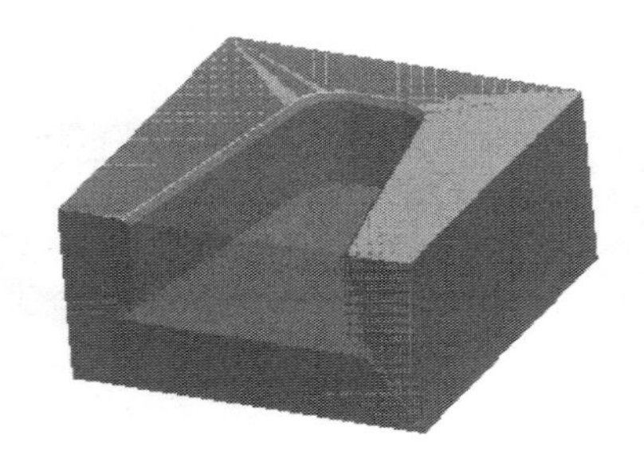

图 9-71　创建完成的制造模型

提示： 步骤为设置工作目录→新建制造文件→装配参照模型→创建自动工件。

2. 操作设置

机床：3 轴铣床。

坐标零点：工件上表面角点位置，Z 轴向上，坐标系如图 9-72 所示。

退刀面：平面类型，Z 方向值为 20。

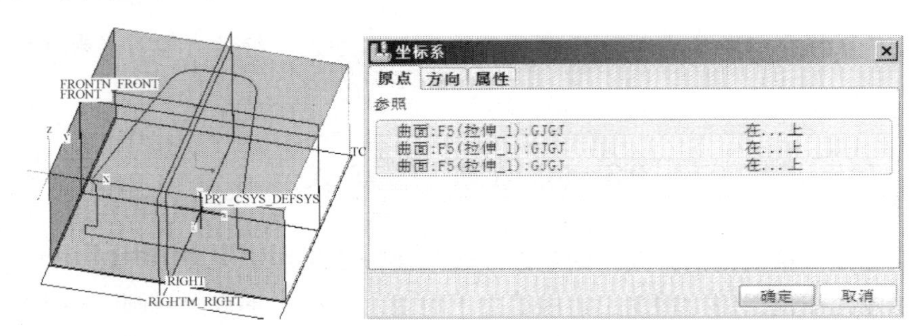

图 9-72　坐标系设置

3. 序列设置

单击体积块粗加工的按钮，弹出“序列设置”界面，选择“刀具”、“参数”、“窗口”、“逼近薄壁”复选框，单击“完成”按钮，弹出“刀具设定”对话框。

参数名	体积块铣削
切削进给	1000
弧进给量	-
自由进给	-
RETRACT_FEED	-
横移进给量	-
切入进给量	-
步长深度	2
公差	0.01
跨度	12
允许轮廓坯件	0.3
允许粗加工坯件	0.3
允许的底部线框	-
切割角	90
扫描类型	类型 3
切割类型	攀升
粗加工选项	粗加工轮廓
安全距离	3
主轴速率	1200
冷却液选项	开

图 9-73　参数设置

（1）刀具。由于腔槽的最小圆弧半径为 10，因此刀具的半径不能大于 10。在“刀具设定”对话框中，单击按钮，新建一个 $\phi 16$ 的“端铣削”刀具，单击“应用”→“确定”按钮。

（2）参数。参数设置如图 9-73 所示。

（3）窗口。提示：选择侧面影像窗口类型，窗口放置平面为工件上表面，指定深度至参照模型腔槽底平面，刀具在窗口围线外，创建的窗口如图 9-74 所示。

（4）逼近薄壁。选取窗口中与腔槽侧面开口重合的一边。在菜单管理器中，单击“完成序列”项。单击按钮保存制造文件。

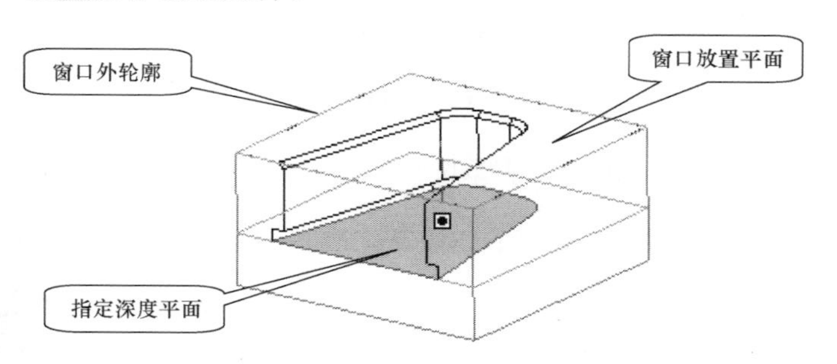

图 9-74　创建窗口

（5）屏幕演示及 NC 检查。屏幕演示结果如图 9-75 所示，NC 检查结果如图 9-76 所示。保存进程文件 qiangcao.ip，为后续 NC 检查调用。

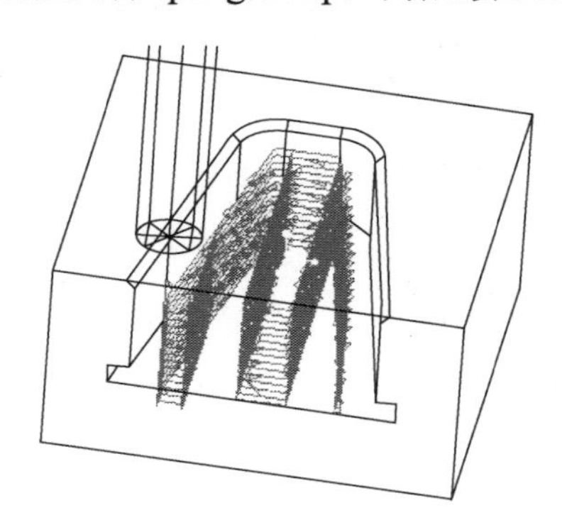

图 9-75　屏幕演示结果

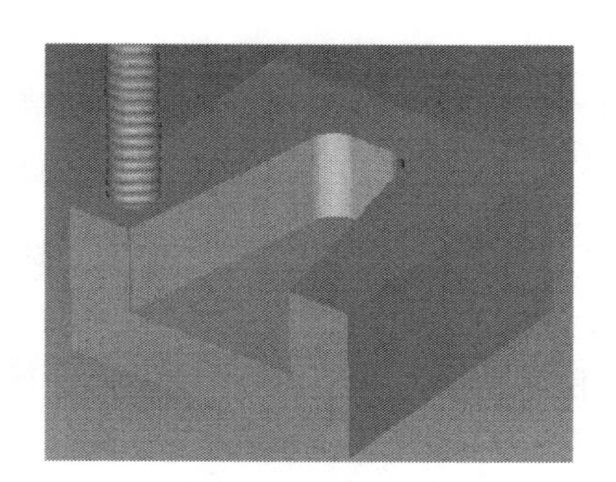

图 9-76　NC 检查结果

9.3.2　腔槽加工

单击菜单“步骤”→“腔槽加工”命令，弹出“序列设置”界面，选择“刀具”、“参数”、“曲面”复选框，单击“完成”按钮。

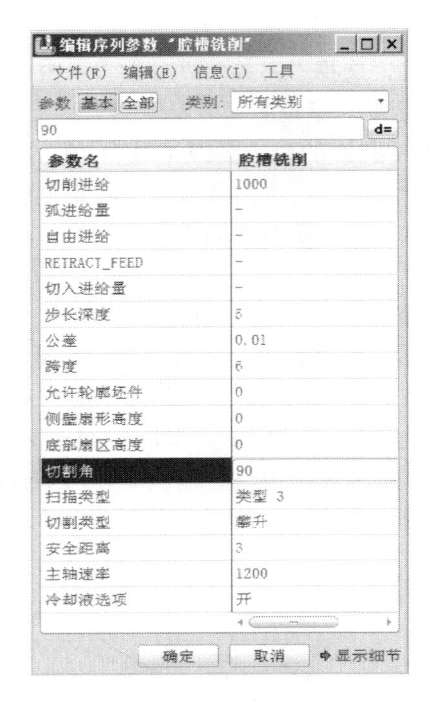

图 9-77 参数设置

（1）刀具。新建一个 ϕ16 的“端铣削”刀具。

（2）参数。参数设置如图 9-77 所示，单击“确定”按钮。

（3）曲面。单击“曲面拾取”→“模型”→“完成”→“选取曲面”→“添加”项，在图 9-78 中按住 Ctrl 键依次选取要加工的侧面和底面，单击“确定”→“完成/返回”项。

单击“完成序列”项，保存制造文件。

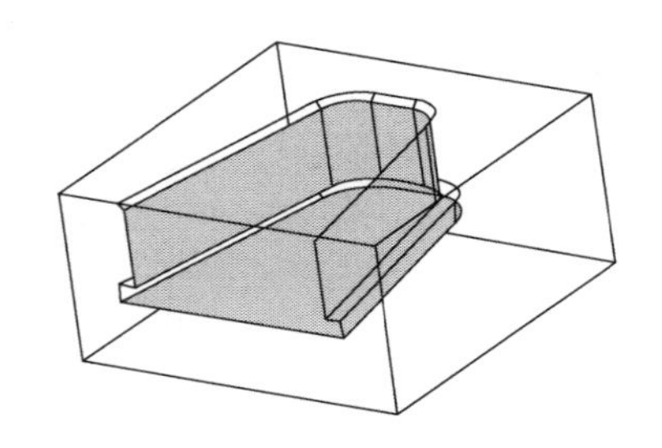

图 9-78 选取要加工的侧面和底面

（4）屏幕演示及 NC 检查。屏幕演示结果如图 9-79 所示。NC 检查结果如图 9-80 所示。

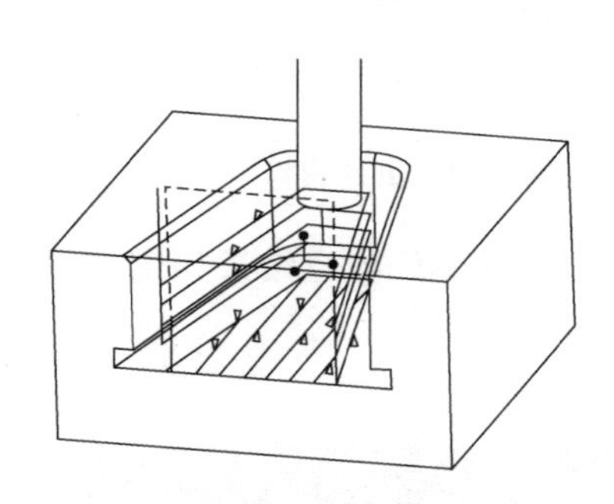

图 9-79 屏幕演示结果

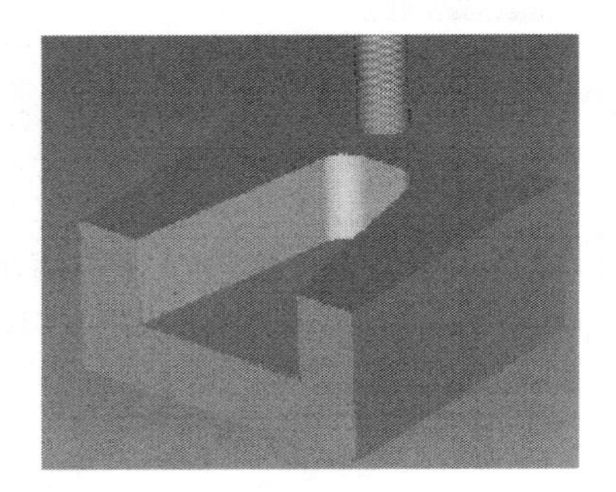

图 9-80 NC检查结果

9.4 轨 迹 加 工 方 式

【实例 9-3 续】 在[实例 9-3]中，进行了体积块粗加工和腔槽精加工后，腔槽顶部的倒角及底部的凹槽需要使用轨迹加工方式。

轨迹加工的刀具路径，是由刀具沿着轨迹曲线走刀形成的。在 2 轴的轨迹加工 NC 序列中，轨迹曲线必须在垂直 Z 轴的平面上，一般情况下，刀具沿轨迹只进行一次切削。也可通过设置“编辑序列参数”中“高级”选项，调整刀具沿轨迹切削的次数。

9.4.1 使用轨迹加工方式进行水平槽加工设置

在 9.3 节保存的制造文件中，单击轨迹按钮，在菜单中选择“2 轴”→“完成”命令，弹出“序列设置”界面，选择“刀具”、“参数”、“基准曲线”、“方向”、“偏距”复选框，单击“完成”按钮。

（1）刀具。由于水平槽的截面尺寸为 5×5，沿着轨迹线扫描绘出。刀具半径必须小于加工轮廓的最小圆弧半径 *R*10，刀柄部分不能与工件相碰撞。因此，新建一个 *ϕ*18 关键刀具，刀具参数设定如图 9-81 所示。

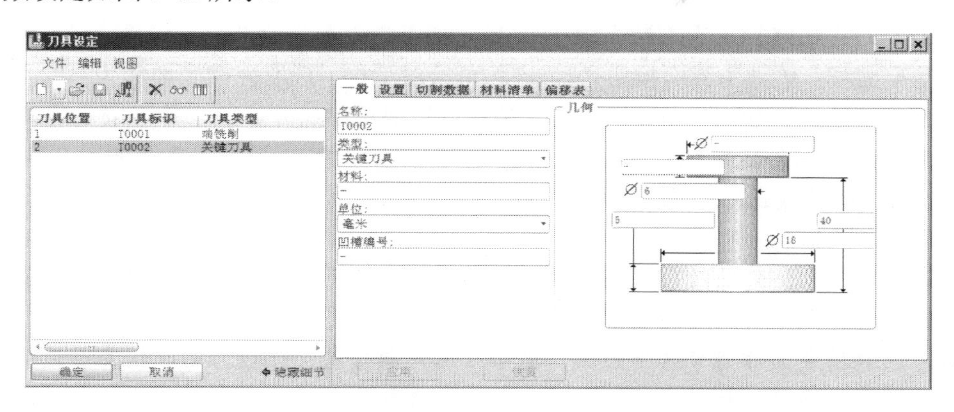

图 9-81　关键刀具参数设定

（2）参数。基本参数设置如图 9-82 所示，然后单击“全部”按钮进行参数设置，如图 9-83 所示。“全部”相关参数意义如下。

“最先加工走刀数”：表示沿 *Z* 轴方向除了最后一次走刀外，还需进行走刀的次数。

“最先加工走刀偏移”：表示沿 *Z* 轴方向每次走刀路径的偏移量。

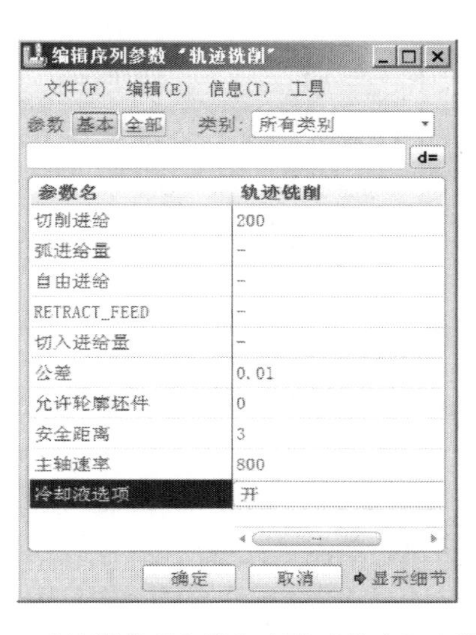

图 9-82　“编辑序列参数”中的“基本”参数设置

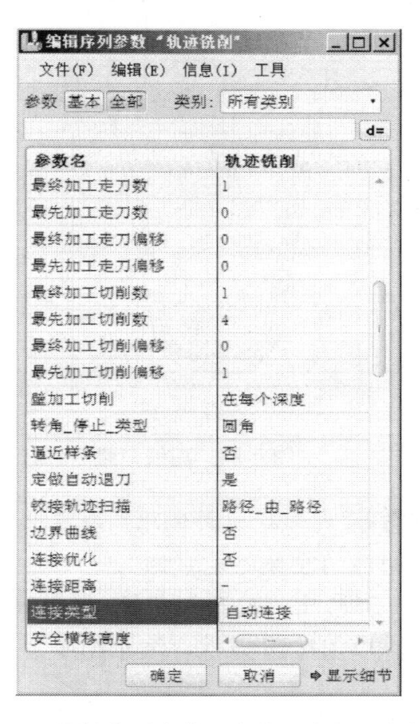

图 9-83　“编辑序列参数”中的“高级”参数设置

“最先加工切削数”：表示在平行退刀面方向上除了最后一次走刀外，还需要进行走刀的次数。

“最先加工切削偏移”：表示在平行退刀面方向上每次走刀路径的偏移量。

由于水平槽截面尺寸为 5×5，刀具切削高度为 5，在平行退刀面方向上需分 5 次走刀，每次偏移 1，即“最先加工切削数”设为 4，“最终加工切削数”设为 1。而在垂直方向上只需 1 次走刀，即“最终加工走刀数”为 1，“最先加工走刀数”为 0。

（3）基准曲线。单击主界面按钮，进入草绘对话框，选取腔槽底面作为草绘平面，选取模型侧面作草绘放置参照，单击“确定”按钮，选取草绘尺寸参照，单击按钮通过边创建图元，选取水平槽外轮廓线，再沿着轮廓线方向草绘直线，完成的草绘如图 9-84 所示。单击按钮✔完成草绘曲线。系统返回“链”菜单管理器，选取刚创建的曲线，单击“完成”项。

值得注意的是，创建草绘曲线时，曲线一定要延长伸出工件表面，伸出量应大于刀具半径值，否则刀具切入工件时会发生危险。

注意： 选取槽底面作为草绘平面时，由于被工件所覆盖，比较容易选错甚至无法选取该平面。选取时，可将鼠标放置在选择部位，单击右键切换平面，直到所需要的平面加亮时，单击左键选取该平面即可。

（4）方向：选择“正向”项，弹出“内部减材料偏距”菜单，选择“左”项，沿着刀具前进的方向看，刀具偏向工件的左侧，同时在模型上标识出基准曲线上箭头方向，箭头方向应指向刀具所在的一侧，如图 9-85 所示，单击“完成”项。

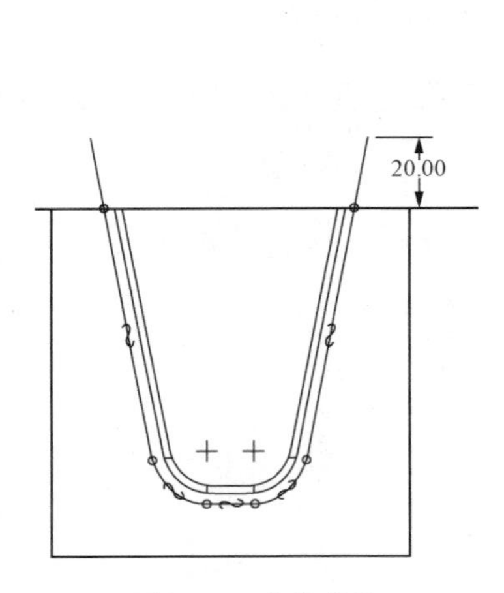

图 9-84　曲线草绘

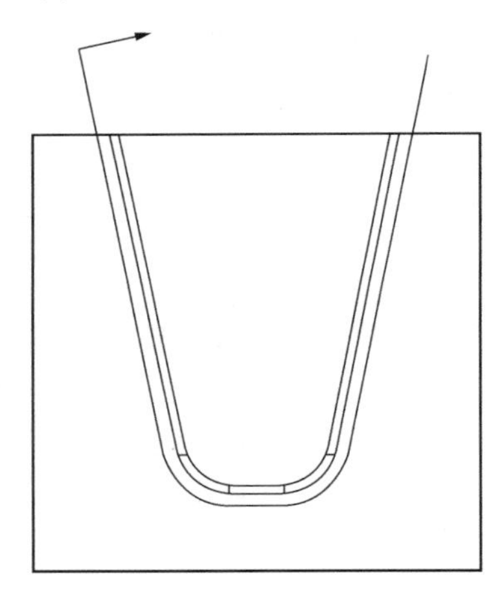

图 9-85　“内部减材料偏距”偏距方向

注意：“内部减材料偏距”菜单中的“左”、“右”选项的意义：沿刀具路径前进的方向看，刀具在曲线的左侧还是右侧。

（5）屏幕演示及 NC 检查。屏幕演示及 NC 检查结果分别如图 9-86 和图 9-87 所示。确认无误后，单击按钮保存演示结果，关闭 VERICUT 窗口，单击“完成序列”项，保存制造文件。

思考： 若将关键刀具切削高度由 5mm 改为 3mm，该如何设置制造参数完成水平槽的加工呢？

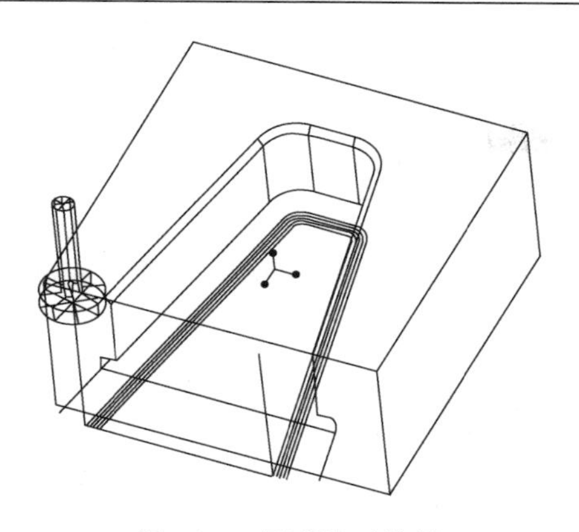

图 9-86 屏幕演示结果

图 9-87 NC 检查结果

9.4.2 使用轨迹加工方式进行倒角加工设置

单击轨迹按钮，在菜单中选择“2 轴”→“完成”项，弹出“序列设置”界面，选择“刀具”、“参数”、“基准曲线”、“方向”、“偏距”复选框，单击“完成”按钮。

（1）刀具。新建一个 ϕ16 倒角刀具，刀具参数设定如图 9-88 所示。

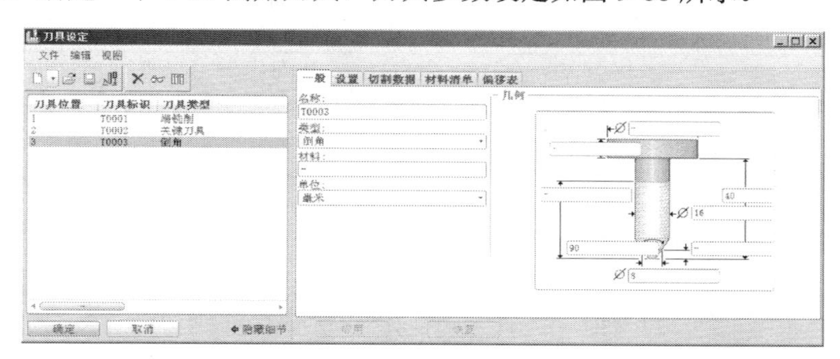

图 9-88 刀具参数设定

（2）参数。参数设置如图 9-89 所示，然后单击“确定”按钮。

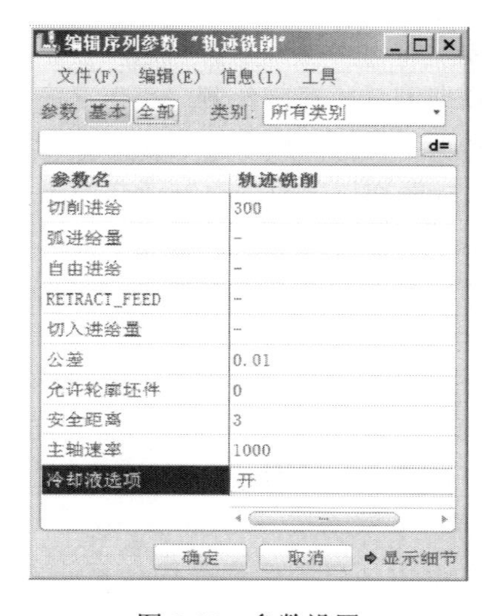

图 9-89 参数设置

（3）基准曲线。在主界面中单击按钮创建基准平面，按住 Ctrl 键选择两条下倒角边如图 9-90 所示。在主界面中单击按钮草绘曲线，进入草绘对话框，选取刚创建好的平面作为草绘平面，单击“确定”按钮，进入草绘，选取草绘尺寸参照，单击按钮通过边创建图元，选取倒角边线，再沿着轮廓线方向草绘直线伸出模型外，完成的草绘如图 9-91 所示。单击按钮完成草绘曲线。系统返回“链”菜单管理器，选取刚创建的曲线，单击“完成”项。

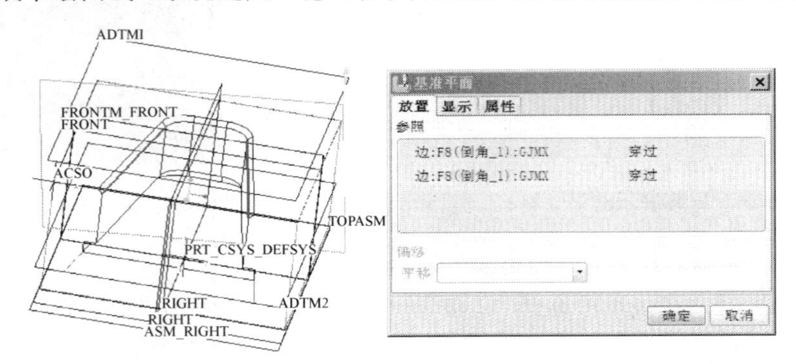

图 9-90 创建曲线的草绘平面

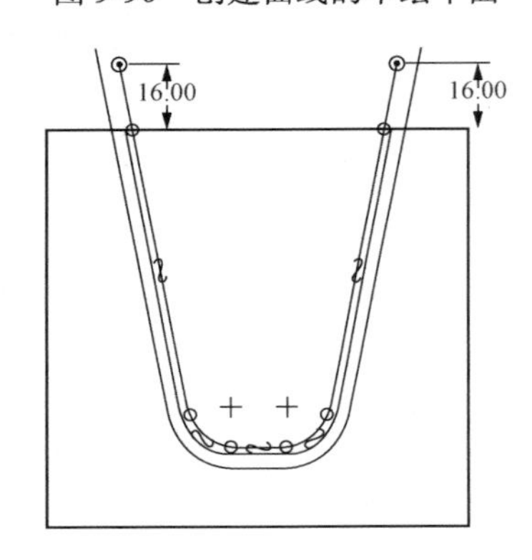

图 9-91 草绘曲线

（4）方向。选择“正向”项，弹出“内部减材料偏距”菜单，选择“左”项，查看基准曲线上箭头方向，箭头方向应指向刀具所在的一侧，单击“完成”项。

接着，进行刀具轨迹演示和加工模拟，结果分别如图 9-92 和图 9-93 所示。确认无误后，关闭 VERICUT 窗口，单击“完成序列”项，保存制造文件。

提示： 在多次运行 Pro/ENGINEER 之后，就会发现启动目录中增添了多个版本的 trail 文件，记录打开运行 Pro/ENGINEER 的次数及操作过程，时间一长，文件数非常多，这样很不利于目录中文件管理。使用专用文件夹存放 trail 文件是个很好的方法，具体操作步骤为：先在启动目录下新建一个名为 trail 的文件夹，单击 Pro/ENGINEER 主界面中“工具”→“选项”命令，弹出“选项”对话框。在“选项”文本框中输入 trail_dir，单击“浏览”项，在“Select Directory”对话框中，选择刚建好的 trail 文件夹，单击 ok、“应用”按钮之后，切记要单击按钮。将文件保存在启动目录下，文件名为 config.pro，单击“关闭”按钮。这样，每次启动 Pro/ENGINEER 时，产生的 trail 文件便全部存放在 trail 文件夹中了。

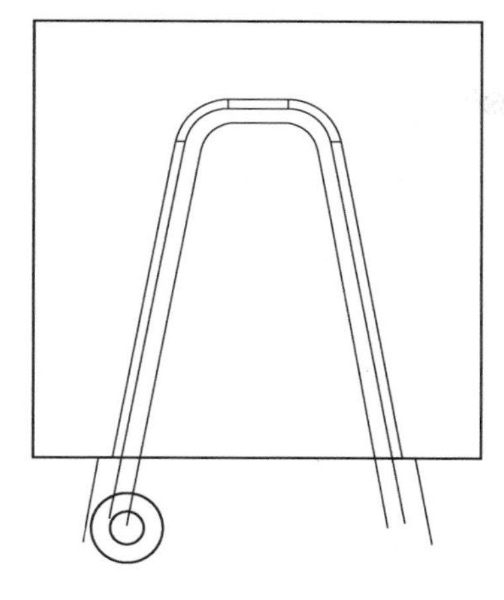

图 9-92　刀具轨迹演示结果

图 9-93　加工模拟结果

9.5　表面铣削加工

表面铣削加工用于加工零件上平行于退刀面的单个表面或多个共面的表面，主要用于零件表面的半精加工和精加工。

【实例 9-4】 编制如图 9-94 所示零件的数控加工程序。

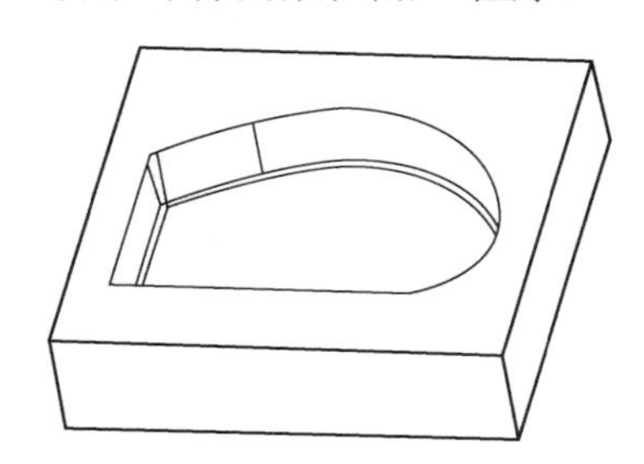

图 9-94　零件的参考模型

零件分析：该零件上表面为平面，腔槽侧面轮廓有一拔模斜度 3°，腔槽底面为平面，侧面与底面有 *R*1 圆角过渡，侧面轮廓最小圆角 *R*2。上表面及腔槽侧面需进行精加工，零件材料为 45 钢。工件为锻造的毛坯，中间锻造出腔槽，毛坯的上表面及内轮廓侧面各留有 1mm 的加工余量。工序规划如表 9-6 所示。

表 9-6　零件的 NC 序列规划

序号	加工内容	加工方式	刀具		进给速度 mm/min	步长深度 mm	跨度 mm	主轴转速 r/min
			类型	尺寸				
1	上表面精加工	表面	端铣削	ϕ40	1200	0.9	15	1000
2	腔槽侧面精加工	轮廓	外圆角	ϕ10R1	1000	0.4		1200
3	局部清角	局部	外圆角	ϕ3R1	800	0.4	1	1600

在本节中，仅介绍零件上表面的加工设置过程，零件的内轮廓侧面及清角加工将在 9.6 节和 9.7 节分别加以介绍。

9.5.1 制造模型

首先设置工作目录，使用公制模板新建一制造文件，文件名为 BIAOMIAN。

1. 参照模型

按装配的方式将参照模型按默认放置，单击按钮。

2. 工件

该工件包含多个特征，但可以在制造文件中利用参照模型尺寸作为参照。因此，在制造文件中使用按钮创建手工工件。

（1）创建工件外轮廓特征。单击按钮，输入工件名称 BIAOMIAN_WORK。单击按钮，在菜单管理器中选择“实体”、“伸出项”菜单，单击“拉伸”→“实体”→“完成”项，在弹出的上滑面板中单击“放置”→“定义”项，弹出“草绘”对话框，选取参照模型的底面作为草绘平面，单击“草绘”按钮，进入草绘界面，选取坐标系作为参照，关闭“参照”对话框。单击工具条上通过边创建图元按钮，单击“环”项，选取参照模型外轮廓，单击按钮退出草绘。拉伸一长方体，其上表面高出参照模型 1mm，即深度值为 26mm。单击按钮。

（2）创建腔槽特征。首先激活工件的文件（在模型树的 BIAOMIAN_WORK.PRT 文件处单击右键，选择“激活”命令），然后在“插入”菜单中选择“拉伸”项，拉伸上滑面板。单击“放置”→“定义”项，选择参照模型底平面（若单击选不中，可右键单击切换），单击对话框中的“草绘”按钮，进入草绘界面。

选取两尺寸参照，单击按钮，选取倒角边，如图 9-95 所示，完成草绘后，单击去除材料按钮，然后单击按钮，选取工件上表面，即拉伸至工件上表面。单击按钮，创建完成的制造模型如图 9-96 所示。单击按钮，以保存当前的制造模型文件。

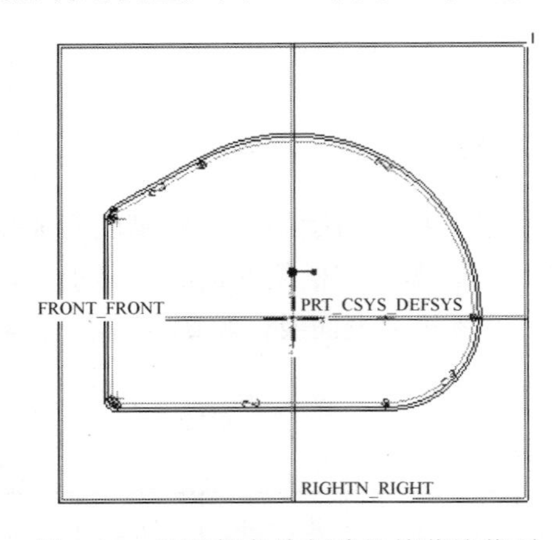

图 9-95 选取倒角边创建拉伸草绘截面

图 9-96 制造模型

9.5.2 制造设置

单击菜单管理器中的“制造”→“制造设置”→“操作”项，打开“操作设置”对话框。与前面章节重复步骤不再详述。

（1）操作名称：使用默认的操作名称 OP010。

（2）N C 机床：3 轴铣床。

（3）加工零点：建立在工件上表面的角点上。

单击工具条上的坐标系按钮，按住 Ctrl 键依次选择工件左侧面、前侧面和上表面 3 个平面。单击“坐标系”对话框中的“方向”标签，将 X 轴反向，Y 轴反向，创建的加工坐标系如图 9-97 所示。

（4）退刀面：为平面类型，Z 方向值为 30。

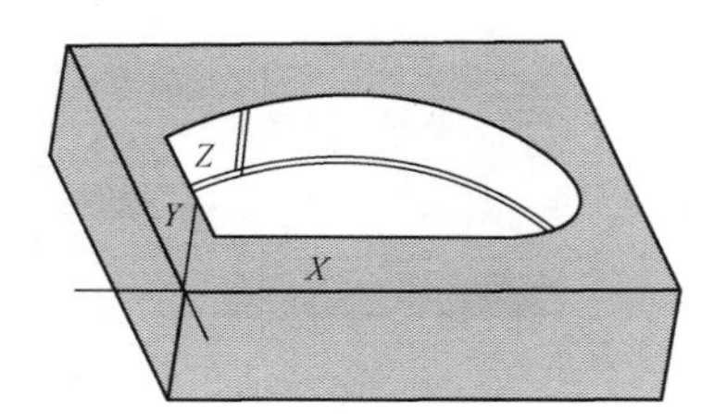

图 9-97 创建的加工坐标系

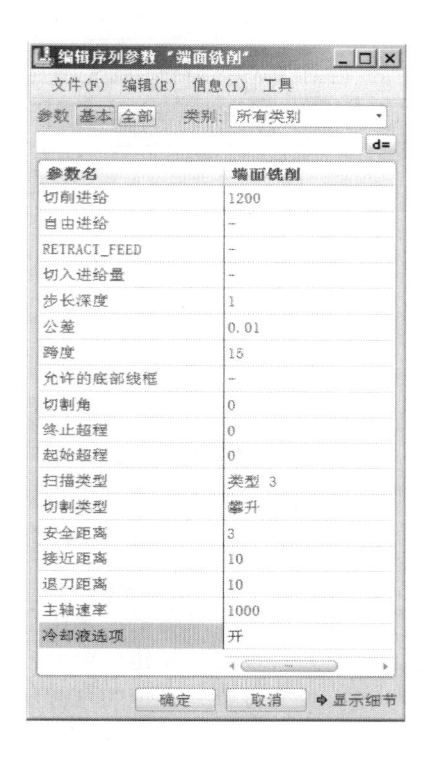

参数名	端面铣削
切削进给	1200
自由进给	-
RETRACT_FEED	-
切入进给量	-
步长深度	1
公差	0.01
跨度	15
允许的底部线框	-
切割角	0
终止超程	0
起始超程	0
扫描类型	类型 3
切割类型	攀升
安全距离	3
接近距离	10
退刀距离	10
主轴速率	1000
冷却液选项	开

图 9-98 参数设置

9.5.3 加工设置

单击端面按钮，弹出“序列设置”界面，选择“刀具”、“参数”、“加工几何”复选框，单击“完成”按钮，弹出“刀具设定”对话框。

（1）刀具设定。新建一个 $\phi 30$ 的“端铣削”刀具。单击“应用”→“确定”项，弹出“制造参数”下拉菜单，单击“设置”命令，弹出“编辑序列参数”对话框。

（2）参数设置。参数设置如图 9-98 所示。

（3）加工几何。关闭如图 9-98 所示的“编辑序列参数‘端面铣削’”对话框，选取参照模型的上表面，如图 9-99 所示，单击按钮完成选取。在菜单管理器中，单击“完成序列”项。

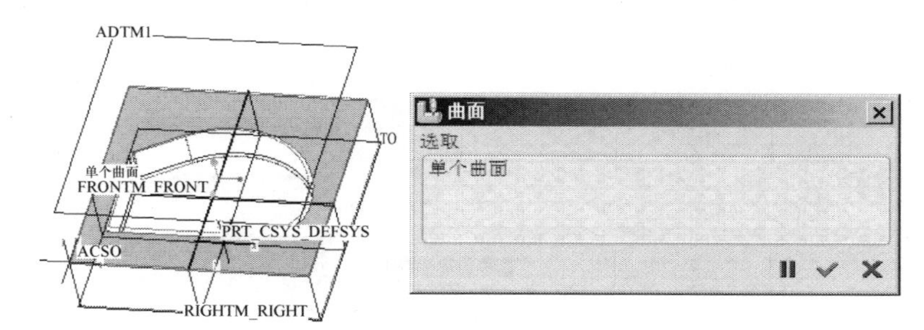

图 9-99 曲面选取

单击按钮保存制造文件。

（4）屏幕演示及 NC 检查。在模型树上刚刚创建好的 NC 序列处单击右键，在弹出的菜单中选择“编辑定义”命令，弹出“NC 序列”菜单管理器，单击“播放路径”→“屏幕演示”项，屏幕演示结果如图 9-100 所示。

在“播放路径”菜单管理器中，单击“NC 检查”项。NC 检查结果如图 9-101 所示。若检查确认无误，单击按钮保存进程文件 biaomian.ip，为后续 NC 序列调用。关闭 VERICUT 窗口，单击按钮 Ignore All Changes 不保存。

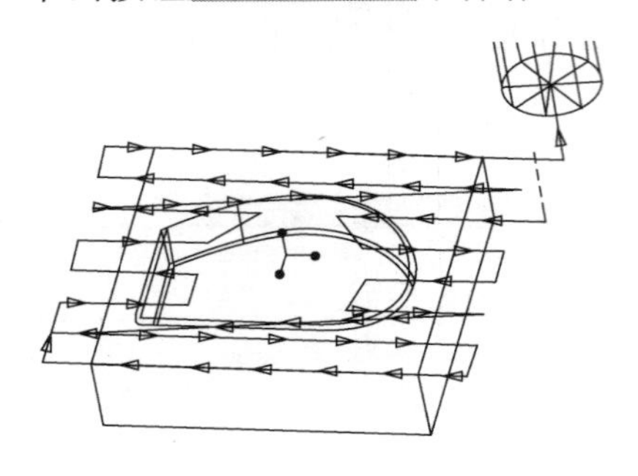

图 9-100　屏幕演示轨结果

图 9-101　NC 检查结果

9.6 轮 廓 加 工

轮廓加工可以用于半精铣或精铣垂直或接近垂直的轮廓面。

【实例 9-4 续】 如图 9-94 所示的零件，在进行上表面的加工后，内轮廓侧面有一拔模斜度 3°，需使用轮廓 NC 序列进行加工。

使用轮廓 NC 序列加工内轮廓侧面的具体步骤如下。

在 9.5 节保存的制造文件中，单击按钮，弹出“序列设置”菜单，选择“刀具”、“参数”、“加工曲面”复选框，单击“完成”按钮，打开“刀具设定”对话框。

（1）刀具设定。新建一个 ϕ10R1 的“外圆角铣削”刀具。单击“应用”→“确定”项。

（2）参数设置。设置的参数如图 9-102 所示，单击“确定”按钮，弹出“NC 序列曲面”菜单管理器。

（3）曲面设置。在菜单管理器中选取“选取曲面”→“模型”→“完成”项，弹出“选取曲面”菜单管理器，单击“环”项，如图 9-103 所示，同时提示区提示：选取一个表面。

图 9-102　参数设置

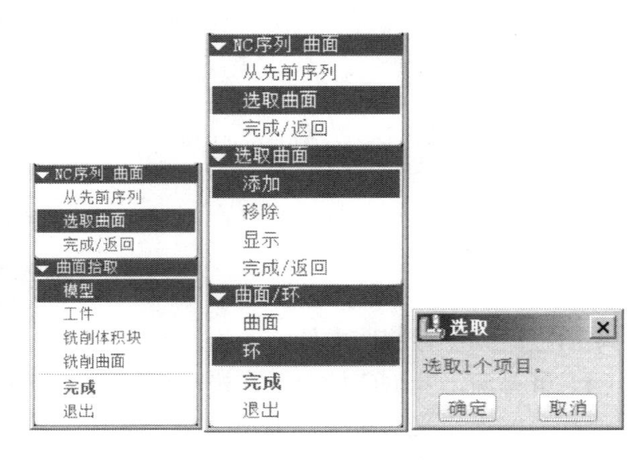

图 9-103　曲面选取菜单

选取参照模型的上表面（右键切换选取），接着，提示区提示：选取边。在先前选取的加亮面上的腔槽边界上选取任一条边，则整个腔槽轮廓曲面被选择，如图 9-104 所示。

单击“完成”→“完成/返回”→“完成/返回”项。在菜单管理器中，单击“完成序列”项。单击按钮保存制造文件。

（4）屏幕演示及 NC 检查。在模型树上刚创建好的 NC 序列处单击右键，在弹出的菜单中选择“编辑定义”项，弹出“NC 序列”菜单管理器，单击“播放路径”→“屏幕演示”项，屏幕演示结果如图 9-105 所示。

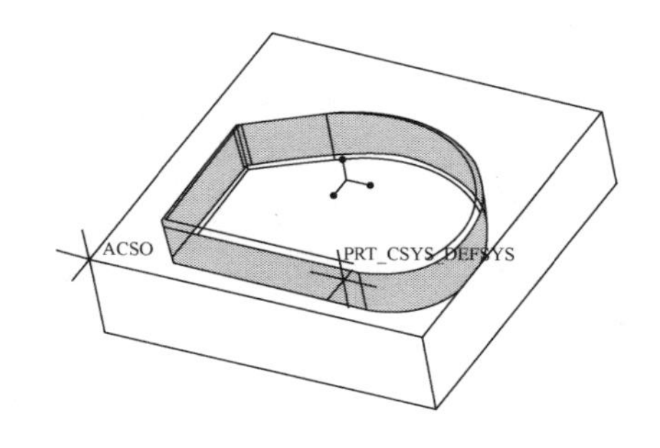

图 9-104 曲面选取

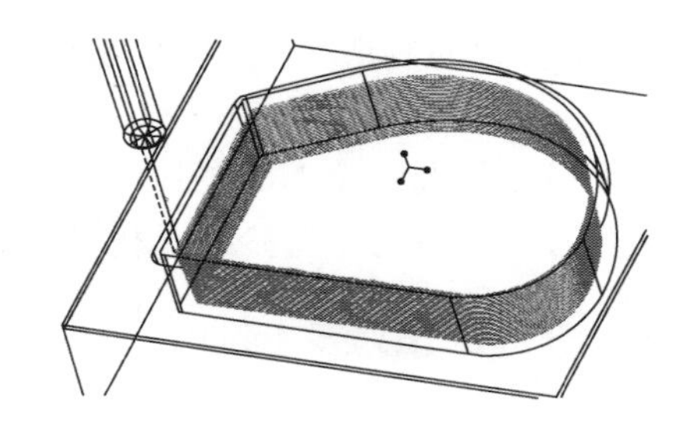

图 9-105 屏幕演示结果

单击“播放路径”→“NC 检查”项，NC 检查结果如图 9-106 所示。保存进程文件，为后续 NC 检查调用，关闭 VERICUT。

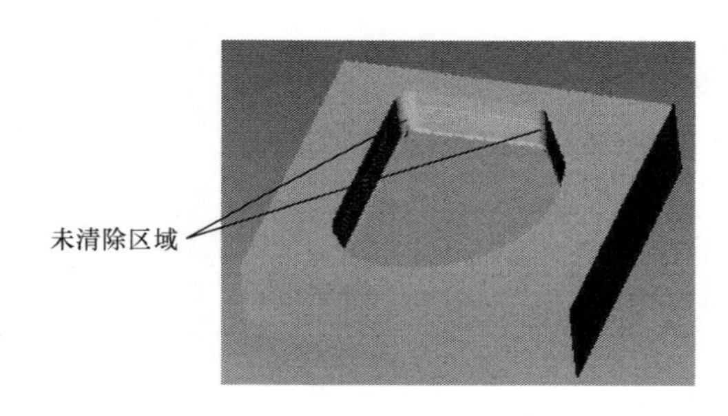

图 9-106 NC 检查结果

（5）过切检查。轮廓加工可能会出现过切现象，为避免零件过切，需要对参照零件进行过切检查。在“播放路径”菜单管理器中单击“过切检查”项，选择“加参照零件”项，单击“运行”项，菜单管理器如图 9-107 所示。运行结果在信息提示区显示：“没有发现过切。”

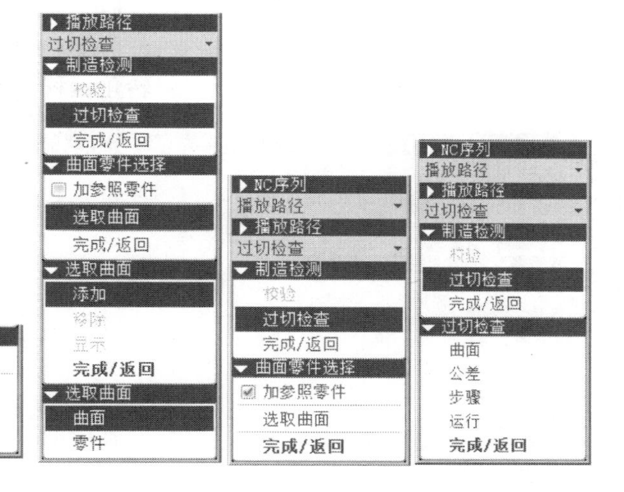

图 9-107 “过切检查”菜单管理器操作过程

9.7　局部加工方式

在实际使用过程中，为提高加工效率，粗加工往往选用较大的刀具直径，而对于直径较小的凹轮廓处材料未被完全清除。这就需要改用直径相对较小的刀具进行局部加工，以去除“残料”。

【实例 9-4 续】 如图 9-94 所示的零件，在进行上表面及内轮廓加工后，内轮廓侧面 *R*2 的拐角处还留有残料（见图 9-106），需要设置局部铣削将这部分材料清除。

在 9.6 节保存的制造文件中，单击按钮中的小箭头，出现 4 种局部铣削类型，其意义如下。

：系统默认前一个 NC 序列作为参照。若选择“参考序列”复选框，系统要求选择一个已经存在的 NC 序列作为参照。利用小直径刀具来清除前面 NC 序列加工之后所剩余的材料及设置的加工余量。

编辑序列参数 “拐角局部铣削”

文件(F)　编辑(E)　信息(I)　工具

参数 基本 全部　类别: 所有类别

800

参数名	拐角局部铣削
切削进给	800
弧进给量	-
自由进给	-
RETRACT_FEED	-
切入进给量	-
步长深度	0.4
公差	0.01
跨度	1
允许轮廓坯件	0
允许的底部线框	-
切割类型	无
安全距离	3
主轴速率	1600
冷却液选项	开

确定　取消　显示细节

图 9-108　参数设置

：系统以前一刀具作为参照，计算指定曲面上前一刀具加工后的剩余材料，包括序列设置的加工余量，然后使用较小的刀具去除此材料。

：刀具沿着轮廓曲面交线进行清角加工。

：通过指定拐角的方式来清除一个或多个拐角。

本例中，已明确加工的区域为腔槽内轮廓 *R*2 处的两个拐角为局部加工对象。因此，选择拐角局部铣削方式，具体设置步骤如下。

单击按钮，弹出“序列设置”菜单，选择“刀具”、“参数”、“曲面”、“拐角边”复选框，单击“完成”按钮，弹出“刀具设定”对话框。

（1）刀具设定：新建 ϕ3R1 的“外圆角铣削”刀具，单击“应用”→“确定”项。

（2）参数设置：基本参数设置如图 9-108 所示。单击“全部”按钮，将转角偏移设为 6，如图 9-109 所示。

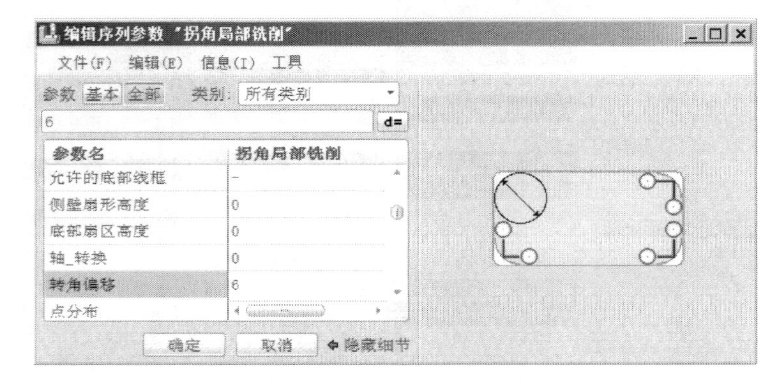

图 9-109　设置“转角偏移”

（3）曲面及拐角边。在模型上选取两个要加工的拐角处曲面，单击“确定”→“完成/返回”项，弹出“CRNR区域”菜单管理器，如图9-110所示。选择“建议”项，两拐角处曲面边界蓝色加亮显示，单击“全选”项，然后单击“完成/返回”→“完成序列”项。单击按钮保存制造文件。

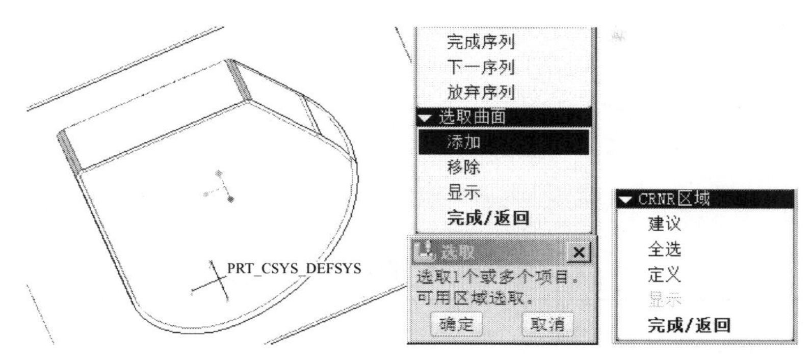

图9-110　选取的曲面及拐角

（4）屏幕演示及NC检查。屏幕演示结果如图9-111所示，NC检查结果如图9-112所示。

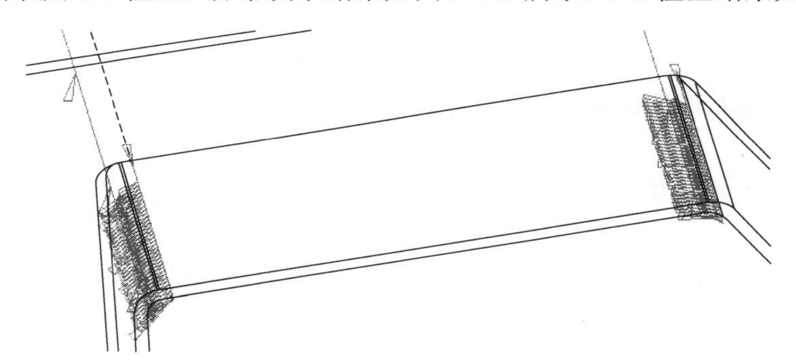

图9-111　屏幕演示结果

图9-112　NC检查结果

9.8　孔　加　工

在数控加工中，孔加工一般使用固定循环指令。孔加工的类型有钻孔、扩孔、铰孔、攻丝和镗孔等。

【实例9-5】 编制如图9-113所示零件的数控加工程序。

首先分析该零件，需要加工部位为中心 ϕ40 大孔、两侧 2- ϕ13 通孔及锪孔 2- ϕ13，中心凸台部分高 18mm。毛坯如图 9-114 所示，中心大孔留加工余量 1mm，材料为 45 钢。工序规划如表 9-7 所示。

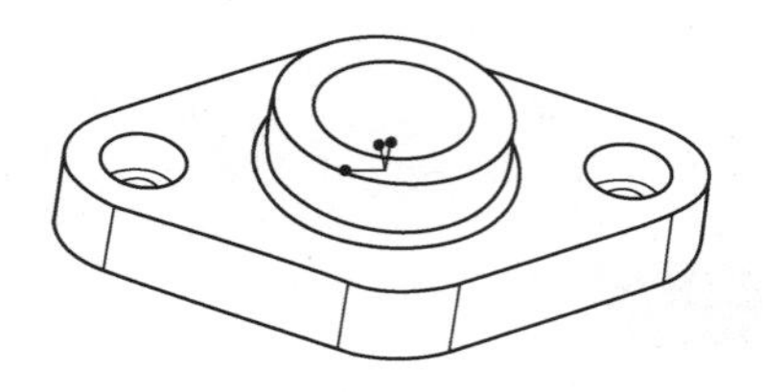

图 9-113　零件模型

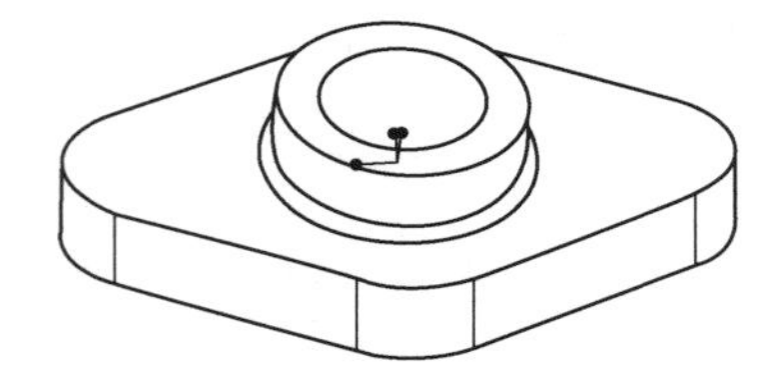

图 9-114　毛坯模型

表 9-7　　零件的 NC 序列规划

序号	加工内容	加工方式	刀　具		进给速度 mm/min	破断线距离	主轴转速 r/min	拉伸距离 mm
			类型	尺寸				
1	镗中心大孔	孔加工—镗孔	镗孔	ϕ40	120	5	600	—
2	钻两侧通孔	孔加工—标准	基本钻头	ϕ13	100	5	800	30
3	锪两侧沉头孔	孔加工—平面	埋头孔	ϕ22	120	延时 5	800	30

9.8.1　制造模型及操作设置

1. 工件

此零件毛坯采用锻造方法获得。在 Pro/ENGINEER 中，可对零件模型进行修改得到工件文件。

（1）首先设置工作目录为 chap9_8，打开参考模型文件 KONG_REF.prt，单击“文件”→“保存副本”命令，在弹出的“保存副本”对话框中输入文件名为 KONG_ work，单击“确定”按钮。

（2）关闭 KONG_REF.prt 文件，打开工件 KONG_work.prt 文件，将两侧通孔及沉头孔特征删除，再将中心 ϕ40 孔特征修改为 ϕ39，即留镗孔双边余量 1mm，工件如图 9-115 所示。单击按钮保存文件，关闭文件窗口。

2. 制造模型

（1）使用公制模板新建一制造文件，文件名为 KONG。单击按钮，装配参照模型，打开 KONG_REF 文件，按默认放置，单击按钮完成。

（2）单击按钮的右侧小箭头，单击按钮，装配工件，打开 KONG _work.prt 文件，按默认放置，单击按钮。创建的制造模型如图 9-116 所示，保存制造文件。

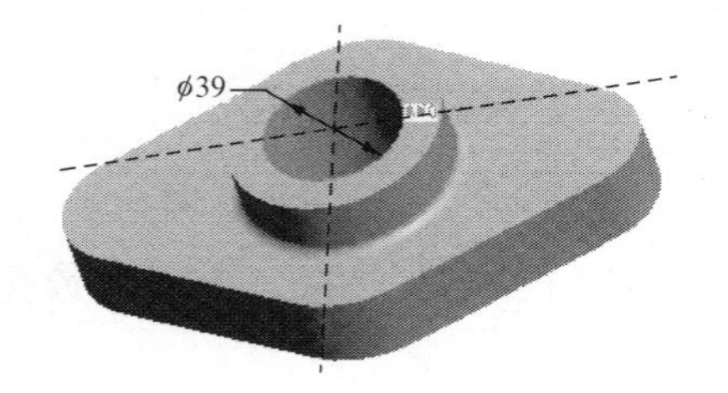

图 9-115　工件

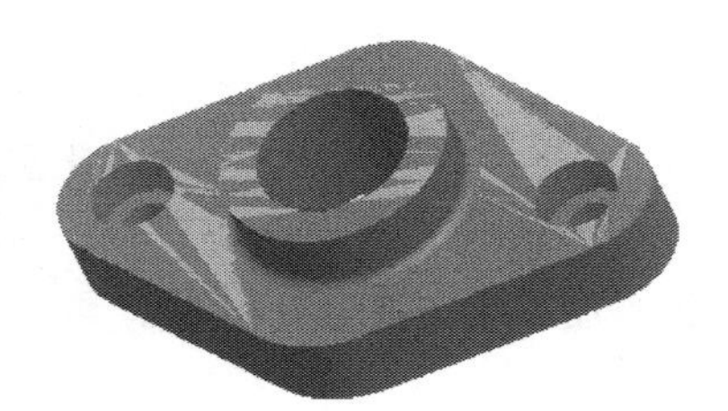

图 9-116　制造模型

3. 制造设置

（1）N C 机床：3 轴铣床。

（2）加工零点：设置在工件上表面，位于 ϕ40 孔中心位置。

单击工具条上的坐标系按钮，按住 Ctrl 键依次在模型上选择 2 个基准面和模型上表面。调整坐标轴方向使 Z 轴正方向向上，创建的坐标系如图 9-117 所示。

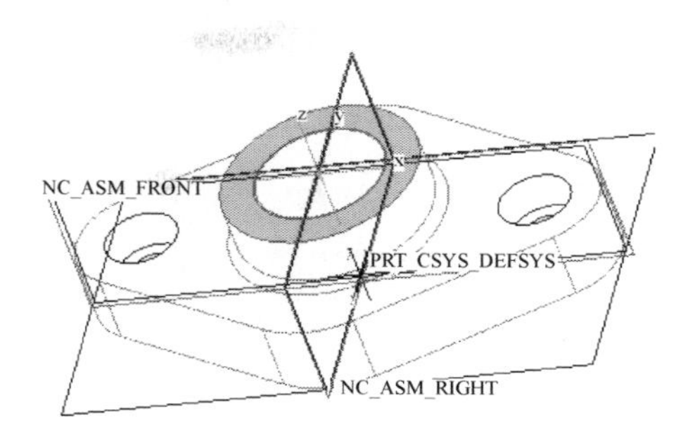

图 9-117 创建的坐标系

（3）退刀“曲面”：平面类型，Z 值为 20。

9.8.2 镗孔加工 NC 序列设置

单击按钮后的小箭头，出现 14 种孔加工类型，其中，常用孔加工类型意义如下。

：标准孔，使用标准钻头钻孔。

：深孔，用于长径比较大的深孔加工，进给深度固定。

：可变深孔，用于长径比较大的深孔加工，进给深度可变。

：埋头孔，为埋头螺钉钻倒角。

：表面，为沉头螺钉钻沉头孔。在孔底停顿，确保孔底部曲面加工的完整与光滑。

：镗孔，用镗刀对直径较大的孔进行精加工，以获得较高的尺寸精度。

：铰孔，用绞刀进行孔的精加工。

：固定攻丝，加工螺纹孔。

镗孔 NC 序列设置具体步骤如下。

单击按钮，弹出“序列设置”菜单，选择“刀具”、“参数”、“孔”3 个复选框，单击“完成”按钮，弹出“刀具设定”对话框。

（1）刀具设定。新建 ϕ40 的“镗刀”刀具，单击“应用”按钮，参数如图 9-118 所示。

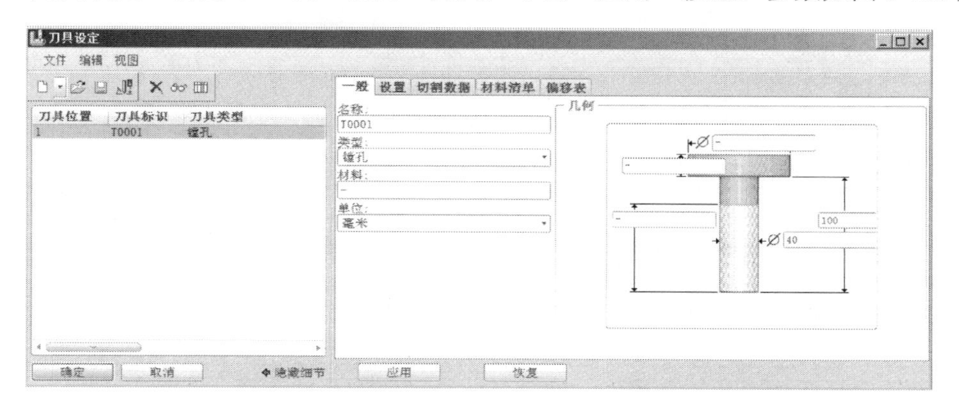

图 9-118 刀具设定

（2）参数设置。加工参数设置如图 9-119 所示。

（3）“孔集”设定。弹出“孔集”对话框，如图 9-120 所示。其中，为创建新轴集按钮，即通过选取已有轴线定义孔集；为创建新点集按钮，即通过选取模型上已有的点确定孔的位置；“选取直径”选项是通过选取模型上已有的直径值创建孔集。

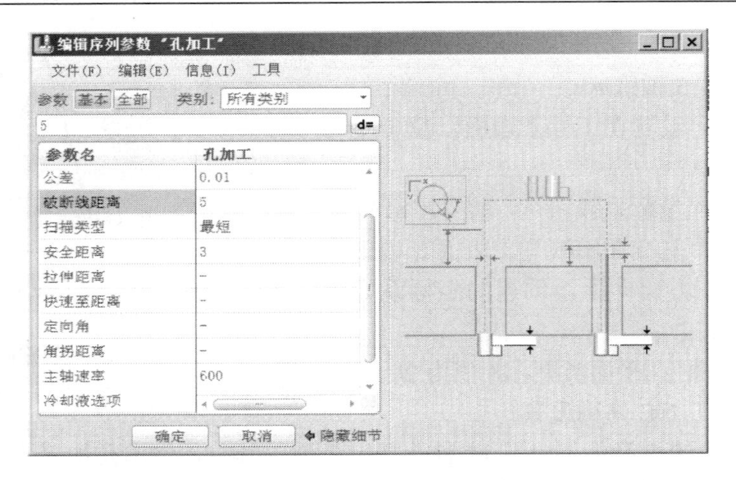

图 9-119　参数设置

本例中，孔集的创建可通过直径选取（也可以直接在模型上选取要加工的孔的轴线）。单击"细节"按钮，弹出"孔集子集"对话框，如图 9-121 所示。

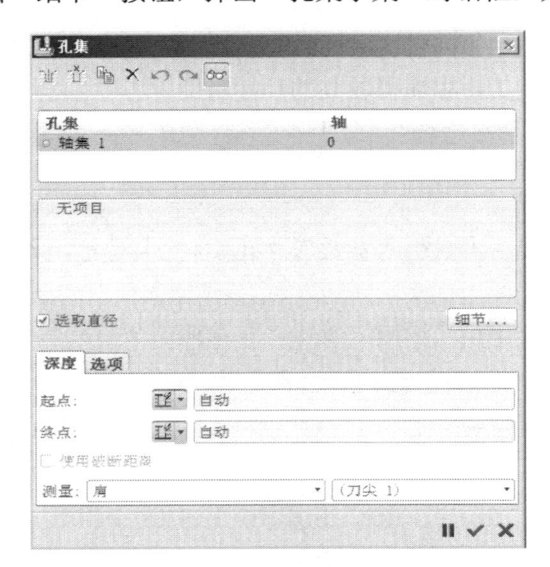

图 9-120　"孔集"对话框

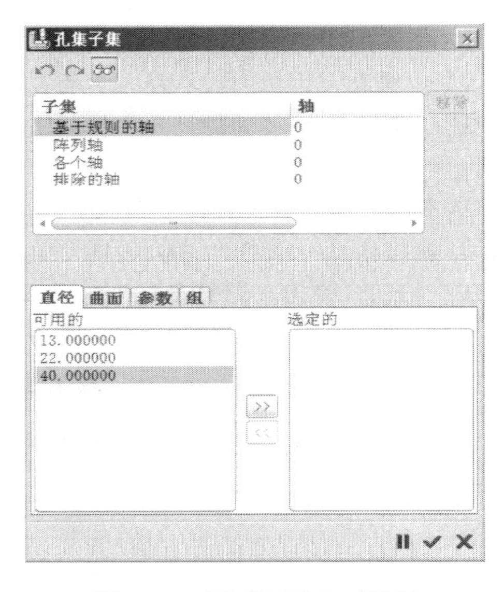

图 9-121　"孔集子集"对话框

进行孔集子集设置时，有"直径"、"曲面"、"参数"、"组" 4 种选取方式。各种方式意义如下。

"直径"：选择要加工孔的直径值，即满足此直径值的孔被选择。

"曲面"：通过选择曲面，从而将该曲面上所有孔选择。

"参数"：可添加数学表达式，将满足参数条件的孔选择。

"组"：选择已经定义的"钻孔组"来选择孔。

在如图 9-121 所示的"孔集子集"对话框中，选取直径值 40.000000，单击按钮 >> ，即选择模型上 $\phi40$ 的中心大孔，单击按钮 ✔ 完成选取。返回"孔集"对话框。

在"深度"标签中，孔的深度由"起点"、"终点"两个选项确定，刀具的测量深度由"肩"

和“刀尖”两个选项，其意义如下。

“肩”：以钻头的“肩”作为刀位点，钻削到指定的深度值。钻头的尖头部分将不计算在深度尺寸内。

“刀尖”：以钻头的钻尖作为刀位点，钻削到指定的深度值。

刀具深度如图 9-122 所示。

孔的深度和刀具的深度均使用默认的设置，单击“确定”按钮。在菜单管理器中单击“完成/返回”→“完成序列”项。单击按钮保存制造文件。

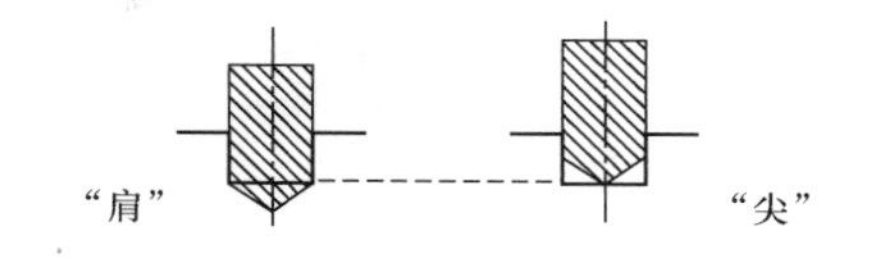

图 9-122 刀具深度

（4）屏幕演示及 NC 检查。屏幕演示结果如图 9-123 所示，NC 检查结果如图 9-124 所示。保存进程文件，为后续 NC 检查调用，关闭 VERICUT。

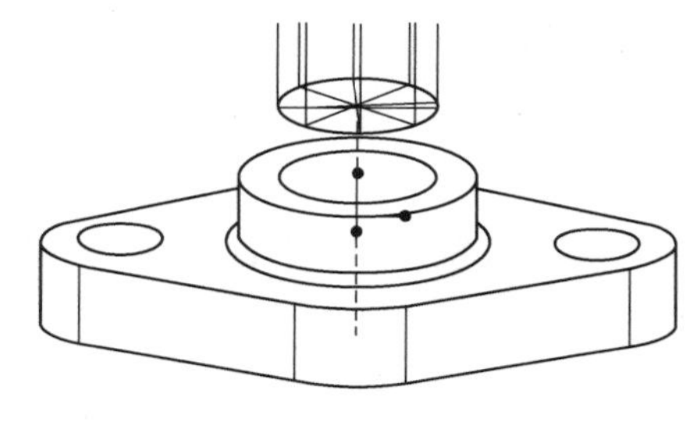

图 9-123 屏幕演示结果

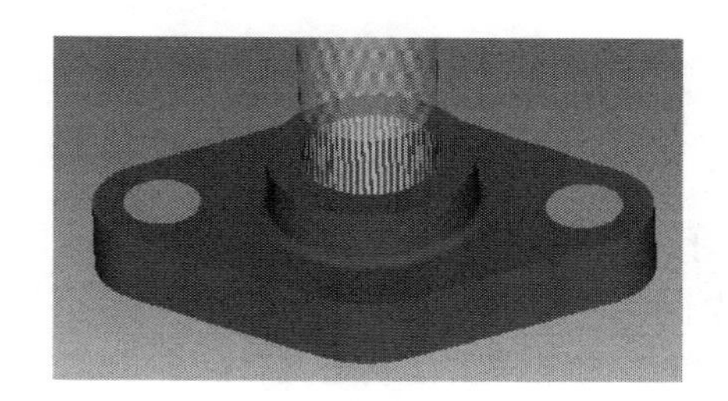

图 9-124 NC 检查结果

9.8.3 钻两侧通孔 NC 序列设置

单击标准孔按钮，在弹出的“序列设置”菜单中，选择“刀具”、“参数”、“孔”3 个复选框，单击“完成”按钮，弹出“刀具设定”对话框。

（1）刀具设定。新建“基本钻头”类型刀具，如图 9-125 所示。

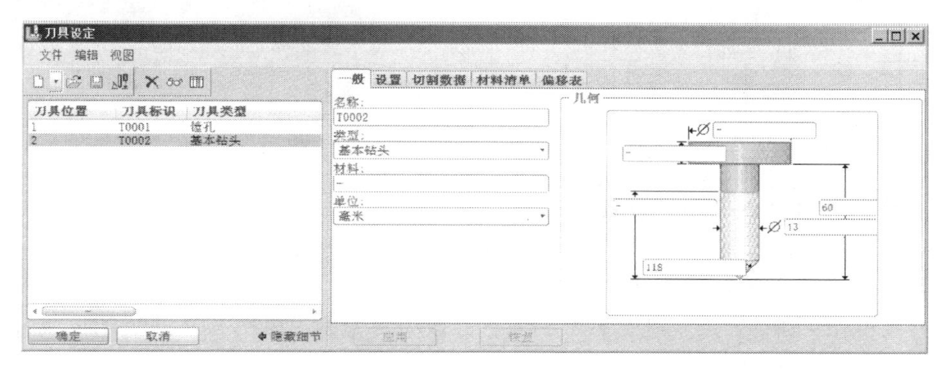

图 9-125 刀具设定

（2）参数设置。参数设置如图 9-126 所示，其中，参数“拉伸距离”的意义如下。

“拉伸距离”：在连续加工多个孔的序列中，定义刀具每加工完一个孔后移到到下一个孔时抬刀的高度（Z 值）。默认值（-），表示当刀具移动到下一孔时将抬刀至“安全高度”处。如果“拉伸距离”的值设为 0，表示当刀具移动到下一孔时将抬刀至退刀平面。

（3）“孔集”设定。弹出“孔集”对话框，孔集的创建通过直径选取。单击“细节”按钮，弹出“孔集子集”对话框，选取直径值 13.000000，单击按钮 >>，即选择模型上 ϕ13 的两侧通孔，单击按钮✔完成选取。返回“孔集”对话框。

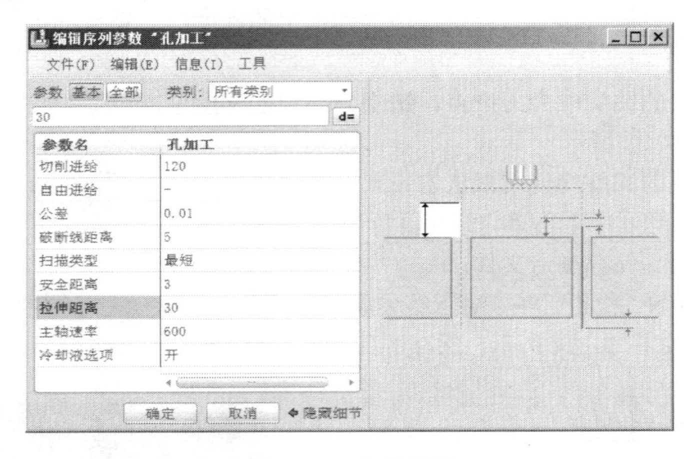

图 9-126　参数设置

孔的深度和刀具的深度均使用默认的设置，单击“确定”按钮。在菜单管理器中单击“完成/返回”→“完成序列”项。

单击按钮💾保存制造文件。

（4）屏幕演示及 NC 检查。屏幕演示结果如图 9-127 所示，NC 检查结果如图 9-128 所示。保存进程文件，为后续 NC 检查调用,关闭 VERICUT。

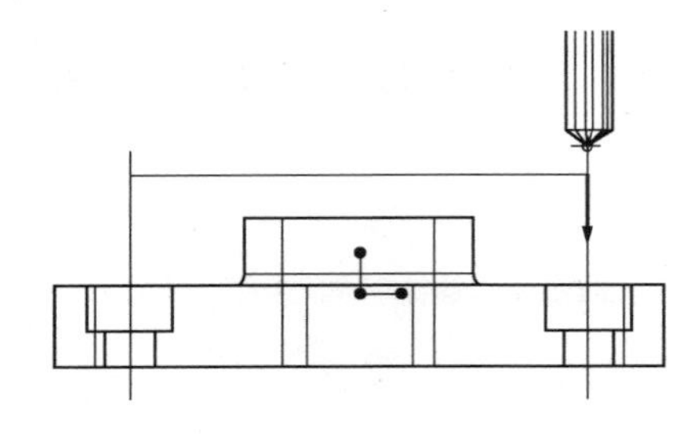

图 9-127　屏幕演示结果

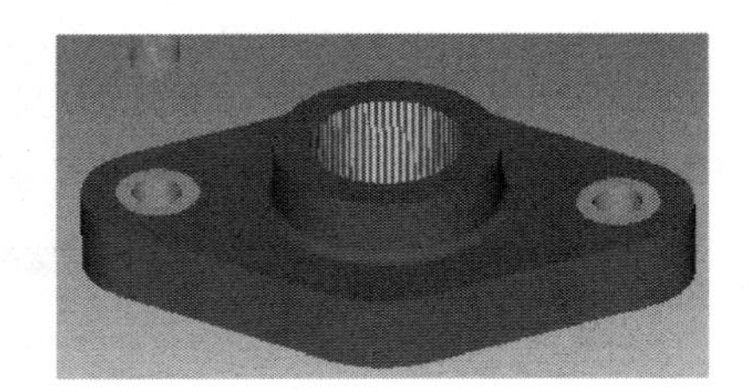

图 9-128　NC 检查结果

9.8.4　锪两侧沉孔 NC 序列设置

单击表面孔按钮，在弹出的“序列设置”菜单中，选择“刀具”、“参数”、“孔”3 个复选框，单击“完成”按钮，弹出“刀具设定”对话框。

（1）刀具设定。新建“埋头孔”类型刀具，设置刀具参数，单击“应用”按钮，如图 9-129 所示。可单击按钮预览刀具形状与尺寸。

（2）参数设置。基本参数设置如图 9-130 所示，“全部”参数中“延时”设为 2，如图 9-131 所示。

（3）“孔集”设定。弹出“孔集”对话框，单击“细节”按钮，弹出“孔集子集”对话框，选取直径值 22.000000，单击按钮>>，即选择模型上 $\phi 22$ 的两侧沉孔，单击按钮✔完成选取。返回“孔集”对话框。

孔的深度和刀具的深度均使用默认的设置，单击“确定”按钮。在菜单管理器中单击“完成/返回”→“完成序列”项。保存制造文件。

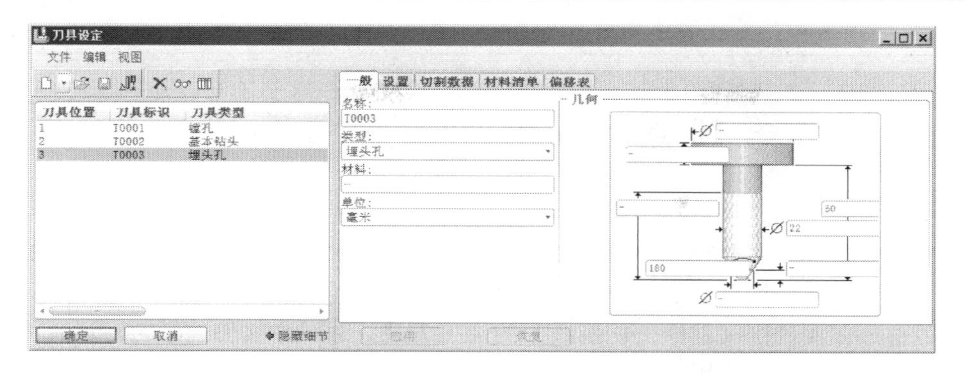

图 9-129 刀具设定

图 9-130 基本参数设置

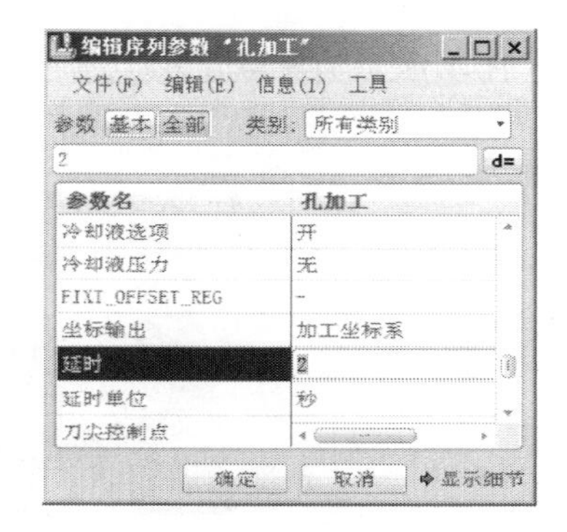

图 9-131 “延时”参数设置

（4）屏幕演示及 NC 检查。屏幕演示结果如图 9-132 所示，NC 检查结果如图 9-133 所示。

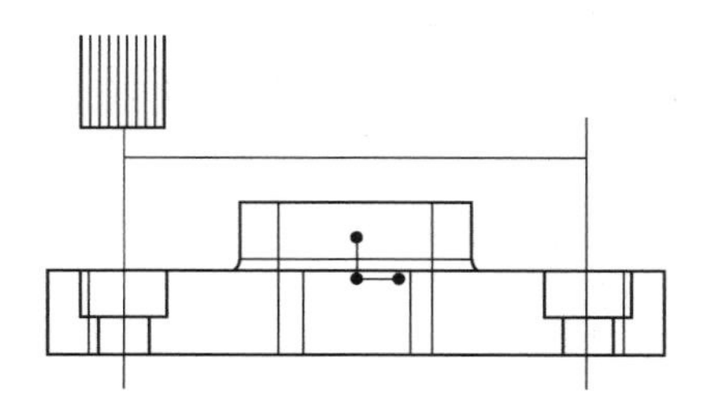

图 9-132 屏幕演示结果

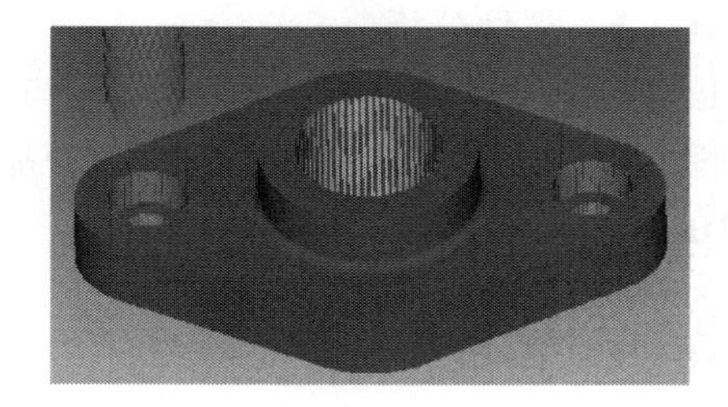

图 9-133 NC 检查结果

第10章 铣削加工综合实例

本章对一个鼠标上盖凸模零件进行加工设置，综合运用了前面所学的体积块粗加工方式、曲面铣削（曲面－直线切割）加工方式、腔槽加工方式和轮廓铣削方式，还运用了精加工的加工方式、仿形曲面铣削（曲面—切削线）的加工方式。通过本实例的学习，读者将掌握多种铣削加工方式的设置及应用、铣削曲面的创建、NC序列的复制等内容。

10.1 零件分析及工序规划

如图10-1所示为某款鼠标上盖凸模，试编制其数控加工程序。

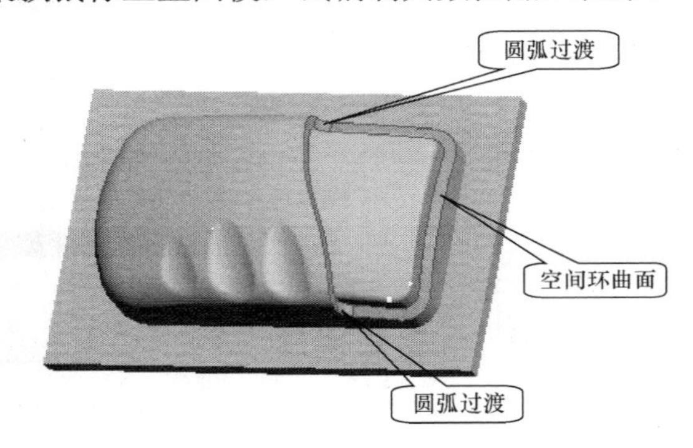

图10-1 某款鼠标上盖凸模零件

10.1.1 零件分析

该零件是个比较典型的凸模零件，其侧壁为倾斜面，比较陡峭；分型面为平面，侧面与分型面之间为尖角过渡；顶面的两部分都比较平缓，但右侧顶面周围的过渡曲面为空间曲面（图10-1中加亮显示部分），尺寸较小，其内侧与相邻曲面有$R1$圆角过渡。毛坯为长方体，材料为P20钢。

10.1.2 工序规划

按照先粗后精、先整体后局部的加工原则安排加工工步内容。

（1）整体粗加工。采用体积块粗加工方式进行整体粗加工，以去除大部分的加工余量。刀具选用外圆角铣削类型，刀具直径$\phi18$，圆角$R2$。

（2）整体半精加工。采用曲面加工方式进行整体半精加工，以获得比较均匀的精加工余量。刀具选用球铣削类型，刀具直径$\phi4$。

（3）侧面与分型面精加工。考虑到分型面需要加工部分的尺寸较小，因此，采用腔槽铣削方式将侧面和分型面一并加工。刀具选用外圆角铣削类型，刀具直径$\phi10$，圆角$R1$。

（4）左侧顶面精加工。采用精加工方式加工左侧顶面。刀具选用球铣削类型，刀具直径$\phi6$。

（5）右侧顶面精加工。采用精加工方式加工右侧顶面。刀具选用球铣削类型，直径$\phi4$。

（6）环曲面精加工。空间环曲面采用曲面铣削方式进行精加工。刀具选用球铣削类型，直径 ϕ2。

（7）三侧倾斜曲面精加工。右侧顶面与空间环曲面之间的为三侧曲面为倾斜面，倾斜角度较小，采用曲面铣削方式进行精加工。刀具选用球铣削类型，直径 ϕ2。

（8）侧面轮廓与分型面之间的清角加工。侧面与分型面精加工选用 ϕ10、圆角 *R*1 的外圆角铣削刀具，侧面轮廓与分型面之间留有 *R*1 的残料需要去除。采用轮廓铣削方式进行清角加工，刀具选用端铣削类型，直径 ϕ4。

NC 序列规划如表 10-1 所示。

表 10-1　　NC 序 列 规 划

序号	加工内容	加工方式	刀具类型	刀具尺寸	进给速率	步长深度	跨度	主轴转速
1	体积块粗加工	体积块铣削	外圆角铣削	ϕ18R2	1400	0.8	12	1200
2	曲面半精加工	曲面铣削	球铣削	ϕ4	1000		0.5	2000
3	侧面和分型面精加工	腔槽铣削	外圆角铣削	ϕ10R1	1200	0.4	4	1800
4	左侧顶面精加工	精加工	球铣削	ϕ6	2000		0.3	3000
5	右侧顶面精加工	精加工	球铣削	ϕ4	2000		0.2	3000
6	一侧环曲面精加工	仿形曲面铣削	球铣削	ϕ2	2000		0.2	2000
7	三侧倾斜面精加工	仿形曲面铣削	球铣削	ϕ2	2000		0.2	2000
8	侧面清角	轮廓铣削	端铣削	ϕ4	1000	0.4		2000

10.2　制造模型及操作设置

10.2.1　制造模型

首先设置工作目录，单击“文件”→“新建”→“制造”命令，子选项“NC 组件”。在“名称”文本框中输入 SHUBIAONC，选择公制模板，单击“确定”按钮，进入 NC 主界面，装配参照模型。

（1）参照模型。单击“制造元件”工具条中的按钮，选择 SHUBIAO.prt 文件，默认放置，单击按钮完成。

（2）工件。单击“制造元件”工具条中的按钮，创建手工工件，在名称的消息框中输入工件名称 SHUBIAO_WORK。单击按钮。

在菜单管理器中选择“实体”、“伸出项”菜单，单击“拉伸”→“实体”→“完成”项，在弹出的上滑面板中单击“放置”→“定义”项，弹出“草绘”对话框，选取参照模型的底面作为草绘平面，单击“草绘”按钮，进入草绘界面，选取坐标系作为参照，关闭“参照”对话框。单击工具条上按钮，单击“环”项，选取参照模型外轮廓，单击按钮退出草绘。拉伸一长方体，深度值为 29mm。单击按钮。

创建完成的制造模型如图 10-2 所示。单击按钮，以保存当前的制造模型文件。

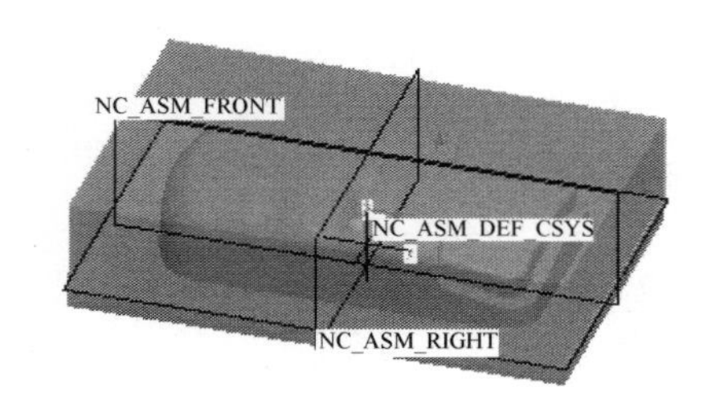

图 10-2　制造模型

10.2.2 制造设置

单击工具栏中“步骤”→“操作”命令，打开“操作设置”对话框。

（1）操作名称：使用默认的操作名称 OP010。

（2）N C 机床：MACH01，3 轴铣床。

（3）加工零点：工件坐标系 ACS0。单击工具条上的坐标系按钮，按住 Ctrl 键依次选择 RIGHT 面、FRONT 面和工件上表面。查看坐标轴的方向，与机床坐标系方向不一致，单击“坐标系”对话框中的“方向”标签，单击“Y”后面的“反向”按钮，使 *Z* 轴方向向上。在“操作设置”对话框中，单击“加工零点”后的按钮，选择刚创建好的坐标系 ACS0。

（4）退刀“曲面”：平面类型，*Z* 值为 30mm。

10.3 体积块粗加工

单击按钮，弹出“序列设置”菜单。选择“刀具”、“参数”、“窗口”选项，单击“完成”按钮。

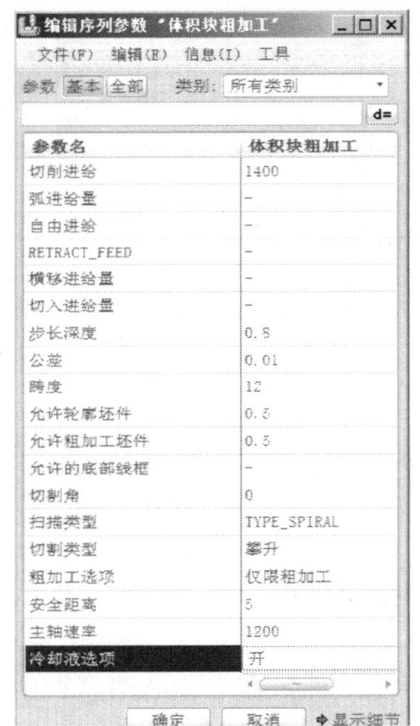

图 10-3 参数设置

（1）刀具设定。新建 ϕ18R2 的外圆角铣刀，单击“应用”→“确定”项。

（2）参数。参数设置如图 10-3 所示。

（3）窗口。单击主界面铣削窗口按钮，进入窗口定义界面。使用默认的按钮侧面影像窗口类型和默认的“放置”选项，使用参照模型的外轮廓作为窗口的边界。单击“深度”选项，选择“指定深度”复选框和到选定项，在参照模型上选取分型面作为拉伸所至的平面，如图 10-4 所示。单击“选项”项，选择“在窗口围线上”单选按钮。单击按钮完成窗口的创建。该窗口名称：铣削窗口 1。

（4）屏幕演示及 NC 检查。至此，操作设置完成。接着进行屏幕演示及 NC 检查，结果分别如图 10-5 和图 10-6 所示。

在 VERICUT 主界面中，单击按钮保存进程，输入文件名 shubiao，单击 save 按钮，将仿真加工结果保存在工作目录中。关闭 VERICUT 窗口，在菜单管理器中，单击“完成序列”项。

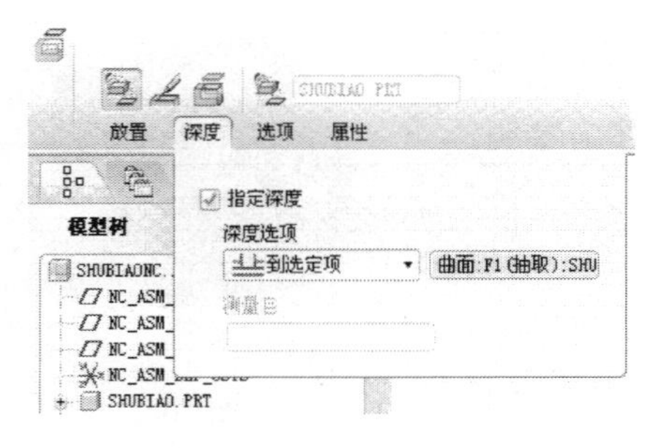

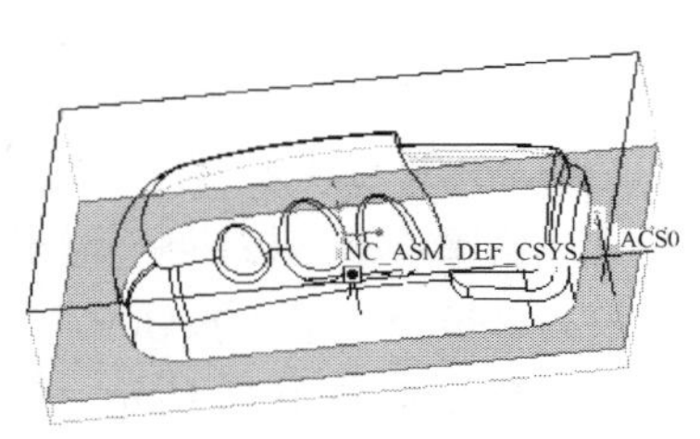

图 10-4 设置窗口深度

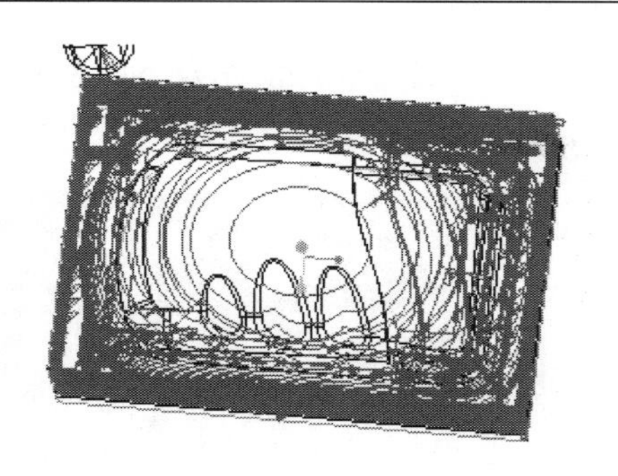

图 10-5　屏幕演示结果

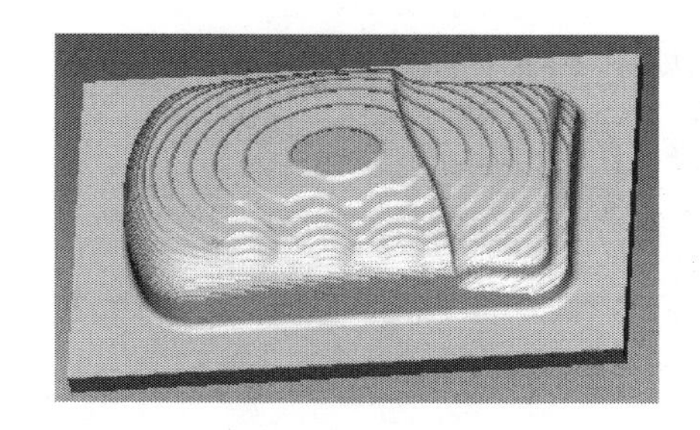

图 10-6　NC 检查结果

（5）修改序列名称。在“序列设置”菜单中选择“名称”项可定义序列名称，但不能输入中文。由于该例 NC 序列较多，为方便查看，所有 NC 序列名称使用中文命名。中文命名方法：在模型树上单击该序列选择后，再次单击，即可更改序列名称，输入“体积块粗加工”。然后保存制造文件。

10.4　曲面半精加工

单击按钮，弹出“序列设置”菜单，选择“刀具”、“参数”、“窗口”、“定义切割”复选框，单击“完成”按钮，进入刀具设定对话框。

（1）刀具设定：新建 $\phi 4$ 的球铣削刀具，单击“应用”→“确定”项。

（2）参数：参数设置如图 10-7 所示。

（3）窗口。在模型树上选取体积块粗加工创建的铣削窗口 1。

（4）定义切割。在“切削定义”对话框中，选择“直线切削”项，切削角度 30，设置如图 10-8 所示。

图 10-7　参数设置

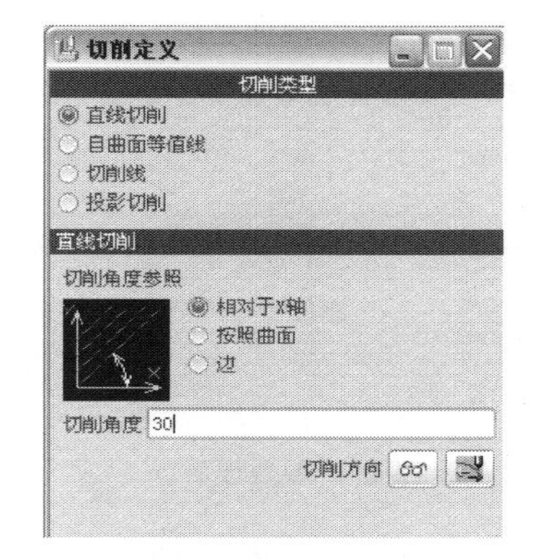

图 10-8　“切削定义”对话框

（5）屏幕演示及 NC 检查。至此，操作设置完成。接着进行轨迹演示及 NC 检查，结果分别如图 10-9 和图 10-10 所示。

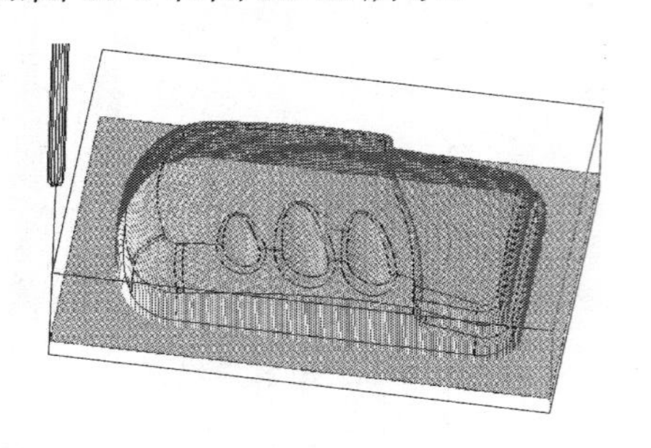

图 10-9　屏幕演示结果

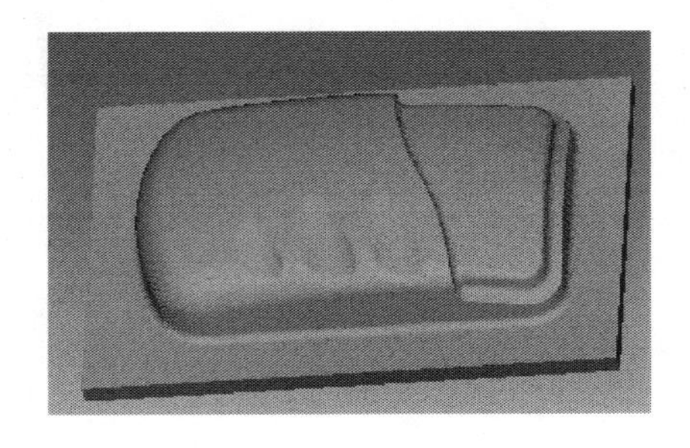

图 10-10　NC 检查结果

在 VERICUT 主界面中，单击按钮，将仿真加工结果保存。关闭 VERICUT 窗口，在菜单管理器中，单击“完成序列”项。

（6）修改序列名称。在模型树上单击该序列选择后，再次单击，输入“曲面半精加工”。然后保存制造文件。

10.5　侧面和分型面精加工

单击工具栏中“步骤”→“腔槽加工”命令，弹出“序列设置”界面，选择“刀具”、“参数”、“退刀曲面”、“曲面”复选框，单击“完成”项。

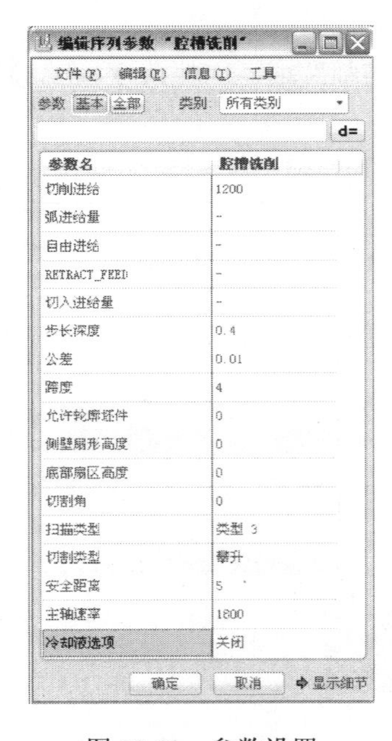

图 10-11　参数设置

（1）刀具：新建 ϕ10R1 外圆角铣削刀具，之后单击“应用”→“确定”项。

（2）参数：参数设置如图 10-11 所示，然后单击“确定”按钮。

（3）退刀曲面：平面类型，Z 值 3mm。

（4）曲面。单击“曲面拾取”→“模型”→“完成”→“添加”项，按住 Ctrl 键依次选取要加工的侧面和分型面，如图 10-12 所示。单击“确定”→“完成/返回”项。

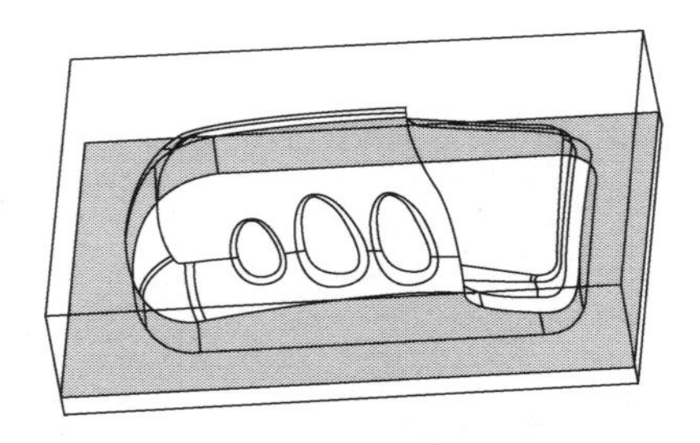

图 10-12　选取曲面

（5）屏幕演示及 NC 检查。在模型树上刚创建好的 NC 序列处单击右键，在弹出的菜单中选择“编辑定义”命令，弹出“NC 序列”菜单管理器，单击“播放路径”→“屏幕演示”

项，屏幕演示结果如图 10-13 所示。

单击“播放路径”→“NC 检查”项，NC 检查结果如图 10-14 所示。

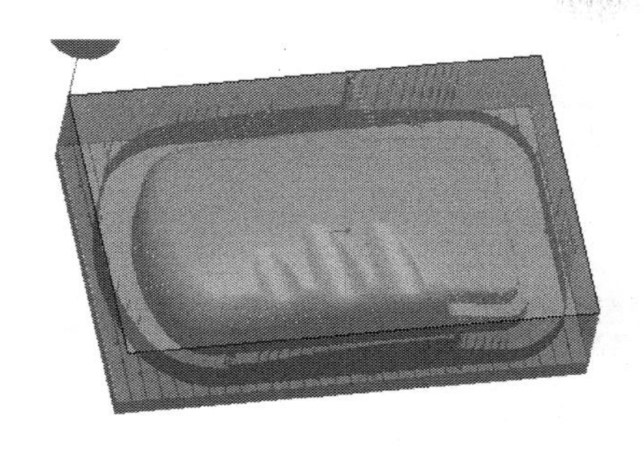

图 10-13 屏幕演示结果

图 10-14 NC 检查结果

在如图 10-14 所示的 NC 检查结果中，NC 序列的颜色为绿色，但在上部出现了一小块红色区域，此处可能会发生过切。因此，需要进行过切检查。

（6）过切检查。在“播放路径”菜单管理器中单击“过切检查”项，选择“加参照零件”项，单击“完成/返回”项，单击“运行”项，运行结果在信息提示区显示：“发现过切。刀具过切进零件−0.0349”。同时弹出“显示过切”菜单管理器。如图 10-15 所示。

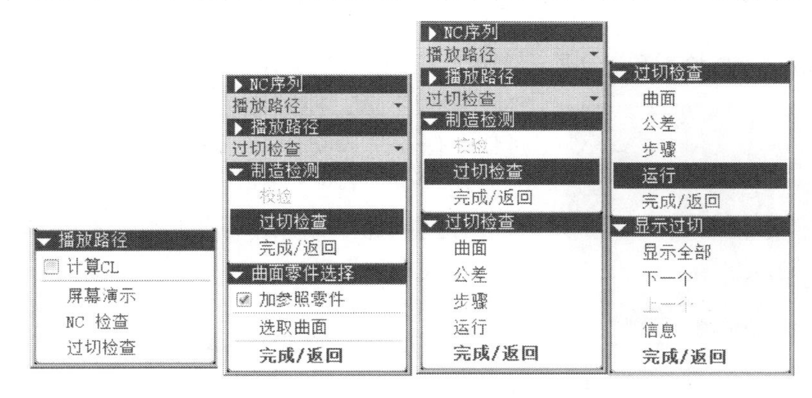

图 10-15 “过切检查”菜单管理器

在“显示过切”菜单管理器中，单击“显示全部”项，则在模型上蓝色加亮显示过切的部位，如图 10-16 所示。

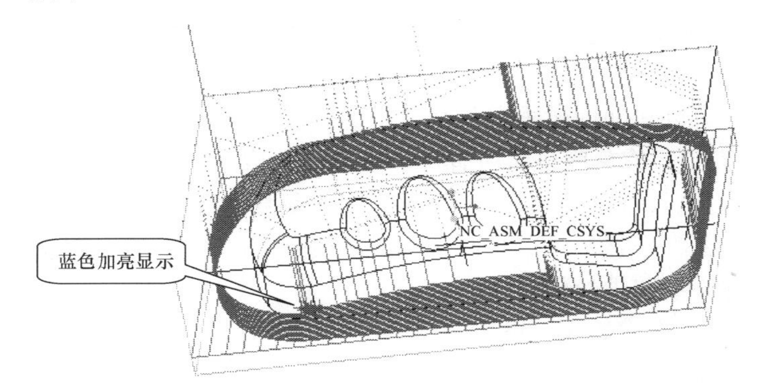

图 10-16 蓝色加亮显示过切部位

因此，该序列需要添加检查曲面，以避免过切。

（7）检查曲面。在如图 10-17 所示的菜单中单击“完成”→“完成/返回”→“完成/返回”项，返回至“NC 序列”菜单管理器。

在“NC 序列”菜单管理器中，单击“序列设置”→“检查曲面”→“加参照零件”→“完成/返回”项，如图 10-17 所示。

图 10-17 加参照零件菜单

（8）重新进行 NC 检查和过切检查。在“NC 序列”菜单管理器中，单击“播放路径”→“NC 检查”项，NC 检查结果如图 10-18 所示，未发生过切，保存进程文件。

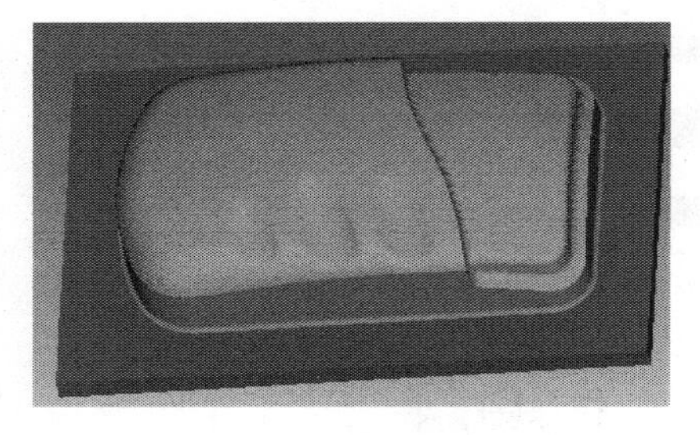

图 10-18 重新进行 NC 检查的结果

在“NC 序列”菜单管理器中，单击“播放路径”→“过切检查”项。结果未发生过切。在菜单管理器中，单击“完成序列”项。

（9）修改序列名称。在模型树上单击该序列选择后，再次单击，输入“侧面和分型面精加工”。然后保存制造文件。

10.6 左侧顶面精加工

10.6.1 精加工的加工方式简介

精加工的加工方式用于零件经过粗加工和半精加工后的精加工。精加工的加工方式可创建优化的刀具路径；可以自动创建垂直和水平层切面加工刀具路径的组合形式。精加工的一个重要参数是倾斜_角度，该角度值将所有被加工曲面分成两个区域，即陡（接近垂直）区和浅（接近水平）区。然后，可使用精加工的其他制造参数，选取要加工陡区或浅区，还是同时加工两个区域，是否将平整（水平）曲面包括在浅区内，对每个区域使用何种层切面加工方法，以及如何执行连接和进刀运动。

10.6.2 精加工加工方式的序列设置

单击工具栏中“步骤”→“精加工”命令，弹出“序列设置”界面，选择“刀具”、“参数”、“窗口”复选框，单击“完成”按钮。

（1）刀具。新建 $\phi 6$ 球铣削刀具，之后单击“应用”→“确定”项。

（2）参数。参数包括“基本”参数和“全部”参数，单击“全部”按钮，参数设置如图10-19所示，然后单击“确定”按钮。

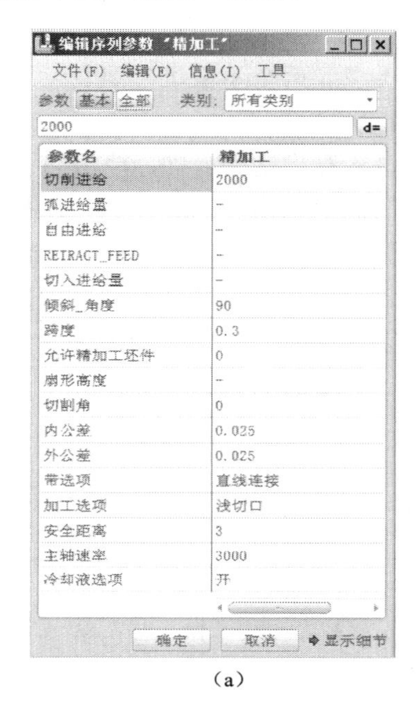

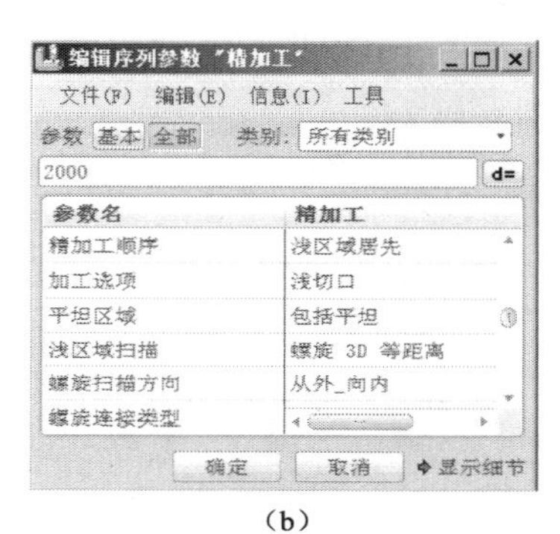

（a） （b）

图 10-19 参数设置

（a）基本参数；（b）“全部”参数

精加工的加工方式常用参数意义如下。

1）“倾斜_角度”：曲面切向与 *XOY* 平面的角度值，它将要加工的曲面分成陡区域和浅区域。小于该值为浅区域，大于该值为陡区域。默认值为 45°。

2）“加工选项”：主要用于区分不同区域生成的刀具路径，有以下 3 个选项。

“轮廓切削”：只在陡区域生成等高轮廓刀具路径。

“浅切口”：只加工浅区域。

“组合切口”：同时在浅区域和陡区域生成刀具路径，并可以分别设置浅区域、陡区域的加工方式，生成不同的刀具路径。

3）“精加工顺序”：用于设置加工区域的加工顺序。

4）“平坦区域”：加工浅区域和水平面选项，有以下 3 个选项。

“包括平坦”：在加工范围内，对平面部分也要进行加工。

“排除平坦”：在加工范围内，不对平面部分进行加工。

“仅平坦”：在加工范围内，仅对平面部分进行加工。

5）“浅区域扫描”：用于设置在浅区域生成刀具路径的类型，有以下 3 个选项。

“直线扫描”：在浅区域产生一组平行的刀具路径，其角度由“切割角”控制。

“螺旋扫描”：在浅区域产生一组螺旋状的刀具路径。

“螺旋 3D 等距离”：在加工范围内，沿曲面产生指定“跨度”值的刀具路径间距，使刀具路径在平缓的曲面及陡峭的曲面上间距均匀。特别适用于在加工范围内，曲面斜度变化较大的情况。

6）“螺旋扫描方向”：指定刀具路径螺旋扫描的方向，即刀具是从中心开始加工，还是从边缘开始加工。

注意： 可使用“加工选项”和“浅区域扫描类型”两个参数进行组合，产生不同的精加工路径。

（3）“窗口”。单击主界面铣削窗口按钮，进入窗口定义界面。单击按钮草绘窗口类型，单击“放置”项，选取工件上表面作为窗口平面，单击“选项”项，选择“在窗口围线外”复选框。然后单击按钮，选择模型侧面作为参照方向，进入草绘界面，单击工具条上通过边创建图元按钮，弹出“类型”对话框，选择“单个”单选按钮，依次选取参照模型的左侧顶面边界，如图 10-20 所示。单击按钮✔退出草绘界面，单击按钮完成窗口创建。该窗口名称为铣削窗口 2。

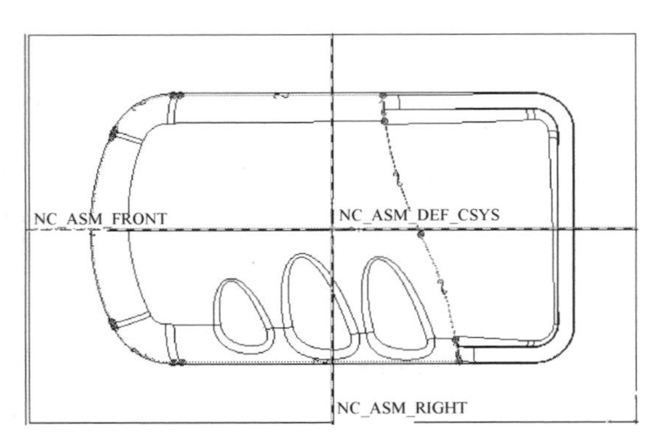

图 10-20　草绘窗口截面

（4）屏幕演示及 NC 检查。进行轨迹演示及 NC 检查，结果分别如图 10-21 和图 10-22 所示。

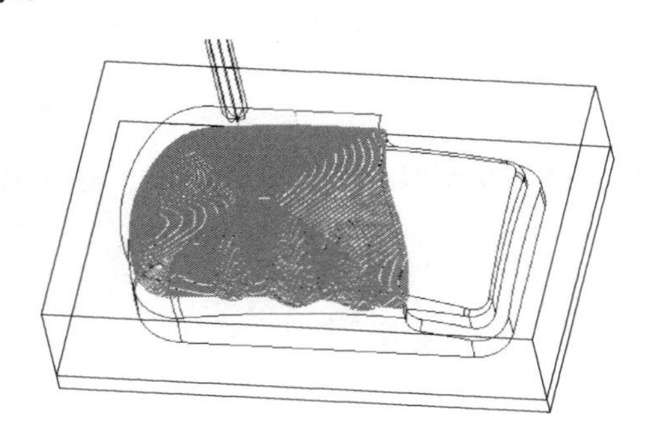

图 10-21　屏幕演示结果

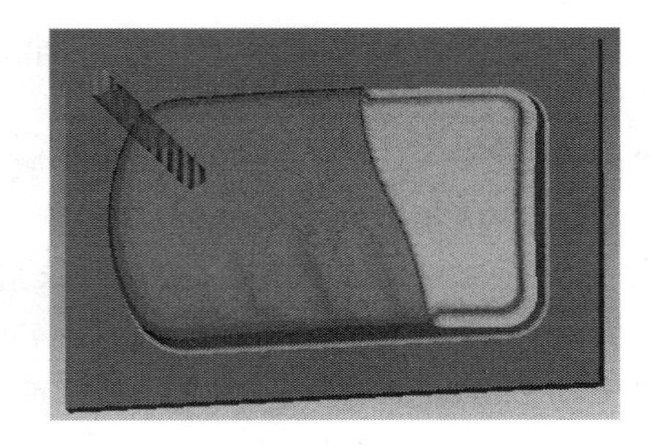

图 10-22　NC 检查结果

在 VERICUT 主界面中，单击按钮，将仿真加工结果保存。关闭 VERICUT 窗口，在菜单管理器中，单击“完成序列”项。

（5）修改序列名称。在模型树上单击该序列选择后，再次单击，输入“左侧顶面精加工”。然后保存制造文件。

10.7　右侧顶面精加工

右侧顶面精加工与左侧顶面精加工的序列设置大体相同，只是刀具、窗口需要更改。因此，使用复制 NC 序列的方式生成一个新的 NC 序列，然后修改部分参数即可。

10.7.1　复制左侧顶面精加工 NC 序列

单击工具条按钮，打开“制造工艺表”对话框，选择“左侧顶面精加工”序列，单击右键，在弹出的菜单中选择“复制”命令，再次单击右键，在弹出的菜单中选择“粘贴”命令，“制造工艺表”中便出现该复制的 NC 序列，序列名称为左侧顶面精加工_CPY_000，如图 10-23 所示。但是模型树中并未显示该复制的序列，需要在“制造工艺表”的菜单中，

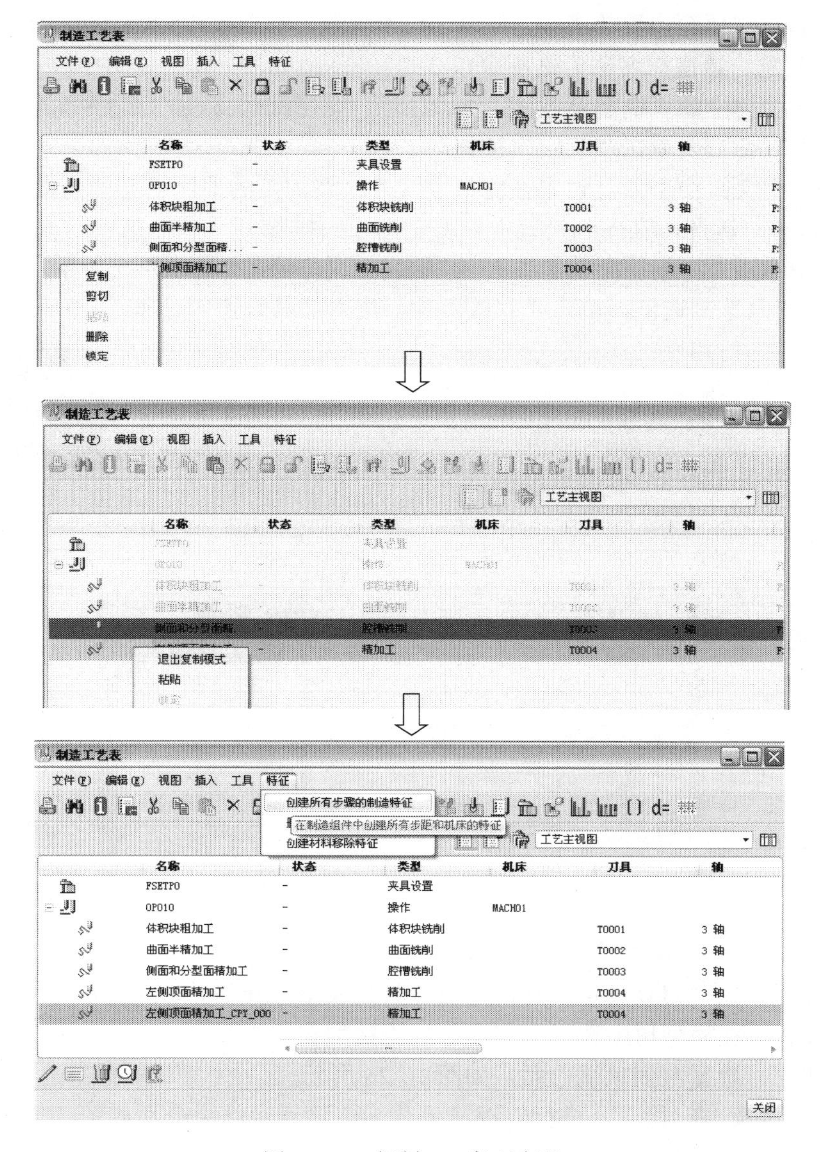

图 10-23　复制 NC 序列步骤

单击“特征”→“创建所有步骤的制造特征”命令，该序列便显示在模型树中了，关闭“制造工艺表”对话框。

10.7.2 修改复制的 NC 序列

（1）修改序列名称。在模型树上单击复制的 NC 序列：左侧顶面精加工_CPY_000，将其选择后，再次单击，输入“右侧顶面精加工”。

注意： 所有的 NC 序列名称均可在“制造工艺表”中集中进行修改。

（2）“窗口”的创建。单击主界面铣削窗口按钮，进入窗口定义界面。单击按钮草绘窗口类型，单击“放置”项，选取工件上表面作为窗口平面，单击“选项”项，选择“在窗口围线外”复选框。然后单击草绘按钮，选择模型侧面作为参照方向，进入草绘界面，单击工具条上通过边创建图元按钮，弹出“类型”对话框，选择“单个”单选按钮，依次选取参照模型的右侧顶面边界轮廓线，如图 10-24 所示。单击按钮✔退出草绘界面，单击按钮完成窗口创建。该窗口名称为铣削窗口 3。

左键按住模型树中的“铣削窗口 3”，向上拖至“右侧顶面精加工”序列的上面，在弹出的“重新排序”对话框内单击“确定”按钮。

（3）序列重定义。由于刀具设定在窗口围线外，要加工的曲面将左侧顶面靠近铣削窗口 3 的边缘包含进来。因此，在序列设置中要将左侧顶面排除。

在模型树中右击“右侧顶面精加工”→“编辑定义”项，如图 10-25 所示，选择“刀具”、“窗口”、“除去曲面”复选框，单击“完成”项，进入刀具设定对话框。

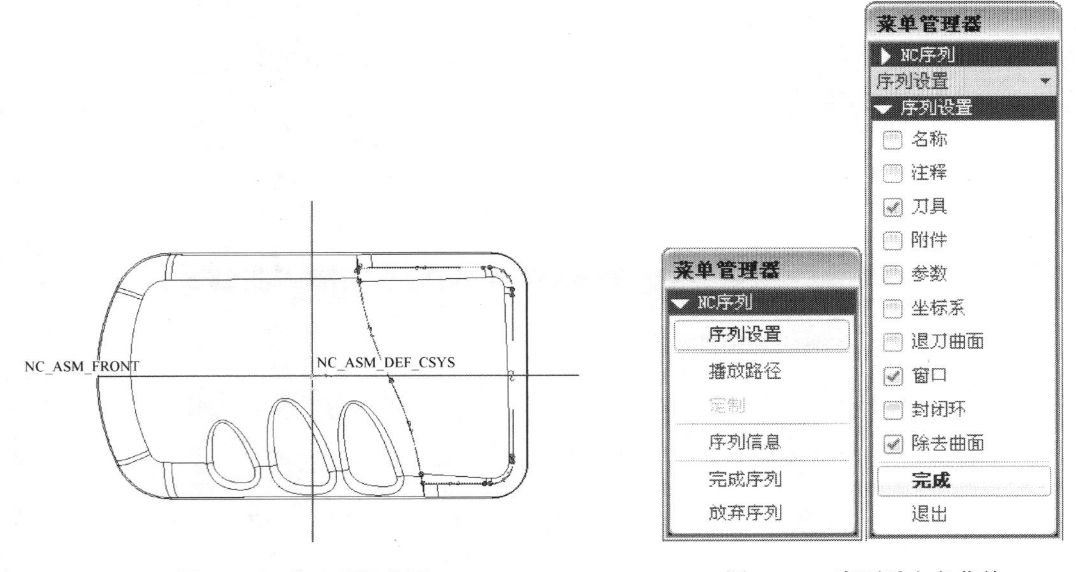

图 10-24 窗口草绘截面　　图 10-25 序列重定义菜单

1）刀具选择：在“刀具设定”对话框的刀具列表中选择 $\phi 4$ 球铣削刀具。

2）窗口设置：在模型树中选择刚创建好的“铣削窗口 3”。

3）除去曲面：选择左侧顶端曲面，如图 10-26 所示。

（4）屏幕演示及 NC 检查。进行轨迹演示及 NC 检查，结果分别如图 10-27 和图 10-28 所示。

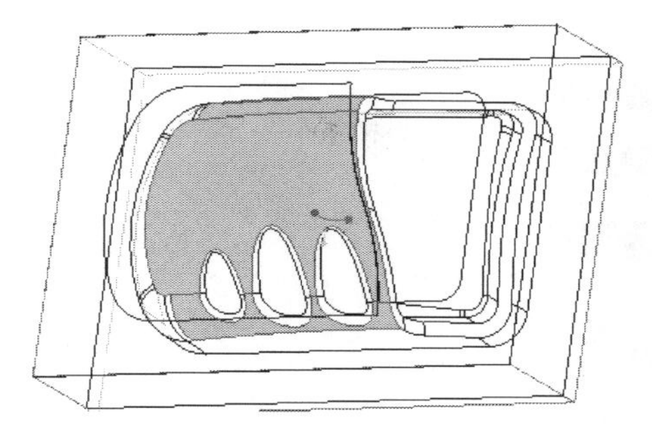

图 10-26　排除的曲面

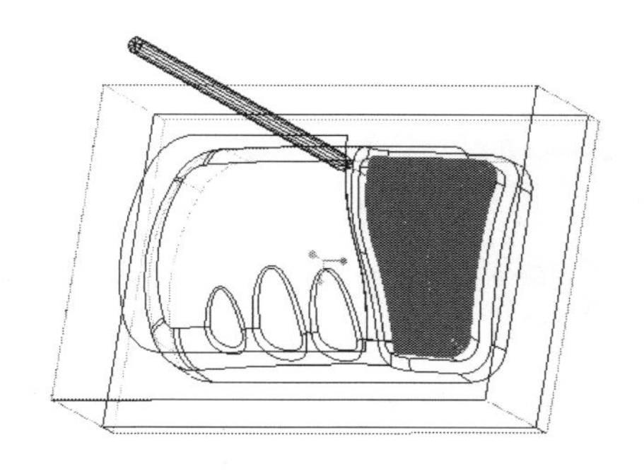

图 10-27　屏幕演示结果

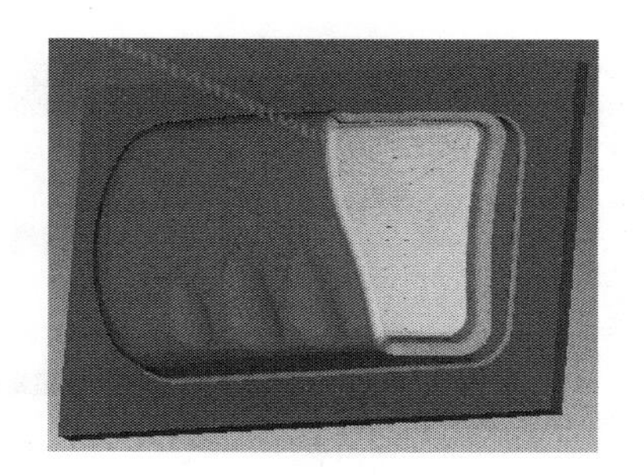

图 10-28　NC 检查结果

在 VERICUT 主界面中，单击按钮，将仿真加工结果保存。关闭 VERICUT 窗口，在菜单管理器中，单击“完成序列”项，然后保存制造文件。

10.8　环曲面精加工

单击工具栏“步骤”→“曲面铣削”命令，弹出“序列设置”菜单。选择“刀具”、“参数”、“曲面”、“定义切割”复选框，单击“完成”项，弹出“编辑序列参数”对话框。

（1）刀具。新建一 $\phi2$ 的球铣削刀具。

（2）参数。参数设置如图 10-29 所示。

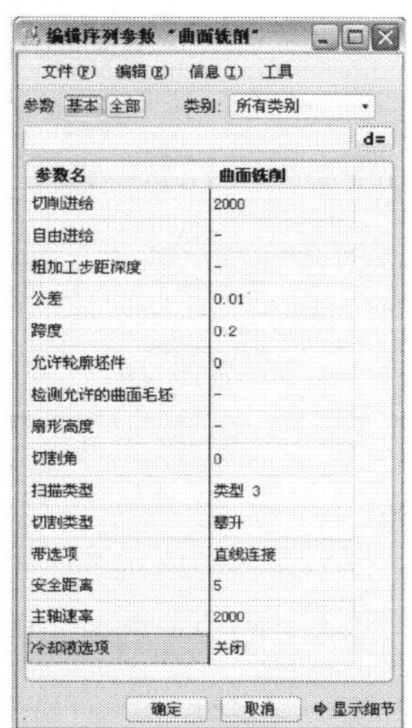

图 10-29　参数设置

（3）曲面。在弹出的“曲面拾取”菜单管理器中选择“模型”→“添加”项，按住 Ctrl 键依次选取要加工的曲面，如图 10-30 所示。单击“确定”→“完成”→“完成/返回”项。

（4）切削定义。

1）在弹出的如图 10-31 所示的“切削定义”对话框中，选择“封闭环”项，单击按钮，弹出“增加/重定义切削线”对话框、“链”菜单管理器和“选取”菜单管理器，如图 10-32 所示。同时，模型上加亮曲面的内侧边界黑色加深显示。

2）在“选取”菜单管理器中，单击“下一个”→“接受”项，模型上加亮曲面的外侧边界蓝色加亮显示，如图 10-33 所示。

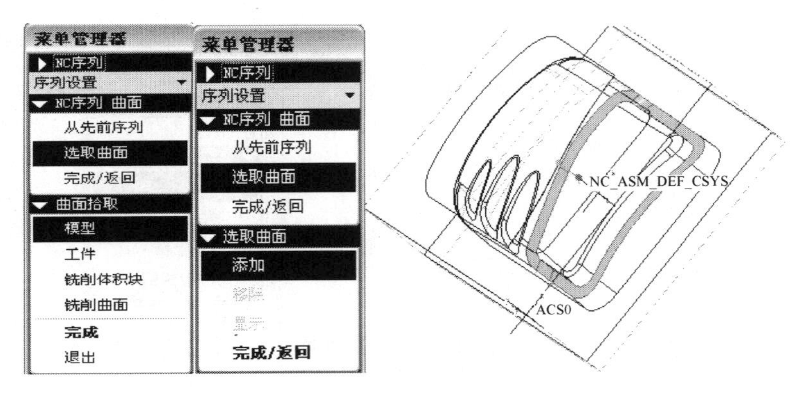

图 10-30　选取要加工的曲面

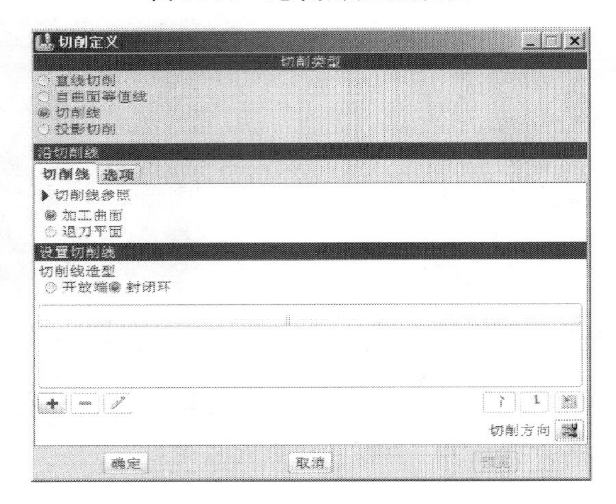

图 10-31　“切削定义”对话框

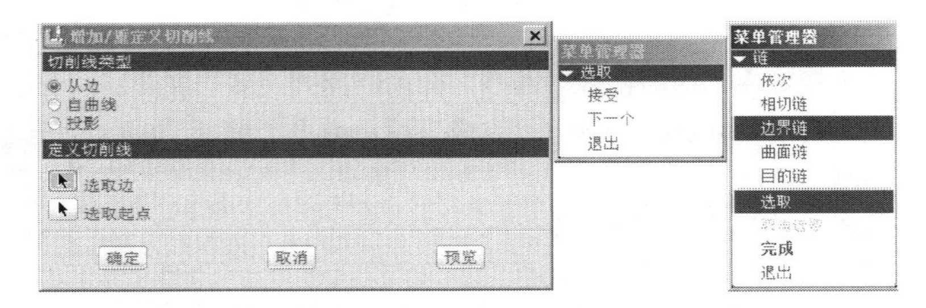

图 10-32　“增加/重定义切削线”对话框、“链”菜单管理器和“选取”　菜单管理器

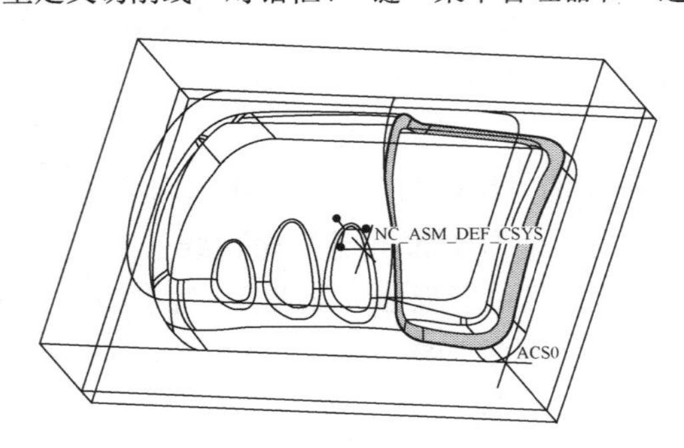

图 10-33　蓝色加亮显示外侧边界

3）在“链”菜单管理器中单击“完成”项，在“增加/重定义切削线”对话框中单击“确定”按钮，“切削线 1”便显示在“切削定义”对话框中。

4）重复步骤 1)，在“选取”菜单管理器中，单击“接受”项， 模型上加亮曲面的内侧边界蓝色加亮显示。

5）在“链”菜单管理器中单击“完成”项，在“增加/重定义切削线”对话框中单击“确定”按钮，“切削线 2”便显示在“切削定义”对话框中，如图 10-34 所示,单击“确定”按钮。

在菜单管理器中单击“完成/返回”→“完成序列”项。单击按钮保存制造文件。

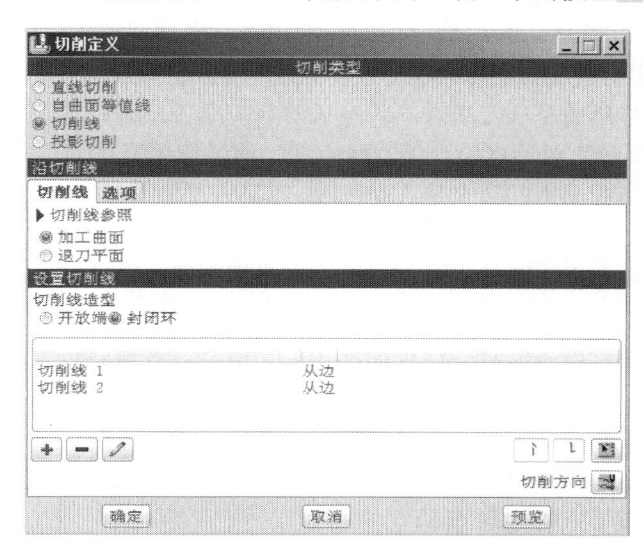

图 10-34 “切削定义”对话框

“切削定义”对话框中各选项意义如下。

1）“切削线参照”：用于定义创建切削线的方式，有以下 4 个选项。

“加工曲面”：通过选取属于要加工曲面的边来定义切削线。

“退刀平面”：在退刀面中创建切削线，并根据切削线的形状，在退刀面内生成二维的刀具路径，再投影到曲面上形成切削路径。

“刀具范围”：系统将使用当前刀具和参数计算出所能加工的曲面区域，然后再使用这些曲面的边来定义切削线。

“另一曲面”：选取加工曲面以外的曲面，再使用此曲面的边来定义切削线。

2）“刀具路径方法”：用于设置计算刀具轨迹的位置，有以下 3 个选项。

“自动”：系统自动确定，为默认选项。

“刀具接触点”：以刀具刀尖位置（球头刀球面与刀具轴线的交点）进行刀具轨迹的计算。

“刀具中心线”：以刀具中心位置（球头刀的球心）进行刀具轨迹的计算。

注意： 在“切削线”对话框中，单击“切削线参照”前面的按钮▶，才会出现“刀具范围”、“另一曲面”及“刀具路径方法”选项。一般情况下，读者是不需要单击按钮▶的，只使用默认设置即可。

3）“设置切削线”：用于添加、移除、重定义和重排序切削线，定义切削线的样式、切削方向。

“末端开放”：创建开放的切削线。

“封闭环”：创建封闭的切削线。

按钮：添加切削线。

按钮：删除切削线。

按钮：重定义切削线。

按钮：向上移动切削线。

按钮：向下移动切削线。

按钮：在绘图工作区，按照选取切削线的顺序，进行切削线顺序的排列。

按钮：定义切削线的切削方向。

注意： 切削线的排列顺序决定生成刀具路径的加工顺序。

“增加/重定义切削线”对话框中“切削线类型”的各选项意义如下。

“从边”：选取铣削曲面上的边来定义切削线。

“从曲线”：选取已有的基准曲线来定义切削线。

“投影”：在退刀面和指定草绘平面上，草绘定义切削线，系统将草绘的切削线投影铣削曲面上。

（5）屏幕演示。进行屏幕演示，结果如图 10-35 所示，观察轨迹发现刀具有抬刀至退刀面的现象，这是由于曲面内外边界不完全平行，使得加工轨迹不连续而导致的。

因此，该序列需要修改退刀面，以减少空走刀。

（6）修改退刀面。在菜单中单击“序列设置”项，选择“退刀曲面”项，单击“完成”项，在“退刀曲面”对话框中，输入 3。

（7）NC 检查。NC 检查的结果如图 10-36 所示。

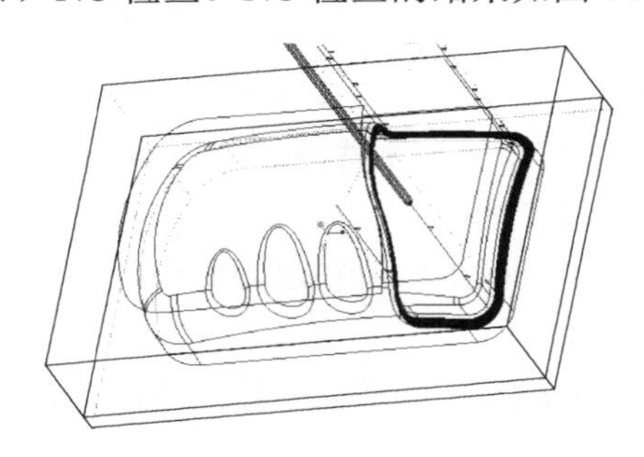

图 10-35　屏幕演示结果

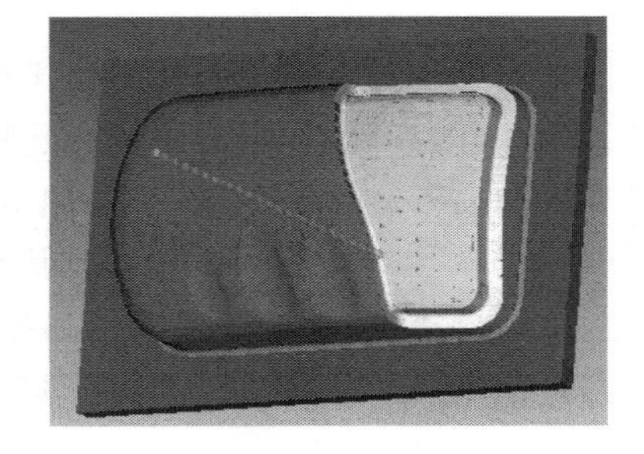

图 10-36　NC 检查结果

在 VERICUT 主界面中，单击按钮，将仿真加工结果保存。关闭 VERICUT 窗口，在菜单管理器中，单击“完成序列”项。

（8）修改序列名称。在模型树上单击该序列选择后，再次单击，输入“环曲面精加工”。然后保存制造文件。

10.9　三侧倾斜面精加工

单击工具栏“步骤”→“曲面铣削”命令，弹出“序列设置”菜单。选择“参数”、“曲面”、“定义切割”复选框，单击“完成”项，弹出“编辑序列参数”对话框。

1．“参数”

参数设置如图10-37所示。

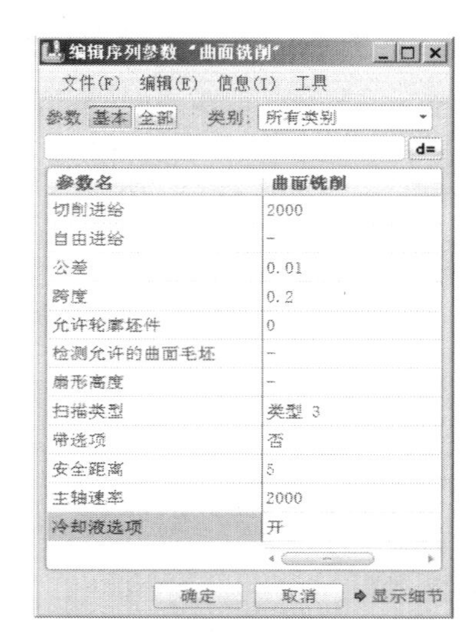

图10-37　参数设置

2．曲面

在弹出的“曲面拾取”菜单管理器中选择“模型”→“添加”项，按住Ctrl键依次选取要加工的曲面，如图10-38所示。单击“确定”→“完成”→“完成/返回”项。

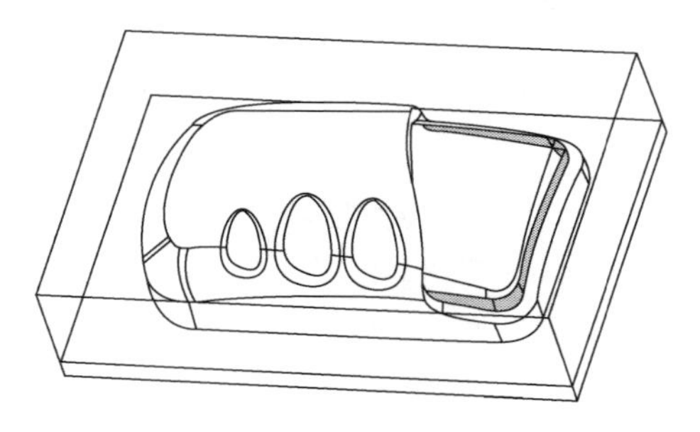

图10-38　选取要加工的曲面

3．定义切割

（1）在弹出的在“切削定义”对话框中，单击按钮[+]，弹出“增加/重定义切削线”对话框、“链”菜单管理器，同时系统自动加亮显示曲面的边线及顶点，如图10-39所示。文本区提示：“选择‘来自’顶点曲线端”。

（2）鼠标单击选择一顶点，选择的顶点红色加亮显示，接着，文本区提示：“选择‘到’顶点曲线端”，选择另一顶点。由选取的两顶点可组成两条边线，其中上边线蓝色加亮显示，如图10-40所示。

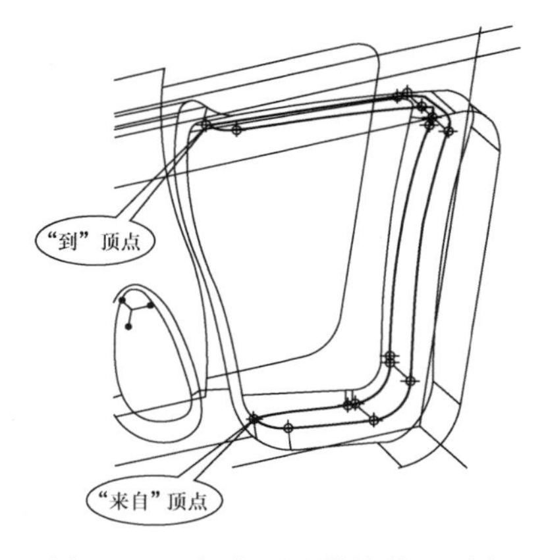

图10-39　加亮显示的边线及顶点

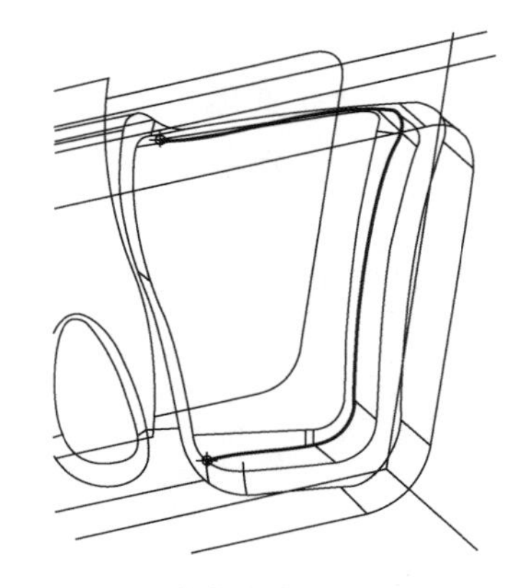

图10-40　蓝色加亮显示的上边线1

（3）在弹出的“选取”菜单管理器中，单击“接受”项。

（4）在“链”菜单管理器中单击“完成”项，在“增加/重定义切削线”对话框中单击“确定”按钮。“切削线1”便显示在“切削定义”对话框中。

（5）重复步骤（1），鼠标单击选择一顶点，选择的顶点红色加亮显示，接着，文本区提示："选择'到'顶点曲线端"，选择另一顶点。由选取的两顶点可组成两条边线，其中上边线蓝色加亮显示，如图 10-41 所示。

（6）在弹出的"选取"菜单管理器中，单击"下一个" →"接受"项。下边线蓝色加亮显示，如图 10-42 所示。

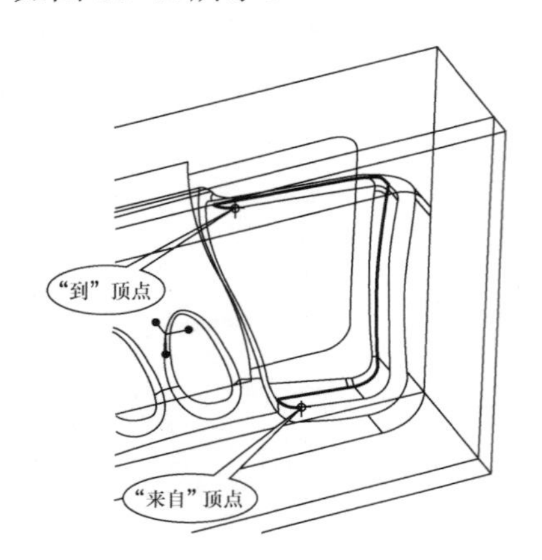

图 10-41　蓝色加亮显示的上边线 2

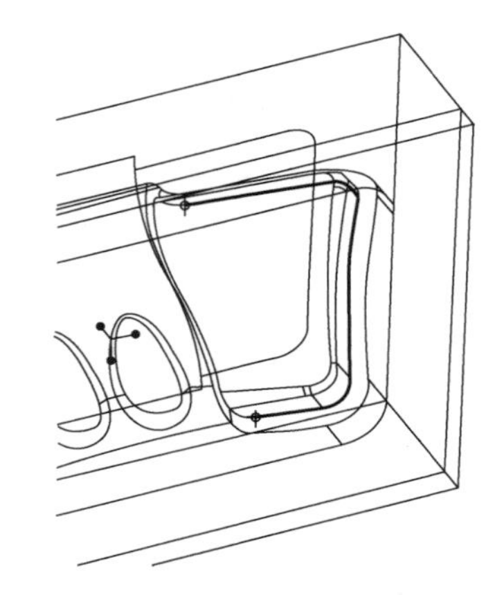

图 10-42　蓝色加亮显示的下边线

（7）在"链"菜单管理器中单击"完成"项，在"增加/重定义切削线"对话框中单击"确定"按钮。"切削线 2"便显示在"切削定义"对话框中。单击"确定"按钮。

注意： 两条边界围成的区域是开放的。

在菜单管理器中单击"完成/返回"→"完成序列"项。单击按钮保存制造文件。

4. 屏幕演示

屏幕演示结果如图 10-43 所示。观察轨迹发现刀具有不合理抬刀现象，需要修改 NC 序列的参数。

5. 修改 NC 序列的参数

在菜单中单击"序列设置"项，然后单击按钮，弹出"编辑序列参数"对话框，单击"全部"按钮，将"带选项"定义为"直线连接"。单击"确定"按钮。

6. 重新进行屏幕演示

在菜单中单击"播放路径"→"屏幕演示"项，演示结果如图 10-44 所示，刀具路径中仍有抬刀，这是由于曲面内外边界不完全平行导致的。

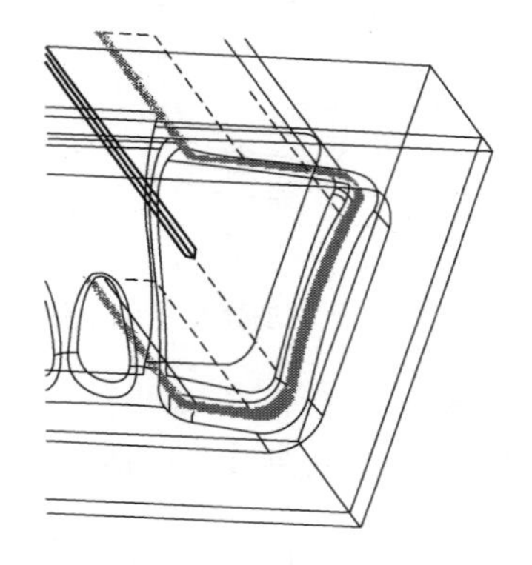

图 10-43　屏幕演示结果（有不合理抬刀）

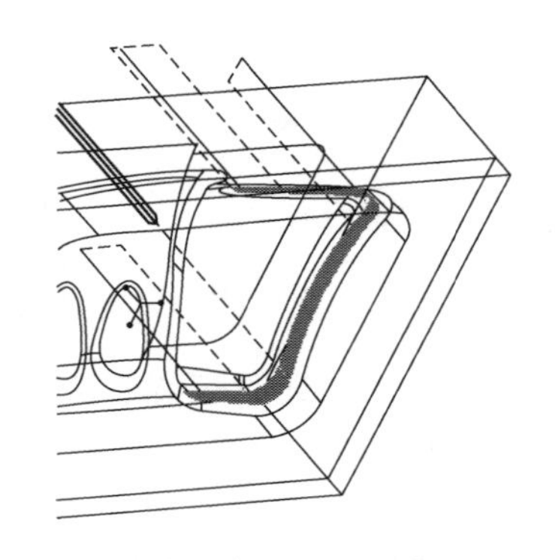

图 10-44　修改参数后的屏幕演示结果

因此，该序列还需要修改退刀面，以减少空走刀。

7. 修改退刀面

在菜单中单击“序列设置”项，选择“退刀曲面”项，单击“完成”项，在“退刀曲面”对话框中，输入：3。

8. NC检查

NC检查的结果如图10-45所示。

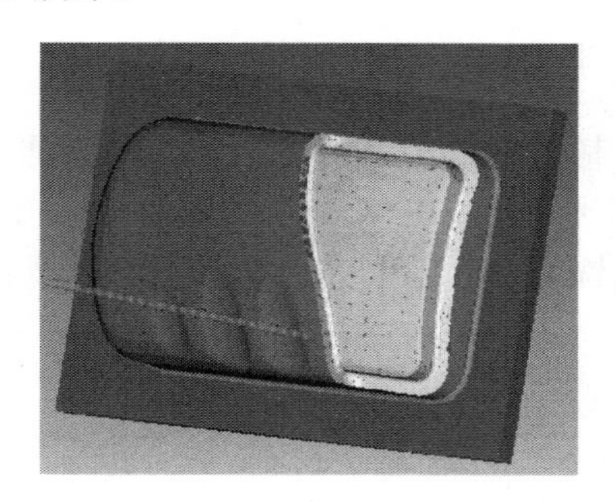

图10-45 NC检查的结果

9. 修改序列名称

在模型树上单击该序列选择后，再次单击，输入“三侧倾斜面精加工”。然后保存制造文件。

10.10 侧面清角

1. 创建铣削曲面

单击工具条上按钮，进入铣削曲面创建界面。

（1）新建基准平面。单击工具条上按钮，选择参照模型的分型面，输入偏距值：1，如图10-46所示，单击“确定”按钮。

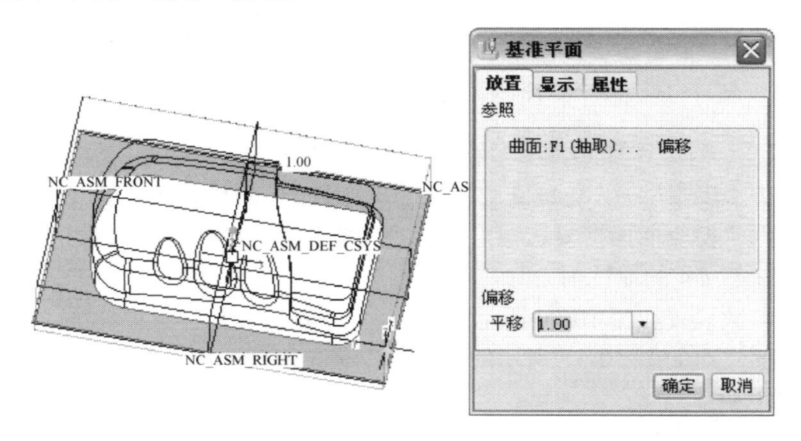

图10-46 创建基准平面

（2）复制曲面。按住Ctrl键依次选取参照模型的侧面轮廓，如图10-47所示，依次按Ctrl+C

键和 Ctrl+V 键，单击按钮完成曲面复制。

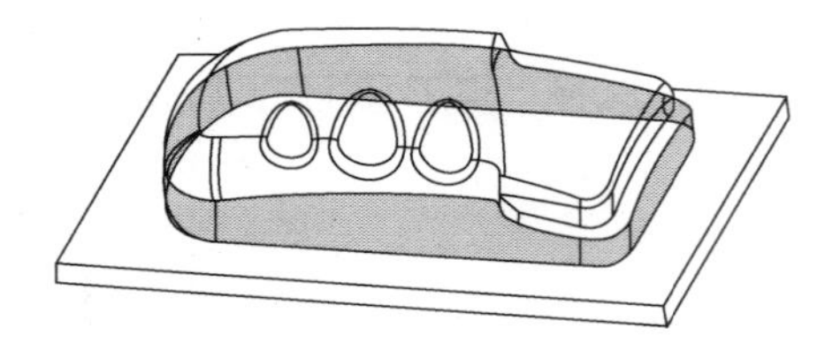

图 10-47 选取要复制的侧面轮廓

（3）在模型树上选择刚复制的曲面，单击工具条上的修剪按钮，在模型树上选择步骤（1）中创建的基准平面，进入如图 10-48 所示的界面，单击反向按钮，单击按钮完成修剪，然后单击按钮完成铣削曲面的创建。隐藏参照模型和工件后，可观察到刚创建铣削曲面，如图 10-49 所示。

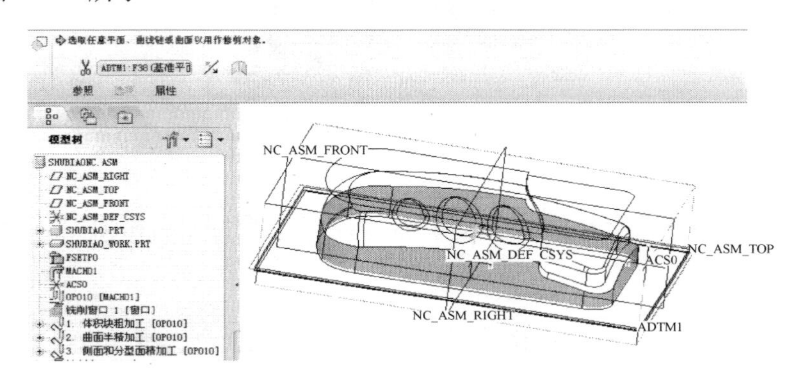

图 10-48 修剪铣削曲面

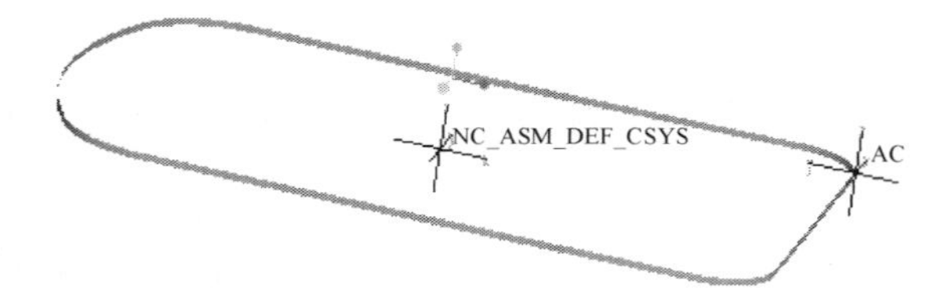

图 10-49 创建完成的铣削曲面

2. 序列设置

单击工具栏中“步骤”→“轮廓铣削”命令，弹出“序列设置”菜单，选择“刀具”、“参数”、“加工曲面”、“检查曲面”复选框，单击“完成”项，弹出“刀具设定”对话框。

（1）刀具：新建 $\phi 4$ 的端铣削刀具。

（2）参数：参数设置如图 10-50 所示。

（3）加工曲面。在如图 10-51 所示的“曲面”菜单管理器中，在模型上选取刚创建的铣削曲面，单击按钮。

（4）检查曲面。选择参照模型的分型面（若选不中，可单击右键切换），如图 10-52 所示，单击按钮。

在菜单管理器中单击“完成序列”项，保存制造文件。

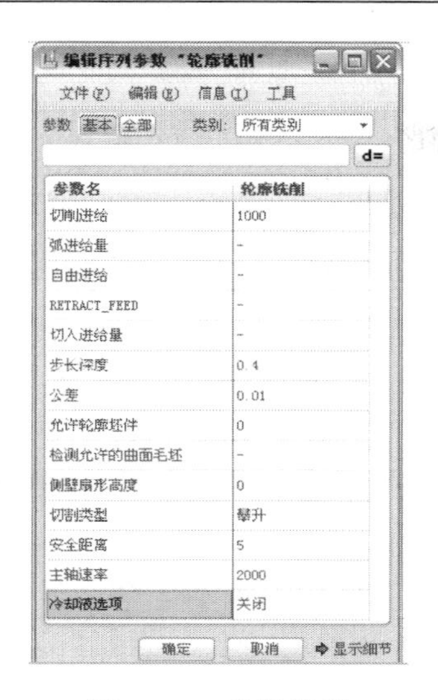

图 10-50　参数设置

图 10-51　“曲面拾取”菜单

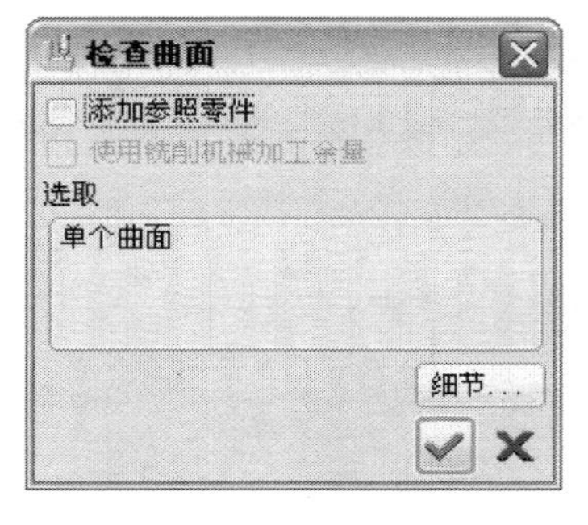

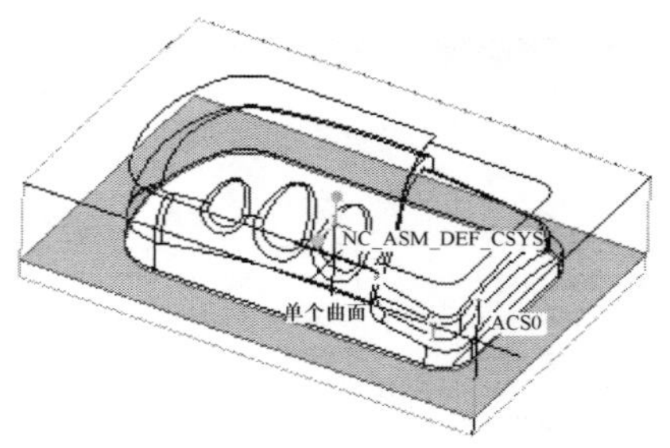

图 10-52　选取检测曲面

3. 屏幕演示及 NC 检查

屏幕演示及 NC 检查的结果分别如图 10-53 和图 10-54 所示。

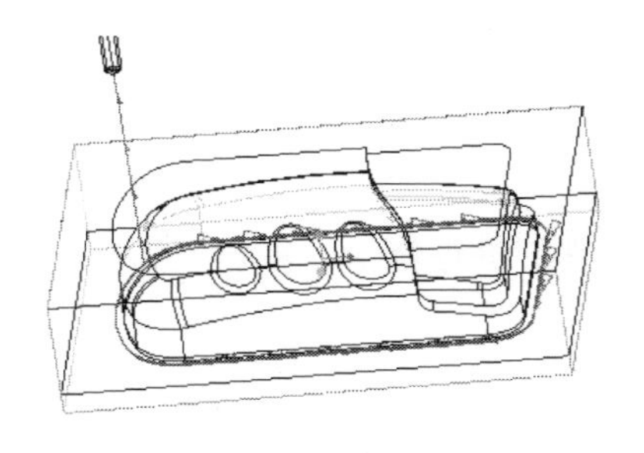

图 10-53　屏幕演示结果

图 10-54　NC 检查的最终结果

10.11　使用制造工艺表查看相关信息

1. 打开制造工艺表

单击工具条按钮，或单击“步骤”→“工艺管理器”命令，打开“制造工艺表”对话框。单击按钮▥，打开“处理视图生成器”对话框，通过设置，使需要查询的重要信息显示在制造工艺表中。

2. 设置制造工艺表中的显示信息

在“处理视图生成器”对话框中，调整显示内容，具体步骤如下。

（1）选择“制造信息参数”→“加工时间（分钟）”项，单击按钮>>，将其添加到右侧“显示”列表中。

（2）按同样方法，在“刀具参数”中，将“刀具类型”、“刀具直径”两个参数分别添加到右侧列表中。

（3）按同样方法，在“步骤参数”中，将“进给速率”、“步长深度”、“跨度”3 个参数分别添加到右侧列表中。

（4）将右侧栏内的“状态”、“机床”、“轴”、“夹具”、“方向”、“注释”和“设置时间（分钟）”参数，使用按钮<<将其移至左侧栏内。

（5）在右侧“显示”列表中，通过按钮⬆或按钮⬇，调整参数显示顺序。单击按钮💾，保存视图，然后单击“确定”按钮，返回至“制造工艺表”对话框，如图 10-55 所示，在该表中可以方便地查询 NC 序列的相关信息。

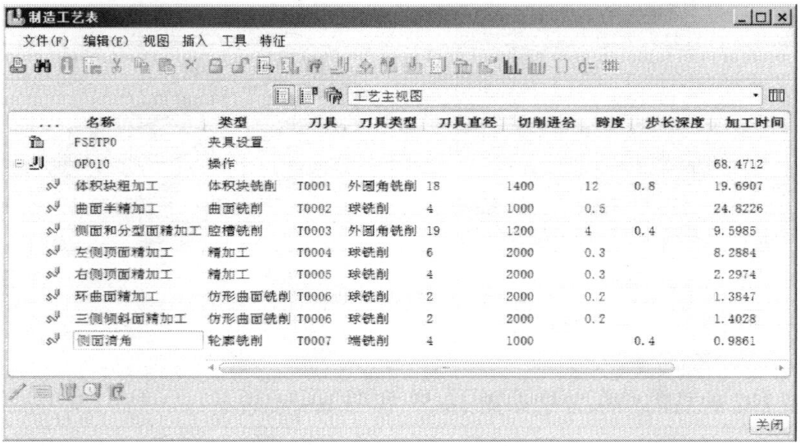

制造工艺表

文件(F) 编辑(E) 视图 插入 工具 特征

工艺主视图

名称	类型	刀具	刀具类型	刀具直径	切削进给	跨度	步长深度	加工时间
FSETP0	夹具设置							
OP010	操作							68.4712
体积块粗加工	体积块铣削	T0001	外圆角铣削	18	1400	12	0.8	19.6907
曲面半精加工	曲面铣削	T0002	球铣削	4	1000	0.5		24.8226
侧面和分型面精加工	腔槽铣削	T0003	外圆角铣削	19	1200	4	0.4	9.5985
左侧顶面精加工	精加工	T0004	球铣削	6	2000	0.3		8.2884
右侧顶面精加工	精加工	T0005	球铣削	4	2000	0.3		2.2974
环曲面精加工	仿形曲面铣削	T0006	球铣削	2	2000	0.2		1.3847
三侧倾斜面精加工	仿形曲面铣削	T0006	球铣削	2	2000	0.2		1.4028
侧面清角	轮廓铣削	T0007	端铣削	4	1000		0.4	0.9861

关闭

图 10-55 经过设置的“制造工艺表”

3. 多个 NC 序列的操作

在“制造工艺表”中，可选择多个 NC 序列，对它们进行修改、重定义、屏幕演示、NC 检查等操作。

4. 制造工艺表的输出

在“制造工艺表”中，单击“文件”→“导出表（CSV）”项，输入文件名 SHUBIAONC.csv，单击“确定”按钮。系统直接输出 Excel 表格文件，保存在工作目录中，以便技术资料存档，方便相关技术人员查询。

第 11 章　车削数控加工综合实例

车削数控加工是数控加工中最重要的加工方法之一，它适合于加工轮廓形状较复杂或加工精度及表面粗糙度要求较高的回转体类零件，能够加工内外圆柱面、内外圆锥面、内外环槽、球面、螺纹及孔的加工。Pro/ENGINEER NC 的车削加工方式主要有区域车削、轮廓车削、凹槽车削、螺纹车削和孔加工。本章将结合一个车削实例介绍常用数控车削加工方式的设置过程。

11.1　工序规划及制造设置

如图 11-1 所示为某回转体零件，试编制其数控加工程序。

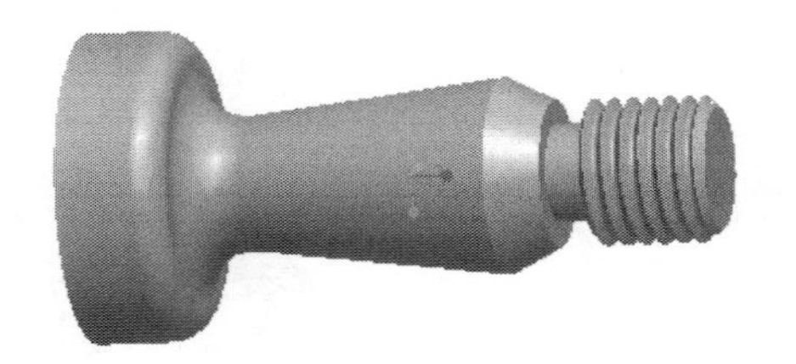

图 11-1　某回转体零件

零件分析：该零件最大外圆直径为 $\phi25$，总长为 50mm，右侧螺纹为 M12×1.5，退刀槽的尺寸 $\phi8\times3$，零件材料为 45 钢。需要对零件粗车外表面、精车外表面、切槽、车螺纹。毛坯采用 $\phi28\times70$ 的圆棒料。

1. 工序规划

工序规划如表 11-1 所示。

表 11-1　零件的 NC 序列规划

序号	加工内容	加工方式	刀具类型尺寸	进给速度值	进给速度单位	主轴转速 r/min
1	粗车外表面	区域车削	车削	500	MMPM	800
2	精车外表面	轮廓车削	车削	400	MMPM	900
3	切退刀槽	凹槽车削	车削坡口	300	MMPM	500
4	车螺纹	螺纹车削	车削	1.5	MMPR	300
5	切断	凹槽车削	车削坡口	300	MMPM	500

2. 制造模型的创建

首先设置工作目录，使用公制模板新建一制造文件，文件名为 CHE。

（1）参照模型。单击"制造元件"工具条中的按钮，选择 CHE_REF.prt 文件，默认放置，单击按钮，完成装配。

（2）工件。此例中工件的模型简单，使用自动创建工件的方法非常方便。单击“制造元件”工具条中的按钮创建自动工件按钮，弹出“自动工件”上滑面板。同时，默认的工件显示在绘图区，如图 11-2 所示。

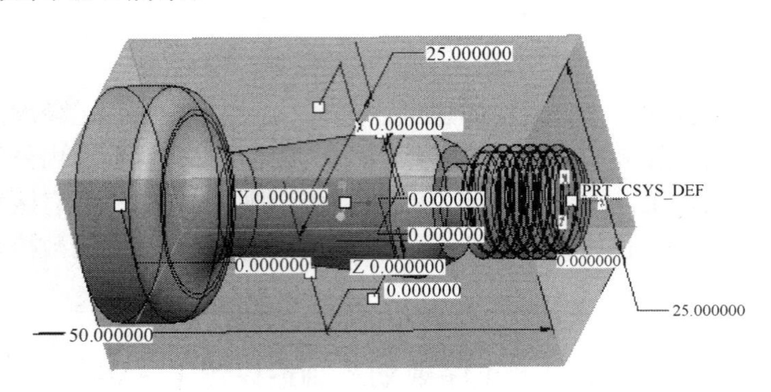

图 11-2 默认的工件

由于此零件的毛坯形式为圆棒料，因此，在自动工件的上滑面板上单击按钮，毛坯形式变为圆形的，如图 11-3 所示，但系统使用默认的坐标系建立的工件不正确。

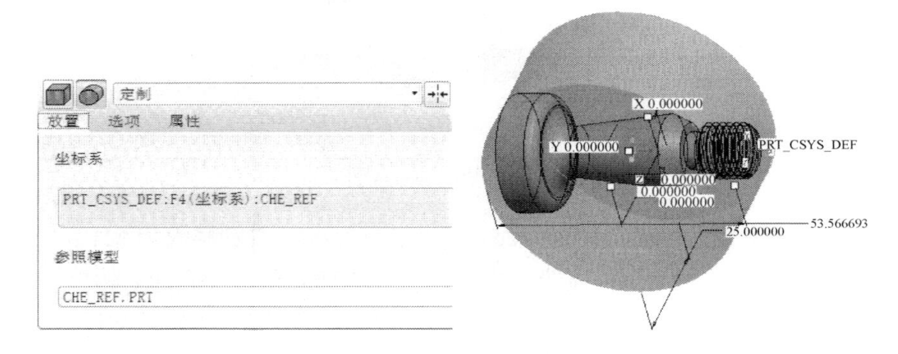

图 11-3 系统默认的圆形工件

此时，需要创建一个加工坐标系，坐标原点建立在参照模型右端面的回转中心上，*Z* 轴为参照模型的回转轴线，*Z* 轴正方向要远离工件。单击右侧工具按钮建立加工坐标系，在模型上一次选取 NC_ASM_TOP 面、NC_ASM_FRONT 面和参照模型的右端面，建立的坐标系如图 11-4 所示。

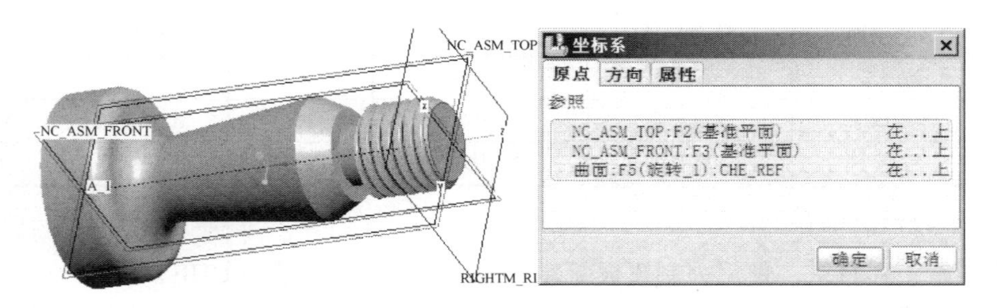

图 11-4 建立的加工坐标系

在“自动工件”上滑面板的右侧单击按钮▶激活自动工件面板，创建的坐标系便显示在“放置”标签中，同时工件也自动更新，如图 11-5 所示。

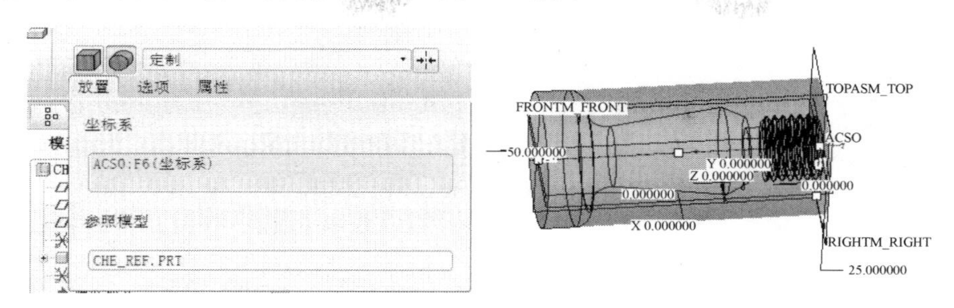

图 11-5　自动更新的工件

由于毛坯尺寸为 $\phi 28\times 70$，因此在“自动工件”的上滑面板中的“选项”中进行设置，设置的工件如图 11-6 所示。

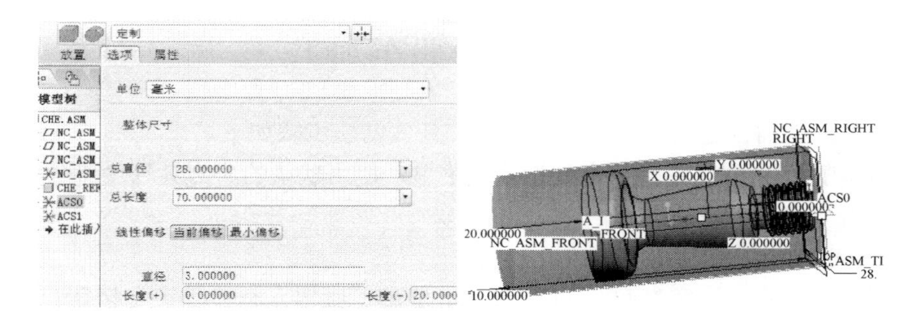

图 11-6　设置完成的工件

单击按钮✔完成自动工件的创建，制造模型如图 11-7 所示。

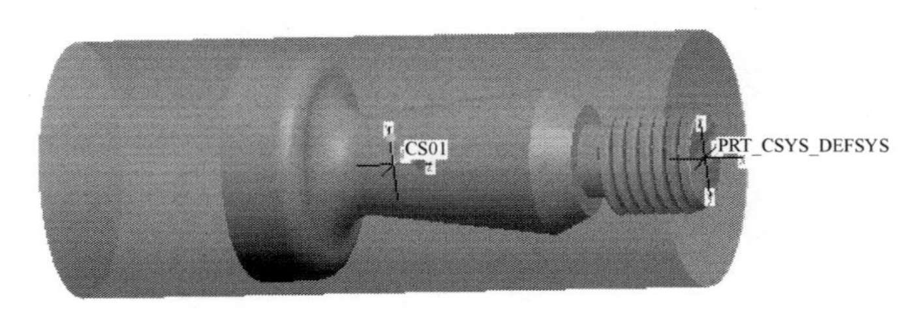

图 11-7　制造模型

3. 操作设置

单击主菜单“步骤”→“操作”命令，打开“操作设置”对话框。

（1）机床：单击按钮，打开“机床设置”对话框，其他使用默认的选项，如图 11-8 所示。单击“确定”按钮，返回“操作设置”对话框。

（2）加工零点。在“操作设置”对话框中，单击“加工零点”后的按钮，然后选择自动工件所使用的 ACS0。

（3）退刀“曲面”。退刀面为平面类型，Z 方向值为 60。

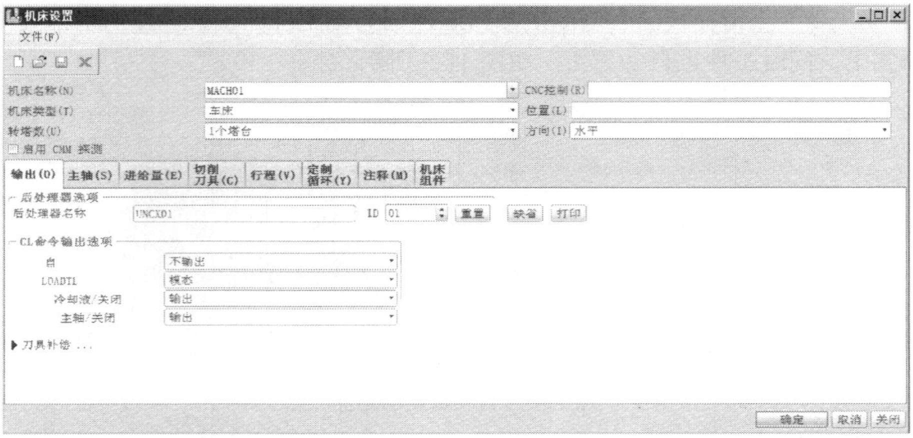

图 11-8　选择“车床”

11.2　外表面粗车加工

外表面粗车加工需创建区域车削 NC 序列，具体创建步骤如下。

单击区域车削按钮，弹出“序列设置”菜单，使用默认的“刀具”、“参数”、“刀具运动”选项，单击“完成”按钮。

1. *刀具设定*

新建车削类型刀具，设定参数图 11-9 所示，单击“应用”→“确定”按钮。

图 11-9　区域车削刀具参数设定

2. *参数*

参数设置如图 11-10 所示，单击“确定”按钮。

3. *刀具运动*

在如图 11-11 所示的“刀具运动”对话框中，单击“插入”按钮，弹出如图 11-12 所示的“区域车削切削”对话框，此时，需建立车削轮廓。

（1）单击右侧按钮创建车削轮廓，弹出“车削轮廓”上滑面板，如图 11-13 所示。

（2）单击按钮使用草绘定义车削轮廓，然后单击该面板中出现的按钮，弹出如图 11-14 所示的“草绘”对话框。此时查看制造模型，确认 ACS0 坐标 *X* 轴向下，单击“草绘”

按钮。如果 ACS0 坐标 X 轴向上，需改变草绘视图方向，单击“草绘”对话框中的“反向”按钮即可。

图 11-10　区域车削参数设置

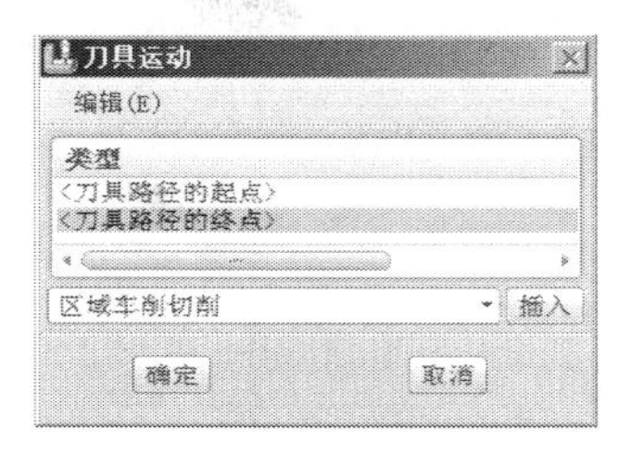

图 11-11　“刀具运动”对话框

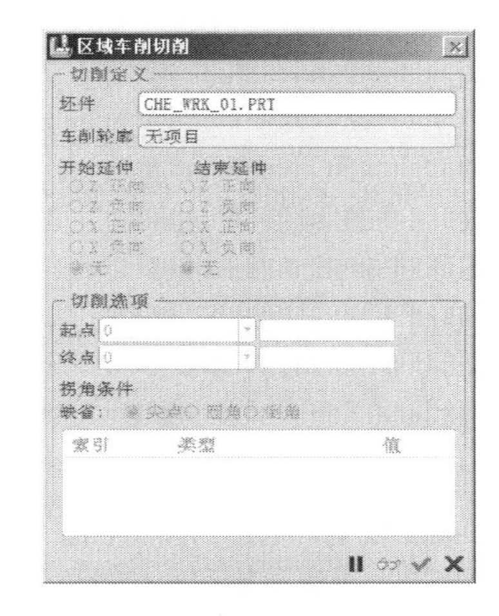

图 11-12　“区域车削切削”对话框

图 11-13　“车削轮廓”上滑面板

（3）进入草绘环境，在弹出的“参照”对话框中添加尺寸参照，选取 RIGHT 面或坐标系均可。单击右侧按钮□提取回转体的相关轮廓线，在起始位置和终止位置处需要延伸，草绘出的区域车削轮廓如图 11-15 所示。

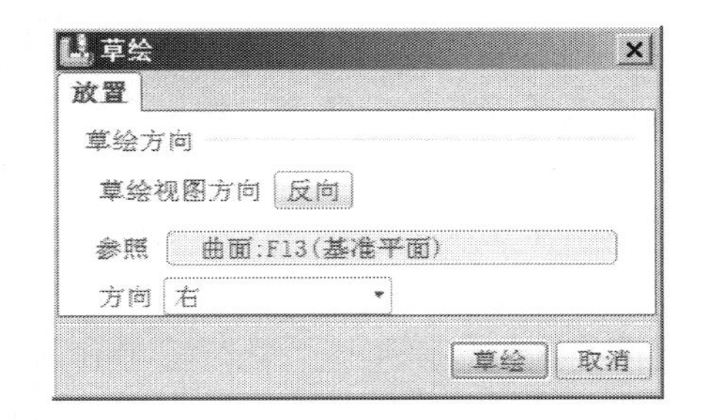

图 11-14　“草绘”对话框

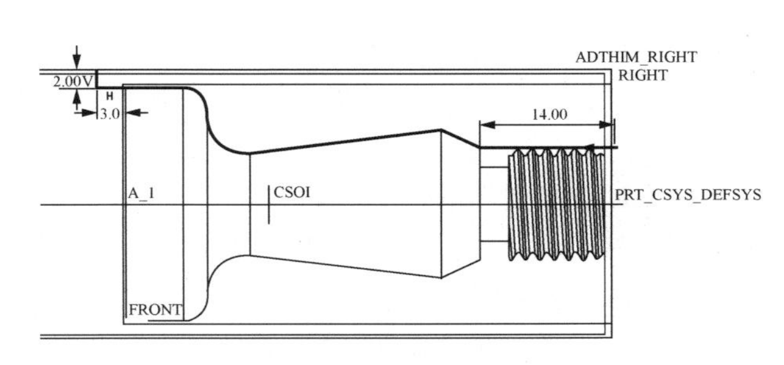

图 11-15　草绘区域车削轮廓

（4）单击按钮 完成草绘，通过“车削轮廓”上滑面板中的按钮 和按钮 来调整轮廓线的位置及移除的材料侧，调整后如图 11-16 所示。单击按钮 完成车削轮廓的创建。返回“区域车削切削”对话框，单击按钮 激活，在“开始延伸”及“结束延伸”中均选“无”项，单击按钮 返回“刀具运动”对话框，单击“确定”按钮。

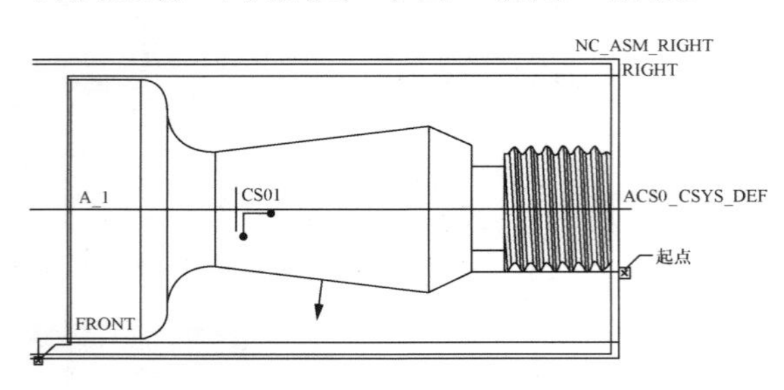

图 11-16 区域车削轮廓

（5）在菜单管理器中，单击“完成序列”项。保存制造文件。

4. 屏幕演示

在模型树上刚刚创建好的 NC 序列处单击右键，在弹出的菜单中选择“播放路径”命令，屏幕演示结果如图 11-17 所示。

5. NC 检查

在模型树上刚刚创建好的 NC 序列处单击右键，在弹出的菜单中选择“编辑定义”命令，弹出“NC 序列”菜单管理器，单击“播放路径”→“NC 检查”项。

拖动滚动条调整播放速度，然后单击按钮 ，开始加工仿真，仿真结果如图 11-18 所示。保存进程文件,为后续 NC 检查调用,关闭 VERICUT，单击按钮 Ignore All Changes 不保存。

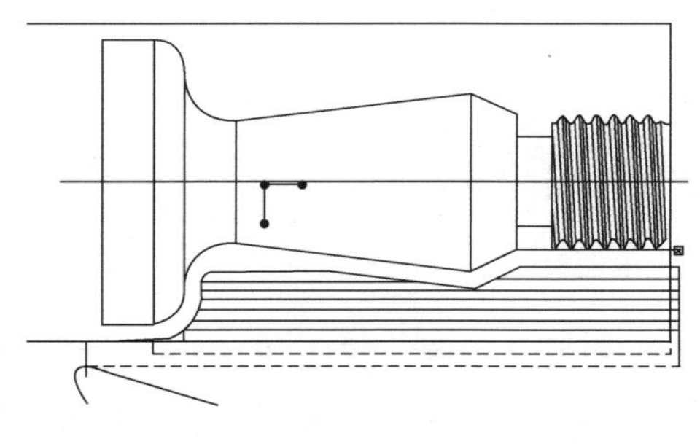

图 11-17 屏幕演示结果

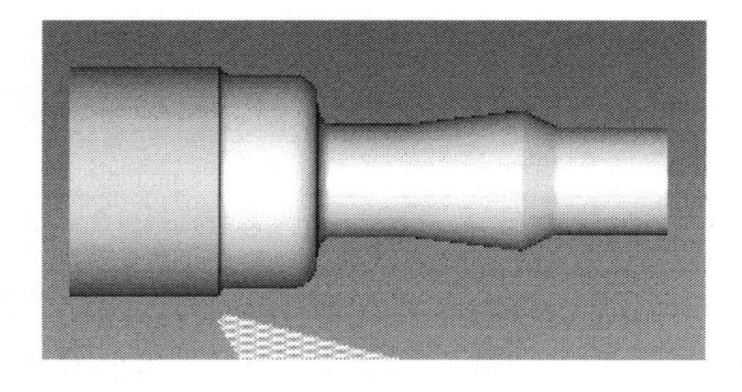

图 11-18 NC 检查结果

6. “CL 数据”的输出及 NC 代码的生成

在模型树上右键单击该 NC 序列，在弹出的菜单中选择“播放路径”命令，弹出“播放路径”对话框。

（1）CL 数据文件的输出。如果需要输出 CL 数据文件，需单击“播放路径”对话框中的“文件”菜单，选择“保存”或“另存为”命令，即可保存或另存 CL 数据文件。

（2）NC 代码文件的输出。在“播放路径”对话框中的“文件”菜单中，选择“另存为 MCD 文件”命令。在弹出的“后置处理选项”的对话框中，选择“详细”、“跟踪”项，然后单击“输出”按钮，输入 CL 文件名称为 che,单击“确定”按钮，出现“后置处理列表”

菜单管理器。将该菜单管理器展开，其中后面 5 种（UNCL01.P**）为车床的后处理器名称，如图 11-19 所示。

根据数控车床上配备的数控系统选择相应的后置处理器。如果机床为 FUNUC 系统，可选择 UNCL01.P11。鼠标放在 UNCL01.P11 上，信息提示区提示：GILDEMEISTER LATHE W/ FANUC CONTROL。单击 UNCL01.P11 项确认选择，弹出“信息窗口”，该窗口记录了所使用的后置处理器的名称、输入的刀位文件、文件生成时间、加工所需时间等信息。同时，生成的 che.tap 文件保存在工作目录中。

（3）打开工作目录，选择 che.tap 文件，用记事本打开，便看到生成的 NC 代码文件，如图 11-20 所示。

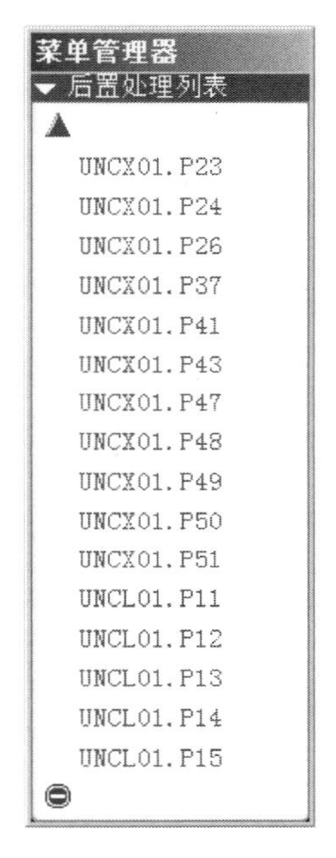

图 11-19 “后置处理列表”菜单管理器

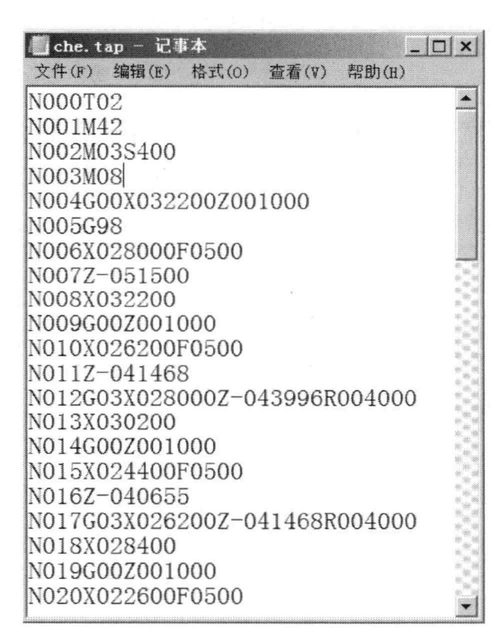

图 11-20 NC 代码文件

11.3 外表面精车加工

外表面精车加工需创建轮廓车削 NC 序列，具体创建步骤如下。

单击轮廓车削按钮，弹出“序列设置”菜单，使用默认的“刀具”、“参数”、“刀具运动”选项，单击“完成”按钮。

1. *刀具设定*

新建车削类型刀具，设定参数图 11-21 所示，单击“应用”→“确定”按钮。

2. *参数*

参数设置如图 11-22 所示，单击“确定”按钮。

3. *刀具运动*

在“刀具运动”对话框中，单击“插入”按钮，弹出“轮廓车削切削”对话框。轮廓车削和区域车削的车削轮廓相同。此时，在模型上选取或在模型树上选取先前区域车削建立的车削轮廓即可。

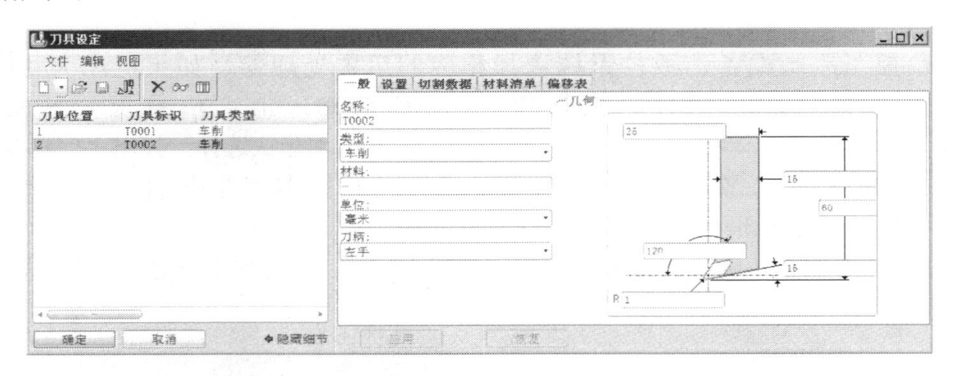

图 11-21　轮廓车削刀具参数设置

图 11-22　轮廓车削参数设置

在“区域车削切削”对话框中单击按钮✔返回“刀具运动”对话框，单击“确定”按钮。

在菜单管理器中，单击“完成序列”项。保存制造文件。

4. *屏幕演示及 NC 检查*

在模型树上刚刚创建好的轮廓车削序列处单击右键，在弹出的菜单中选择“编辑定义”命令，弹出“NC 序列”菜单管理器，单击“播放路径”→“屏幕演示”项，屏幕演示结果如图 11-23 所示。

在“播放路径”菜单管理器中，单击“NC 检查”项。打开工作目录中前一 NC 序列保存的进程文件，重置刀具路径，播放的 NC 检查结果如图 11-24 所示。若检查确认无误，保存进程文件，关闭 VERICUT 窗口。

最后，输出 NC 代码（步骤略）。

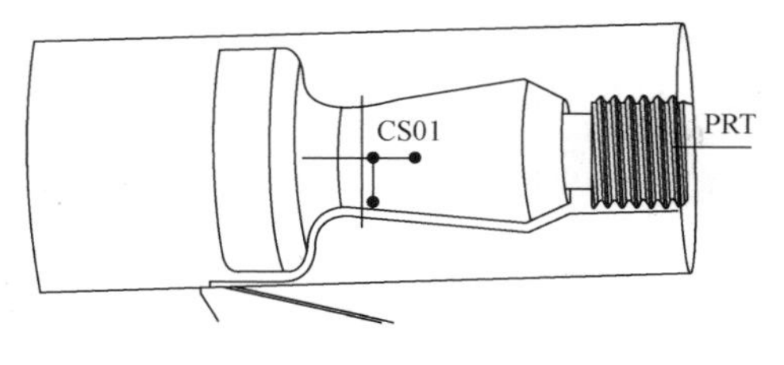

图 11-23　屏幕演示结果

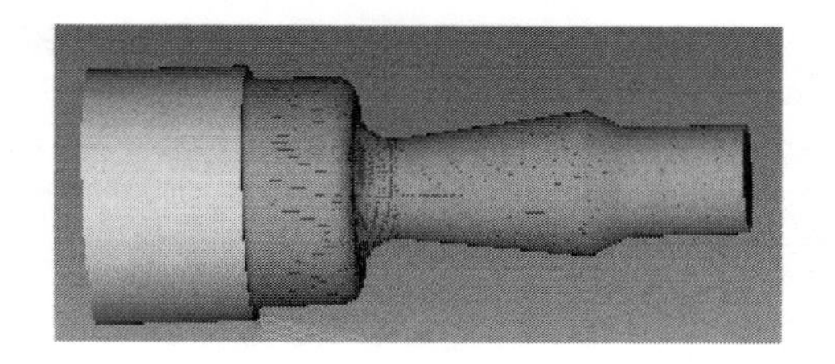

图 11-24　NC 检查结果

11.4　退 刀 槽 加 工

退刀槽加工需创建凹槽车削 NC 序列，具体创建步骤如下。

单击凹槽车削按钮，弹出“序列设置”菜单，使用默认的“刀具”、“参数”、“刀具运动”选项，单击“完成”按钮。

1. *刀具设定*

新建车削坡口类型刀具，设定参数图 11-25 所示，单击“应用”→“确定”按钮。

图 11-25　凹槽车削刀具参数设定

2. *参数*

基本参数设置如图 11-26 所示。由于车退刀槽，为使槽底加工光整，需在槽底设置进给暂停时间。单击“全部”参数，将“延时”参数值设为 0.5，单击“确定”按钮。

3. *刀具运动*

在“刀具运动”对话框中，单击“插入”按钮，弹出“区域车削切削”对话框，此时，需建立凹槽车削轮廓。

（1）单击右侧按钮创建车削轮廓，弹出“车削轮廓”上滑面板，单击按钮使用曲面建立车削轮廓，在模型上选取退刀槽的右侧端面，按住 Ctrl 键选取退刀槽的左侧端面，这两个面便显示在“放置”选项中，如图 11-27 所示。

（2）单击按钮完成凹槽车削轮廓的创建。返回“凹槽车削切削”对话框，单击按钮激活，在“开始延伸”及“结束延伸”中均选“X 正向”项，如图 11-28 所示。单击按钮返回“刀具运动”对话框，单击“确定”按钮。

（3）在菜单管理器中，单击“完成序列”项。保存制造文件。

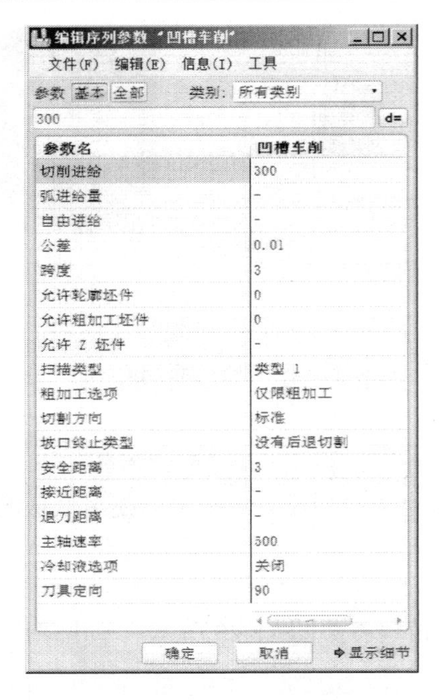

图 11-26　凹槽车削参数设置

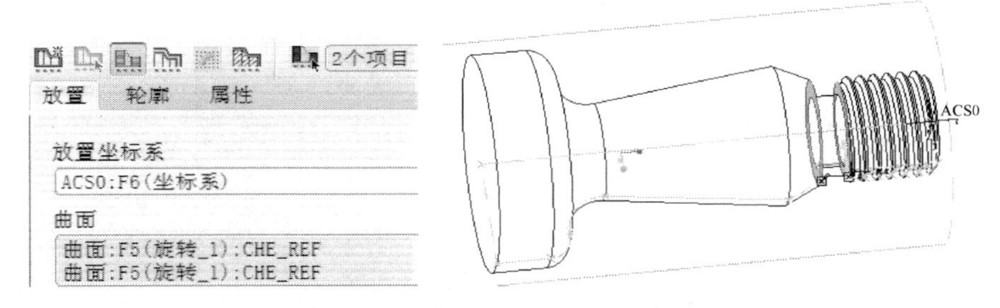

图 11-27　使用曲面建立凹槽车削轮廓

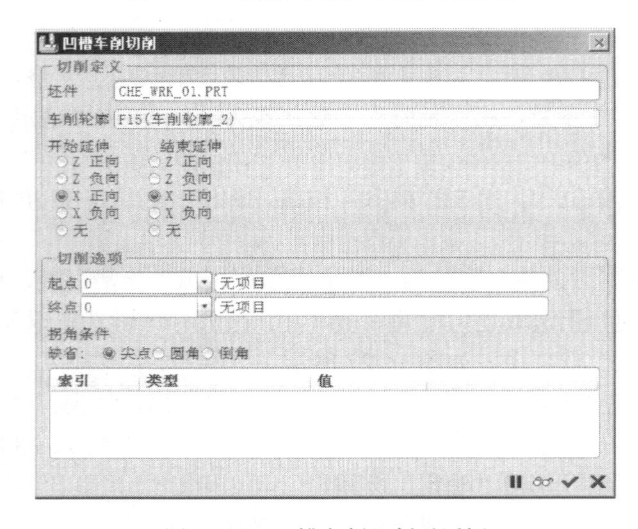

图 11-28　凹槽车削切削对话框

4. 屏幕演示及 NC 检查

在凹槽车削序列处单击右键，在弹出的菜单中选择“编辑定义”命令，弹出“NC 序列”菜单管理器，单击“播放路径”→“屏幕演示”项，屏幕演示结果如图 11-29 所示。

在“播放路径”菜单管理器中，单击“NC 检查”项。打开工作目录中前一 NC 序列保存的进程文件，重置刀具路径，播放的 NC 检查结果如图 11-30 所示。若检查确认无误，保存进程文件，关闭 VERICUT 窗口。

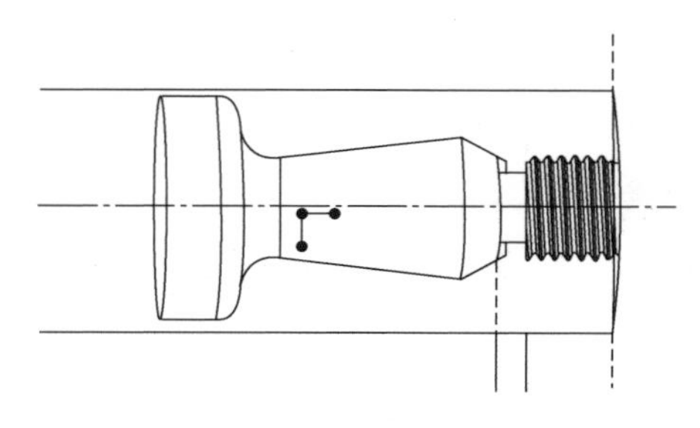

图 11-29　屏幕演示结果

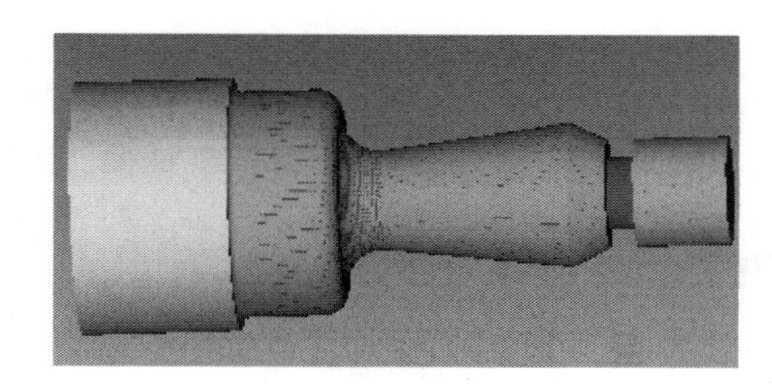

图 11-30　NC 检查结果

最后，输出 NC 代码（步骤略）。

11.5　螺　纹　加　工

螺纹加工需建立螺纹车削 NC 序列，具体创建步骤如下。

单击螺纹车削按钮，弹出“螺纹”类型菜单管理器，选择“统一”→“外侧”→“ISO”→“完成”项，弹出“序列设置”菜单管理器，选择“刀具”、“参数”、“车削轮廓”项，如图 11-31 所示，单击“完成”项。

图 11-31　螺纹类型及序列设置菜单

1. 刀具设定

新建车削类型刀具，设定参数图 11-32 所示，单击“应用”→“确定”按钮。

2. 参数

基本参数设置如图 11-33 所示。由于车螺纹，故切削进给的值设为螺距值，其单位为 MMPR，即毫米/转。“螺纹进给单位”设为 MMPR，单击“确定”按钮。

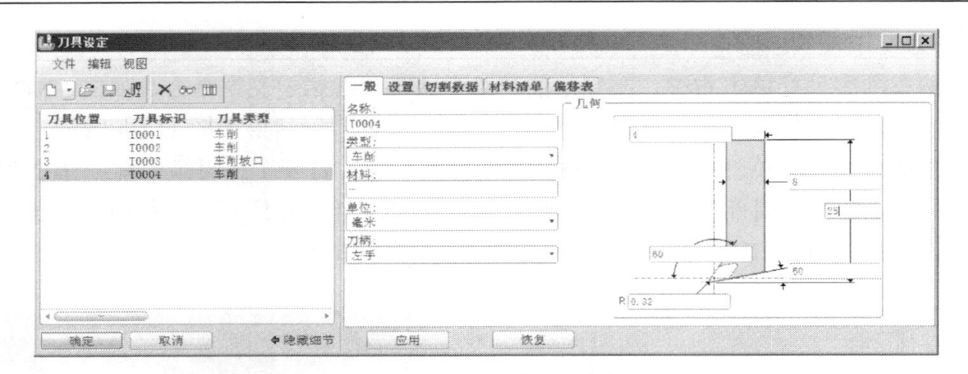

图 11-32　螺纹车削刀具参数设置

图 11-33　凹槽车削参数设置

序号切割：指加工到螺纹深度的进给次数。

3. 车削轮廓

（1）单击右侧按钮创建螺纹车削轮廓，弹出“车削轮廓”上滑面板，单击按钮使用草绘定义车削轮廓，然后单击该面板中出现的按钮，在“草绘”对话框，选择“反向”项，单击“草绘”按钮。

（2）添加螺纹外径、模型右端面为尺寸参照，草绘出的螺纹车削轮廓如图 11-34 所示。单击按钮完成草绘，单击按钮完成车削轮廓的创建。

（3）在菜单管理器中，单击“完成序列”项。保存制造文件。

4. 屏幕演示

在模型树上的螺纹车削 NC 序列处单击右键，在弹出的菜单中选择“播放路径”命令，屏幕演示结果如图 11-35 所示。

螺纹车削不能进行 NC 检查。

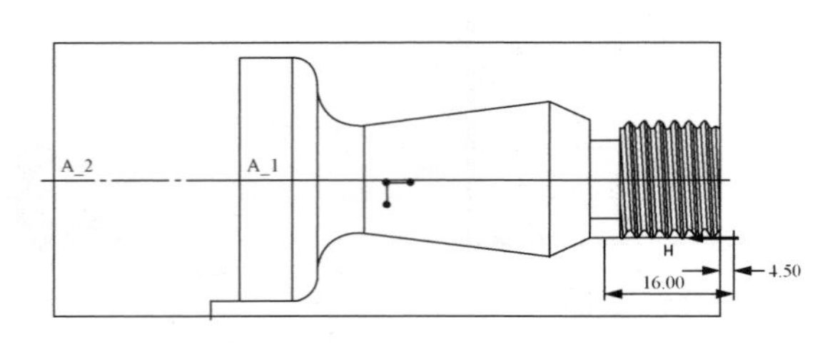

图 11-34　草绘螺纹车削轮廓

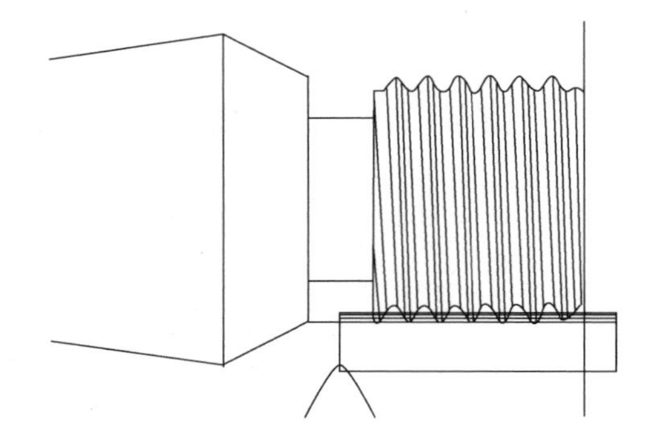

图 11-35　螺纹车削屏幕演示结果

11.6 零 件 切 断

零件加工完成后，从毛坯上切下，切断位置在参照模型的左端面处，需创建凹槽车削 NC

序列，具体创建步骤如下。

单击凹槽车削按钮，弹出“序列设置”菜单管理器，使用默认的“刀具”、“参数”、“刀具运动”项，单击“完成”项。

1. 刀具设定

选择前面凹槽车削的车削坡口刀具，单击“应用”→“确定”按钮。

2. 参数

基本参数设置如图 11-36 所示。

图 11-36　凹槽车削参数设置

3. 刀具运动

在“刀具运动”对话框中，单击“插入”按钮，弹出“区域车削切削”对话框，此时，需建立车削轮廓。

（1）单击右侧按钮创建车削轮廓，弹出“车削轮廓”上滑面板。单击按钮使用草绘定义车削轮廓，然后单击该面板中出现的按钮，在“草绘”对话框中，选择“反向”项，单击“草绘”按钮。

（2）进入草绘环境，在弹出的“参照”对话框中添加尺寸参照，选取参照模型左端面和回转轴线。草绘出的凹槽车削轮廓如图 11-37 所示。

（3）单击按钮完成草绘，单击按钮完成车削轮廓的创建。返回“凹槽车削切削”对话框，单击按钮激活，在“开始延伸”及“结束延伸”中均选“无”项，单击按钮返回“刀具运动”对话框，单击“确定”按钮。

（4）在菜单管理器中，单击“完成序列”项。保存制造文件。

4. 屏幕演示及 NC 检查

在刚创建的凹槽车削 NC 序列处单击右键，在弹出的菜单中选择“编辑定义”命令，弹出“NC 序列”菜单管理器，单击“播放路径”→“屏幕演示”项，屏幕演示结果如图 11-38 所示。

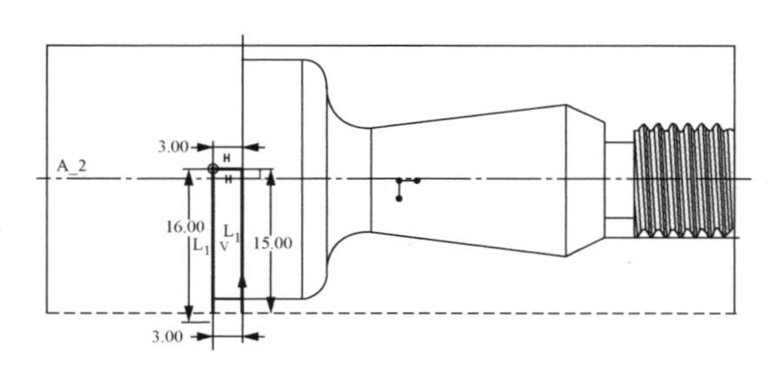

图 11-37　草绘凹槽车削轮廓

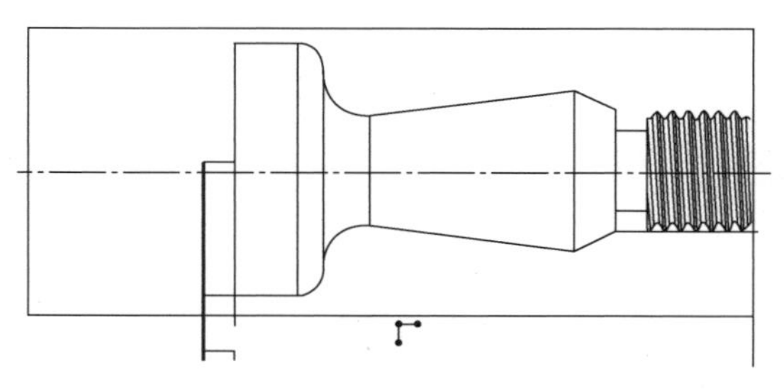
图 11-38　屏幕演示结果

在“播放路径”菜单管理器中，单击“NC 检查”项。打开工作目录中保存的进程文件，重置刀具路径，播放的 NC 检查结果如图 11-39 所示。关闭 VERICUT 窗口。

最后，输出 NC 代码（步骤略）。

至此，全部 NC 序列设置完成，并且显示在模型树中，如图 11-40 所示。

使用制造工艺表修改各 NC 序列名称，并通过设置查看相关信息，如图 11-41 所示。关闭制造工艺表，此时，模型树上的 NC 序列名称自动修改，与制造工艺表中的名称一致。

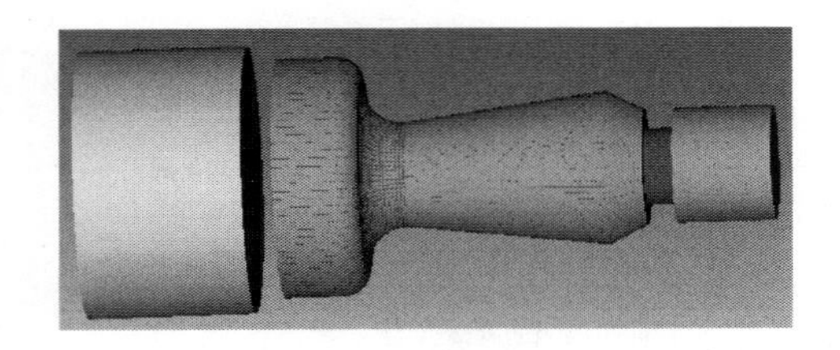

图 11-39 NC 检查结果

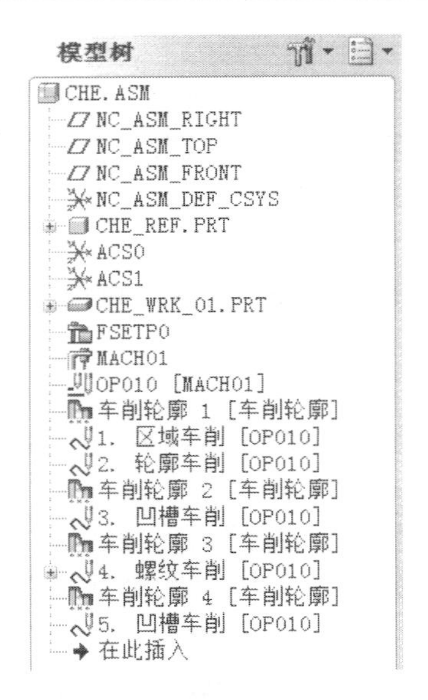

图 11-40 NC 序列设置完成后的模型树

制造工艺表

文件(F) 编辑(E) 视图 插入 工具 特征

工艺主视图

名称	类型	刀具	刀具类型	切削进给	切削单位	主轴速率	加工时间
FSETP0	夹具设置						
OP010	操作						2.6185
外表面粗加工	区域车削	T0001	车削	500	MMPM	800	1.389
外表面精加工	轮廓车削	T0002	车削	400	MMPM	900	0.1472
退刀槽加工	凹槽车削	T0003	车削坡口	300	MMPM	500	0.0667
螺纹加工	螺纹车削	T0004	车削	1.5	MMPR	300	0.8821
切断	凹槽车削	T0003	车削坡口	300	MMPM	500	0.1336

关闭

图 11-41 制造工艺表

参 考 文 献

[1] 肖黎明. Pro/ENGINEER 野火版零件设计完全解析 [M]. 北京：中国铁道出版社，2010.

[2] 詹友刚. Pro/ENGINEER 中文野火版 5.0 曲面设计实例解析 [M]. 北京：机械工业出版社，2010.

[3] 肖乾. Pro/ENGINEER Wildfire3.0 中文版实用教程 [M]. 北京：中国电力出版社，2008.

[4] 肖乾，杨迎新. Pro/ENGINEER Wildfire3.0 案例精讲 [M]. 北京：中国电力出版社，2008.

[5] 肖乾，周慧兰. Pro/ENGINEER Wildfire3.0 中文版模具设计与数控加工 [M]. 北京：中国电力出版社，2008.